普通高等教育“十一五”国家级规划教材

高等院校信息管理与信息系统专业系列教材

决策支持系统教程

（第3版）

陈文伟 编著

清华大学出版社
北京

内容简介

决策支持系统在于实现科学决策。它是在计算机上利用决策资源(模型、知识、数据)制订方案,为决策者提供有效决策的技术手段。随着大数据和云计算的出现,网络上的决策资源更为丰富,这为决策支持系统的应用和发展带来新的机遇,也为个人决策提供了更多的信息。因此,本书在第2版的基础上增加了这方面的内容。本书系统叙述决策支持系统发展过程中的基本决策支持系统、智能决策支持系统、数据仓库型决策支持系统、综合决策支持系统和网络型决策支持系统的原理、技术和实例,并介绍云计算和大数据的决策支持以及决策支持系统开发的计算思维。书中展现了决策支持系统结构和运行方式之间的关系,并通过实例进行说明,便于读者掌握决策支持系统原理和应用。

本书可作为高等院校信息管理与信息系统专业、计算机专业、管理类专业本科生和研究生的教材,也可作为计算机应用开发人员的参考书。

图书在版编目(CIP)数据

决策支持系统教程/陈文伟编著. —3版. —北京:清华大学出版社,2017(2024.2重印)
(高等院校信息管理与信息系统专业系列教材)
ISBN 978-7-302-46759-5

Ⅰ. ①决… Ⅱ. ①陈… Ⅲ. ①决策支持系统—高等学校—教材 Ⅳ. ①TP399

中国版本图书馆CIP数据核字(2017)第048609号

责任编辑:白立军
封面设计:傅瑞学
责任校对:焦丽丽
责任印制:沈 露

出版发行:清华大学出版社
网 址:https://www.tup.com.cn,https://www.wqxuetang.com
地 址:北京清华大学学研大厦A座 **邮 编**:100084
社 总 机:010-83470000 **邮 购**:010-62786544
投稿与读者服务:010-62776969,c-service@tup.tsinghua.edu.cn
质量反馈:010-62772015,zhiliang@tup.tsinghua.edu.cn
课件下载:https://www.tup.com.cn,010-83470236

印 装 者:三河市龙大印装有限公司
经 销:全国新华书店
开 本:185mm×260mm **印 张**:20 **字 数**:472千字
版 次:2004年10月第1版 2017年6月第3版 **印 次**:2024年2月第10次印刷
定 价:49.00元

产品编号:071639-02

第3版前言

决策支持系统在于实现科学决策。它和管理信息系统、专家系统构成了信息系统的三大支柱。管理信息系统是社会中管理领域的基础技术，使计算机走向了社会；专家系统使人工智能走向了实用，奠定了人工智能发展的基础；决策支持系统是决策科学的基础，为科学决策提供了有力支撑。

决策支持系统从兴起到现在共三十多年的发展，已经历了基本决策支持系统、智能决策支持系统、数据仓库型决策支持系统、综合决策支持系统和网络型决策支持系统5个阶段。

基本决策支持系统以模型库系统为核心，以多模型和数据库的组合形成方案辅助决策，开创了用计算机技术实现科学决策的时代。智能决策支持系统把基本决策支持系统和专家系统结合起来，提高了辅助决策的效果。专家系统的概念比决策支持系统的概念出现得更早和更成熟，实质上起到了代替人类专家进行决策的效果，以定性方式辅助决策。基本决策支持系统是在运筹学单模型辅助决策的基础上发展起来的，突出的是定量方式辅助决策。智能决策支持系统强化了定量和定性相结合的辅助决策的效果。

数据仓库型决策支持系统是20世纪90年代兴起的，以数据仓库的大量数据为基础，结合多维数据分析以及数据挖掘技术，起到了有效的辅助决策效果。当时这股旋风有代替传统决策支持系统(智能决策支持系统)的势头。但是，它和传统决策支持系统走的两条路不可能覆盖。因此，把数据仓库型决策支持系统和智能决策支持系统结合起来的综合决策支持系统成为了决策支持系统发展新方向。目前，在开发的数据仓库型决策支持系统中，也在通过逐渐增加数学模型来提高辅助决策的效果。

随着互联网技术的发展，网络型决策支持系统随之兴起。数据仓库型决策支持系统的数据仓库和数据挖掘都已经以服务器形式在网络上提供服务了。目前，各类数据库也已经采用服务器形式，再使模型库和知识库也以服务器形式在网络上提供服务，这样自然就形成了网络型决策支持系统。网络的最大好处就在于，它能为大家提供大量的共享资源，包括决策资源(模型、知识、数据等)，这就会为开发决策支持系统带来极大的便利。开发者只需在自己的客户端上按决策问题的要求，编制总控制程序，调用网络上所需要的决策资源，组合成解决问题的方案，并在网络上运行，即可完成网络型决策支持系统的辅助决策。这种新技术对于改变方案或者提出多个方案都是很容易完成的。它为决策支持系统的发展起了极大的推动作用。

本书较第2版增加了云计算与大数据的决策支持内容。云计算为存储大数据提供了支持，为分析大数据提供了工具。大数据是为决策服务的，不但为领导者提供决策支持，也开创了为个人提供决策支持，从而开创了决策支持新时代。

本书对第2版中技术性较强的内容做了较大的压缩和修改，使内容更通俗易懂。书中增加了各章的部分习题答案。这些答案涉及决策支持系统与计算机有关的知识。附录A是思考题的参考答案，起到开拓思路的作用；附录B是设计题和计算题的答案。希望学生通过“决策支持系统”课程的学习，能够自行设计决策支持系统方案，即能够画出决策支持系统流程图，特别是总控制流程是如何调用模型和数据组成方案的。这样，学生就基本上掌握了决策支持系统的原理与应用。

本书作者从1987年开始到现在一直从事决策支持系统（DSS）的研究和开发，得到国家863计划、“八五”“九五”“十五”等国防预研项目和国家自然科学基金项目的资助，并取得了一系列的科研成果：1989年研制出“决策支持系统开发工具（GFKD-DSS）”和“专家系统工具（TOES）”；1995年研制出“分布式多媒体智能决策支持系统开发平台（DM-IDSSP）”；1999年研制出“基于客户机/服务器的决策支持系统快速开发平台（CS-DSSP）”。这样，GFKD-DSS工具的单机上的模型库系统上升到网络上的CS-DSSP平台的广义模型服务器，从而可以在网络上为多个客户端提供模型服务和知识服务；GFKD-DSS工具的集成语言编制DSS总控程序，上升到网络上客户端的可视化系统生成工具，能够快速地制作应用系统的框架流程，既能够可视化运行应用系统，又可快速改变系统方案，大大提高了决策支持效果。

我们又利用Web Services技术，在异构环境下（开发语言差异、平台差异、通信协议差异和数据表示差异），开发了新的网络型决策支持系统，这使得DSS的开发不受异构环境的影响，使决策支持能力更强。

我们在研究云计算和大数据时，不但感觉到大数据对国家和大企业决策的重要性，也感觉到大数据对个人决策的价值，这主要体现在相关信息对于个人决策时的作用。

三十多年来在决策支持系统的研究中，参加科研项目并做出贡献的有陈亮、张明安、罗端红、陆飙、杨桂聪、曹泽文、赵东升、胡爱国、黄金才、赵新昱、何义、钟鸣、邹雯、马建军、赛英、高人伯、赵健、刘钢等同志和廖建文老师。他们的工作丰富了本书的内容，也深化了对决策支持系统的论识。我和他们共同为我国决策支持系统的发展，做出了积极的贡献。

清华大学出版社对本书的出版给予了极大支持，在此表示感谢。

陈文伟

2017年1月

目　录

第1章　决策支持系统综述……………………………………………………………… 1
1.1　决策支持系统的形成 …………………………………………………………… 1
1.1.1　管理信息系统…………………………………………………………… 1
1.1.2　管理科学/运筹学 ……………………………………………………… 3
1.1.3　决策支持系统…………………………………………………………… 4
1.1.4　专家系统………………………………………………………………… 5
1.1.5　智能决策支持系统……………………………………………………… 5
1.1.6　数据仓库型决策支持系统……………………………………………… 7
1.1.7　综合决策支持系统……………………………………………………… 9
1.1.8　网络型决策支持系统…………………………………………………… 9
1.2　决策支持系统的概念…………………………………………………………… 10
1.2.1　决策问题的结构化分类 ……………………………………………… 10
1.2.2　决策支持系统的定义 ………………………………………………… 11
1.2.3　决策支持系统与管理科学/运筹学的关系…………………………… 12
1.2.4　决策支持系统与管理信息系统的关系………………………………… 12
1.2.5　几个典型的决策支持系统 …………………………………………… 13
1.3　决策科学与决策支持系统……………………………………………………… 17
1.3.1　决策与决策科学 ……………………………………………………… 17
1.3.2　决策过程与决策支持系统 …………………………………………… 20
1.3.3　决策体系与决策支持系统……………………………………………… 24
1.3.4　决策支持系统的技术基础 …………………………………………… 26
习题1 ……………………………………………………………………………… 29
第2章　决策资源与决策支持 ……………………………………………………… 30
2.1　决策资源………………………………………………………………………… 30
2.1.1　数据资源 ……………………………………………………………… 30
2.1.2　模型资源 ……………………………………………………………… 32
2.1.3　知识资源 ……………………………………………………………… 39
2.2　决策支持………………………………………………………………………… 44
2.2.1　决策支持的概念 ……………………………………………………… 44
2.2.2　决策资源的决策支持 ………………………………………………… 44
2.2.3　决策方案的决策支持 ………………………………………………… 50
2.3　模型实验的决策支持…………………………………………………………… 51
2.3.1　模型的建立与What-If分析 ………………………………………… 52

2.3.2 模型组的决策支持 …… 54
2.4 模型组合方案的决策支持 …… 55
2.4.1 经济优化方案的决策支持 …… 55
2.4.2 产品优化方案的决策支持 …… 57
2.4.3 多模型辅助决策系统 …… 61
习题 2 …… 62
第 3 章 决策支持系统 …… 64
3.1 决策支持系统结构 …… 64
3.1.1 决策支持系统结构形式 …… 64
3.1.2 决策支持系统的结构比较 …… 71
3.1.3 决策支持系统统一的基本结构形式 …… 72
3.2 决策支持系统的数据部件与综合部件 …… 73
3.2.1 数据库系统在决策支持系统中的作用 …… 73
3.2.2 人机交互与问题综合系统 …… 78
3.2.3 决策支持系统的综合部件 …… 83
3.3 模型库系统 …… 84
3.3.1 模型库 …… 84
3.3.2 模型库的组织和存储 …… 87
3.3.3 模型库管理系统 …… 89
3.4 组合模型的决策支持系统 …… 93
3.4.1 模型组合技术 …… 93
3.4.2 模型组合的程序设计 …… 95
3.4.3 决策支持系统的决策支持 …… 96
3.5 决策支持系统实例 …… 97
3.5.1 物资申请和库存的计划汇总 …… 97
3.5.2 制定物资的分配方案 …… 98
3.5.3 物资调拨预处理 …… 99
3.5.4 制定物资运输方案 …… 100
3.5.5 制定物资调拨方案 …… 101
3.5.6 物资分配调拨决策支持系统结构与决策支持 …… 101
3.5.7 复杂化学系统多尺度模型实例 …… 104
习题 3 …… 104
第 4 章 智能决策支持系统 …… 106
4.1 专家系统的决策支持 …… 106
4.1.1 专家系统的原理 …… 106
4.1.2 产生式规则专家系统 …… 108
4.1.3 建模专家系统 …… 111
4.2 神经网络的决策支持 …… 113

4.2.1 神经网络原理…… 113
4.2.2 反向传播模型…… 115
4.2.3 神经网络专家系统及实例…… 117
4.2.4 神经网络的容错性…… 121
4.3 智能决策支持系统原理与实例…… 123
4.3.1 智能决策支持系统概念…… 123
4.3.2 智能决策支持系统结构…… 124
4.3.3 专家系统与决策支持系统的集成…… 126
4.3.4 智能决策支持系统实例…… 128
习题 4…… 133
第 5 章 数据仓库型决策支持系统…… 135
5.1 数据仓库基本原理…… 135
5.1.1 数据仓库的概念…… 135
5.1.2 数据仓库结构…… 136
5.1.3 元数据…… 138
5.1.4 数据仓库的存储…… 139
5.1.5 数据仓库系统…… 141
5.2 联机分析处理…… 143
5.2.1 基本概念…… 143
5.2.2 联机分析处理的决策支持：多维数据分析…… 149
5.2.3 联机分析处理应用实例…… 152
5.3 数据仓库的决策支持…… 153
5.3.1 查询与报表…… 154
5.3.2 多维分析与原因分析…… 155
5.3.3 预测未来…… 156
5.3.4 实时决策…… 156
5.3.5 自动决策…… 157
5.4 数据挖掘…… 157
5.4.1 知识发现和数据挖掘的概念…… 158
5.4.2 数据挖掘的方法和技术…… 159
5.4.3 数据挖掘的知识表示…… 163
5.5 数据挖掘的决策支持…… 165
5.5.1 数据挖掘的决策支持分类…… 165
5.5.2 决策树的挖掘及其应用…… 168
5.5.3 关联规则及应用…… 173
5.6 数据仓库型决策支持系统…… 178
5.6.1 数据仓库型决策支持系统的原理和结构…… 179
5.6.2 数据仓库型决策支持系统简例…… 180

5.6.3 数据仓库型决策支持系统实例 …… 185
习题 5 …… 188
第 6 章 综合决策支持系统与网络型决策支持系统 …… 189
6.1 智能决策支持系统与数据仓库型决策支持系统的开发技术 …… 189
6.1.1 从基本决策支持系统到智能决策支持系统 …… 189
6.1.2 智能决策支持系统的开发技术 …… 190
6.1.3 数据仓库的关键技术 …… 191
6.2 综合决策支持系统 …… 196
6.2.1 智能决策支持系统与数据仓库型决策支持系统的特点比较 …… 196
6.2.2 数据仓库与数学模型 …… 198
6.2.3 综合决策支持系统原理、结构和定义 …… 199
6.3 网络型决策支持系统 …… 201
6.3.1 客户机/服务器结构与数据库服务器 …… 201
6.3.2 网络型决策支持系统的原理 …… 205
6.3.3 网络型决策支持系统体系 …… 207
习题 6 …… 211
第 7 章 云计算和大数据的决策支持 …… 212
7.1 云计算的决策支持 …… 212
7.1.1 云计算的兴起 …… 212
7.1.2 云计算的 IT 服务 …… 216
7.1.3 云计算的决策支持 …… 218
7.2 大数据的决策支持 …… 220
7.2.1 大数据时代的来临 …… 220
7.2.2 从数据到决策的大数据时代 …… 221
7.2.3 大数据的决策支持方式 …… 226
7.3 从事物相关中决策与创新 …… 228
7.3.1 寻找相关事物 …… 228
7.3.2 科学发现中的相关性 …… 230
7.3.3 从矛盾中决策和创新 …… 233
习题 7 …… 237
第 8 章 决策支持系统开发的计算思维 …… 238
8.1 软件的计算思维 …… 238
8.1.1 计算思维的概念 …… 238
8.1.2 软件进化中的计算思维 …… 241
8.2 决策支持系统开发的计算思维 …… 251
8.2.1 决策支持系统开发过程的计算思维 …… 251
8.2.2 决策支持系统的实现技术 …… 257
8.2.3 数据仓库开发过程的计算思维 …… 261

8.3 决策支持系统开发工具与实例的计算思维 …………………………………… 266
8.3.1 网络型决策支持系统快速开发平台 CS-DSSP ……………………… 266
8.3.2 网络型决策支持系统实例……………………………………………… 274
8.3.3 网络型决策支持系统的分析对比……………………………………… 277
习题 8 ……………………………………………………………………………… 278
附录 A 各章习题中部分问答题参考答案………………………………………… 279
附录 B 部分章习题中设计题和计算题答案……………………………………… 295

第1章 决策支持系统综述

1.1 决策支持系统的形成

计算机最早用于科学计算，20 世纪 50—60 年代，计算机应用扩展到电子数据处理(Electronic Data Processing，EDP)，60—70 年代，发展了管理信息系统(Management Information System，MIS)，70—80 年代，计算机应用范围进一步发展到决策支持系统(Decision Support System，DSS)和专家系统(Expert System，ES)。管理信息系统、决策支持系统、专家系统现在已成为了计算机信息系统的基础。

决策支持系统是由美国 M. S. Scott Morton 在《管理决策系统》一书中首先提出的。决策支持系统实质上是在管理信息系统和管理科学/运筹学的基础上发展起来的。管理信息系统的重点在于对大量数据的处理，完成管理业务工作。管理科学与运筹学是运用模型辅助决策。决策支持系统是将大量的数据与多个模型组合起来，形成决策方案，通过人机交互达到支持决策的作用。这是决策支持系统的初级阶段，可以称它为初阶决策支持系统。

20 世纪 70 年代兴起了以知识推理辅助决策的专家系统。它以定性方式辅助决策，完全不同于以模型和数据组合的决策支持系统。90 年代初，开始有了决策支持系统与专家系统结合的智能决策支持系统(Intelligence Decision Supporting System，IDSS)。它采用定性和定量结合的方式辅助决策，即以模型、知识和数据结合的决策支持系统，也称为传统决策支持系统。

20 世纪 90 年代中期，兴起了数据仓库(Data Warehouse，DW)、联机分析处理(On-Line Analytical Processing，OLAP)和数据挖掘(Date Mining，DM)3 项新技术，从而开始了以数据辅助决策的新途径。人们称这 3 种新技术相结合的决策支持系统为数据仓库型决策支持系统或新决策支持系统。

新决策支持系统发展异常迅速，似乎有代替传统决策支持系统的趋势。但是，新决策支持系统与传统决策支持系统不是覆盖关系，而是相互补充关系。新决策支持系统与传统决策支持系统的结合而形成的综合决策支持系统(Synthetic Decision Support System，SDSS)才是发展方向。

由于 Internet 的迅速发展，数据库、数据仓库、联机分析处理、数据挖掘等均以服务器形式在网络上向多用户同时提供服务。可见，决策支持系统已经发展到网络型决策支持系统(NS-DSS)。

1.1.1 管理信息系统

管理信息系统是在电子数据处理的基础上发展起来的。管理信息系统的出现使计算机应用走向社会。

1. 数据处理

数据处理包括数据收集、数据录入、数据正确性检查、数据操作与加工，以及数据输出等。

数据处理与科学计算有显著的区别，数据处理有以下几个特性。

(1) 数据量大。例如，我国第3～6次人口普查的原始数据由400亿字符增加到532亿字符，数据量极大。

(2) 数据处理一般不涉及复杂的数学运算。数据处理采用变字长的十进制算术运算即可解决。例如，人口普查统计汇总主要是进行统计运算。

(3) 时效性强。一个典型的例子是，美国道格拉斯飞机公司利用IBM公司研制的"国际程序化航空订票系统"，使人们可以在分布于世界各地的售票处、订票处及时查询各地班机的班次、座位、售票、余票和退票情况，效率很高。

(4) 数据处理的方法是每次处理一个记录。数据处理对文件中的记录逐个进行处理，这是数据处理与数值计算(数组运算)在处理方法上的区别。

2. 管理信息系统的基本原理

随着数据处理领域应用的成功，20世纪60—70年代西方国家兴起了管理信息系统热潮。我国在20世纪70年代末—80年代初也兴起了管理信息系统热潮。

管理信息系统是一种以计算机为基础支持管理活动和管理功能的信息系统。更具体的定义为：管理信息系统是由人和计算机结合的对管理信息进行收集、存储、维护、加工、传递和使用的系统。

管理信息系统的基本结构是：管理业务程序＋数据库系统。

管理业务程序包含多个电子数据处理系统。每个电子数据处理系统面向一个管理职能，如财务电子数据处理系统等。多个管理职能的数据集中起来，建立数据库系统。它是管理信息系统的核心组成部分。

管理信息系统依赖于社会管理系统，主要是代替人完成传统的数据处理工作。

管理信息系统应具备如下功能。

(1) 事务处理。任何组织的事务数据都存入数据库中，事务处理按业务功能编制出计算机程序，对数据库中的数据进行处理完成业务工作。

(2) 数据库的更新和维护。管理信息系统根据事务活动变化进行数据的增加、删除和修改。存储历史信息的数据库一般只有增加操作。

(3) 产生各类报表。管理信息系统应具有对数据库中的数据进行加工，以报表的形式呈给用户的功能。报表分为定期报表和不定期报表。

(4) 查询处理。查询处理是一项经常性的工作。查询包括：有预先设置好查询条件的查询和应付某些新用途的随机条件的查询。查询处理还涉及数据的安全保密问题。

(5) 用户与系统的交互作用(用户界面)。管理信息系统应有和用户交流信息的功能。用户可以通过某种方式使用管理信息系统或对系统进行提问以获取辅助管理的信息。

1.1.2 管理科学/运筹学

管理科学(Management Science, MS)的传统名称为运筹学(Operations Research, OR)。更具体地说,运筹学的发展形成了管理科学。

莫尔斯(P. M. Morse)和金博尔(G. E. Kinball)对运筹学的定义是:“运筹学是为决策机构在对其控制下的业务活动进行决策,提供以数量化为基础的科学方法。”

运筹学的早期工作可以追溯到1914年,当时兰彻斯特(Lanchester)提出了属于军事运筹学的战斗方程。1917年丹麦工程师埃尔朗(Erlang)提出了排队论的一些著名公式。存储论是在20世纪20年代初被提出的。

运筹学一词最早出现于1938年。1940年9月,英国成立了第一个运筹学小组。该小组研究诸如护航舰队保护商船队的编队问题;当船队遭受德国潜艇攻击时,如何使船队损失最小的问题;反潜深水炸弹的合理起爆深度问题;稀有资源在军队中的分配问题等。在研究反潜深水炸弹的合理起爆深度后,德国潜艇的被摧毁数增加到400%。由此,运筹学在军事上的显著成功引起了人们的广泛关注。

1947年,丹齐克(G. B. Dantzing)在研究美国空军资源配量问题时提出线性规划及其通用解法——单纯形法。

20世纪50年代末,美国大企业在经营管理中大量应用运筹学,开始时主要用于制订生产计划,后来在物资储备、资源分配、设备更新、任务分派等方面应用和发展了许多新的方法和模型。这些研究推动了管理科学的发展,为决策提供了科学的依据。

管理科学是对管理问题用定量分析方法,建立数学模型,通过求解计算,达到辅助管理决策的一门学科。管理科学同运筹学一样是用数学模型方法研究经济、国防等部门在环境的约束条件下,合理调配人力、物力、财力等资源,通过模型的有效运行,来预测发展趋势,制订行动规划或优选可行方案。

管理科学在处理问题时,分为5个阶段。

(1) 定义问题和确定目标。把整个问题分解成若干子问题,收集问题的数据,确定问题目标。

(2) 建立模型。通过数学符号定义变量,在确定它们之间的关系后,用数学表达式描述问题,如物理定律 $F=ma$ 等。

(3) 求解模型和优化方案。确定求解模型的数学方法,如线性规划的单纯形法。对求解方法编制程序和调试程序,在多个方案中选优。

(4) 检验模型和评价模型是否合理。检验模型得到的解,评价模型的合理性,通过实验数据检验模型的解。

(5) 应用模型分析问题和不断改进模型。应用模型对实际问题求得的解,在方案实施过程中发现新的问题和不断对模型进行改进。

模型是对客观规律的一般描述。人们通过对模型的认识来增强对复杂问题的处理能力,使人们尽可能地按客观规律办事,不犯错误,取得预期的效果。例如,人口模型反映了人口发展的规律以及主要影响因素。通过人口模型的计算,可为国家制定人口政策及控制人口的出生率提供辅助决策建议。

模型工作有建立模型和使用模型两类。

运筹学的研究更强调建立模型,而决策支持系统的研究更强调使用模型,即建立方案。

建立模型是指专家学者在探索事物的变化规律中抽象出它们的数学模型。这项工作是创造性劳动,需要花费大量的精力和敏感思维来得到规律性模型或相近的数学模型。

模型建立后的一个重要问题就是该模型的求解算法。它可以是精确求解,也可以是近似求解。这种算法的提出是由计算机数值计算学者来完成的。有了模型算法,就可以用计算机语言来编制程序。实际的决策者就可以利用模型程序在计算机上的运行结果,得到辅助决策信息。模型的建立和运行如图 1.1 所示。

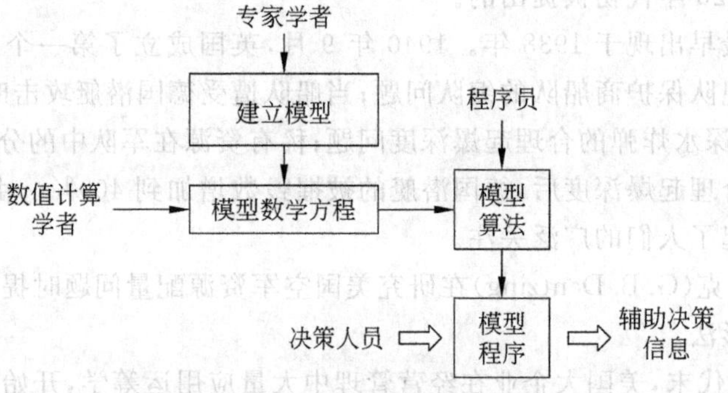

图 1.1 模型的建立和运行

在大量的模型中,对以数值计算为主体的数学模型适用的计算机语言有 FORTRAN 和 C 等,对仿真模型适用的计算机语言有 DYNAMO、GPSS,对智能模型适用的计算机语言有 Prolog、C 等。

1.1.3 决策支持系统

管理科学与运筹学是运用模型辅助决策,体现在单模型辅助决策上,模型所需要的数据在计算机中以文件形式存储。随着技术的发展,解决的问题越来越复杂,所涉及的模型也越来越多,不仅是用几个而是十多个、几十个,以致上百个模型来解决一个大问题。这样,对多模型辅助决策问题,在决策支持系统出现之前是靠人来实现模型间的联合和协调。决策支持系统的出现是要解决由计算机自动组织和协调多模型的运行以及数据库中大量数据的处理,形成决策方案,达到更高层次的辅助决策能力,即决策支持系统是在方案级上辅助决策,比运筹学在模型级上的辅助决策更高一个层次。

决策支持系统的基本结构是三部件:模型库系统＋数据库系统＋人机交互系统。

模型库系统由模型库和模型库管理系统组成,它把众多的模型有效地组织和存储起来。模型库系统和数据库系统结合起来,形成多个决策方案,在人机交互过程中辅助决策。决策支持系统不同于管理信息系统的数据处理,也不同于单模型的数值计算,而是它们的有机集成。它既具有数据处理功能又具有模型的数值计算功能。

决策支持系统具有以下特性。

(1) 用定量方式辅助决策,而不是代替决策。

(2) 使用大量的数据和多个模型,形成决策方案。

(3) 支持决策制定过程。

(4) 为多个管理层次上的用户提供决策支持。

(5) 能支持相互独立的决策和相互依赖的决策。

(6) 用于半结构化决策领域。

结构化决策是指决策目标是确定的，可选的行动方案是明确的，或者是方案数量较少。非结构化决策的目标之间往往相互冲突，可供决策者选择的行动方案很难加以区分，且某些行动方案可能带来的影响有高度不确定性。决策支持系统适用于半结构化决策领域，即在解决结构化决策的基础上扩大多种决策方案，通过人机交互由人的选择和判断，解决某些不确定因素，得到人们未预想到的辅助决策信息。

1.1.4 专家系统

20 世纪 70 年代兴起的专家系统是 20 世纪 50 年代人工智能的进一步发展。专家系统是利用专家的知识在计算机上进行推理，达到专家解决问题的能力。

专家系统的基本结构：知识库＋推理机。

它是以定性方式辅助决策的系统，区别于以定量方式辅助决策的决策支持系统。

1968 年，E. A. Feigenbanm 等人研制了 DENDRAL 专家系统，用来帮助化学家推断分子结构。1974 年，E. H. Shortliffe 等人研制了 MYCIN 专家系统，用来诊断和治疗感染性疾病。专家系统的出现使人工智能走上了实用化阶段。

专家系统也是一种很有效的辅助决策系统。它是利用专家的知识，特别是经验知识经过推理得出辅助决策结论。由于专家知识主要是不精确的定性知识。因此，专家系统辅助决策的方式属于定性分析。

专家系统具有以下特性。

(1) 用定性方式辅助决策。

(2) 使用知识和推理机制。

(3) 知识获取比较困难。

(4) 知识包括确定知识和经验知识。

(5) 解决问题的能力受知识库内容的限制。

(6) 专家系统适应范围较宽。

专家系统的发展使其逐步深入到各个领域，并取得了很大的经济效益。例如，R. O. Duda 等人于 1976 年研制的矿藏勘探专家系统 PROSPECTOR，在华盛顿州发现一处钼矿，获利 1 亿美元。

1.1.5 智能决策支持系统

1. 关于专家系统和决策支持系统概念的说明

最早提出的决策支持系统概念由三部件（人机交互、模型库、数据库）组成。后来 Bonczek 等人提出决策支持系统由三系统（语言系统、知识系统、问题处理系统）组成。由于该决策支持系统概念包含知识系统，使很多人从知识处理的角度研究决策支持系统。实质上，这些人研究的决策支持系统与专家系统是一致的，都是以定性方式辅助决策。Bonczek的决策支持系统与专家系统的区别在于，Bonczek 的决策支持系统强调“问题处理”，而专家系统强调“知识推理”。对知识的应用，知识推理是本质的，问题处理是较宽泛的。

作者认为，Bonczek 的决策支持系统与最早的三部件决策支持系统的概念差别较大，都把它们归入决策支持系统，不利于决策支持系统的研究和开发，而将 Bonczek 的决策支持系统放入专家系统系列，应该是顺理成章的。

2. 专家系统和决策支持系统的结合——智能决策支持系统的初型

专家系统比决策支持系统出现得更早，影响更大。专家系统是人工智能的重要分支，它以定性方式辅助决策。决策支持系统的兴起，形成了以组合模型形成方案的方式辅助决策，其辅助决策的方式属于定量分析。把专家系统和决策支持系统两者结合起来，辅助决策的效果将会大大改善，即达到定性辅助决策和定量辅助决策相结合。这种专家系统和决策支持系统的结合所形成的系统是智能决策支持系统的初型。

决策支持系统和专家系统的结合，并不是那么容易实现的，因为它们各自自成体系，所以要实现它们的结合将有一些技术难题需要解决。专家系统结构中核心的部分由推理机、知识库和动态数据库三部件组成。其中，知识库存放大量的专家知识；推理机完成对知识的搜索和推理；动态数据库存放已知的事实和推理出的事实与结果。专家系统中的动态数据库不同于决策支持系统中的数据库。相对来说，决策支持系统中的数据库是静态数据库。

将决策支持系统和专家系统相结合，首先要解决两系统中各部件之间的接口问题，然后再解决两系统的集成问题，才能形成智能决策支持系统。

3. 决策支持系统与智能技术的结合——智能决策支持系统

智能决策支持系统是以决策支持系统为主体，结合人工智能技术形成的系统。除专家系统这种典型的人工智能技术以外，还有神经网络、机器学习、遗传算法以及自然语言理解等多种人工智能技术。这些技术可以分别与决策支持系统结合形成智能决策支持系统，也可以由多项人工智能技术共同与决策支持系统结合形成智能决策支持系统，它是决策支持系统的发展新阶段。

神经网络是基于人脑神经元的数学模型（MP 模型）建立起来的智能技术。MP 模型是一个多输入单输出的信息传递模型。神经网络分为前馈式网络、反馈式网络和自组织网络。典型的前馈式神经网络是反向传播模型（BP）。神经网络具有学习功能，通过对大量样本的学习，获得网络权值这种分布式知识，利用这种网络知识可以识别新实例或预测新结果。反馈式网络有离散型和连续型两种。其中，离散型反馈式网络用于联想记忆；连续型反馈式网络用于优化计算。自组织神经网络用于聚类。神经网络和决策支持系统结合形成智能决策支持系统，可以用来完成模型的自动选择。利用神经网络专家系统（不同于一般专家系统）和决策支持系统结合形成一种新型的智能决策支持系统。

机器学习是模拟人的学习方法，通过学习获取知识的智能技术。机器学习包括归纳学习、类比学习、解释学习等多种类型。归纳学习中的方法较多,以通过例子学习(示例学习)的研究最多,这其中又包括信息论方法和集合论方法。信息论方法中比较典型的是ID3方法、C4.5方法和IBLE方法。这些方法都取得了较好的效果,在国内外均影响较大。集合论方法中影响较大的是AQ系列方法,它是用覆盖正例排斥反例的思想获取规则知识,影响较大的是AQ11方法和AQ15方法。粗糙集(Rough Set)出现后,用粗糙集理论能够进行属性约简和获取规则知识。机器学习中与数据库有关的方法均被引用到数据挖掘技术中。机器学习和决策支持系统结合形成的智能决策支持系统,主要是增加学习功能,获取辅助决策知识。

自然语言理解是指计算机从用户输入的自然语言请求中,分析语言中的语法获取语义。自然语言理解的处理过程分为词法分析、句法分析和语义分析3个层次。自然语言理解和决策支持系统的结合形成的智能决策支持系统,能提高人机交互的效果,即在人机交互中可以直接采用自然语言与决策支持系统对话。

为了区别后来发展的基于数据仓库的决策支持系统(新决策支持系统),我们把智能决策支持系统称为传统决策支持系统。

1.1.6 数据仓库型决策支持系统

1. 数据仓库的兴起

数据仓库是企业内部的运作数据和事务数据的中央仓库。数据仓库中的数据经过清理、转换、综合,成为商业信息,被用来帮助企业解决复杂商业难题。它是为最终用户进行决策分析而专门设计的,使用户可以针对任何一个需求去获取市场数据以及客户、产品或事务的信息。这种能力明显地有别于把数据锁在"数据监狱"的数据库里。数据库是分散的、独立的子系统,没有能力从统一的角度提供客户的所需信息,也无法指出哪些服务和产品与所有客户的关系最密切。

数据仓库是对整个企业各部门的数据进行统一和综合,这实际上是决策支持和客户管理的一次革新。企业可以用它来取得各个重要方面的数据与分析结果,如商品利润、市场分析和风险管理等,进而改善企业的自身管理。举例来说,数据仓库用户可以立即得到其单位当前所处地位的准确报告;了解其公司所面临的风险,包括各项事务及整个企业所有业务面临的风险;并对市场和法规条例的需要迅速作出反应。

数据仓库是在数据库的基础上发展起来的。它将大量的数据库的数据按决策需求进行重新组织,以数据仓库的形式进行存储,它将为用户提供辅助决策的随机查询,综合数据以及随时间变化的趋势分析信息等。

数据仓库是一种存储技术,其数据存储量大约是一般数据库的100倍。它包含大量的历史数据、当前的详细数据以及综合数据,适用于对不同用户的不同决策需要提供所需的数据和信息。

数据仓库是预测利润、管理和分析风险、进行市场分析,以及加强客户服务与营销活动等的新技术;它在商业变化时保持竞争优势方面日益扮演着举足轻重的角色。

2. 数据挖掘的兴起

数据挖掘是为了解决传统分析方法的不足,并针对大规模数据的分析处理而出现的。数据挖掘从大量数据中提取出隐藏在数据中的信息和知识,为人们的正确决策提供了很大的帮助。

数据挖掘是在大型数据库中知识发现(Knowledge Discovery in Database,KDD)的一个步骤,它主要是利用某些特定的知识获取算法,从数据库中发现有关的知识。

KDD是一个多步骤的对大量数据进行分析的过程,包括数据预处理、模式提取、知识评估及解释。

数据挖掘是从人工智能机器学习中发展起来的。它研究各种方法和技术,从大量的数据中挖掘出有用的信息和知识。最常用的数据挖掘方法是统计分析方法、神经网络方法和机器学习方法。数据挖掘中采用的机器学习方法有归纳学习方法(如AQ系列算法等,ID3、C4.5、IBLE方法等覆盖正例排斥反例方法和决策树方法)、遗传算法、发现学习算法(如公式发现系统BACON、FDD)等。

利用数据挖掘的方法和技术从数据库中挖掘的信息和知识,反映了数据库中数据的规律性。用户利用这些信息和知识来指导和帮助决策。例如,利用分类规则来预测未知实体的类别。

数据挖掘技术可以产生5种类型的知识。第一种是关联知识,它可以显示与某个事件相关联的知识,比如在购买啤酒的同时,有70%的人可能也购买花生;第二种是序列知识,它可以显示所有时间内互相连接的一些事件,比如新购买了地毯后又购买了新窗帘;第三种是聚类知识,它把那些没有类别的数据聚集成多个类别,给用户提供"物以类聚"的宏观观念;第四种是分类知识,它是在已经有类别的情况下,找出描述类别特性的模式,比如找出一组信用卡已作废的客户的特征;第五种是预测知识,它可以通过使用隐藏在数据中的回归模型来估计一些连续变量(如库存周转量)的未来值。

3. 数据仓库型决策支持系统的出现

数据仓库、联机分析处理与数据挖掘都是决策支持的新技术,但它们有着完全不同的辅助决策方式。其中,数据仓库中存储着大量辅助决策的数据,它为不同的用户随时提供各种辅助决策的随机查询、综合数据或趋势分析信息;联机分析处理提供了多维数据分析,进行切片、切块、钻取等多种数据分析手段;数据挖掘是挖掘数据中隐含的信息和知识,让用户在进行决策中使用。

数据仓库、联机分析处理和数据挖掘结合起来形成的决策支持系统称为数据仓库型决策支持系统,或称为新决策支持系统。它不同于以模型和知识结合的智能决策支持系统(传统决策支持系统)。在数据仓库系统的前端的分析工具中,多维数据分析与数据挖掘是其中的重要工具。它可以帮助决策用户进行多维数据分析和挖掘出数据仓库的数据中隐含的规律性。

需要说明的是,数据挖掘可以用于数据仓库,也可以直接用于数据库,即它可以用于数据仓库的海量数据,也可以用于事务处理的运作数据。

1.1.7 综合决策支持系统

新决策支持系统和传统决策支持系统几乎没有什么共同之处。传统决策支持系统是以模型和知识为决策资源，通过模型的计算和知识推理为实际决策问题辅助决策。新决策支持系统是以数据仓库中的大量数据为对象，从数据仓库中提供综合信息和预测信息；联机分析处理提供多维数据分析信息；数据挖掘提供所获取的知识，共同为实际决策问题辅助决策。传统决策支持系统和新决策支持系统分别从不同的角度辅助决策，由于两者不是覆盖关系，也就不存在相互代替的问题，而是两者的相互补充和相互结合。

将传统决策支持系统和新决策支持系统结合起来的决策支持系统称为综合决策支持系统。

把数据仓库、联机分析处理、数据挖掘、模型库、数据库、知识库结合起来形成的综合决策支持系统是更高级形式的决策支持系统。其中，数据仓库能够实现对决策主题数据的存储和综合以及时间趋势分析；联机分析处理实现多维数据分析；数据挖掘从数据库和数据仓库中获取知识；模型库实现多个模型的组合辅助决策；数据库为辅助决策提供数据；知识库中的知识通过推理进行定性分析。由它们集成的综合决策支持系统将相互补充和依赖，发挥各自的辅助决策优势，实现更有效的辅助决策。

1.1.8 网络型决策支持系统

Internet 技术推动了决策支持系统的发展，网络上的数据库服务器，使数据库系统从单一的本地服务上升为网络上的远程服务，而且能对远地多个用户的不同客户机，同时并发地提供服务。新发展起来的数据仓库也是以服务器形式在网络上提供共享、并发服务。数据库和数据仓库都是数据资源。同样，可以将模型资源和知识资源也以服务器的形式在网络上为远地的客户机提供并发和共享的模型服务和知识服务。

模型服务器中可以集成大量的数学模型、数据处理模型、人机交互的多媒体模型等，为用户提供不同类型的模型服务，也可以为用户提供组合多种类型模型的综合服务。

知识服务器中可以集中多种智能问题的知识库，或者是不同知识表示形式的知识(规则知识、谓词知识、框架知识、语义网络知识等)和多种不同的推理机，如正向推理机、逆向推理机、混合推理机等。

决策支持系统的综合部件(问题综合与交互系统)是由网络上的客户机来完成的，即在客户机上编制 DSS 控制程序，由它来调用或者组合网络上的模型服务器上的模型完成模型计算；调用网络上的知识服务器上的知识完成知识推理；以及调用网络上的数据仓库进行综合信息查询，或用历史数据进行预测。这样，就形成了网络型综合决策支持系统，简称网络型决策支持系统(Net-Decision Support System，N-DSS)。

网络型决策支持系统是决策支持系统的发展方向。由于 Internet 技术的成熟和普及，目前数据库产品、数据仓库产品均采用服务器形式在网络上向多用户提供共享服务。联机分析处理和数据挖掘产品也都在采用服务器形式通过网络提供服务。模型服务器和知识服务器还没有正式的产品。

作者领导的课题组研制了模型服务器(见第 8 章)。它在网络上提供模型服务的效果远远强于单机的模型库系统。为此,我们已经开始了网络型决策支持系统的开发。

1.2 决策支持系统的概念

1.2.1 决策问题的结构化分类

把决策问题按结构化程度来分类,是基于把决策问题能否程序化来考虑的,即对决策问题的内在规律能否用明确的程序化语言(数学的或者逻辑的、形式的或者非形式的、定量的或者推理的)给予清晰的说明或者描述。如果能够描述清楚的,称为结构化问题;不能描述清楚,而只能凭直觉或者经验作出判断的,称为非结构化问题;介于这两者之间的,则称为半结构化问题。

按结构化程度分类,决策问题可分为结构化决策、半结构化决策和非结构化决策。

结构化问题是常规的和完全可重复的,每一个问题仅有一个求解方法,可以认为结构化决策问题可以用程序来实现。非结构化问题不具备已知求解方法或存在若干求解方法而所得到的答案不一致,因此难以通过编制程序来完成。非结构化问题实质上包含着创造性或直观性,计算机难以处理。而人则是处理非结构化问题的能手。当把计算机和人有机地结合起来就能有效地处理半结构化决策问题。决策支持系统的发展能有效地解决半结构化决策问题,并可使非结构化决策问题逐步向结构化问题转化。

对问题的结构化程度区分,具体用下面 3 个因素来判别。

(1) 问题形式化描述的难易程度。结构化问题,容易用形式化方法严格描述。形式化描述难度越高,结构化程度就越低。完全非结构化问题甚至不可能形式化描述。

(2) 解题方法的难易程度。结构化问题一般可描述得很清楚,并有较容易的解题方法。解题方法越不易精确描述或难度越高,结构化的程度就越低。完全非结构化的问题,甚至不存在明确的解题方法,只能用一些定性的方法来解决。

(3) 解题中所需计算量的多少。结构化的问题一般可通过大量的、明确的计算来解决,而结构化程度低的问题则可能需要大量试探性解题步骤而不包含大量明确的计算。

目前,管理信息系统属于结构化决策问题,主要是由于它能进行形式化描述,可以利用各类(中小型或微型)计算机上的数据库管理系统语言来编制管理信息系统程序以完成各企事业单位的管理工作。

决策是从多个备选方案中选择一个最好的方案。方案能通过编程来实现,对多个方案的选择由于涉及因素很多,难以在计算机上实现,只能由决策者来完成。可见,决策问题的解决方案利用数学模型和数据是可以实现的,这部分是结构化的。对于多个解决方案的选择,在计算机中是难以实现的,由人来解决,这部分是非结构化的。决策支持系统完成多个方案的计算机实现,并提供人机交互接口,完成计算机与人的结合,解决决策问题,故决策支持系统只能解决半结构化决策问题。

G. M. Marakas 在《21 世纪的决策支持系统》(*Decision Support Systems in the 21 Century*)一书中指出:决策支持系统的作用就是在决策的“结构化”部分为决策者提供支

持，从而减轻决策者的负荷，使之能够将精力放在问题的非结构化部分。可以将处理决策的非结构化部分的过程看作人的处理过程。因为人们还不能通过自动化技术来有效地模拟这种过程。

1.2.2 决策支持系统的定义

自从决策支持系统的概念被提出以后，不少人对其进行了定义，比较典型的有如下几种。

1. R. H. Spraque 和 E. D. Carlson 对决策支持系统的定义

决策支持系统具有交互式计算机系统的特征，帮助决策者利用数据和模型去解决半结构化问题。

决策支持系统具有如下功能。

(1) 解决高层管理者常碰到的半结构化和非结构化问题。

(2) 把模型或分析技术以传统的数据存储和检索功能结合起来。

(3) 以对话方式使用决策支持系统。

(4) 能适应环境和用户要求的变化。

2. P. G. W. Keen 对决策支持系统的定义

决策支持系统是决策(D)、支持(S)、系统(S)三者汇集成的一体，即通过不断发展的计算机建立系统(System)的技术，逐渐扩展支持(Support)能力，达到更好的辅助决策(Decision)效果。

传统的支持能力是指提供的工具能适用当前的决策过程，而理想的支持能力是主动地给出被选方案甚至决策被选方案。

3. S. S. Mittra 对决策支持系统的定义

决策支持系统是从数据库中找出必要的数据，并利用数学模型的功能，为用户产生所需要的信息。

决策支持系统具有如下功能。

(1) 为了作出决策，用户可以试探几种“如果，将如何”(What If…)的方案。

(2) 决策支持系统必须具备一个数据库管理系统，一组以优化和非优化模型为形式的数学工具和一个能为用户开发决策支持系统资源的联机交互系统。

(3) 决策支持系统结构是由控制模块将数据存取模块、数据变换模块(检索数据、产生报表和图形)和模型建立模块(选择数学模型或采用模拟技术)这 3 个模块连接起来实现决策问题的回答。

决策支持系统使人机交互系统、模型库系统(模型库管理系统与模型库)、数据库系统(数据库管理系统与数据库)三者有机地结合起来。它大大扩充了数据库功能和模型库功能，即决策支持系统的发展使管理信息系统上升到决策支持系统的新台阶上。决策支持系统使那些原来不能用计算机解决的问题逐步变成能用计算机解决。

综合以上定义,可以将决策支持系统初步定义为:决策支持系统是利用大量数据,有机组合各类模型,在计算机上建立多个决策方案,通过人机交互,辅助各级决策者实现科学决策的系统。

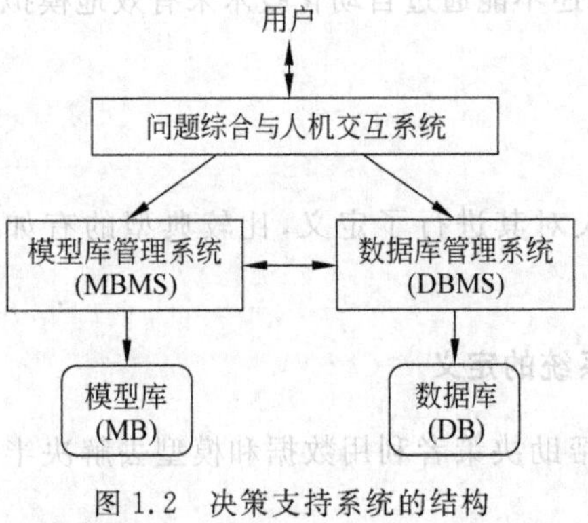

图 1.2 决策支持系统的结构

该定义与决策支持系统的三部件结构是一致的。决策支持系统的结构如图 1.2 所示。随着决策支持系统的发展,将产生更全面的决策支持系统的定义(见 6.3.3 节)。

决策支持系统为决策者提供辅助决策的有用信息,但它不能制定决策。决策是由人来制定的。R. H. Bonczek 认为:决策制定是由决策者利用决策支持系统来完成的。

1.2.3 决策支持系统与管理科学/运筹学的关系

模型辅助决策是管理科学/运筹学和决策支持系统的共同基础。

由于管理科学/运筹学的发展,模型辅助决策已经成为处理结构化决策问题的成功方法。管理科学/运筹学处理问题的基本过程分为 4 个步骤:调研、建模、优化和评价。管理科学/运筹学的建模步骤是相当成功的。但是,对于模型的选择以及多模型的组合形成多个方案,已经超出了管理科学/运筹学的范围,而这正是决策支持系统的工作。

决策支持系统与管理科学/运筹学比较,具有如下特点。

(1) 决策支持系统将数据和模型通过接口组成一个系统。

(2) 决策支持系统需要模型的选择和多模型的组合,形成多个方案。

(3) 决策支持系统通过人机交互支持半结构化问题的决策。

(4) 决策支持系统能便于用户的使用和适应用户的不同需求。

1.2.4 决策支持系统与管理信息系统的关系

1. 决策支持系统与管理信息系统的联系

决策支持系统是从管理信息系统的基础上发展起来的,都是以数据库系统为基础,都需要进行数据处理,也都能在不同程度上为用户提供辅助决策信息。

2. 决策支持系统与管理信息系统的不同

(1) 管理信息系统是面向中层管理人员,为管理服务的系统;决策支持系统是面向高层人员,为辅助决策服务的系统。

(2) 管理信息系统综合了多个事务处理功能,如生产、销售、人事等;决策支持系统是通过模型计算辅助决策。

(3) 管理信息系统是以数据库系统为基础,以数据驱动的系统;决策支持系统是以模型库系统为基础,以模型驱动的系统。

(4) 管理信息系统分析着重于系统的信息需求,输出报表模式是固定的;决策支持系统分析着重于决策者的需求，输出的数据是计算的结果。

(5) 管理信息系统追求的是效率，即快速查询和产生报表；决策支持系统追求的是有效性，即决策的正确性。

(6) 管理信息系统支持的是结构化决策。这类决策是已知的、可预见的，而且是经常的、重复发生的。决策支持系统支持的是半结构化决策。这类决策是指既复杂又无法准确描述处理原则，而且涉及大量计算，既要应用计算机又需要用户干预，才能取得满意结果的决策。

1.2.5 几个典型的决策支持系统

决策支持系统形成与发展的主线在1.1节中已介绍。它们分别是：决策支持系统、专家系统、智能决策支持系统、新决策支持系统、综合决策支持系统、网络型决策支持系统。

在决策支持系统的发展中，还有几个典型的决策支持系统：群决策支持系统、经理信息系统和商务智能系统等，下面予以介绍。

1. 群决策支持系统

群决策是若干决策者针对大型问题或复杂问题，在共同环境和一定的目标下发挥相互联系或相互制约的作用，通过共同协商，寻求各方都满意的结果。如对长远发展的重大决策，个人决策局限很大，需要群体决策来解决。支持群决策的群决策支持系统(Group Decision Support System，GDSS)也随之得到发展。

群决策支持系统是在决策支持系统的基础上发展起来的。群决策的成员可以分布在较远的地方，这需要利用计算机分布式网络来连接它们，故分布式网络对群决策支持系统是不可缺少的。

群决策支持系统是在多个决策支持系统和多个决策者的基础上进行集成的结果。可以说，群决策支持系统是由多个决策者的智慧、经验以及相应的决策支持系统组成的集成系统，它以计算机及其网络为基础，用于支持群体决策者共同解决半结构化的决策问题。目前，群决策支持系统典型的应用是远程会议。

1) 群决策支持系统的结构和特点

(1) 群决策支持系统体系结构和运行。

决策支持系统是模型库系统、数据库系统、知识推理系统、人机交互系统四者的有机结合体。群决策支持系统是在多个决策支持系统和多个决策者的基础上进行集成的结果。

实际领域中的问题提给各决策支持系统，由组织管理者对各自的决策通过群决策支持系统进行综合分析和集成，形成决策结论，再将该决策结论反馈到实际领域问题中去。

(2) 群决策支持系统的特点。

① 群决策支持系统是一个支持群决策的支持系统，它需要专门设计，不是多个决策支持系统的简单组合。

② 群决策支持系统能减少群中部分消极行为的影响。

③ 群决策支持系统能完成群决策过程和得出群决策方案，并在组织管理者的指导下得到群决策结果。

④ 群决策支持系统能支持在一个地点举行的群决策会议，也能支持远程的决策会议，并得到决策问题的结果。

2）群决策支持系统的应用类型

目前，群决策支持系统有4种应用类型，它们是由于各决策者的集中和分散程度以及利用计算机网络形式的不同而形成的。

(1) 决策室(Decision Room)。

每个决策者有一台计算机或终端，在同一个会议室内，各自可以在自己的计算机或终端上利用各自的决策支持系统进行决策制定。群决策支持系统的组织者协调和综合各决策者的决策意见，使群决策支持系统得出群决策结论。会议室中有大屏幕显示器，可以显示各决策者的决策方案和结果以及统计分析数据和有关图形、图像，供会议参加者讨论。这种方式使决策者面对面地交互、讨论，使决策会议顺利和迅速地得出群决策支持系统结果。

(2) 局部决策网(Local Decision Network)。

利用计算机局部网络使各决策者在各自的办公室中进行群决策。各决策者在各自的计算机工作站上利用各自的决策支持系统进行决策，各决策者之间通过局部网络进行通信，并和群决策支持系统组织管理者通信，传输各自需要的输入输出信息。

(3) 远程会议(Teleconferencing)。

远程会议由两个或者多个决策室通过可视通信设备连接在一起，使用电子传真技术组织会议进行决策。决策室中的每个决策者有一台计算机或终端，在同一个决策室内，各自可以在自己的计算机或终端上利用各自的决策支持系统进行决策制定，群决策支持系统的组织者协调和综合各决策者的决策意见，使群决策支持系统得出群决策结论。会议室中有大屏幕显示器显示各决策者的决策方案和结果以及统计分析数据和有关图形、图像。这种形式把相距遥远的决策室联系起来，通过计算机网络、电话网络、电子黑板等设备，实现录像电视传真，大屏幕显示，形成现代化远程会议，达到群体共同决策。群决策支持系统可以缩短会议时间，提高会议效率，增加群体满意度。

(4) 远程决策制定(Remote Decision Making)。

每个决策者都拥有一台“决策工作站”，在站与站之间存在不间断的通信联系，其中任何一个决策者可在任何时候与群体的其他成员取得联系，共同做出决策。它不需要像远程会议那样，需要组织安排和协调才能举行决策会议，它可实现远程大范围的群体决策，可用于国际组织和跨国公司的联席会议。

2. 经理信息系统

经理信息系统(Executive Information System，EIS)也称为执行信息系统，是对高层管理者的战略决策提供支持的决策支持系统。经理信息系统不仅帮助经理精确和快捷地了解自己组织的运营状况，如商品在不同地区、不同时间的销售情况，而且帮助掌握竞争者、顾客和供应商的活动。

经理信息系统定义为通过获取企业内部和外部的有关信息为高层决策者提供支持决策的系统。

经理信息系统具有以下特点。

(1) 直接为高层决策者使用。

(2) 界面友好、操作简便。

(3) 通过图、表、文字等形式输出信息。

(4) 从内部和外部资源中获取信息。

(5) 提供选择、析取、分离、追踪信息的工具。

(6) 提供各种类型的报告,如状态报告、异常情况报告、趋势分析报告、特别查询报告等。

国外发现,高层决策者的工作主要包括管理混乱的局势(相对频率占42%)、创新活动(相对频率占32%)、资源配置(相对频率占17%)、协商和谈判(相对频率占3%)、其他(相对频率占6%)。

(1) 管理混乱局势。对出乎预料的事件进行连续不断的决策和关注。

(2) 创新活动。对随时变化的市场和环境,做出准确的预测和行动。

(3) 资源配置。对人、资金、设备、商品等资源进行管理和配置。

(4) 协商和谈判。对部门间的职权范围和工作流程中产生的纠纷和冲突,需要进行协商和谈判。

为支持经理的工作,经理信息系统应用软件的需求如下。

(1) 办公支持。提供电子邮件服务、公司内部和外部的新闻。支持办公自动化功能,如文字处理、日程安排、地址簿、待处理事务清单。

(2) 分析支持。决策支持系统功能与帮助,对于趋势、关键指标、概述文档、异常报告的图形输出、数据钻取功能等。

(3) 个性化服务。允许对报告的形式、图表的类型和菜单的内容进行灵活的修改。

(4) 图形功能。多种统计图形、趋势图形的生成和显示。

(5) 规划功能。项目管理。

(6) 人机界面友好。用户容易使用,具有很好的系统功能导航形式。

(7) 安全措施。具有远程访问以及数据安全功能。

3. 商务智能系统

1) 商务智能的概念

可以将商务智能理解为:从大量的数据中获得信息和知识,针对商业中随机产生的问题,达到支持决策的效果。

商务智能和人工智能有相似之处,又有不同。共同之处在于都能达到一定的智能效果,即获取知识解决随机问题或新问题。不同之处在于:人工智能是利用机器学习技术获取知识,采用逻辑推理技术(演绎、归纳、类比推理)解决实际问题。商务智能是在数据仓库中获得综合信息、预测信息和多维数据分析信息,利用数据挖掘获取知识,解决商业中的决策问题。商务智能是在人工智能的基础上发展起来的新的智能技术,其中数据挖掘就是从机器学习中发展起来的。商务智能更明确它是用于商业领域。实质上,商务智能技术完全可以用于其他领域,是一种新型的智能技术。

商务智能是通过从数据中获取信息和知识,支持随机变化的商业决策。著名的"商务智能”企业家和学者 B. Liautaud 指出：商务智能是从“根本上帮助你把公司的运营数据转化成为高价值的可以获取的信息（或者知识）”。同时指出：商务智能的出现是实现知识共享的关键所在。

商务智能是在 20 世纪 90 年代中期被提出的。商务智能系统是以数据仓库为基础，通过联机分析处理和数据挖掘技术帮助企业领导者针对市场变化的环境，做出快速、准确的决策。商务智能系统与数据仓库型决策支持系统从组成和目标来看是一致的。商务智能系统更强调智能的效果。

商务智能系统包含以下 3 部分。

(1) 提取、转换、加载(ETL)工具。这是把商业应用系统的数据进行提取，按决策主题的要求进行转换，再加载到数据仓库中。

(2) 数据仓库。这是数据存储的场所，按数据仓库对数据的组织形式（如星形模型的多维数据组织）存储数据，数据仓库中现存大量的当前数据，也保留大量的历史数据，还要产生不同层次的综合数据。

数据仓库的数据既是共享数据，又可以为不同的决策需求提供所需数据。

(3) 商务智能工具。这些工具包括用户查询和报表工具（满足用户不同需求的查询及产生相应报表）、联机分析处理工具（实现对数据仓库中数据的多维数据查询，如切片、切块、钻取等要求）、数据挖掘工具（从大量数据中挖掘出分类知识、关联知识等）。通过这些工具，将从数据仓库中获取支持决策的信息和知识。

商务智能的一个最显著的优点是能随时应付意外情况的发生。英国航空公司的智能战略经理 P. Blundell（布伦德尔）说：“要知道价值是因为对意外情况的有效处理而产生的。在我们拥有商务智能之前，面对燃料危机，我们将不得不分析一些短期的燃料支出、燃料使用，以及其他一些数据。这要花费航空公司一笔钱。现在，有了好的商务智能战略，我们不会因航空公司生存环境的剧烈变化而受困。”

2) 商务智能系统辅助制定更好更快的决策

公司需要制定的决策有两类：由高层管理者制定宏观的战略决策；基层人员在日常事务中制定决策。战略决策有：投资哪个项目；哪些业务需要分离或是合并；制定销售策略等。事务决策有：销售员决定是否给一个客户折扣；生产经理决定是否投产一个新产品以满足客户需求；市场营销专家决定是否要进行新一轮的直接邮购活动；采购经理决定是否买更多的材料等。这些事务决策只具有“战术”意义，不会影响业务运作的基础，但从总体效果看，其重要性并不亚于企业高级管理人员做出的重大决策，也会直接影响企业的成败。这些决策很少是通过决策分析而做出的，大多靠的是经验、积累的知识和惯常的做法。提高企业日常工作中的决策质量，将直接对企业的成本和营业收入产生影响。

商务智能系统改进企业决策过程，表现在如下几个方面。

(1) 信息共享。

有了商务智能系统就可以实现信息共享，用户可以迅速找到所需要的数据，通过对数据进行钻取分析以达到目标。例如，某公司通过商务智能系统跟踪商品的质量管理，能及时发现问题，而不是等到一个星期后通过查阅各种报告来发现问题。时间的节省以及产品质量的提高，不仅降低了企业的成本，也给公司带来了更多的收入。

(2) 实时反馈分析。

商务智能的运用能够使员工随时看到工作进展程度，并且了解一个特定的行为对现实目标的效用。如果员工们都能看到自己的行为如何提升或者影响了业绩，那么也就不需要过于复杂的激励体系了。

例如，朋斯卡物流公司，司机的激励机制与其驾驶表现(如每英里的耗油量和损耗程度等成本控制方面的因素)相关联。通过电子商务智能系统，公司的主控计算机就能根据司机出车行驶的里程计算出每加仑汽油能支持的里程数，然后再把数据传输到数据仓库，通过数据仓库，员工们就可以分析提高绩效的可能性，即发现如何通过汽车保养或调整司机驾驶习惯来达到业绩目标，提高业务水平和创造更多的价值。

(3) 鼓励用户找出问题的根本原因。

根据初步得到的答案而采取的行动可能未必正确，因为初步的探究往往没有发现根本问题的所在。要找出根本原因就需要对与成功或失败相关的诸多因素进行深度分析。

通过企业商务智能系统，能够找到某部门业绩糟糕或者出色的根本原因，只要不断地追问"为什么？为什么？"这个过程可能是从分析一个报告开始，比如每季度的销售情况，每个答案引出一个新问题，采取钻取或分析方法，就能把最根本的原因找出来。例如，通过企业商务智能系统，制衣商发现他们推出的市场促销活动效果不理想。在分析诸多数据后，制衣商开始把价格跟市场需求进行灵活挂钩。结果，该制衣商减少了存货时间，提高了存货管理效率，营运资本、销售、利润等几项主要业绩指标也明显好转。

(4) 使用主动智能。

在数据仓库中设定预警机制，一旦出现超过预警条件的数据，就自动通过各种设备，比如电子邮件、传呼、手机等通知用户。这种主动智能使用户及时决断，并采取相应措施。

(5) 实时智能。

企业采用真正的实时智能，将大大提高运营效率，降低成本，提高服务质量。例如，朋斯卡物流公司认识到需要一个商务智能系统来实时监控和智能管理运输与物流业务。该系统掌握了很多信息，把货物运载量维持在一个最高的水平，帮助客户更快地把货物从A地送到B地。企业商务智能系统能实时跟踪卡车的货物装载量。如果一辆卡车的装载量只有一半，公司根据商务智能系统发出指令让该车调整路线，再装载一些货物。该系统使公司的所有营业收入上升了很多。

1.3 决策科学与决策支持系统

1.3.1 决策与决策科学

1. 决策

决策(Decision Making)就是为了达到一定目标，采用一定的科学方法和手段，通过分析、比较，在若干种可供选择的方案中选定最优方案或满意方案的判断过程。简单理解，决策就是做出决定或选择。

一个正确的决策，将给人们带来政治上的成就，军事上的胜利，经济上的效益，科研上的成果。一个错误的决策，将导致政治上的失利，军事上的失败，经济上的损失。决策效果的影响深远。长期以来，决策主要是依靠人的经验，称为经验决策。对于反复出现的相同或相似的决策问题，决策者又具有丰富的知识和经验，经验决策的优点是，决策时间短，效率高。但是对于以前未遇到的决策问题，或者重要又很复杂的决策问题，经验决策就容易出现失误。在人类历史上，经验决策成功的例子和失败的例子都很多。诸葛亮作“隆中对”而奠定了三分天下，曹操“赤壁之战”的决策便使百万雄兵毁于一旦。据美国近年统计，每百个新厂约有 1/2 在两年内倒闭，5 年后只有 1/3 幸存，绝大多数的经营失败是由于决策失误。不仅中小企业如此，财力雄厚的垄断企业也不例外。西方管理界流行着这样一个说法：“管理的重心在经营，经营的关键是决策。”

随着科学技术的迅速发展，社会活动范围的扩大，大企业、大工程的出现，国际关系日益复杂，领导者单凭个人的知识、经验、智慧和胆略来做决策，难免出现失误。在这种形势下，经验决策逐渐被科学决策所取代。

决策的分类有如下几种。

1）按决策的作用分类

（1）战略决策。是指有关企业的发展方向的重大全局决策，由高层管理人员做出。

（2）管理决策。为保证企业总体战略目标的实现而解决局部问题的重要决策，由中层管理人员做出。

（3）业务决策。是指基层管理人员为解决日常工作和作业任务中的问题所做出的决策。

2）按决策的性质分类

（1）程序化决策。即有关常规的、反复发生的问题的决策。

（2）非程序化决策。是指偶然发生的或首次出现而又较为重要的非重复性决策。

3）按决策问题的条件分类

（1）确定型决策。是指在可供选择的方案中，只有一种自然状态时的决策，即决策的条件是确定的。确定型决策分析技术主要是数学规划。

（2）风险型决策。是指在可供选择的方案中，存在两种或两种以上的自然状态，但每种自然状态所发生概率的大小是可以估计的。风险型决策分析技术有期望值法和决策树法，采用的准则有 3 种：乐观准则、悲观准则和可能性准则。

（3）不确定型决策。指在可供选择的方案中，存在两种或两种以上的自然状态，而且这些自然状态所发生的概率是无法估计的。不确定型决策分析技术采用试探性方法。

决策具有如下特征。

（1）目的性。人类的实践活动，都是为达到一定的目的而进行的。行动目标是在行动之前就已经确定了的，因此决策体现了鲜明的目的性。

（2）超前性。决策是建立在行动之前的，是对未来行动的方向、原则和方法的决定，没有超前性的决策是没有意义的。

（3）创造性。为了达到决策的目的实现决策目标，决策者必须以创造精神，寻求和优化达到目标的最佳途径，也就是要创造性地选择和制定最优的决策方案。

（4）管理性。“管理就是决策”，决策是主要的管理职能，没有决策就无从管理，任何管理都必须以决策为前提和依据。

2. 决策科学

决策科学是研究决策原理，探索如何做出正确决策的一门综合性学科。决策科学是现代科学技术高度发展的结果，是社会化大生产的产物。决策科学研究的主要内容如下。

(1) 决策原理的研究。主要研究决策科学的基本原理，决策在管理活动中的地位，决策活动中人、机、物诸因素的关系等。

(2) 决策信息的研究。主要研究如何搜集、整理、分析决策所需要的信息，使其达到尽量准确的程度。

(3) 决策过程和方法的研究。主要研究决策过程中每个阶段解决问题应采取的步骤和方法，包括正确的数据处理方法、定性分析和定量分析方法等。

(4) 决策组织机构(决策体系)的研究。主要研究组织机构的正确设置，决策各个系统之间的分工、协调、矛盾的解决等。

(5) 决策对象规律性的研究。主要研究决策对象的特殊规律，为实际做出某种决策提供科学依据。研究的目的是为了使人们在主观上能正确地认识，掌握和控制客观事物的运动、变化、发展的规律性，为科学决策服务。

科学决策是决策者依据科学方法、科学程序、科学手段所进行的决策工作。决策者进行科学决策，必须依靠决策体系开展工作，严格遵循一定的决策程序和正确的决策原则，依靠专家和智囊组织，运用科学的决策方法，采用先进的信息处理技术和手段，进行符合客观实际的决策。现代科学决策要依靠咨询机构的专家们进行详细的分析计算，并利用决策支持系统来完成。

决策科学中重点讨论两种性质的决策：程序化决策和非程序化决策。

程序化决策是指对重复出现的例行问题所做出的决策。程序化决策对所要解决的问题要求有良好的结构，可以运用固定的程序和方法进行决策，因此也称为结构化决策。程序化决策的特点如下。

(1) 所要决策的问题是反复出现的，而且结构良好，各种环境因素和客观条件都能够运用数学的模型化方法进行定量描述。

(2) 决策目标明确，要达到目标的途径也比较清楚。

(3) 决策方案的制定比较容易，因为这类决策问题是反复出现的，结构也是良好的，因此决策问题的因素和条件都是固定的、很少变化的，所采用的信息可以量化，易于处理和分析比较，能够找到一个比较优化的决策方案。

(4) 决策所采用的是规范化的固定程序，运用的是运筹学方法和数据处理技术。这类问题可采用有关通用软件，编成一定的程序，输入计算机，由基层单位的中下层人员去完成。如企业的计划管理、物资管理、生产管理等的决策。

非程序化决策是指对不经常重复出现的非例行问题所做出的决策。非程序化决策的问题一般都是过去不曾出现的、偶然发生的非常规性的问题，而且这类问题涉及面广，因素复杂多变，结构不清楚，因此对这类问题的决策没有固定的程序和方法。非程序化决策由于所要决策的问题环境条件复杂，很多因素不能用定量的方法来描述，只能用定性的方法来表述，所以对这类决策问题必须运用定量和定性相结合的方法来处理，使能定量的因素尽量实现量化的同时，要积极发挥专家智囊的创造力和决策者的判断才能，进行充分的调查研究，弄清问题的环境因素和各种制约条件，搜集和汇总能够收集到的所有信息和知识，借助专家系统的知识推理，进行定性分析，帮助决策者对所有被选方案进行认真的比较、推敲、分析，从中选出较理想的方案。由于客观因素较多，而且是在动态变化之中，因此仍应采用探索式解决问题的方法来完成决策工作。

非程序化决策这一概念是由美国经济学家西蒙首先提出的。他认为，解决非程序化决策问题要找出人们在非程序化环境和条件下解决问题的潜力，既要利用电子计算机的帮助把能够量化的因素以数学的形式描述出来，又要深化对问题的理解，采用探索式的方法来解决问题。

科学决策的主要特点如下。

(1) 有科学的决策体系和运作机制。决策体系是指决策整个过程中的各个部门在决策活动中的组织形式。它由决策系统、参谋系统、信息系统、执行系统和监督系统组成，各子系统既有相对独立性，又能够密切联系，有机配合。

(2) 遵循科学的决策过程。决策过程包括：提出问题和确定目标；拟订决策方案；决策方案的评估和优选；决策的实施和反馈。正确的决策必须按照决策程序办事。

(3) 重视“智囊团”在决策中的参谋咨询作用。在现代决策中，“智囊团”已发展为智囊机构，它们为决策制定发挥了重要的作用。

(4) 运用现代科学技术和科学方法。采用电子计算机，建立数学模型和决策支持系统，把定性方法和定量方法有机结合起来，使决策摆脱主观随意性而更能符合客观实际。

决策支持系统就是充分利用数学模型的定量分析方法和专家系统的定性分析方法结合起来，制定多个决策方案，帮助决策者进行科学决策。

1.3.2 决策过程与决策支持系统

著名的学者西蒙认为决策过程由 4 个步骤组成：①确定决策目标；②拟订各种被选方案；③从各种被选方案中进行选择；④执行方案。这 4 个步骤较精练地概括了决策过程。

西蒙的观点一方面强调了实践的意义，即明确了决策的目的在于执行，而执行又反过来检查决策是否正确；另一方面把决策看成是一个不断循环的管理过程，即“决策—执行—再决策—再执行”的循环过程。在执行中由于出现新情况需要对原决策做出修改或者做出新的决策。这是一个反馈过程，也是人们认识事物的不断深化过程。

决策过程的 4 个步骤可以分成更详细的 8 个步骤，即提出问题，确定目标，价值准则，拟订方案，分析评价，选定方案，实验验证，普遍实施，如图 1.3 所示。

下面对决策过程进行详细说明。

1. 提出问题

所有决策工作都是从提出问题开始的。怎样才能发现和提出问题呢？一般途径如下。

(1) 寻找差距。差距是实际状况与理想要求(或标准)之间的差距。有了差距才能发现问题和提出问题。

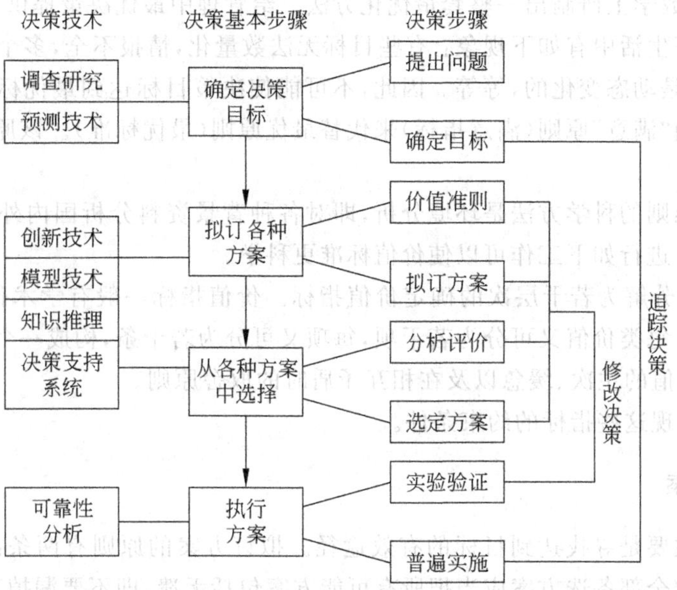

图 1.3　决策过程

(2) 确定问题的性质、特点和范围。为了界定问题，需要对问题产生的时间、地点、条件和环境等情况进行分析。通过调查研究，将问题的性质和特点搞清楚，并确定问题的范围。

2. 确定目标

决策目标就是决策者根据各种条件，对于未来一段时间内所要达到的目的和结果的判断。决策目标的确定是采用调查研究和科学预测的技术完成的。决策目标的正确与否对决策的成败关系极大。为了确定问题的目标，一般需要找出产生问题的原因。寻找问题的原因有以下原则。

(1) 从变化与差异中找原因。一般事物的发展变化都有其因果关系，问题界定得越清楚，存在的差异和产生的原因就容易找到，便于确定问题目标。

(2) 对产生现象的可能原因进行寻根究底的详细分析。问题的表面原因容易发现，必须寻找"原因的原因"，一层一层追究下去，才能通过中间原因找到根本原因。对根本原因确定的目标是至关重要的。

决策目标有 3 个特点：①目标概念明确或者决策目标数量化，这样目标不会引起不同的理解；②决策目标有时间限制，在规定的时间内完成；③决策目标可能有约束条件限制。

3. 价值准则

价值准则是落实目标、评价和选择方案的依据。这里所说的价值是指决策目标或方案的作用、效益、收益、意义等，一般通过数量化指标(如产量、产值、成本、质量、效益等)来反映。

传统的观点是要求"以最小的代价获得最大的收益"，即"最优"原则。以运筹学为中心的管理科学，从数学上研制出一整套最优化方法。给管理中最优决策提供了强有力的手段。

在实际经济生活中有如下现象：有些目标无法数量化，情报不全，多个决策中存在相互矛盾现象，系统是动态变化的，等等。因此，不可能使决策目标达到最优标准。著名经济学家西蒙提出了用“满意”原则（满意指标）来代替最优原则（最优标准）。该原则得到人们的普遍认可。

确定价值准则的科学方法是环境分析，即对各种背景资料分析国内外同类问题的现状以及历史情况。进行如下工作可以使价值标准更科学。

（1）把目标分解为若干层次的确定价值指标。价值指标一般有学术价值、经济价值和社会价值 3 类。每类价值又可分为若干项，每项又可分为若干条，构成一个价值系统。

（2）规定价值的主次、缓急以及在相互矛盾时的取舍原则。

（3）指明实现这些指标的约束条件。

4. 拟订方案

拟订方案主要是寻找达到目标的有效途径。拟订方案的原则有两条：①整体详尽性，也就是所拟订的全部备选方案应当把所有可能方案包括无遗，即不要漏掉某些可能的方案；②相互排斥性，即不同的备选方案之间相互排斥，执行了甲方案就不能同时执行乙方案。

备选方案的拟订大体上可分为大胆设想和精心设计两个阶段。

1）大胆设想阶段

寻找备选方案，一般是从过去经验开始，对于决策问题根据以往的经验拟订出可供选择的方案。由于情况的变化，往往需要寻找能切合实际问题的新方案，这就需要创新，即从不同的角度和多种途径，大胆设想出各种可能的方案。国外的管理决策者往往把能否创新看成是管理决策的核心问题。

拟订方案的决策者能否创新，取决于他的信息、知识、能力和精神。

（1）信息和知识。设计者若想创造性地提出方案和解决问题，他必须具有丰富的信息和知识。这包括具有古今知识、中外知识和各学科的知识，以及自己的经验、别人的经验和历史的经验。

（2）能力。这里指人的创造性思维能力。人的思维包括逻辑思维（推理）、形象思维（类比）、灵感思维（顿悟）3 种形式。设计者通过思维创造出新思想。

（3）精神。如果有了信息的基础和创造性思维的能力，还必须要有创新的精神。这体现在两方面：一方面是敢于创新，冲破习惯势力；另一方面是有解决问题的决心和坚忍不拔的精神。

2）精心设计阶段

精心设计阶段需要冷静的头脑和坚毅的精神。按照决策支持系统的原理，充分利用数据资源、模型资源和知识资源，根据实际决策问题，组合以上 3 种决策资源，设计出有效的决策方案。采用实验方式，利用不同的数据、模型和知识，形成不同的决策方案。

精心设计包括两项工作：一是对数据、模型和知识的确定；二是对方案后果的估计。大部分决策方案的后果是要通过模拟计算或预测求得。方案后果的预测包括两个方面：一是客观环境条件的可能变化引起方案后果的变化；二是在各种可能状况下各方案的预期效果。

5. 分析评价

在拟订出一批备选方案后，按价值标准，对各种备选方案进行分析评价，一般有经验评价法、数学分析法和试验法3种方法。

经验评价法是对备选方案进行评价用的较普遍的方法，特别是对复杂的决策问题，在目标多、变量多、标准多、方案多的情况下，一般是由决策者的经验知识进行定性评价和选择各种备选方案。经验评价一般局限性较大，科学性较差。

数学分析法是对拟订的备选方案选用相应的模型和知识，特别是建立多模型组合或模型与知识的组合的决策支持系统，并利用计算机对决策支持系统进行计算，其解代表了备选方案的结果。由于决策支持系统的计算使决策者对备选方案有了数量化依据，所以这种方法更科学。

由于计算机应用的普及，对备选方案的决策支持系统进行求解，已成为方案评价的基本手段。

6. 选定方案

备选方案在进行分析评价后，对方案的选择需要进行决断，它是决策过程中最关键的一步。从各种可供选择的方案中权衡利弊，然后选取其中一种方案或将多个方案综合成一种方案。最后选定的方案，并不一定对每一个特定的指标都是最佳的，一般能达到多个主要的指标，又能兼顾其他指标。

采用决策支持系统，利用改变方案的能力，对多个不同的决策支持系统方案进行计算，通过决策者来完成选择方案的决断。

专家学者能够提出各种方案并分析评估这些方案，但最后对方案进行选择的决断是由领导者(决策者)来完成的。领导者要为决策的后果负责。

7. 实验验证

在自然科学中，实验是十分常用和有效的方法。但是，在社会问题中，不可能创造出像实验室那样的典型条件。对于重大问题做决策时，尤其是对于缺乏经验的新问题和对于无形因素起较大作用而决策者认识不清时，应先选几个典型单位做实验，验证决策方案运行的可靠性。决策方案实验的验证为决策者做最后的决策提供依据，这仍是行之有效的方法。我国改革开放政策的决断在深圳、珠海进行实验就是典型的实例。

由于决策过程是一个动态的依赖于时空变量的复杂随机函数，为了能客观地反映决策合理与否的效果，需要进行可靠性的分析。

一个新制定的政策，在执行过程中会表现为“浴盆规律”，即存在早期失效阶段(因习惯势力的阻力造成)；中期由于政策发挥有效功能，它是偶然失效阶段；晚期出现耗损失效阶段(主客观条件发生变化，政策老化造成)。

在实验验证中，如果实验成功，即可进入全面普遍实施阶段；如果不行，即必须反馈回去，进行决策修正。

8. 普遍实施

这是决策程序的最终阶段。决策方案通过实验验证,可靠程度一般是较高的。但是,在实施过程中仍会发生偏离目标的情况。因此,加强反馈工作,要有一套追踪检查的办法,包括:①制定规章制度;②用规章制度来衡量执行情况;③随时纠正偏差。如果主客观条件发生重大的变化,以致必须重新确定目标时,即必须进行"追踪决策"。

追踪决策是指当原定决策方案的执行表明将危及决策目标时,对目标和决策方案所进行的一种根本性修正。

决策支持系统在决策过程中越来越发挥重要的作用,已成为实现科学决策的重要工具。决策支持系统是根据实际决策问题,对决策资源(数据资源、模型资源和知识资源)进行有机组合而成,这就要求我们掌握大量的数据,多种模型以及广泛的知识,能够形成多种可行方案,借助计算机的求解,有效地帮助决策者完成科学决策,取得最大的成功。

1.3.3 决策体系与决策支持系统

决策体系是指决策整个过程中的各个层次、各个部门在决策活动中的决策权限、组织形式、机构设置、调节机制、监督方法的整个体系。决策体系由决策系统、参谋(智囊)系统、信息系统和决策支持系统、执行系统与监督系统这5大部分组成一个统一整体。

1. 决策系统

决策系统是决策体系的核心,由负有决策责任的领导者组成。只有决策系统才有权对所管辖范围的问题做出决策,其他系统都必须在它的安排和指挥下进行,不能脱离决策系统而各行其是。

决策系统的主要任务是:汇集信息系统提供的由大量信息和决策支持系统计算出的各个决策方案的结果以及智囊系统在各种决策方案中进行评价及选择的理由,权衡每一个方案的利弊,进行反复比较,选取其中一个方案,也可以将多个方案综合成一个方案,以保证决策的科学性和准确性,并迅速做出决策和实施决策。

在决策系统中选择方案的方式有单一领导决策和集体决策之分。集体决策是由决策系统的集体(如委员会、董事会)来做决定。单一决策的优点是速度快,责任明确,但容易出现片面性并造成失误。集体决策可以集思广益,克服片面性,减少失误。但决策速度慢,会贻误时机,有时由于意见不一致,致使决策无法进行,或调和折中,影响决策,一旦决策失误又相互推卸责任。

对于重大决策,为减少失误采用集体决策为宜,对于一般性决策采用单一领导决策为好。

追踪检查和评价反馈也是决策系统的重要任务,通过对决策实施的检查和评价,以检验决策系统的可靠性,提高决策质量。

2. 参谋(智囊)系统

参谋(智囊)系统也称为咨询系统。它在决策系统拟定的目标下,制订达到目标的各种可能的解决方案，充分利用信息系统提供的信息，设计各种解决方案的决策支持系统，并在计算机上求出计算结果，通过分析评价提出对方案选择的理由，提交给决策系统。参谋系统由参谋机构人员组成。目前，国际上已出现了很多“思想库”“头脑公司”和“智囊团”等。例如，美国的兰德公司，日本的野村综合研究所，它们为政府或企业都提出过很有影响的咨询意见。

参谋（智囊）系统的性质：①它只参与决策研究，提供咨询意见和建议，而不是直接进行决策和执行决策，它对决策方案的科学性负责，但不对决策和执行后果负责；②它进行应用开发性研究，研究如何将新理论，新原理应用于特定目标的前景和途径，以及将研究成果具体应用于社会实践；③它是一个综合性研究组织，对于决策问题需要多领域的专家共同协商来完成决策方案。

参谋（智囊）系统的作用：①进行预测，对决策问题，在深入调查研究的基础上，进行科学预测，提供预测结果；②提供或评估决策方案，这是参谋（智囊）系统的主要工作；③反馈信息，决策方案在实施过程中往往会出现新的情况和新的问题，参谋系统能客观有效地将有关信息反馈到决策系统；④评价效果，参谋系统客观全面地总结决策实施中的经验教训，并对已经实施的决策的不妥之处制订调整方案，保证决策的有效性，避免决策的重大失误。

3. 信息系统和决策支持系统

为决策服务的信息系统和决策支持系统是以计算机和网络技术为基础，为决策系统提供决策所需要的各种信息和解决方案的决策支持系统的计算结果。

信息系统是为了满足决策的需要，把有关的信息资料经过搜集、整理、计算、分析和评价等加工处理环节，变为可以利用的有效信息，也为决策支持系统提供所需的数据和信息。

决策信息（包括决策支持系统对各方案的计算结果）是对决策过程发生作用的消息、情报和知识的总称。决策者只有快速准确地获得信息，有效地利用信息，适时把握决策时机，才能获得较好的决策效益。信息与决策具有相互支持和相互依赖关系，正确掌握信息，利用信息进行决策是决策科学的重要内容。

从信息来源进行分类，信息有外部信息和内部信息两类。

（1）外部信息，即来源于组织外部环境的信息，例如市场预测销售情况的信息、需求复杂化的信息等。这类信息的特点是量大而零散，变化较快并有一定的随机性。

（2）内部信息，即反映一个组织内部经济活动的信息。它又可以分为固定信息和加工信息。固定信息是在事务处理过程中直接记录下来经过加工后的信息；加工信息是通过一定的数学方法和加工处理所获得的信息。

各级管理人员所需要的信息是有区别的。高层领导需要综合信息，中层领导需要按事务处理的不同目的的汇总信息，基层领导则主要需要日常信息。

决策支持系统是利用数据、模型、知识等资源组成决策方案形式辅助决策。这是一种有效的辅助决策的现代化手段。

决策支持系统的发展使得决策支持的效果逐步提高。

决策支持系统是通过对话方式选择和修改模型，在模型库中选择多个有关模型进行组合，并存取数据库中的相关数据，形成决策问题的方案，在计算机上求出各个方案的计算结果。由参谋(智囊)系统对决策方案的计算结果进行评价,最后为决策者决断提供科学依据。

智能决策支持系统是通过智能技术(即知识推理的定性方式和决策支持系统的定量方式结合)提高辅助决策的效果。

新决策支持系统是充分发挥数据仓库中的数据资源的决策支持能力,达到商务智能的效果,即使决策者能随时应付意外情况的发生。

决策支持系统为决策科学化发挥越来越重要的作用。

4. 执行系统

执行系统是指执行决策系统的各项决策指令并付诸实施的系统。决策是为了采取行动,没有执行的决策是没有意义的决策。执行系统是一个从低级到高级保证决策逐步实施的系统。下一级的执行机构除保证自己实施上一级决策机构正确的决策方针外,还必须为上一级决策机构服务,以保证上一级的决策目标的实现。执行系统在执行决策指令的过程中,又将执行情况及信息反馈到决策系统和其他系统,再由决策系统进行追踪决策,由此循环前进,保证决策活动顺利进行。

5. 监督系统

监督系统是对执行系统贯彻执行决策系统的指令情况进行各方面的检查监督,并帮助决策系统自我调节,以保证指令的顺利贯彻执行和决策目标的顺利实现。

6. 决策体系的运行

决策体系中5大系统的关系以及整个体系的运行如图1.4所示。

决策体系运行过程可概括为:参谋(智囊)系统对决策系统拟订目标,制订达到目标的各种可能的解决方案,利用信息系统提供的信息和决策支持系统提供的各决策方案的计算结果,综合形成决策信息,并提供给决策系统。决策系统利用智囊系统提供的决策信息进行决策。决策系统的决策指令,在监督系统的监督下,由执行系统贯彻执行,执行的情况和结果,又经过智囊系统反馈到决策系统。智囊系统根据新情况,提供修补或修改方案给决策系统,决策系统对修改方案进行决策,做出修订指示,再由执行系统执行。

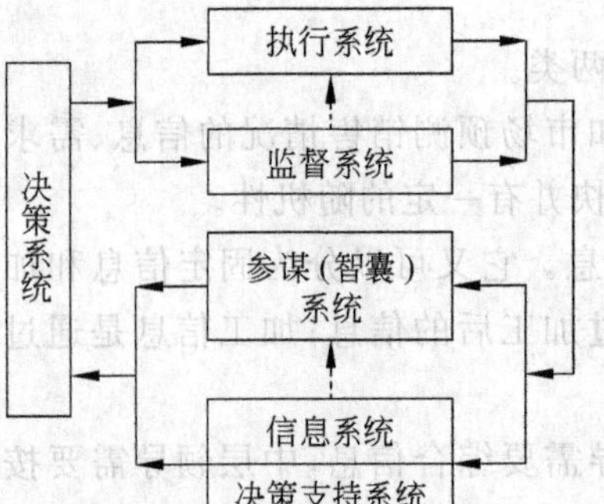

图1.4 决策体系运行图

决策支持系统和信息系统在决策体系中是一个重要的组成部分,它与参谋系统具有同等重要的地位,并与参谋系统结合才能更有效地使决策者进行科学决策。

1.3.4 决策支持系统的技术基础

决策支持系统是在计算机上建立辅助决策系统。它是针对实际决策问题,集成了数据库系统、数学模型、知识推理技术、数据仓库系统、Internet等计算机技术,建立多个决策方案，通过决策支持系统的计算，得出各决策方案的结果，为决策者提供辅助决策信息，再结合决策者的智慧，实现科学决策。

1. 数据库系统

数据库系统是计算机的成熟技术。它是存储、管理、处理和维护数据的软件系统。它由数据库、数据库管理系统(Database Management System，DBMS)和数据库管理员组成。数据库是长期存储在计算机中有组织的、大量的、可共享的数据集合。数据库中的数据按一定描述进行存储，具有较小的冗余度、较高的数据独立性和易扩展性，并可为各种用户共享。整个数据库在建立、运用和维护时由数据库管理系统统一管理和控制。用户能方便地定义数据和操纵数据，并保证数据的安全性、完整性和并发性，即能完成多用户对数据的并发使用及发生故障后的数据库恢复。数据库是数据库系统的一个重要组成部分。数据库管理员负责创建、监控和维护数据库。

数据库系统的最大功劳是使计算机走向了社会。在 20 世纪 80 年代后，数据库系统在世界各地快速地普及。使计算机从科技人员手中，扩大到社会的各行各业。数据库系统为各行各业存储数据提供了技术支持，也为各行各业建立管理信息系统和决策支持系统打下了基础。

用户使用数据库系统时，是利用数据库管理系统提供的数据库语言编写程序来操作数据库中的数据的。数据库语言不同于用于数值计算的高级语言。数据库语言主要实现对数据库记录的增加、删除、修改、查询、浏览等管理功能。它的数值计算能力较差，如数据库语言没有递归迭代功能，也没有设置指针链表等数据结构。这样，它不适合进行复杂的数值计算，即不适合用来编制数学模型程序。

数据库语言和高级语言是两大类不同的语言系列。数据库语言用于编写对数据库中数据操作的程序，而高级语言用于编写复杂数值计算的程序，两者不能互通。那么，用高级语言编制的数学模型程序如何操作数据库中的数据呢？这一定要通过接口语言程序。目前市场上的接口语言有 ODBC、JDBC、ADO 等。

2. 数学模型

数学模型是用字母、数字和其他数学符号构成的表达式或方程，是研究和掌握系统运动规律的有力工具，也是分析、设计、预报或预测、控制实际系统的基础。数学模型的种类有很多，而且经过管理科学和运筹学的长期发展，已经建立了大量的数学模型，其主要分支有线性规划、非线性规划、整数规划、几何规划、大型规划、动态规划、图论、网络理论、博弈论、决策论、排队论、存储论、搜索论等。这些数学模型已在实际中得到了广泛的应用。

数学模型是真实系统的一种抽象，决策者只有按数学模型的计算结果进行决策，才能够达到最优或较优的效果。

大量的数学模型为决策支持系统建立实际问题的决策方案提供了基础部件。决策支持系统就是针对实际问题来组合多个模型(以数学模型为核心)以及相关数据库中的数据，构成多个决策方案，并通过计算机的求解，得到各方案的结果，为决策者提供决策依据。

数学模型是决策支持系统在定量分析上最重要的技术基础。

3. 知识推理技术

知识推理技术是人工智能的核心技术。大量的知识在解决实际问题时，根据问题的事实，选择相关的知识进行推理，才能得到解决问题的答案。

计算机中的知识表示有多种，如产生式规则、数理逻辑表示、语义网络、框架、剧本、本体等，而且其分别有不同的推理技术。典型的知识形式是产生式规则，其推理技术是假言推理：

$$p \to q, \quad p \vdash q$$

表示规则知识 $p \to q$ 在前提 p 成立时，可以推理出(⊢)结论 q 是成立的。

一般在问题求解时，先知道某个事实 p 成立，如何在大量的知识中找到相匹配的知识，这要在知识库中通过搜索来找到。所以，知识推理概括为：假言推理＋搜索。

知识推理所解决问题的方式是定性分析。它在智能决策支持系统中，是定性分析的最重要的技术基础。

4. 数据仓库系统

数据仓库区别于数据库，直接明确用于支持管理中的决策制定过程。数据仓库在 20 世纪 90 年代初形成，并得到发展与成长。由于数据仓库存储大量数据，除集成多个数据库中的当前数据外，还集成大量历史数据和企业的外部数据。这样，从这个庞大的数据中就可以通过分析工具获取各种辅助决策信息，为企业增加竞争优势。

数据仓库为决策支持系统开辟了一个新方向。通过对数据仓库的多维数据分析发现问题和找出产生的原因，通过对数据仓库中历史数据的回归分析预测今后的发展趋势，通过对数据仓库中数据的变化情况及时调整策略，这些辅助决策方式完全不同于传统决策支持系统。

数据仓库系统是直接利用数据辅助决策的决策支持系统新技术。

5. Internet 技术

Internet(因特网)是全球最大的、开放式的、由多网络互连而成的计算机网络。Internet 提供了极为丰富的信息资源和应用服务。它已成为未来全球信息基础设施(GII)的原型。

万维网(World Wide Web，WWW)是在 Internet 上检索和浏览的一种广域信息查询工具。由于万维网是超文本和超媒体信息服务，它的应用发展十分迅速。在因特网上的万维网服务器已超过几万个。浏览器(Browser)是在网上进行各种操作的万维网客户端软件。浏览器可根据用户的请求，获取万维网服务器上用 HTML 编写的文档。

Internet 上的 Web Services 技术，给决策支持系统的开发带来新的机遇。Web Services 的主要目标是在现有各种异构软件和硬件平台的基础上，构建一个通用的与平台无关、语言无关的技术层，各种平台上的应用依靠这个技术层来实现彼此之间的连接和集成，彻底解决以往由于开发语言差异、部署平台差异、通信协议差异和数据表示差异所带来的高代价的系统集成问题。传统的 Web 应用技术解决的问题是如何让人来使用 Web 应用所提供的服务，而 Web Services 则要解决如何让计算机系统(如决策支持系统)来使用 Web

应用所提供的服务(数据资源、模型资源、知识资源等决策资源的服务)。

Web Services 技术极大地简化了决策支持系统的开发,也充分地利用了 Internet 上的决策资源的服务。这是网络型决策支持系统的发展基础。

习 题 1

1. 如何更好地理解决策支持系统的定义?
2. 通过历史进程说明"科学决策"概念的形成。
3. 通过计算机的应用历史说明决策支持系统的形成与发展。
4. 说明管理信息系统、运筹学与决策支持系统的联系与区别。
5. 说明专家系统与决策支持系统的联系与区别。
6. 简单说明数据仓库与数据库的联系与区别。
7. 数据仓库型决策支持系统、智能决策支持系统与综合决策支持系统的区别与联系是什么?
8. 决策支持系统在决策过程中的作用是什么?
9. 决策支持系统在决策体系中的作用是什么?
10. 用决策支持系统的技术基础来说明决策支持系统发展的各个阶段。

第2章 决策资源与决策支持

2.1 决策资源

资源(Resource)是被人们利用或消耗并产生价值的东西。例如,自然资源是人类社会经济发展的基本物资条件。在计算机系统中,资源是处理一个任务或一个作业时所需要的硬件和软件的总称。计算机系统中的资源分为:①共享资源,即能被多个用户享用的资源,如操作系统、编译程序等;②非共享资源,即只能被单个用户使用的资源,如专用程序等。

为决策服务的资源,可以归纳为数据资源、模型资源、知识资源等。数据仓库的决策支持实质上是利用数据仓库中的数据资源支持决策。决策支持系统是利用模型库中的模型资源和数据库中的数据资源支持决策。专家系统是利用知识库中的知识资源支持决策。数据资源、模型资源和知识资源均是共享资源,它们分别从不同的角度支持决策。

2.1.1 数据资源

1. 数据的概念

数据是对客观事物的记录,用数字、文字、图形、图像、音频、视频等符号表示。数据经过二值化后能够被计算机存储、处理和输出。

数据是信息的载体,其本身是没有意义的。数据经过解释并被赋予一定的意义之后,便成为信息。例如,20是用数字表示的数据,它本身没有意义。将它放在数据库中"年龄"属性下,它表示"20岁";将它放在"价格"属性下,就表示"20元"。这样,"20岁"和"20元"就成为了信息。在这个例子中,属性是数据的含义。

据IBM公司前两年的估计,全球Internet上的数据库为100TB,每天在线数据(包括数据库、文件系统和PC)为1EB(即2^{10}PB或2^{20}TB),脱机的媒体(如CD、DVD数字磁带)的数字数据(20EB)是在线数据的20倍。对于文本或模拟数据,如纸质、电影、录像带等,估计总共有300EB。

2. 数据种类

按照对事物测量的精确程度,由粗到细可将数据分为4种类型:定类数据、定序数据、定距数据和定比数据。

(1) 定类数据。依据事物的属性或性质进行分类的数据。例如,把人群按性别分为男和女;把我国城市按地理位置分为广东、湖南、江西等。

(2) 定序数据。依据事物的某种关系排序或分级的数据。例如,把学生按学历由低到高的顺序分为小学生、中学生、大学生、研究生等。该类数据不能进行数学运算。

(3) 定距数据。对事物的属性进行精确的划分,明确指出事物的不同。例如,人的正常体温是 36℃左右，当人体温度到 38℃时，表示他已经发烧了。该类数据能进行加、减运算。

(4) 定比数据。能以比值、比率计算来对比事物差别的数据，如家庭人数、商品销售额等，可以求出一商品销售额是上月的 2 倍。该类数据能进行加、减、乘、除运算。

以上 4 类数据是按测量尺度来分类的，便于进行统计特性分析。前两类数据(定类数据、定序数据)描述的是事物的属性，只能表示事物的性质类别(有限个数)，它们属于离散数据，称为定性数据，适合进行定性分析；后两类数据(定距数据、定比数据)说明事物的数量特征，能够用明确的数值来表现，能进行数学运算，它们属于连续数据，可以取连续变化的任何数值，也称为定量数据，适合进行定量分析。

对于不同种类的数据需要采用不同的统计方法来处理和分析，最常用的统计分布数据有频数、众数、中位数和平均数等。

(1) 频数。将数据划分成若干组，落入各组中的个体数目称为频数。例如，一个车间中有 50 名员工，其中工人、技术员、管理员的频数分别为 38、4、8。

(2) 众数。分组数据中频数最大的数值称为众数。例如，上例车间中的众数是 38(工人数)。

(3) 中位数。按自小到大的顺序排列，中间位置的那个值，称为中位数(奇数组取中间位置的值，偶数组取中间两个组的平均值)。例如，有 5 个人的身高分别为 150、163、170、178、182cm，则中位数为 170cm。

(4) 平均数(均值)。平均数即算术平均数。将数列中所有数值总和除以数列项数的商称为平均数。上例中 5 人的平均身高为 168.6cm。由于平均值的公式和求重心的公式相同，故可以把平均值看成是数据的“平衡点”。

3. 数据的管理

为了有效地利用数据，对数据资源的管理主要为数据库与数据仓库。

1) 数据库

在计算机出现之前，人们通过各种报表、档案来管理数据，分门别类地建立各种检索工具。计算机的高速处理能力和大容量存储器提供了实现数据管理自动化的条件。大量的数据按一定的结构形式组织起来，存放于计算机的存储设备中，需要时能够快速而有效地找出所需要的数据。

20 世纪 60 年代发展起来的数据库技术使数据的管理更加规范和科学化，数据库的特点如下。

(1) 数据共享。数据库中的数据可以为多个用户和多个应用程序服务。

(2) 最小冗余。数据库中的数据尽可能不进行重复存储。

(3) 数据的独立性。数据库中的数据与应用程序不存在依赖关系，即应用程序改变时，数据库中的数据不必修改。

(4) 数据由数据库管理系统统一管理和控制。数据库管理系统是对数据库中的数据进行管理的软件，它的主要功能如下。

① 数据定义。用户通过数据定义语言(Data Definition Language，DDL)对数据库中的数据对象进行定义。

② 数据操纵。用户通过数据操纵语言(Data Manipularion Language，DML)实现对数

据库中数据的查询、增加、删除和修改等。

③ 数据库的运行管理。数据库在建立、运行和维护时由数据库管理系统统一管理、统一控制，以保证数据的安全性、完整性、多用户对数据的并发使用及发生故障后的系统恢复。

④ 数据库的建立和维护。包括初始数据的输入、转储、恢复等。

由于数据库的众多优点，目前大部分信息系统都是建立在数据库的基础上。数据库技术已是计算机科学技术中发展最快的领域之一，也是应用最广的技术之一，它已成为计算机信息系统与应用系统的核心技术和主要基础。

数据库存储大量的共享数据，作为数据资源用于管理业务中的事务处理。它已经成为了成熟的信息基础设施。

2）数据仓库

数据仓库自20世纪90年代中期兴起以来，发展异常迅速，目前已成为紧跟Internet热点技术的另一个新热点技术。各大数据库厂商都推出了自己的数据仓库的商品软件，国内外的大型企事业也都纷纷建立自己的数据仓库，以提升自己的竞争优势。

3）数据库与数据仓库的比较

数据库与数据仓库的对比如表2.1所示。

表2.1 数据库与数据仓库的对比

数 据 库	数 据 仓 库
面向应用	面向主题
数据是详细的	数据是综合的或提炼的
保持当前数据	保存过去和现在的数据
数据是可更新的	数据不更新
对数据操作是重复的	对数据的操作是启发式的
操作需求是事先可知的	操作需求是临时决定的
一个操作存取一个记录	一个操作存取一个集合
数据非冗余	数据时常冗余
查询的基本是原始数据	查询的基本是经过加工的数据
事务处理需要的是当前数据	决策分析需要过去、现在的数据
很少有复杂的计算	很多复杂的计算
支持事务处理	支持决策分析

2.1.2 模型资源

模拟是人类了解世界的手段，模拟技术化繁为简成为今日科学的基础。模拟的原理就是建立一个与真实或者虚拟系统相关联的模型，通过模型来研究系统。自18世纪以来，整个实验科学都是基于实验室中建立的模型。而电子计算机的出现则允许人们对真实世界中发生的多种不确定因素和变量进行模拟，其核心在于科学家建立的模型及所采用的算法。

模型不是现实世界本身，模型是对于现实世界的事物、现象、过程或系统的简化描述。模型反映了实际问题最本质的特征和量的规律，即描述了现实世界中有显著影响的因素和相互关系。

按照模型的表现形式可以分为物理模型（实体模型，又分为实物模型和类比模型）、数学模型（用数学语言描述的模型）、结构模型（反映系统的结构特点和因素关系的模型）、仿真模型（通过计算机运行程序表达的模型）等。

在此重点研究辅助决策显著的数学模型：统计学模型、运筹学模型、经济数学模型和预测模型等。

18 世纪兴起了统计学；20 世纪 30 年代末期诞生了运筹学；1758 年最早出现了经济数学模型；预测的历史更悠久，古代的占卜术就是预测。经过最近一二百年的科技发展，成熟的数学模型已经十分丰富了，它们已经形成了有效辅助决策的模型资源。

1. 统计学模型

统计学是研究从不确定性中做出明智决定的一门学科。统计学中应用较多的模型如下。

1）回归分析

回归分析是研究一个变量与其他多个（或一个）变量之间的关系，也即是从多个（或一个）自变量取得的值去估计因变量所取得的值。

2）假设检验

假设检验是根据样本对关于总体所提出的假设做出判断：是接受还是拒绝该假设。在总体存在某些不确定情况时，关于总体的某些假设，利用置信区间来检验。例如，使用 95% 的置信区间，那么任何落在置信区间之外的假设判断为“拒绝”，而任何落在置信区间之内的假设判断为“接受”。

3）聚类分析

将样品或变量进行聚类的方法。具体方法是把样品中的每一个样品看成是 m 维空间的点。聚类是把“距离”较近的一些点归为同一类，而将“距离”较远的点归为不同的类。

4）判别分析

建立一个或多个判别函数，并确定一个判别标准。对未知对象利用判别函数将它划归某个类别。

5）主成分分析

主成分分析是把多个变量化为少数的几个综合变量，而这几个综合变量可以反映原来多个变量的大部分信息。

主成分分析的一种推广是因子分析，即用少数几个因子（F_i）去描述许多变量（X_j）之间的关系。变量（X_j）是可以观测的显在变量，而因子（F_i）是不可观测的潜在变量。

2. 运筹学模型

20 世纪 50 年代末，美国大企业在经营管理中大量应用运筹学。开始时主要用于制订生产计划，后来在物资储备、设备更新、任务分派等方面应用和发展了许多新的方法和模型。20 世纪 60 年代中期以后，运筹学开始用于服务性行业和公用事业。

运筹学研究的模型主要如下。

1）线性规划与非线性规划

（1）线性规划。

线性规划是研究在线性约束条件下，求解线性目标函数的极值问题。它是运筹学的一个重要分支，广泛应用于军事作战、经济分析、经营管理和工程技术等方面，为合理地利用有限的人力、物力、财力等资源做出最优决策，提供科学的依据。

线性规划模型的一般形式为：

目标：

$$\min(\text{或}\ \max)\ z = \sum_{j=1}^{n} c_j x_j$$

约束条件（s.t.）：

$$\sum_{j=1}^{n} a_{ij} x_j \leqslant (=\text{或}\geqslant) b_i \quad (i=1,2,\cdots,m)$$

$$x_j \geqslant 0 \quad (j=1,2,\cdots,n)$$

其中，z 为目标函数；x_j 为决策变量；a_{ij}、b_i 和 c_j 分别为消耗系数、需求系数和收益系数。

在线性规划中满足约束条件的一组数（$x_1,x_2,\cdots,x_n$）称为问题的一个可行解，全体可行解构成的集合称为问题的可行域。在可行域上使目标函数取极小值（或极大值）的可行解称为问题的最优解，对应的目标函数值称为最优值。

利用线性规划辅助决策就是按照决策变量的最优解去安排生产，就一定能使目标取得最优值。

（2）非线性规划。

非线性规划是研究具有非线性约束条件或目标函数的极值问题。它要求目标函数和约束条件至少有一个是未知量的非线性函数。非线性规划在工程、管理、经济、科研、军事等方面都有广泛的应用，为最优设计提供了有力工具。

对于目标函数是一元非线性函数的最优值点的求解方法有：黄金分割法（0.618 法）、牛顿迭代法、多项式逼近法（用多项式拟合目标函数，再找多项式的最优值）等。对于非线性规划的约束最优化方法，一般采用拉格朗日乘子法，它是将原问题转化为求拉格朗日函数的驻点。

2）动态规划

它是研究多段（多步）决策过程的最优化问题。为了寻找系统的最优决策，可将系统运行过程划分为若干相继的阶段（或若干步），并在每个阶段（或每一步）都做出决策。这种决策过程称为多段（多步）决策过程。多段决策过程的每一阶段的输出状态，对于下一阶段未必是最有利的。多段决策过程的最优化问题必须从系统整体出发，要求各阶段选定的决策序列所构成的策略最终能使目标函数达到极值。

动态规划的基本方程为贝尔曼方程。采用迭代法求解贝尔曼方程，可得到多段决策过程的最优策略和最优轨线（最短路径）。

3）网络理论

网络理论是在图论的基础上研究网络一般规律和网络流问题的各种优化理论和方法。网络是用结点和边连接构成的图。网络中的结点代表任何一种流动的起点、运转点和终点（如车站、港口)等。网络中的边代表任何物流、能量流或信息流通过的通道(如输电线、通信线、铁路线等)。网络中每条边上赋予某个正数,称为该边的权,它可以表示路程、流量、时间和费用等。建立网络的目的在于把某种规定的物质、能量或信息从某个供应点最优地输送到另一个需求点。

(1) 最大流量问题。当物质流或信息流通过给定的网络时,在流过每条边的流量不超过该边允许通过的流量的条件下,求出从出发点向接收点输出的最大流量。一种有效的计算方法是福特-富尔克森法(标号算法)。

(2) 最短路径问题。寻找网络中两点间的最短路径,即寻找连接这两点的边的总权数(可以是距离、时间、费用等)为最小的通路。有两种有效算法:戴克斯特拉法和海斯法。

4) 决策论

决策论是根据系统的状态信息和评价准则选取最优策略的数学理论,是关于不确定决策问题的合理性的分析过程及有关概念的理论。

决策论的理论基础是假设决策中有吸引力的备选方案依赖于两种因素:①对决策者选定的某个决策方案所引起的数种可能后果的似然性(指相似的程度)的判断;②决策者对各种可能后果中每一后果的倾向性。但是这些因素在同一决策问题中往往是联系在一起的,因此在决策分析中必须把它们分开。为进行决策分析,常利用主观概率和效用理论分析对后果的似然性判断以及决策者对后果的倾向性加以量化,然后用数学工具进行分析。

常用的数学方法有统计决策、对策论、动态规划、马尔可夫决策过程、决策模拟等。

5) 统筹法

统筹法是网络理论在计划和管理工作中的具体应用方法,主要是指计划协调技术(Program Evaluation and Review Technique,PERT)和关键路径法(Critical Path Method,CPM)。用统筹法安排作业程序可缩短工期,提高工效或降低成本。

3. 经济数学模型

经济系统是社会系统的重要组成部分,一般可分为微观经济系统和宏观经济系统。微观经济系统指导单个经济实体,如企业、公司、商店等;宏观经济系统着眼于整个国民经济的总量分析,如社会总产值、国民收入、社会消费、投资结构、物价水平和工资水平。研究经济系统是应用经济数学模型来分析经济系统的动态过程和结构特性,预测经济变量的变化规律,制订经济发展规划,提出国民经济宏观控制和调节的最优方案。

经济数学模型主要有计量经济模型、投入产出模型、经济控制论模型和系统动力模型等。

1) 计量经济模型

计量经济模型一般是由变量(分为内生变量与外生变量)、参数(又称为结构参数)、余项(又称为随机干扰项)等组成的方程组。

该模型的建模过程是先根据经济理论来假定模型的结构,并用相应的数学方程来表示这种结构,然后用统计方法估计模型的系统和参数。借助计量经济模型可进行经济结构分析、经济发展预测、经济政策评价和经济计划论证。

最早出现的计量经济模型是20世纪30年代的荷兰经济模型。它在描述国民经济结构的基础上,用来制定和分析国民经济的主要指标,以及达到这些指标所采取的政策手段之间的关系。后来又陆续出现了沃顿模型、DRI模型等。其中,沃顿模型共由210个联立方程组成，主要用于短期预测。

最简单的计量经济模型有著名的柯布-道格拉斯生产函数，其表达式为

$$Y = AK^{\alpha}L^{\beta}$$

它是研究生产量 Y(内生产量)与劳动力 L 和资本 K(均为外生产量)之间关系的计量经济模型，式中 A、α、β 均为参数。

2) 投入产出模型

投入产出模型研究和分析国民经济各部门间产品生产和消耗之间的数量依存关系，各个生产部门都需要从其他生产部门购入产品和支付服务性费用，同时也为其他部门生产和提供服务。为了研究这种投入和产出的数量依存关系，可以将各种经济活动情况表示在一张专门设计的投入产出表中(见表 2.2)，从而为研究一个国家或地区整个经济活动提供一个简明又系统的结构模型。

表 2.2 投入产出表

投入		产出									
		中间产品					最终产品				总产值
		部门 1	部门 2	…	部门 n	小计	消费	积累	出口	合计	
物质消耗	部门 1	x_{11}	x_{12}	…	x_{1n}	E_1				y_1	x_1
	部门 2	x_{21}	x_{22}	…	x_{2n}	E_2				y_2	x_2
	⋮	⋮	⋮	⋮	⋮	⋮				⋮	⋮
	部门 n	x_{n1}	x_{n2}	…	x_{nn}	E_n				y_n	x_n
	小计									Y	X
新创造价值	工资 V_j	v_1	v_2	…	v_n						
	利润 W_i	m_1	m_2	…	m_n						
	小计										
折旧		d_1	d_2	…	d_n						
总产值		x_1	x_2	…	x_n						

投入产出表由产品分配表(横向表)和生产消耗表(纵向表)交叉而成。整个表划分为 4 部分。产品分配表将各部门的产品分为中间产品(第一部分)和最终产品(第二部分)。从横行看，它反映了各部门的产品中一部分作为中间产品供其他部门生产中使用，另一部分作为最终产品供积累、消费和出口。两部分相加就是一定时间内各类产品的生产总产值。生产消耗表由第一部分和第三部分(表中第一部分的下方)构成。反映了产品的价值形成过程。从纵列看，各类产品生产中消耗其他部门提供的中间产品的价值和本部门的劳动报酬以及纯收入的价值。第四部分(右下角)反映非生产单位和职工通过国民收入再分配所形成的收入。由于再分配问题比较复杂，一般不予研究。

(1) 产出方程。

从投入产出表的横向看，每一行满足以下关系

$$X_i = \sum_{j=1}^{n} x_{ij} + Y_i \quad (i = 1, 2, \cdots, n)$$

上式表示每一部门的总产出，等于该部门流向其他部门作为中间消耗用产品（包括自身消耗）与提供给社会的最终产品之和。这个关系式称为“产出方程”。

引入直接消耗系数 a_{ij}

$$a_{ij} = \frac{x_{ij}}{X_j} \quad (i,j = 1,2,\cdots,n)$$

其中，a_{ij} 表示第 j 个部门生产单位产品所需要的第 i 个部门的投入量的相对比值。当 x_{ij} 发生变化时，X_j 也变化，而 a_{ij} 变化很小，即它相对稳定。一般用 a_{ij} 来参与计算。它又称为“投入系数”，因为它反映了部门之间的技术条件与投入定额。改写产出方程为

$$X_i = \sum_{j=1}^{n} a_{ij} X_j + Y_i \quad (i = 1,2,\cdots,n)$$

产出方程可写为矩阵形式

$$\boldsymbol{X} = \boldsymbol{AX} + \boldsymbol{Y}$$

其中，$\boldsymbol{A}$ 为直接消耗系数矩阵；$\boldsymbol{X}$、$\boldsymbol{Y}$ 分别为总产品和最终产品向量。合并方程后可得：

$$\boldsymbol{Y} = (\boldsymbol{I} - \boldsymbol{A})\boldsymbol{X}$$

其中，$\boldsymbol{I}$ 为单位矩阵。

(2) 投入方程。

从投入产出表纵向关系看，每一列满足如下关系

$$X_j = \sum_{i=1}^{n} x_{ij} + d_j + v_j + m_j \quad (j = 1,2,\cdots,n)$$

上式表明，每个部门的总投入等于该部门接收其他部门作为中间产品的投入（包括自己的投入）与部门的折旧、工资、利润等之和，这个关系式称为“投入方程”。

每个部门的总产出一定等于每个部门的总投入，即投入和产出是平衡的。

4. 预测模型

预测是对尚未发生或目前还不明确的事物进行预先的估计和推测。预测可以提供未来的信息，为当前人们做出有利的决策提供依据。从古至今，预测一直是人类所重视的一项工作。科学的预测能够正确地帮助人们展望未来，使人们不再盲目地行动，而是可以有计划地发展自己。

预测模型是对预测对象发展规律的近似模拟。因此，在资料的搜索和处理阶段，当搜集到足够的可建立模型的资料，可采用一定的方法加以处理，尽量使它们能够反映出预测对象未来发展的规律性。然后利用选定的预测技术确定或建立可用于预测的模型。利用预测模型就可以计算和推测出预测对象发展的未来结果。

预测模型与方法主要有特尔斐法、回归法和增长曲线法等。

1) 特尔斐法

这是美国兰德公司提出的一种多次反复汇总多个专家意见的定性预测方法。具体步骤如下。

(1) 挑选多个专家，用书面形式征询专家意见，并对专家的各种回答进行综合整理，把相同的事件、结论统一起来，剔除次要、分散的事件，完成第一轮咨询。

(2) 在第二轮咨询时，将统一的相同事件和结论发给专家，要求对预测目标的各种有关事件发生的时间、空间、规模大小等提出具体的预测，并说明理由。再次汇总各专家意见，统计出每一事件可能发生日期的中位数，完成第二轮咨询。

继续进行第三轮和第四轮的咨询，若各位专家预测的意见收敛或基本一致，即可以此为根据进行预测。

该方法的特点是：①匿名，即专家单独表态，以免受权威意见影响；②多次反馈，多次反复能为专家提供了解舆论和修改意见的机会；③采用统计方法进行汇总符合客观性。

该方法在制定远景规划，确定建设项目等时预测其经济效果，找出潜在问题，均是一种行之有效的方法。

2) 回归法

"回归"被用来描述多个随机变量之间在统计平均意义上趋向于某种较为确定的相互依赖关系，即统计学中的回归分析。通过回归分析找到多个变量之间的统计相关关系，就能建立回归方程式。例如回归方程：

$$\tilde{y} = f(x_1, x_2, \cdots, x_n)$$

其中，$x_i(i=1,2,\cdots,n)$为自变量；y 为因变量；$\tilde{y}$ 为对 y 的估计值。在对自变量 x_i 进行预测时，利用函数 f 的求解就能得出因变量 y 的预测值。

为使回归方程能符合实际情况，首先应尽可能定性判断自变量的可能种类和个数，并在观察事物发展规律的基础上定性判断回归方程的可能类型。其次，力求掌握较充分的高质量的统计数据，再利用数学工具通过定量计算得到合理的回归方程式。

回归方程可以是代数函数、超越函数或它们的混合形式，具体如下。

(1) 一元线性回归。即因变量 y 与自变量 x 之间具有线性关系。线性回归方程中的系数利用最小二乘法求出。

(2) 多元线性回归。即因变量 y 与多个自变量 $x_i(i=1,2,\cdots,n)$之间具有线性关系（x_i 只取 1 次方）。回归方程中的系数利用最小二乘法，建立线性方程组求出。

(3) 非线性回归。即自变量 x_0 可取初等函数或复合函数（非一次方），它分为两类：一类可通过数学变换变成线性回归，如取对数可使乘法变成加法等；另一类可直接进行非线性回归，如多项式回归。

(4) 一元多项式回归。即因变量 y 是自变量 x 的多项式函数关系（高于一次方），回归方程中的系数也由最小二乘法求出。

3) 增长曲线法

增长曲线是描绘经济指标依时间变化而呈某种规律性增长的一种曲线。例如，一种新产品或一项新技术的发展，都经历从出现、发展、成熟到衰亡的过程。对于具有这种演变趋势的预测目标，可以运用增长曲线预测模型进行预测。增长曲线模型有以下 7 种。

(1) 多项式曲线：

$$y = a_0 + a_1 t + a_2 t^2 + \cdots + a_m t^m$$

(2) 简单指数曲线：

$$y = ab^t$$

(3) 修正指数曲线：

$$y = k + ab^t$$

(4) 双指数曲线：

$$y = ab^t Ct^2$$

(5) 威布尔(Weibull)分布函数曲线：

$$y = 1 - e^{-(t/\alpha)^\beta}$$

(6) 龚珀兹(Gompertz)曲线：

$$y = ka^{b^t}$$

(7) 逻辑斯谛(Logistic)曲线：

$$y = \frac{k}{1 + ae^{-bt}}$$

建立增长曲线模型的基本步骤是根据随时间变化的数据($y_1, y_2, \cdots, y_n$)的变化趋势，选择合适的曲线，再对模型中的参数进行估计。

2.1.3 知识资源

知识是人们在社会实践活动中所获得的认识和经验的总和。具体地说，知识是人们对客观世界的规律性的认识。

人类社会的知识表示主要是以文字、图表等形式记载在图书、档案、报纸、杂志、音像等媒体上。早在三百多年前，英国著名哲学家弗兰西斯·培根说过"知识就是力量"。这句话被无数事实所反复证明。知识与物质和能源一起共同构成了现代社会的三大支柱资源。

当人类进入知识经济社会后，知识成为发展经济的最重要和最关键的资源。知识经济是以知识为基础的经济，知识经济以知识资源开发自然资源。知识本身既是财富，又能创造财富。

知识来源于信息和数据。它们之间的关系是：数据是对客观事物的记录，用数字、文字等符号表示；信息是数据所表示的含义(或称为数据的语义)，即信息是对数据的解释，是加载在数据上的含义；知识是有规律性的信息，它一般表示为关系、表达式或过程，它能指导行动、发挥作用。

经济合作发展组织(OECD)将知识分为4种类型。

(1) 知道什么是知识(Know-What，即事实知识)，关于事实方面的知识。

(2) 知道为什么的知识(Know-Why，即原理知识)，事物的客观原理和规律性的知识。

(3) 知道怎样做的知识(Know-How，即技能知识)，用于改变世界的知识。

(4) 知道有谁的知识(Know-Who，即人际知识)，知道谁能做哪些事的知识，即人际交往知识。

将以上4种类型的知识划分成两大类别：显性知识(理论知识)和隐性知识(实践知识)。

显性知识(理论知识)指可以通过正常的语言方式传播的知识，以书本、报纸、杂志、计算机知识库等形式存储，便于交流、共享和转移。在以上4种知识中，事实知识(Know-What)

和原理知识(Know-Why)属于显性知识。这类知识适用范围大,通用性强。

隐性知识(实践知识)是隐含的经验类知识。它是个人或组织经过长期积累而拥有的知识,通常不易用言语表达,传播给别人比较困难。在以上 4 种知识中,技能知识(Know-How)和人际知识(Know-Who)属于隐性知识。这类知识适用范围小,一般针对具体的案例。

知识作为一种资源,是由人类的智力创造与发现的。知识资源是可以重复使用的,也是一种共享资源。知识资源可以不断地再生出来,并与原有的知识资源重新组合,扩大知识资源。知识资源具有价值和使用价值,它与物质结合,可以转化为物质财富。

人们主要研究的知识是计算机能够接受并进行处理的符号,它形式化地表示人类在改造客观世界中所获得的知识。

模型是客观事物数量关系的本质描述。由于模型在计算机中一般用求解过程表示,称为过程知识。模型资源是知识资源的一种,由于它在支持决策上主要采用定量方式发挥作用,我们已单独把它列出作为一种决策资源在 2.1.2 节中给出了说明。在这节中讨论的知识资源主要是以定性方式支持决策。

计算机中的知识表示有数理逻辑、产生式规则和本体等。

1. 数理逻辑

数理逻辑是现代的形式逻辑。数理逻辑以命题逻辑和谓词逻辑为基础,研究命题、谓词及公式的真假值。数理逻辑用形式化语言(逻辑符号语言)进行精确(没有歧义)的描述,用数学的方式进行研究。

1) 命题逻辑

命题分为简单命题和复合命题。简单命题是基本单位;复合命题由简单命题通过连接词组合而成。命题逻辑研究复合命题所具有的逻辑规律和特征,它能够把客观世界的各种事实表示为逻辑命题并验证其真假。

在命题逻辑中,有以下 5 种关系:

∧(与)、∨(或)、~(非)、→(如果……那么……,即蕴含)、↔(等价,即当且仅当)

这 5 种关系称为连接词,它们之间有优先关系,从高到低为~、∧、∨、→、↔。

定义 2.1 由命题($p,q,r,\cdots$)或用连接词(~、∧、∨、→、↔)连接的命题,组合而成的公式称为合适公式。

例如,句子"若天空无云并且地面无风,则天不会下雨",用命题的合适公式表示为

$$(P \wedge Q) \rightarrow (\sim R)$$

其中,P 表示"天空无云";Q 表示"地面无风";R 表示"天会下雨"。

2) 谓词逻辑

谓词逻辑是对简单命题的内部结构的进一步分析。在谓词逻辑中,把反映某些特定个体的概念称为个体词,而把反映个体所具有的性质或若干个体之间所具有的关系称为谓词。对谓词逻辑的研究主要研究一阶谓词逻辑。

定义 2.2 在谓词 $p(x_1,x_2,\cdots,x_n)$ 中,如果个体 x_i 都是一些简单的事物,则称 p 是一阶谓词。若有些变元本身就是一阶谓词,则称 p 为二阶谓词。在谓词逻辑中需要考虑一般

与个别、全称和存在，并引入全称和存在两个量词。

∀：全称量词，表示所有个体中的每一个。

∃：存在量词，表示至少有一个。

定义 2.3 由单个谓词或由连接词（～、∧、∨、→、↔）连接的多个谓词或含有（$\forall x$）或（$\exists x$）的谓词，以及它们的组合公式称为谓词逻辑的合适公式。

例如，句子"每个储蓄的人都获得利息"表示成谓词公式为

$$\forall x[(\exists y)(S(x,y)) \wedge M(y)] \rightarrow [(\exists y)(I(y) \wedge E(x,y))]$$

其中：x 表示人；y 表示钱；谓词 $S()$ 表示储蓄；$M()$ 表示有钱；$I()$ 表示利息；$E()$ 表示获得。

2. 产生式规则

产生式规则知识一般表示为 if A then B，即表示为：如果 A 成立，则 B 成立，简化为 A→B。其中 A、B 是事实，一般表示为"变量＝值"。

产生式规则知识的前提中可以是多个事实组成，多个事实之间可以是与（and，∧）关系，也可以是或（or，∨）关系。例如，$A=a \wedge B=b \vee C=c \rightarrow D=d$。

例如，在马尾松毛虫防治专家系统中，根据虫期、树龄、虫数等来确定虫口密度的知识有：

if 抽样单位＝株 and 虫期＝幼虫 and 树龄＞1 and 树龄≤5 and 虫数＞30
then 虫口密度＝极高

产生式规则知识也可以用来表示元知识。元知识是关于知识的知识。更明确地说，元知识是关于领域知识上的概括性知识、总结性知识、关联性知识。也即是对领域知识进行描述、说明、处理的知识称为元知识。

在专家系统中，用元知识来控制专家系统的运行，或对专家系统中的知识进行维护。例如：

if 经过长期运行，某条规则从来没有被触发过，then 询问专家该规则是否有用。

产生式规则知识是目前使用得最多的知识表示形式。

3. 本体

1）本体的概念

本体论的研究最早起源于哲学领域。在西方哲学史中，本体论是指关于存在及其本质和规律的学说。在 20 世纪的分析哲学中，本体论正式成为研究实体存在性和实体存在的本质等方面的通用理论。在中国古代哲学中，本体论又称为"本根论"，是指探究天地万物产生、存在、发展变化的根本原因和根本依据的学说。

近年来，关于本体论的研究正在计算机科学界兴起。把现实世界中某个应用领域抽象或概括成一组概念及概念间的关系，构造出这个领域的本体，会使计算机对该领域的信息处理大为方便。

为了区分哲学界和知识工程界对本体论的研究，以大写 O 开头的 Ontology 表示哲学领域中的"本体论"这一概念；以小写 o 开头的 ontology 是知识工程领域（或更广泛地说，是信息技术领域）广泛使用的概念，翻译为本体。

2）本体定义

关于本体有如下 3 个典型的定义。

（1）Gruber 于 1993 年指出："本体是概念化（Conceptualization）的一个显示的（Explicit）规范说明或表示。"

（2）Guarino 和 Giaretta 于 1995 年给出如下定义，即"本体是概念化的某些方面的一个显示的规范说明或表示"。

（3）Borst 于 1997 年给出了一个类似的定义："本体可定义为共享的概念化的一个形式的规范说明。"

这 3 个定义后来成为经常被引用的定义。它们都强调了对"概念化"给出形式解释的可能性。同时，反映出本体描述的是共享的知识，不是被个人私有的，而是被一个群体所接受的。形式化是指本体应该是机器可读的。

3）本体表示

在最简单的情况下，本体只描述概念的分类层次结构（也称为概念树）。在复杂的情况下，本体可以在概念分类层次的基础上，加入一组合适的关系、公理、规则来表示概念之间的其他关系，约束概念的内涵解释。

一个完整的本体应由概念、关系、函数、公理和实例 5 类基本元素构成。因此，把本体表示为如下形式：

$$O::=\{C,R,F,A,I\}$$

其中各含义如下。

C：概念。本体中的概念是广义上的概念，它除了包括一般意义上的概念外，还包括任务、功能、行为、策略、推理过程等。本体中的这些概念通常按照一定的关系形成一个分类层次结构。

R：关系。表示概念之间的一类关系。如概念之间的 subclass-of（子类）关系、part-of（部分）关系等。一般情况下，可以用关系 R：$C_1 \times C_2 \times \cdots \times C_n$ 表示概念 C_1、C_2、…、C_n 之间存在 n 元关系 R。

F：函数。是一种特殊的关系，其中第 n 个元素 C_n 相对于前面 $n-1$ 个元素是唯一确定的。函数可以用形式 F：$C_1 \times C_2 \times \cdots \times C_{n-1} \rightarrow C_n$ 表示。例如，函数"球的体积"定义球的体积由圆周率和球的半径唯一确定。

A：公理。概念或者概念之间的关系所满足的公理，是一些永真式。例如，概念乙属于概念甲的范围。

I：实例。属于某概念类的基本元素，即某概念类所指的具体实体。

在有些本体模型中，概念的实例不被看成是本体的组成部分。

从语义上分析，实例表示的就是对象，概念表示的则是对象的集合，关系对应于对象元组的集合。基本的关系有 4 种：part-of（部分）、subclass-of（或 kind-of，子类）、instance-of（实例）和 attribute-of（属性），即 part-of 表示概念之间部分与整体的关系；subclass-of 表示父类与子类之间的关系；instance-of 表示概念的实例和概念之间的关系，类似于面向对象中的类和对象之间的关系；attribute-of 表示某个概念是另一个概念的属性，例如概念"价格"可作为概念"车"的一个属性。

4）本体实例

用一个例子来说明本体的表示，如图 2.1 所示。

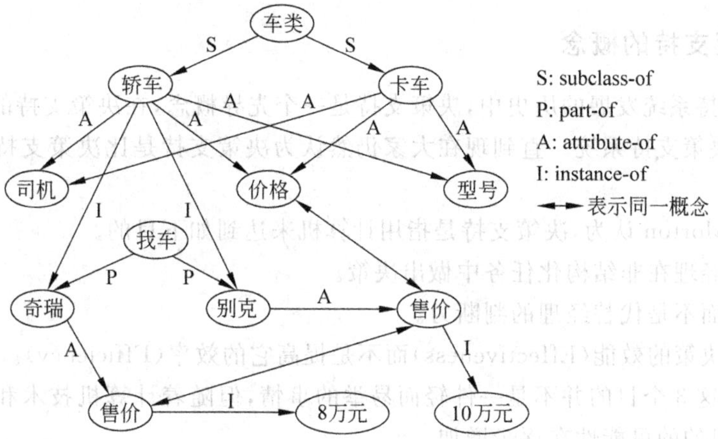

图 2.1　本体实例

从图中可以看出本体的概念层次关系如下：

$$类\xrightarrow{S}子类\xrightarrow{P}个体\xrightarrow{A}属性\xrightarrow{I}实例$$

层次关系中可省略某个中间层概念，如省略“个体”或“实例”。“实例”相当于“属性”的取值。

本体的概念层次关系中，下层概念实质上是上层概念的语义解释。

5）本体应用

一个本体定义了一个领域的公共词汇集，利用这个公共词汇集，可实现信息共享和知识共享。在知识工程领域中研究本体的目的是解决人与机器之间或机器与机器之间的交互问题。

本体的应用有信息检索和异构信息的互操作问题。

常规的基于关键词的信息检索技术已不能满足用户在语义上和知识上的需求，寻找新的方法也就成为目前研究的热点。本体具有良好的概念层次结构和对逻辑推理的支持，因而在信息检索，特别是在基于知识的检索中得到了广泛的应用。基于本体的信息检索的基本思想如下。

(1) 在领域专家的帮助下，建立相关领域的本体。

(2) 对用户的查询请求，查询转换器能按照本体把查询请求转换成规定的格式，在本体的帮助下，从数据库中匹配出符合条件的数据集合。

(3) 检索的结果经过格式定制处理后，返回给用户。

由于本体具有能通过概念之间的关系来表达概念语义的能力，所以能够提高检索的查全率和查准率。

对于信息集成，由于不同信息源在信息的表示上不一致，包括名称冲突和结构冲突等。本体是建立一套共享的术语和信息表示结构。多数据源上的异构信息通过本体这套共享的术语和信息表示结构，成为同构的信息，从而实现多数据源信息的集成。

2.2 决策支持

2.2.1 决策支持的概念

在决策支持系统发展的历史中，决策支持是一个先导概念，在决策支持的概念形成若干年后，才出现决策支持系统。直到现在大家仍然认为决策支持是比决策支持系统更基本的一个概念。

Keen 和 Morton 认为，决策支持是指用计算机来达到如下目的。

(1) 帮助经理在非结构化任务中做出决策。

(2) 支持而不是代替经理的判断力。

(3) 改进决策的效能(Effectiveness)而不是提高它的效率(Efficiency)。

虽然达到这 3 个目的并不是一件轻而易举的事情，但随着计算机技术和决策技术的发展，实现这些目的的可能性在逐步增加。

由经验决策向科学决策的进化过程就是决策支持的进化过程。经验决策是完全由人用他的经验知识来决策。科学决策的初期是利用决策资源(数据、模型、知识等)来辅助决策(决策支持)。

利用数据辅助决策促进了统计学和概率论的发展。从 18 世纪统计学的出现到现在的国家宏观统计，都在用数据辅助决策。20 世纪 90 年代出现的数据仓库也主要是利用数据辅助决策。

利用模型辅助决策促进了管理科学和运筹学的发展，20 世纪初兴起了管理科学，20 世纪 40 年代第二次世界大战期间出现了运筹学，到了 50 年代管理科学已经扩展到社会各个领域，它们都是利用数学模型来解决管理中的决策问题。管理科学已经成为同社会科学、自然科学并列的第 3 类科学。

利用知识辅助决策促进了人工智能在 20 世纪 50 年代的兴起，特别是 20 世纪70 年代出现的专家系统，大量利用专家知识在计算机上运行，达到人类专家解决问题的能力。

科学决策的近期是利用决策资源建立决策问题的方案，从问题的方案级上辅助决策，更加扩大了计算机的决策支持效果。其具体体现在决策支持系统、智能决策支持系统、基于数据仓库的决策支持系统和综合决策支持系统上。

可见，计算机的决策支持由辅助结构化决策向辅助非结构化决策方向迈进。

2.2.2 决策资源的决策支持

1. 数据的决策支持

现状数据只能反映现实的状况，提供给人一种掌握现状的方法，还不能上升为辅助决策。数据经过模型计算后产生的结果数据，才是决策的依据。例如，优化模型计算出的决策变量值。

不同层次的人员对数据的要求也不一样。普通管理者只关心具体的数据，中层管理者关心汇总数据，高层管理者关心高度汇总的数据。为辅助决策不但需要汇总数据，也需要对比数据。对企业来说，这就要求要有企业内部数据和企业外部数据。随着决策需求的增加，对数据的要求就更多了。

数据仓库的兴起就是为决策支持需求发展起来的。数据仓库中的数据为辅助决策发挥了很大的作用,这主要体现在综合数据和预测数据上。利用数据仓库的多维数据分析可以很容易掌握企业发展现状(赢、亏等)以及与竞争对手的对比(市场占有率等),数据仓库还为寻找成功和失败的原因提供了基础。

数据仓库突出了数据的决策支持作用。

数据资源比模型资源和知识资源更丰富。归纳利用数据资源的决策支持包括两方面。

1) 数据和模型结合的决策支持

前面介绍的模型的决策支持实质上是模型与数据结合的决策支持,不过更强调用模型来模拟现实世界的规律。此处强调模型计算出的结果数据的决策支持作用。

2) 数据仓库中数据的决策支持

数据仓库提高了数据的决策支持效果,也更充分地发挥了数据的决策效果。随着数据仓库的发展,数据的决策支持效果将更突出。

数据的决策支持的表现形式如下。

(1) 用图表与曲线直观展示数据中的含义。

图表与曲线是一种直观展示数据中的含义(即信息)的工具,典型的有曲线图、条形(柱形)图、饼图、面积图、散点图、箱线图、茎叶图等。

现在各国在社会调查、经济统计、民意测验等方面采用抽样调查,并通过抽样调查的结果对总体(全部对象)的状况进行估计和推断。由部分推断全部,概率论和数理统计起着重要的作用。

抽样调查的数据一般用表格、柱形图、饼图等表示。例如,一家市场调查公司为研究不同品牌饮料的市场占有率,对随机抽取的一家超市进行调查。调查员在某天对50名顾客购买饮料的品牌进行了记录,如果一个顾客购买某一品牌的饮料,就将这一饮料的名字记录一次,再对原始数据建立频数分布表,如表2.3所示。

表2.3 不同品牌饮料的频数分布

饮料品牌	频数	比例	百分比/%	饮料品牌	频数	比例	百分比/%
可口可乐	15	0.3	30	汇源果汁	6	0.12	12
旭日升冰茶	11	0.22	22	露露	9	0.18	18
百事可乐	9	0.18	18	合计	50	1	100

对表中的数据画出直观的直方图,如图2.2所示,饼图如图2.3所示。

(2) 数据是人决策的依据。

决策是为了达到某一预定目标,在掌握充分、必要的数据的前提下,按照一定的评判标准,运用数学和逻辑的方法,对几种可能采取的方案做出合理的选择。可见,数据在决策中的地位和作用,即数据是决策的依据。下面通过一个例子来说明数据辅助决策。

纽约花旗银行为在某地区推行M信用卡制定了4种战略(S_1、S_2、S_3、S_4),而其竞争对手大通曼哈顿银行也为在该地区推广V信用卡制定了3种策略(C_1、C_2、C_3)。此时,纽约花旗银行的营销经理该选择怎样的战略方案呢?

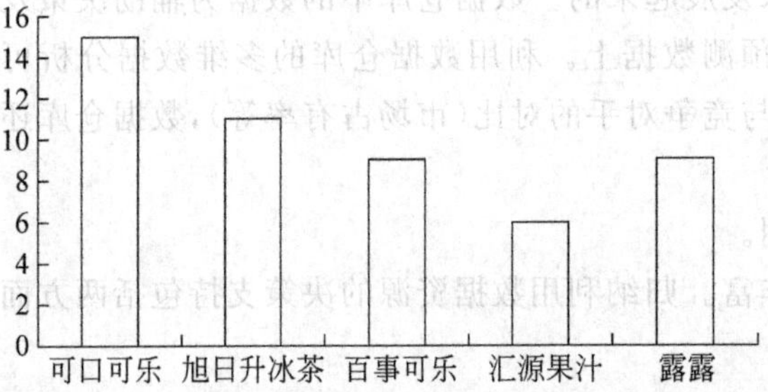

图 2.2 不同品牌饮料的频数分布直方图

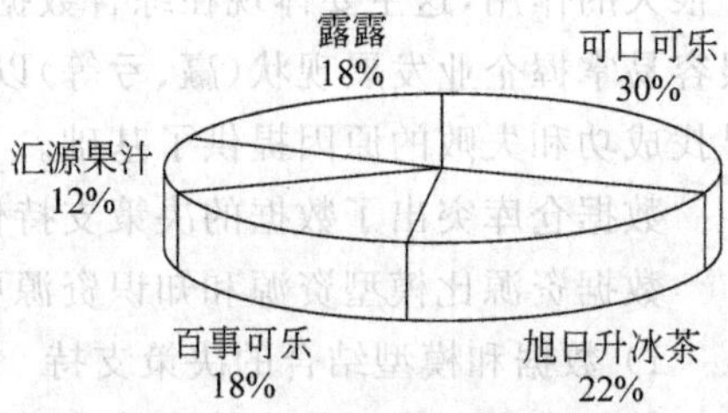

图 2.3 不同品牌饮料的百分比饼图

首先,他收集相关市场过去的经验数据,利用不确定型决策的分析方法建立了一个数学模型,然后估计了4种战略和大通曼哈顿银行采取的3种策略,最后算出花旗银行的最终利润,如表2.4所示。

花旗银行选择哪种战略,将取决于营销经理的个人价值取向。如果他是乐观的,在4个战略中各战略最大收益是: $S_1=14, S_2=18, S_3=24, S_4=28$,他将选择 S_4,因为 S_4 是可能获利最大的,即28万美元。如果他是悲观的,他将用最坏的结果去分析,即每一战略中选取最大坏结果是 $S_1=11, S_2=9, S_3=15, S_4=14$,然后从最坏的结果中选取获益最大的,即 S_3。

营销经理意识到不一定能达到最大收益。他要根据机会成本去判断如何取舍。于是,他用大通曼哈顿银行在某种策略 C_i 下获益的最大值减去该策略 C_i 下与花旗银行各种战略(S_1、S_2、S_3、S_4)相对应的各种收益,所得结果如表2.5所示。

从表2.5可以看出,最大遗憾值是 $S_1=17, S_2=15, S_3=13, S_4=7$。为使遗憾值最小,营销经理选择了 S_4,这样,他就将利润的机会损失控制在7万美元以内。

表 2.4 收益矩阵

单位:万美元

花旗银行营销战略	大通曼哈顿银行的策略		
	C_1	C_2	C_3
S_1	13	14	11
S_2	9	15	18
S_3	24	21	15
S_4	18	14	28

表 2.5 遗憾矩阵

单位:万美元

花旗银行营销战略	大通曼哈顿银行的策略		
	C_1	C_2	C_3
S_1	11	7	17
S_2	15	6	10
S_3	0	0	13
S_4	6	7	0

2. 模型的决策支持

模型是对客观事物的特征和变化规律的一种科学抽象。人们通过研究模型来揭示客观事物的本质。

1) 数学模型的决策支持

在科学研究中,往往是先提出正确的模型,然后才能得到正确的运动规律和建立较完整的理论体系。它在探索未知规律和形成正确的理论体系过程中，是一种行之有效的研究方法。

对于数学模型，需要建立变量与参数构成的方程式。通过模型的算法，求出变量的值和方程的值。在实际中，若能实现和达到模型求出的值（变量的值和方程的值），就能取得模型方程所追求的目标。数学模型辅助决策就是要求决策者按模型所求出的值去做决策。

对于一个决策问题，在没有掌握其本质和规律时，它是一个非结构化决策问题，但在人们通过不懈的努力，建立了问题的模型，找到了它的本质和规律后，该问题就变成了一个结构化决策问题。

线性规划模型的建立过程就是一个典型的实例。1939 年，苏联数学家康托罗维奇提出了线性规划问题，当时并未引起重视。1947 年，美国数学家 G. B. 丹齐克提出线性规划的一般数学模型和求解线性规划问题的通用方法——单纯形法，为研究线性约束条件下线性目标函数的极值问题奠定了数学理论和方法，引起了学者的广泛重视。1951 年，美国经济学家 T. C. 库普曼斯把线性规划应用到经济领域。

从此，应用线性规划模型解决决策问题已从非结构化决策问题变成了结构化决策问题。现在，为解决生产计划问题、生产资源分配问题、运输问题等做出决策，线性规划仍是一个功能强大的解决工具。

经过专家学者的长期研究，已经建立了大量的数学模型，而且其数量已达成千上万个，仅预测模型就有一百多个。这些模型已经形成了辅助决策的重要资源。人们利用这些模型资源已经有效解决了大量的决策问题，而且仍在继续创建新模型，逐步扩大决策资源。

管理科学/运筹学采用这种决策支持方式。

2）模型实验的决策支持

在利用成熟的数学模型解决实际问题时，如何确定模型方程中的变量、系数、常数以及方程个数等问题，也是一个困难的问题。这将直接影响模型辅助决策效果。为了解决这个不确定性问题，应该对模型进行实验。“如果，将怎样”（What-If）分析是一个很好的模型实验手段。以优化模型为例，初步建立的模型并求出最优解后，再对决策问题进行深入的分析，即如何对不确定性情况进行各种各样的假设，并反复通过模型计算后，对各种结果进行深入分析，研究最优解会有怎样的变化，这种分析称为“如果，将怎样”分析。

“如果，将怎样”分析具有以下基本作用。

（1）优化模型的许多参数在建模时是很难精确确定的，只能是对一些数据的估计。通过 What-If 分析可以表明，系数估计值必须精确到怎样的程度，才能避免得出错误的最优解，而且，可以找出哪些系数是需要重新精确定义的灵敏度参数。

（2）在决策问题的条件发生了变化（这是经常发生的）时，通过 What-If 分析，即使不求解，也可以表明模型参数的变化是否会改变最优解。

（3）当模型特定的参数反映管理政策决策时，What-If 分析可以表明改变这些决策对结果的影响，从而有效指导管理者做出最终的决策。

可见，What-If 分析在求得基本模型的最优解后，能为管理层的决策提供非常有用的信息。

决策支持系统的初期采用这种决策支持方式。

3）决策方案的决策支持

模型是决策支持的重要手段，多模型组合形成决策问题方案能扩大单模型的决策支持能力。对于比较复杂的决策问题，难以用单模型辅助决策。这时，就需要用多模型的组合来形成决策方案实现辅助决策。每个模型所需要的数据都不相同，模型之间的数据转换也是一项很烦琐的工作。对于多模型的组合，一般的方法是对每个模型分别由计算机来计算。模型间的数据转换由人在计算机外手工进行。

这些数据转换能否由计算机来完成？这是一个数据处理问题，应该建立数据处理模型（区别于数学模型）来完成。数据处理模型与数学模型在计算机中有以下区别：数学模型计算比较复杂，需要进行矩阵运算、循环和迭代，甚至用到递归，一般用数值计算语言（即高级语言，如Pascal、C、FORTRAN等）来编程和求解。数据处理模型不需要进行复杂的计算，但处理的数据量很大，要进行数据存储结构的转换，一般用数据库语言（如FoxPro、Oracle等）来编程。多模型的组合则要求把两类不同语言编制的程序结合起来，这种结合需要解决计算机中的以下两个问题。

（1）两类语言的接口。随着计算机技术的发展，20世纪90年代中、末期出现的ODBC、ADO软件是两类语言的通用接口，基本解决了这个问题。

（2）两类语言的集成。集成两类不同语言的模型，需要有一个控制程序来组合多个模型，形成系统方案。这种集成语言一般采用宿主语言，如以C语言为主语言，在C中嵌入数据库语言，形成的宿主语言。

决策支持系统基本上是属于这种决策支持方式。

3. 知识的决策支持——智能

1）知识与智能

在《中国大百科全书》的“知识工程”条目中，对“智力”和“智能”的解释是：“智力”是运用知识解决问题的能力。“智力”与“知识”有着密切的关系，但“知识”与“运用知识的能力”是两个不同的概念。“智能”是指知识的集合与智力的综合（或总和），是静态的知识和动态的智力综合所体现的一种能力。这种解释比有些辞典中把“智能”与“智力”等同起来更能说明问题。

“智能”是人的行为。为了使计算机模拟人的智能行为，从而产生了“人工智能”。在《人工智能辞典》中对“人工智能”的解释是：使计算机模拟人类的智能活动，完成人用智能才能完成的任务，称为人工智能。

关于“智能”的解释，国外权威人士有两个定义：

(1) 图灵(Turing)试验。

一个房间放一台机器，另一个房间有一个人，当人们提出问题后，房间里的人和机器分别作答。如果提问的人分辨不了哪个是人的回答，哪个是机器的回答，则认为机器有了智能。

这个定义对机器要求过高，比较难实现。

（2）费根鲍姆(Fergenbanm)定义。

只告诉机器做什么，而不告诉怎样做，机器就能完成工作，便可以说机器有了智能。

这个定义机器能达到，计算机的专家系统达到了这种智能行为。

随着人工智能研究的逐步深入，对人的智能行为归纳如下。

① 通过学习获取知识。

② 利用知识进行逻辑思维(推理)。

③ 通过自然语言理解进行人机之间的交流。

④ 通过图像理解进行形象思维(联想)。

⑤ 利用启发式(经验)方法，解决随机变化问题。

⑥ 利用试探性(创新性)方法，解决新问题。

智能行为概括为：获取知识，进行推理、联想或交流，解决随机问题或新问题。

目前，人工智能问题求解的主要方法是通过知识表示和知识推理来实现。

2) 知识的决策支持

知识的决策支持主要体现在人工智能中。利用知识进行推理可解决随机问题或新问题。下面通过第二次世界大战中的实例来说明。

一天早晨，苏军舰长斯罗夫中校正在军港散步。突然，海上一群海鸟不寻常的动作引起了他的注意。奇怪，刚才海鸟还是散开飞翔的，为什么现在都聚集在一起并朝着一个方向掠海飞行呢？而且，海鸟飞翔的方向恰恰是朝着港口的方向。于是他立即跑回去给码头作战值班室打电话，说有一艘德国潜艇正在试图潜入港内发动袭击，根据是“海鸟和鱼群不正常……”尽管值班人员半信半疑，但由于他们已多次吃过德国潜艇的亏，因此还是经请示拉响了战斗警报，随即所有舰艇立即离港保持机动，并出动了4艘猎潜艇进行搜索，结果很快发现并击沉了来偷袭的德国潜艇。事后有人问斯罗夫中校是如何得出“水下有德国潜艇来偷袭”这一正确判断的，他回答说：因为水下鱼群被潜艇推进器搅昏了，被赶到了平静的海面上，就引来了海鸟的争食。海鸟争食的方向就是水下潜艇前进的方向。

从“海鸟不寻常地聚集并沿确定方向作掠海飞行”的现象，推断出“有敌潜艇偷袭”的结论，是利用经验知识进行推理并有效地支持决策的典型实例。

在人工智能中，主要的方法和技术是专家系统、智能决策支持系统、神经网络、自然语言理解、机器学习等。

(1) 专家系统的决策支持。

专家系统中的知识主要是人类专家的知识和书本的知识。知识的表示形式主要采用产生式规划，有时也利用框架知识和语义网络知识形式。专家系统通过对专家知识的推理达到人类专家解决问题的能力。例如，关幼波中医专家系统就是利用老中医关幼波的知识，在计算机中通过推理达到了关幼波诊断肝病的相同效果。目前，该专家系统仍在代替老中医进行看病治病。

我国学者已经开发了很多专家系统。在Internet上可以查询到很多已开发的专家系统。典型的例子是国家863计划支持的我国农业专家系统，它历时十几年的研制，覆盖全国二十多个省市，取得了明显的经济成果。农业专家系统利用农业生产、科技、经济方面的知识进行推理，帮助生产者、管理者进行因地制宜的决策，减少失误。

作者领导的课题组和中南林学院合作完成了“马尾松毛虫防治专家系统”。该系统能帮助林区管理者对林区出现的虫害进行预测或防治。在需要防治时，提出防治方法和施药方法等建议，帮助林区管理者进行决策。

(2) 智能决策支持系统的决策支持。

智能决策支持系统是决策支持系统与人工智能技术结合的系统，典型的是决策支持系统与专家系统的结合。国内也开发了很多智能决策支持系统。

军事科学院胡桐清研究员领导的课题组完成了"作战决心智能决策支持系统"。该系统有四千多条军事规划和三大类模型：地形模型（纵横路模型、植被模型、河流模型等）；作战决心模型（兵力配置模型、战斗力界线模型）；优化模型（模糊综合评价模型等）。该智能决策支持系统达到了和军长作战指挥制定相同或相近的进攻作战决心方案的效果。

作者领导的课题组和南京林业大学合作完成了"松毛虫智能预测系统"(PCFES)。该系统能进行松毛虫的发生期、发生量、发生范围和危害程度的定性预测；同时可利用预测模型进行松毛虫发生级别和发生数量的定量预测。该成果通过了技术验定。

(3) 语言翻译的决策支持。

计算机对人类自然语言的理解方面的研究虽然在不断取得进步，但离实用还有一段距离。计算机语言的翻译（即编译程序）是非常成功的。计算机语言包括高级语言（C、Pascal等数值计算语言）、数据库语言（FoxPro、Oracle等）、人工智能语言（Prolog、LISP等）等的语言文法均属于2型文法（上下文无关文法）和3型文法（正规文法），而不包含自然语言的0型文法（短语结构文法）和1型文法（上下文有关文法）。将计算机各类语言程序翻译成机器语言程序（二进制表示的机器指令代码），使计算机能完成任意复杂的数值计算、任意庞大的数据库处理以及递归运算的知识处理。

计算机编译程序的主要工作有：①词法分析，完成符号串的识别形成单词；②语法分析，将单词组成句子。

编译程序是任何人（不管他是什么专业领域）用计算机语言编制的任何问题的计算机程序（源程序），只要它符合语言的文法要求，编译程序一定能把该程序编译成机器语言或中间语言（目标程序）。编译程序的原理与专家系统一样，编译程序中的知识就是词法分析文法（3型）和语法分析文法（2型）。编译程序的推理机制是推导（正向推理）和归约（逆向推理）。

对智能技术的决策支持的详细说明见本书第4章。

2.2.3 决策方案的决策支持

系统论认为，系统是由相互作用和相互依赖的若干组成部分结合而成的，是具有特定功能的有机整体。从系统的构成看，系统是一个可以分成许多组成部分的整体，整体中每一部分的性质和行为都将影响整体的性质和行为。从系统的功能看，系统又是一个不可分割的整体，因为整体中每一组成部分之间不是独立的，而是相互联系、相互依赖、相互作用的。系统论对人们研究事物的指导思想是：任何事物都由几部分组成，并构成一个系统；在研究对象时，应把研究对象看做一个系统，从系统的整体性出发来研究系统内部各个组成部分之间的有机联系及其与系统外部环境的相互关系，而不是把系统拆开成为相互独立的要素，互相孤立地研究。

对于一个决策问题，我们可以把它看成一个系统，既要把它分解成若干组成部分，又要考虑各组成部分之间的相互联系。为此，提出解决整个问题的方案，既要包括解决各组成部分的方法,又要协调好各组成部分的关系。

解决各组成部分的方法是根据该部分的特点来处理的,是定量问题采用模型的方法,是定性问题采用知识推理的方法。采用模型的方法,一般尽量选择已有成熟的模型,否则只能建立新模型。采用知识推理的方法,首先要建立知识库,并选择相应的推理机制。

协调各组成部分的关系,在计算机中需要设计一个系统的总控制程序,按程序结构的顺序、选择、循环3个基本结构为主体,通过组合和嵌套形式将系统的若干组成部分组合起来,形成系统。

由系统总控制程序组合各组成部分的模型或知识推理而形成的系统就是决策支持系统。一个决策支持系统就是解决实际问题的一个方案。对各组成部分选择的模型不同,或者选择的知识推理的不同,就构成了不同的决策支持系统方案。通过计算机对不同方案的计算结果,最后由决策者来做决策。

这种以决策支持系统的方式辅助决策就是以决策方案形式实现决策支持。

能否自动生成决策问题方案?当把所有模型、知识和各类数据都作为决策资源存入模型库、知识库和数据库中,即模型库中既有数学模型,也有数据处理模型和人机交互模型等。数据库中既有公用数据,也存入私有数据。知识库中既含领域知识,又含元知识和常识,它们都作为决策资源。而决策问题被理解为将模型资源、数据资源和知识资源作为积木块进行组合,搭建成系统方案的处理过程,我们用总控程序来描述。这时的总控程序就简单了,它只是控制模型运行、存取数据、知识推理和人机对话进行有机结合的控制流程。

利用计算机的系统快速原型法及组件集成的方法就能自动生成具有上面要求的决策支持系统控制程序,达到控制模型程序的运行,数据库中数据的存取及知识推理,这样就实现了决策问题方案的自动生成。当某个决策方案需要改变其中某个模型为另外的模型,或者改变存取数据库中的数据,或者选用不同的知识时,只须修改决策支持系统控制程序中模型的调用、数据的存取和知识推理,通过方案的自动生成就能够快速生成新的决策支持系统方案。

决策方案的自动生成为改变决策方案带来了快捷和方便。这样,进一步为决策者的决策提高了决策支持效果,从而达到了计算机为决策过程中的"多方案选择"步骤,起到极其关键和有效的支持作用。

现在的计算机技术已经完全能支持对决策问题的解决方案的自动快速生成或者是修改。

2.3 模型实验的决策支持

模型是决策的一个重要工具。模型辅助决策是运筹学和管理科学的研究内容。模型之所以能在决策中发挥重要的效果,在于模型真实地反映了客观世界的规律性。

模型是客观世界的抽象,在抽象过程中,会省略一些次要因素。可以说,模型是客观世界的一种近似描述。模型越接近实际,辅助决策的效果就越显著。若建立的模型偏离了实际,它就会使决策失败。可见,建立一个能真实反映客观现实的模型是很难的。

为此,应该对建立的模型进行实验,通过实验来检验模型的正确性和决策效果。本节介绍以下两种模型实验。

2.3.1 模型的建立与 What-If 分析

这里所讨论的建立模型是利用成熟的标准模型应用于实际问题，即确立模型方程的变量个数、方程个数以及方程中的系数和常数。

一般方程中的变量个数和方程个数比较好确定，但方程中的系数和常数是难于确定的。采用 What-If(如果，将怎样)分析来讨论这些系数和常数的变化会引起什么样的结果，将能有效地解决系数和常数的不确定性问题。下面是线性规划模型的建立与 What-If 分析的实例。

某公司研制了"玻璃门"和"铝框窗"两种新产品，并准备生产这两种新产品。

1. 确定目标

新产品有什么优点？能否被消费者购买？需要进行分析。新产品会增加成本，因此需要进行成本分析。

公司的 3 个生产工厂能有多少时间生产新产品？每周能卖掉几个产品？这需要制订营销计划。

生产新产品时，在工厂有限的生产能力基础上是先生产一种产品，还是两种产品同时生产？同时生产对同时抢先市场有好处，为两种产品做组合广告，也会有更好的效果。

以上问题都是非结构化决策问题。

2. 建立模型

寻找两种新产品的市场能力，确定哪种组合能产生最大利润。

该问题属于线性规划模型问题。线性规划模型是结构化的，但是将实际问题建立成合适的线性规划模型，需要收集如下信息。

(1) 每个工厂有多少生产能力生产新产品？

(2) 生产每一产品每个工厂各需要用多少生产能力？

(3) 每一产品的单位利润会有多少？

这些数据只能得到估计值，特别是新产品的利润(产品还未生产出来，就要估计它的利润)，这是一个半结构化决策问题。

经过调查和分析，工厂 A 每周大约有 4h 用来生产玻璃门，其他时间继续生产原产品；工厂 B 每周大约有 12h 用来生产铝框窗；工厂 C 每周大约有 18h 用来生产玻璃门和铝框窗。

估计每扇门需要工厂 A 生产 1h 和工厂 C 生产 3h。每扇窗需要工厂 B 和工厂 C 的生产时间各为 2h。

经过成本和产品定价分析，预测玻璃门的单位利润为 300 元，窗的单位利润为 500 元。设每周生产新门的数量为 x，生产新窗的数量为 y。

该问题的线性规划模型的数学方程为：

① 利润： $P=300x+500y$

② 工厂 A 约束 $x\leqslant 4$

工厂 B 约束　　　　　　$2y \leqslant 12$

工厂 C 约束　　　　　　$3x+2y \leqslant 18$

$$x \geqslant 0, y \geqslant 0$$

3. 最优决策

通过对该决策问题的线性规划模型求解，即求在生产能力允许的条件下，得到最大利润的最优解。利用线性规划模型的求解方法可得到最优解为：

$$x=2,\quad y=6,\quad P=3600$$

线性规划模型为决策者提供了最优决策。它是公司领导层对是否生产新产品的重要决策支持。

4. What-If 分析

由于线性规划模型的参数均是估计值，这样计算出的最优解也是估计值，对如下问题需要进行 What-If 分析，即 What-If 实验。

(1) 新产品中有一个产品的单位利润的估计值不准确时，最优解怎样变化？

(2) 两个产品的单位利润的估计值都不准确时，又将会怎样？

(3) 其中一个工厂每周可用于生产新产品的时间改变后，会对结果产生怎样的影响？

(4) 如果 3 个工厂每周可用于生产新产品的时间同时改变，又会对结果产生怎样的影响？

这些问题对决策仍很重要。解决这些问题需利用优化模型的进一步的决策支持。

例如，如果门的单位利润(P_x)300 元的估计不准确，为保持最优解($x=2, y=6$)不变的情况，P_x 可能的最大值与最小值是多少？这个允许范围称为 P_x 参数的最优域。

为求得 P_x 的最优域，代入不同的 P_x 值，求解线性规划模型的解，见表 2.6。

表 2.6　P_x 不同值的最优解

P_x	x	y	P	P_x	x	y	P
0	2	6	3000	600	2	6	4200
100	2	6	3200	700	2	6	4400
200	2	6	3400	800	4	3	4700
300	2	6	3600	900	4	3	5100
400	2	6	3800	1000	4	3	5500
500	2	6	4000				

从表 2.6 可见，P_x 在一定范围内的改变，并不改变最优解(x, y)的最小值与最大值，即最优域为

$$0 \leqslant P_x \leqslant 700$$

用同样的方法可求出 P_y 的最优域值为

$$P_y \geqslant 200$$

其他 What-If 分析的问题在此不进行讨论。

2.3.2 模型组的决策支持

在对一个实际决策问题做方案时，往往会采用对同一问题的多个不同模型进行计算，然后对这些模型的计算结果进行选择或者进行综合，得到一个比较合理的结果。这是一种采用模型组进行实验的决策支持。下面通过一个实例进行说明。

某县对粮食产量进行规划，预测 2017 年的粮食总产量。为此，利用该县 2007—2016 年各年粮食产量数据，按照不同预测模型的要求，分别建立了 5 个不同的数学模型，并分别进行了预测计算，具体预测情况如下。

1. 灰色模糊预测模型

$$y = 502.9x_1 + 622.9x_2 + 1.917x_3 + 8.13x_4$$

其中，x_1、x_2、x_3、x_4 分别为良种面积、旱涝保收面积、化肥施用量、农药用量。

预测 2017 年总产量为 15.9 亿斤。

2. 生长曲线预测模型

$$y = \frac{173\,803.7}{1 + 2.0429e^{-0.08(t-2000)}}$$

预测 2017 年总产量为 15.4 亿斤。

3. 时间趋势预测模型

$$y = 35\,055 + 3498(t - 2000)$$

预测 2017 年总产量为 17.5 亿斤。

4. 多元回归预测模型

$$y = -164\,421 + 1.2045x_1 + 0.282x_2 + 861.4x_3 + 975.9x_4 + 2631.5t + 1684x_6$$

其中，x_1、x_2、x_3、x_4、t、x_6 分别为化肥、种子、水、种粮面积、时间、政策因素。

预测 2017 年总产量为 16.9 亿斤。

5. 三次平滑预测模型

$$y = 112\,056 + 3403.5(t - 2000) + 4.8(t - 2000)^2$$

预测 2017 年总产量为 17.5 亿斤。

归纳各模型预测结果在如下范围：

2017 年粮食总产量为 14 亿～17.5 亿斤。

为了确定一个比较合理的粮食产量预测值，只能由决策者集体讨论进行定性分析，共同决策该县在 2017 年的预测值。分析粮食产量的主要影响因素如下。

(1) 投入水平(化肥施用量)。

(2) 科技水平(如杂交良种推广应用)。

(3) 生产条件(农田基本建设效益)。

该县的实际情况是,全县基础较好,部分区域有较大发展,但是全县粮食“突变性”增长可能性小,稳步增长可能性大,总产量高的可能性小。决策者集体综合分析认为,总产量达到区间中间值偏下时把握性大。

经过定性分析,最后确定该县 2017 年粮食总产量的预测值为 15 亿斤。

2.4 模型组合方案的决策支持

管理科学与运筹学所研究的大量数学模型,均是解决实际决策问题进行抽象、总结的结晶。具有明确的数学结构和求解方法,且具有通用性。这为我们借鉴前人的成果、帮助解决现在的决策问题提供了强有力的工具。

1. 针对实际问题选择和建立模型

针对当前决策问题从管理科学/运筹学中的大量标准数学模型中选择适合的模型,建立该模型方程的数学结构。

例如,利用线性规划模型解决优化决策问题,应该:

(1) 确定达到目标的决策变量,建立目标函数和约束方程结构形式,即确定实际问题的数学结构。

(2) 获取所需的目标函数中的参数、约束方程系数以及约束值。

实际问题的数学结构取决于变量个数、方程数目以及约束关系,对不同问题是不相同的。

可以说“实际决策问题是用实际问题模型的数学结构配上实际问题的数据”。生成实际问题模型的关键是确定实际问题的数学结构和获取数据。

2. 利用标准数学模型组合成为实际问题方案

复杂决策问题的方案需要考虑用多个标准数学模型的组合来完成。

在计算机中,对模型的组合是利用程序设计中的顺序、选择、循环 3 种组合结构形式。

对于两个模型间的数据关系,基本上是一个模型的输出为另一个模型的输入。在实际问题中,不是这种直接的关系,而是一个模型的输出数据,经过变换后成为另一个模型的输入数据。这样,就增加了模型组合的难度,即增加建立决策方案的难度。组合的模型越多,难度越大。

2.4.1 经济优化方案的决策支持

在计量经济模型中,以投入产出模型为例进行说明。

为了充分发挥投入产出模型的决策支持能力,应该将投入产出模型和其他模型结合起来,形成经济优化方案,以达到更大的辅助决策能力。通过投入产出模型与线性规划模型的结合，能制订最优计划。

投入产出模型反映了经济系统内部的产品（或部门）结构和联系，是制订系统内部协调计划的一个重要方法。但是，投入产出法本身不能提供优化方案。任何一个经济系统都不是一个孤立的封闭的系统。它必然要受到内部和外部的各种因素的制约，对于现代的社会化大生产尤其如此。一个理想的经济计划必须首先保证各个经济单位之间的配合能够协调，这就是人们常说的综合平衡。但这样的经济计划还必须服从一定的经济目标。因此，经济系统的内部和外部约束条件和实现某一经济目标，往往是人们制订最优经济计划的出发点。显然，投入产出法不能解决最优化问题。这就要把投入产出分析与各种数学规划方法结合起来，进行综合分析，以求得实现经济目标的最优方案。下面着重讨论投入产出法与线性规划结合起来编制最优计划的决策问题。例如：

某个企业利用投入产出模型结合线性规划模型制订一个最优方案。

表 2.7　某企业投入产出系数表

产品种类	中间消耗	
	产品甲	产品乙
产品甲	0.1	0.2
产品乙	0.2	0.3

设某企业生产甲、乙两种产品，它们的实物型投入产出系数表如表 2.7 所示。

生产产品甲和产品乙分别对煤的消耗为 9 个单位和 4 个单位；对电的消耗为 4 个单位和 5 个单位；对劳动力的需求为 3 个单位和 10 个单位。

若外部资源限制是：煤 360 个单位，电力 200 个单位，劳动力为 300 个单位，甲、乙两种产品的单价分别为 700 元和 1200 元。如何安排生产计划，才能使净产值最高？

净产值由最终产品的产值来计算，这样目标函数由最终产品（Y）来建立，而资源约束是对总产品而言，约束方程由总产品（X）来建立。

设 X_1、X_2 分别为甲、乙两种总产品的产量；Y_1、Y_2 分别为它们的最终产品（商品）的产量。

目标函数：　$\max S = 700Y_1 + 1200Y_2$

煤约束：　$9X_1 + 4X_2 \leqslant 360$

电力约束：　$4X_1 + 5X_2 \leqslant 200$

劳动力约束：　$3X_1 + 10X_2 \leqslant 300$

$X_1, X_2 \geqslant 0; Y_1, Y_2 \geqslant 0$

该问题的目标函数以 Y 为变量，约束方程以 X 为变量，这是不能进行线性规划模型求解的。

总产品 X 与最终产品 Y 之间的关系在投入产出模型中是通过直接消耗系数矩阵 $\boldsymbol{A}$ 来联系的。故该问题需要利用投入产出模型和线性规划模型联合求解。

两模型的结合有两种处理方式。

(1) 利用方程

$$Y = (\boldsymbol{I} - \boldsymbol{A})X$$

将目标函数的最终产品（Y）转换成总产品（X），再由线性规划模型求出总产品（X），然后回到投入产出模型，利用以上方程求出最终产品（Y）。

(2) 利用方程

$$X=(\boldsymbol{I}-\boldsymbol{A})^{-1}Y$$

将约束方程中的总产品(X)转换成最终产品(Y),再由线性规划模型计算出最终产品(Y),然后回到投入产出模型,利用以上方程求出总产品(X)。

现利用第一种处理方法进行两模型的组合运算。

(1) 利用投入产出模型中的总产品与最终产品之间的方程:

$$\begin{bmatrix}Y_1\\Y_2\end{bmatrix}=\begin{bmatrix}1-0.1 & -0.2\\-0.2 & 1-0.3\end{bmatrix}\begin{bmatrix}X_1\\X_2\end{bmatrix}$$

得出矩阵元素($\boldsymbol{I}-\boldsymbol{A}$)。

(2) 将目标函数中的最终产品(Y)转换成总产品(X)。

对目标函数进行计算:

$$\text{目标:}\quad \max S=(700,1200)\begin{bmatrix}0.9 & -0.2\\-0.2 & 0.7\end{bmatrix}\begin{bmatrix}X_1\\X_2\end{bmatrix}=(390,700)\begin{bmatrix}X_1\\X_2\end{bmatrix}$$

(3) 求解总产品(X)的线性规划问题。

利用单纯形法求出结果:

$$X_1=20\text{ 个单位},\quad X_2=24\text{ 个单位}$$

目标值为

$$S=24\,600\text{ 元}$$

(4) 在投入产出模型中,由总产品(X)求出最终产品(Y)。

通过投入产出模型计算得出:$Y_1=13.2$ 个单位,$Y_2=12.8$ 个单位。

从上面的计算步骤可以看出,步骤(1)和步骤(4)是在投入产出模型中运行,步骤(3)是在线性规划模型中运行,而步骤(2)是两个模型间的数据处理,即取出投入产出模型中的数据($\boldsymbol{I}-\boldsymbol{A}$)和线性规划模型中目标变量(Y)的系数(700,1200),进行矩阵运算得出线性规划新目标变量(X)的价值系数(390,700)。

从以上两个模型的连接可以看出,实现多模型的连接需要进行模型之间的数据处理。它不属于其中任意一个模型的工作,一般由系统的控制程序在两个模型之外来完成。

投入产出模型所反映的各种经济因素的数量关系为内容,以线性规划模型求最优解,这是编制国民经济(或地区、企业)内部协调的最优计划的一般方法。两个模型结合所达到的能力比单模型决策支持能力提高了一大步。

这个例子是用两个产品(变量)来说明,计算相对简单。如果变量是几十个或几百个,那一定要利用计算机来完成。多模型的组合运算存在着各模型使用的数据之间的交换,这样各模型的数据就不能以文件形式存储,必须放入数据库中,即各模型使用的数据不是该模型所私有,必须能共享。这就要求各模型的数据放入数据库中。多模型组合运算,要求模型放入模型库中,这样便于对模型的管理和调用,模型所需要的数据放入数据库中,组合模型由系统的控制程序来完成。可以看出,多模型组合形成方案的决策支持体现了决策支持系统的特点。

2.4.2 产品优化方案的决策支持

假设一个产品是由多种原料(x_i)按一定的比例配方融合而成的,生产出来的产品具有各种性能(y_j)。若对产品的性能提出一定的约束要求(如 $y_j <> b_j$),如何进行原料配方,才能使生产出的产品满足性能要求?

如果性能与原料之间有明确的函数关系

$$y_j = f(x_i)$$

就可以用求反函数的方法,从性能的约束计算出原料的配方,即

$$x_i = f^{-1}(y_j)$$

如果性能与原料之间的关系是未知的,就无法从性能的约束值得出原料配方的数值。

下面通过一个橡胶产品的研制过程来说明该决策问题的求解。

橡胶产品的研制是通过对橡胶的 3 种原料,各以不同的数量进行配方后做成产品,然后对产品进行性能测试,测试 9 种性能的数据。若要设计新产品,对 9 种性能有一定的指标要求。3 种原料如何配方呢?由于不清楚原料与性能之间的内部本质联系,一般的做法只能是凭人的经验配方,制成产品后进行测试,不合格时,再配方,再测试……这样就需要反复、大量地试验,凑出符合要求的产品。这自然要消耗大量的物资、经费和时间。这是一个非结构化决策问题。

对该非结构化决策问题我们设计了两个数学模型进行组合的决策方案,即利用一定数量产品的实际结果,用多元线性回归模型来找出各性能与原料之间的内部规律,得出回归方程式。然后利用多目标规划模型,按新产品对各性能的约束条件,计算出新产品 3 种原料的配方数据。这种方法比凭人的经验配方更科学化了一些。但是,这也是一种近似方法,即用结构化决策方法探试式地去近似解决该非结构化问题,属于半结构化决策方法。

该方案计算出的橡胶配方数据,在做成产品后不能满足新产品性能约束要求时,将该新产品数据加入产品数据库中,重新进行该方案的计算。由于新产品性能数据比较接近所需产品的性能要求,通过多元线性回归后的方程式,将会更真实地反映出性能与原料之间的关系。这样,反复多次进行该方案的计算,就会找到满足产品性能需求的橡胶配方数据。解决该决策问题的方案示意图如图 2.4 所示。

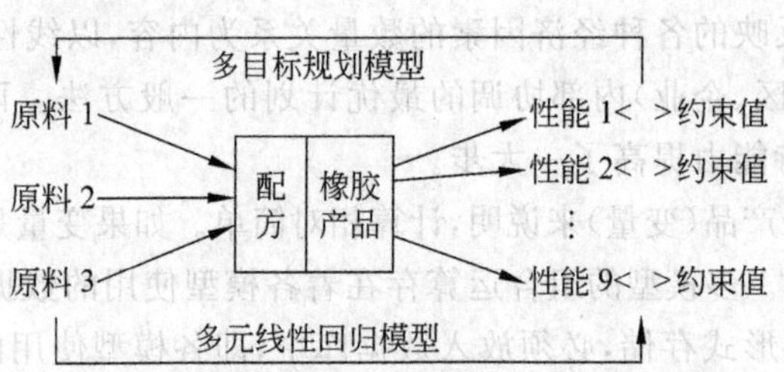

图 2.4　橡胶配方决策问题方案示意图

1. 多元线性回归模型

在产品数据库中,每个产品的数据是不同的 3 种原料配方值以及对产品测得的 9 项性能值,如表 2.8 所示。

表 2.8　产品数据库

	产品												
	1	2	3	4	5	6	7	8	9	10	11	12	13
原料 x_1	50	90	50	90	50	90	50	90	36.3	103.6	70	70	70
原料 x_2	10	10	25	25	10	10	25	25	17.5	17.5	17.5	17.5	17.5
原料 x_3	0.55	0.55	0.55	0.55	1.95	1.95	1.95	1.95	1.25	1.25	0.07	2.42	1.25
性能 y_1	124	150	123	160	170	192	162	186	140	160.4	106.5	225	206.2
性能 y_2	543	500	563	526	351	300	372	336	760	200	662	306	375
性能 y_3	18	16	21	17	4	4	5	4	7.6	6	32	2	8
性能 y_4	49	72	50	70	54	80	50	75	49	88	52	72	68
性能 y_5	1.02	0.9	1.05	1.01	0.91	0.91	0.9	0.89	0.80	0.807	1.16	0.67	0.86
性能 y_6	62	84	80	78	63	82	84	78	43	114	76	77	78
性能 y_7	32.2	31.1	33.4	32.2	18.1	17.2	19	17.3	28.4	19.2	52	15.25	23.15
性能 y_8	−1.4	−1.5	−1.3	−1.1	−3.9	−4	−3.6	−3.8	−1	−4.2	−4.2	−6	−3.6
性能 y_9	40	41	46	45	41	40	45	44	45	40	42	40	41

利用产品数据库进行多元回归模型的计算，即通过最小二乘原理能得到性能和原料间的回归方程式。

多元回归方程式(性能和原料间的关系)为：

$$y_1 = 0.525x_1 - 0.083x_2 + 36.864x_3 + 80.608$$
$$y_2 = -4.060x_1 + 1.717x_2 - 143.652x_3 + 879.287$$
$$y_3 = -0.035x_1 + 0.083x_2 - 10.047x_3 + 25.942$$
$$y_4 = 0.584x_1 - 0.167x_2 + 5.406x_3 + 19.051$$
$$y_5 = -0.001x_1 + 0.002x_2 - 0.125x_3 + 1.079$$
$$y_6 = 0.558x_1 + 0.483x_2 + 0.491x_3 + 28.723$$
$$y_7 = -0.075x_1 + 0.055x_2 - 12.478x_3 + 45.881$$
$$y_8 = -0.020x_1 + 0.017x_2 - 1.361x_3 - 0.206$$
$$y_9 = -0.038x_1 + 0.300x_2 - 0.559x_3 + 40.424$$

其中，$x_i(i=1,2,3)$表示 3 种原料；$y_i(i=1,2,\cdots,9)$表示 9 项性能。

2. 多目标规划模型

该模型有 3 个目标，即 3 个原料值。约束方程是用 9 项性能的回归方程构成的(3 个原料是变量)。

约束方程中的约束值由如下方法确定：

每个性能值按新产品要求，设定一个指标值要求。如对 y_1 性能的指标值为

$$y_1 = 0.525x_1 - 0.083x_2 + 36.864x_3 + 80.608 \geqslant 170$$

在多目标规划模型中的约束方程为

$$0.525x_1 - 0.083x_2 + 36.864x_3 \geqslant 89.392$$

约束方程中的约束值(83.428)是由给定对该性能的约束值(170)减去回归方程中的常数值(86.571)而求出的值。约束方程的优先级别由人给定。

3个目标(即3个原料)对应于3个变量(也即3个原料)的系数矩阵为单位矩阵。3个目标也给出约束值,其优先级别是由人给定。多目标规划数据库如表2.9所示。

表2.9　多目标规划数据库

说明	原料1	原料2	原料3	约束符	约束值	级别	优化结果
性能1	0.525	−0.083	36.864	⩾	89.392	3	93.8717
性能2	−4.060	1.717	−143.652	⩾	−479.287	3	−433.1143
性能3	−0.035	0.083	−10.047	⩾	−21.942	2	−20.4970
性能4	0.584	−0.167	5.406	⩾	30.949	3	35.6007
性能5	−0.001	0.002	−0.125	⩽	−0.179	1	−0.2185
性能6	0.558	0.483	0.491	⩾	41.277	3	41.2772
性能7	−0.075	0.055	−12.478	⩽	−25.881	1	−25.8810
性能8	−0.020	0.017	−1.361	⩽	0.206	3	−3.1806
性能9	−0.038	0.300	0.559	⩾	−0.424	2	4.5165
原料1	1.000	0.000	0.000	⩽	90.000	1	50.6688
原料2	0.000	1.000	0.000	⩽	25.000	1	25.0000
原料3	0.000	0.000	1.000	⩽	2.000	1	1.8817

通过多目标规划模型的运算将得到9个性能和3个原料的具体目标值。

经过两个模型的联合运行后,得到的新产品原料配方数据为:

$$x_1 = 50.6688,\quad x_2 = 25.0000,\quad x_3 = 1.8817$$

它很接近实际要求。按这个配方数据做成产品,测试性能,若只有较小的偏差,可以利用修改某个约束条件,重算多目标规划模型,达到原料配方与性能的小改变。若新产品还有不足,就将该次试验产品数据加入到以前的产品数据库中去。重新进行两个模型的组合方案的计算。经过几次该方案的反复计算,将会很快逼近符合要求的解(满足性能要求的橡胶配方产品)。

3. 两个模型间的数据关系

从上面两个模型的关系可见:

(1) 多目标规划数据库中的约束方程系数来自由多元线性回归模型求出的性能与原料间的回归方程系数。

(2) 多目标规划数据库中的性能约束值是通过计算而来的,即:

约束方程的约束值=对新产品性能设定的约束值−该性能方程式中的常数

(3) 约束方程中的约束符与优先级别是人为设定的。

(4) 目标方程的约束值与约束符也是人为设定的。

可见，多元线性回归模型的输出数据(回归方程式)要经过变换(约束值的计算)后才能成为多目标规划模型的输入数据。

4. 该方案的决策支持

由于该方案是利用两个模型组合的方案，试探性解决非结构化决策问题。该方案是属于半结构化决策问题的方案，利用了多元线性回归模型和多目标规划模型两个结构化模型，它们的组合方案只是近似地解决实际决策问题，还需通过多次方案计算才能逼近非结构化决策问题的解。

2.4.3 多模型辅助决策系统

区域发展规划问题是个典型的多模型辅助决策系统。

区域是以人为主体的社会、经济、文化、生态环境的地域空间。区域发展是在一定的历史与自然条件下，人们进行产业活动、社会活动以及物质、文化生活的承前继后的历史发展过程。

规划则是对未来一定时刻，制定区域发展中所要完成的任务和要实现的目标，分析各种实现途径，经过综合评价，选择满意的实际方案。

区域发展规划是社会、经济、生态的综合体。它是一个多层次的结构体系。

区域发展研究的方法有多种，既包括定量的，也包括定性的，还包括定性与定量相结合的方法。

通常我们需要构造一系列模型来描述区域发展的系统行为。通过模型计算和结果分析可以看出决策执行的好坏以及应该朝哪个方向修改决策。

区域发展规划的多层次是指按研究内容划分为以下5个层次。

1. 资源与生态层

对资源与生态的研究，将为产业结构方面提供资源生态信息，为经济开发预测提供依据，为系统优化提供约束条件，为总体宏观控制提供基础。

该层次模型包括气象分析与预测、土地资源分类、水体养殖性聚类分析、环境-生产模型、综合评价模型、水土流失控制仿真、最佳生态结构、农业生态模式和生态趋势仿真预测等。

2. 产业结构层

产业结构包括：第一产业(农业、林业、畜牧业、副业、渔业等)，第二产业(工业、建筑业等)，以及第三产业(运输业、商业、饮食、服务、旅游等)等。

对产业结构的研究，将向资源生态提出要求，为总体经济发展提供参数，对资金、能源、劳力、科技等提出要求。

该层次模型包括生产函数、系统环境辨识、结构分析、产量预测、林种优化、龄级控制、系统诊断和预测、经济效益评价、相关分析、运输模拟分析、最短路径、最佳调度方案、投入产出模型和动态仿真模型等。

3. 经济能源层

对经济能源的研究，将为总体控制提供参数，为经济、生产提供需求量的约束。

该层次模型包括能源结构分析，相关分析，需求预测与供需平衡，投资结构，投资效益，分配、消费相关分析，分配预测，消费预测等。

4. 社会经济系统层

对社会经济的研究，将为总体控制提供参数，为产业结构提供需求量约束，它与资源生态系统之间形成反馈回路。

该层次模型包括人口模型、劳力结构与劳力转换、生育控制、科技系统模型、人才结构与教育体系、智力投资方案、医院病床预测、社会服务模型和交通运输模型等。

5. 区域总体控制层

对区域总体研究方面需要对各层次提出优化设计要求和控制限度，在总体上进行协调，使各层次模型组合成总体的系统化模型群，建立总体设计方案。

该层次模型包括层次结构模型、战略决策模型、协调反馈网络、投入产出模型、动态仿真模型和综合评审决策等。

区域发展规划的模型群既强调总体，又顾及部门，要能反映区域经济、社会、生态系统的全貌和联系。

模型群中的模型种类多，有概念模型和各类数学模型。在数学模型中，有生产函数、模糊聚类、线性规划、网络、预测、决策等模型，还有系统动力学、系统诊断、环境辨识、弹性分析、最优分解等模型方法。

各个模型在具体研究时均起着不同的作用。有的采用数量化方法进行系统分析，有的采用预测学进行系统预测，有的采用优化技术进行系统选优，有的采用计量经济法和仿真手段进行系统模拟。

多模型辅助决策系统在决策支持系统出现之前就存在，各个模型的计算由计算机完成，模型之间的关系与组合是由人来完成的。

这种多模型辅助决策系统很适合由决策支持系统来完成。这种组合模型形成方案的决策支持系统不但要求对各模型的计算是由计算机来完成，模型之间的组合也是由计算机来完成的。这才能充分体现决策支持系统的技术进步。

习 题 2

1. 为什么将数据资源、模型资源和知识资源归纳为决策资源？
2. 辅助决策显著的数学模型有哪些？它们各自的特点是什么？
3. 数学模型和数据模型的区别是什么？
4. 什么是知识？它与信息、数据有什么区别？

5. 为什么要研究计算机能表示和理解的知识？

6. 如何理解知识与智能？

7. 说明专家系统的决策支持。

8. 为什么说编译程序实质上是专家系统？

9. 为什么在编译程序中要把数学表达式的中缀式变换成逆波兰式(后缀式)？

10. 多模型辅助决策系统与决策支持系统有什么区别？

11. 怎样从多模型辅助决策系统变换成决策支持系统？

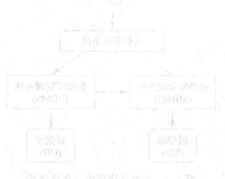

第3章 决策支持系统

3.1 决策支持系统结构

对决策支持系统发展影响最大的结构形式有两个，即1980年R. H. Sprague提出的“三部件结构”和1981年R. H. Bonczek等人提出的“三系统结构”。三部件结构强调模型部件在决策支持系统中的作用，而三系统结构强调知识系统在决策支持系统中的作用，它容易与人工智能中的知识系统混淆。在三部件的基础上增加知识部件形成智能决策支持系统，这已成为大家的共识。

3.1.1 决策支持系统结构形式

本节分析决策支持系统的三部件结构、三系统结构、三库结构以及统一的基本决策支持系统结构。智能决策支持系统的结构在第4章中讨论。

1. 决策支持系统的三部件结构形式

决策支持系统的三部件结构如图3.1所示。

决策支持系统是三部件(即3个子系统)的有机结合，即对话部件(人机交互系统)、数据部件(数据库管理系统和数据库)、模型部件(模型库管理系统和模型库)的有机结合。

这种结构是为达到决策支持系统目标的要求而形成的。管理信息系统(MIS)可以看成是由对话部件和数据部件组合而成的，而决策支持系统是管理信息系统的进一步发展，即增加了模型部件。决策支持系统也不同于单模型的辅助决策，它具有存取和集成多个模型的能力，而且具有模型库和数据库集成的能力。决策支持系统发展成为既具有管理信息系统能力，也具有为各个层次的管理者提供决策支持的能力。它能为解决半结构化决策问题提供支持。可见，决策支持系统是有广泛前途的发展领域。在国际上，已形成了一个学科领域。

下面说明决策支持系统各组成部分的功能和技术。

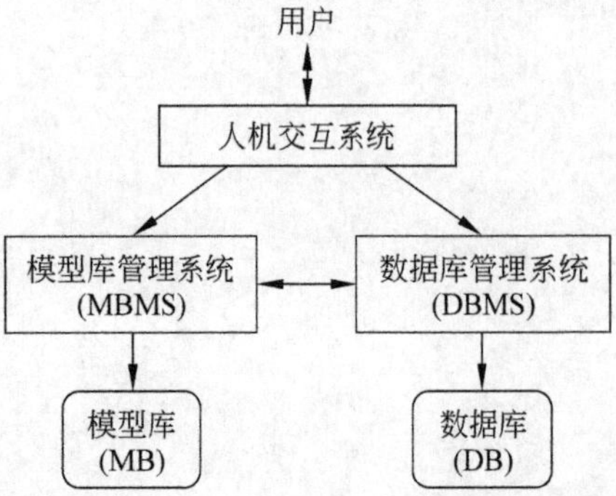

图3.1 决策支持系统三部件结构

1) 对话部件

对话部件是决策支持系统与用户之间的交互界面，用户通过“人机交互系统”控制实际决策支持系统的运行。决策支持系统既需要用户输入必要的信息(用于控制)和数据(用于计算)，同时又要向用户显示运行的情况以及最后的结果。对话部件包括如下几方面的功能。

(1) 提供丰富多彩的显示和对话形式。

目前，计算机中几种常见的人机界面技术有：菜单和窗口、命令语言和自然语言、多媒体和可视化技术。

目前，计算机上的软件都提供了丰富的窗口、菜单等界面。窗口、菜单用于引导用户逐级进入系统，用户只需按照菜单提示，按动几个选择键（或鼠标）即可操纵和使用系统。若用命令语言来操作，可以脱离菜单的固定模式，适用范围更宽，且更有效地控制系统的运行。对于不熟悉计算机的人员，使用自然语言更方便些，但对计算机技术就要求更高，需采用人工智能技术，如自然语言理解和问题分析等技术。

20 世纪 90 年代发展起来的多媒体技术，极大地丰富了人机交互的内容。图形、图像、声音、视频的组合使计算机更接近现实世界。可视化技术是计算机的数据及处理过程，用直观的图形来表示，大大增加了对计算机内部数据及数据处理的透明度。

(2) 输入输出转换。

系统对输入的数据和信息要转换成系统能够理解和执行的内部表示形式。当系统运行结束后，应该把系统的输出结果按一定的格式显示或打印给用户。

(3) 控制决策支持系统的有效运行。

决策支持系统是三部件的有机结合体。对话部件需要将模型部件、数据部件进行有机集成（包括部件接口）形成系统，并要达到控制决策支持系统的有效运行，在对话部件中一般要通过组合“模型部件”和“数据部件”的集成语言所编制的决策支持系统控制程序来完成。

对话部件容易被人简单地理解为人机交互。实质上，对话部件在决策支持系统中主要任务是组合“模型部件”和“数据部件”形成决策支持系统，并控制决策支持系统的运行。人机交互只是决策支持系统运行中的表现形式。

2) 数据部件

数据部件包括数据库和数据库管理系统。经过几十年的发展，技术趋于成熟，已经有比较成熟的数据库组织方法和数据库管理系统。

(1) 数据库存储的组织形式。

数据库用来存储大量数据，一般组织成易于进行大量数据操作的形式，典型的数据组织模型有：网状模型、层次模型、关系模型等形式，用得最多的是关系模型。数据库由数据库管理系统来管理和维护。

(2) 数据库管理系统功能。

数据库管理系统具有数据库建立、删除、修改、维护、检索、排序、索引、统计、安全、通信等功能。其结构如图 3.2 所示。

(3) 数据库管理语言体系。

数据库管理系统提供了一套语言体系供用户使用数据库或提供与高级语言的接口，这套语言体系一般由两个部分构成：

① 数据库定义语言(DDL)。提供定义数据库中数据的组成形式，如数据存储模式（数据类型、长度、小数点位置等）、数据依赖关系（如关键字）等手段。

② 数据库操作语言(DML)。提供对数据库中的数据进行操作，包括数据库建立、维护（增加、删除、修改、恢复等），数据查询、检索，数据库的安全和通信等手段。

3) 模型部件

模型部件由模型库和模型库管理系统组成。

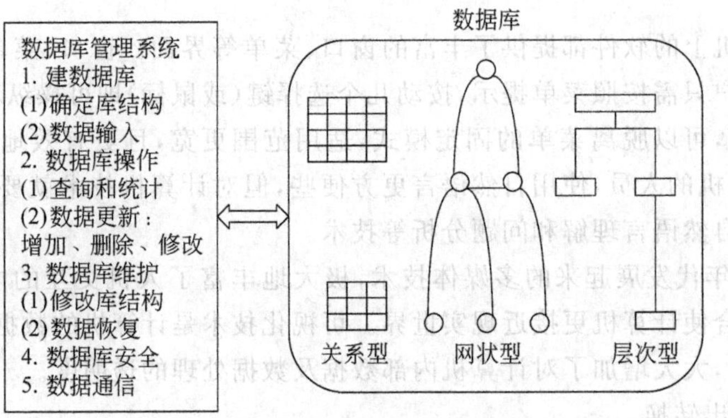

图 3.2　数据库存储与数据库管理系统的结构

(1) 模型库。

模型库用来存放大量模型，模型不同于数据，主要表现在以下两个方面：

① 模型的表示。它总是以某种计算机程序形式表示，如数据、语句、子程序，甚至于对象等。这种物理形式在模型库中具体为模型名称及相关的计算机程序、模型功能的分类、模型的输入输出数据说明、控制参数等属性。模型表示的一般采用程序形式，即用程序文件的形式表示。

② 模型的动态形式。它可以以某种方法运行，进行输入、输出、计算等处理。这种形式是无法或很难以数据组织的形式来描述的。

(2) 模型库管理系统。

模型库管理系统管理模型库，为了适应模型的静态表示与动态(运行)特征，模型库管理系统有两方面的功能：一是类似数据库管理系统的静态管理功能，二是模型的动态(运行)管理功能。

(1) 模型库的静态管理。

为了有效地管理模型库，一般建立模型字典，在模型字典中包括模型名、模型程序名、模型功能说明、模型所需数据说明等。模型的静态管理功能包括以下几个方面。

① 模型字典的管理。模型字典的组织形式一般采用数据库形式。在数据库的各个属性项中存放模型名、模型程序文件名等。模型字典的管理可以采用数据库管理。

② 模型文件管理。模型文件一般包括模型算法程序文件、模型功能说明文件以及模型数据说明文件等，它是模型的主体。模型的各文件是通过不同的方式产生的，算法程序文件是由高级语言按照算法过程编制的。功能说明文件是利用编辑程序按文本形式输入的。数据说明文件是模型程序与实际数据之间的接口文件，通过它提取模型所需要的数据。

模型各文件的内容虽不相同，但都是以文件形式存放，对文件的管理可以按照计算机操作系统对文件管理的方式进行管理，也可交给操作系统直接管理。

③ 模型字典和模型文件的统一管理。模型字典是模型文件的索引，它们都是模型的组成部分。对模型的管理既包括对模型字典的管理，又包括对模型文件的管理，且两者要统一进行管理。例如，对模型的增加，既要增加该模型的各个文件，也要增加该模型的字典记录。

(2) 模型的动态管理(运行管理)。

对模型的动态管理也称为运行管理,它是把模型看作一个活动的实体进行的动态管理,具有以下功能:

① 控制模型的运行。模型不但可以单独运行,还可以组合运行。运行控制机构必须能够提供顺序、选择、循环 3 种基本的运行控制机制。

② 模型与数据库部件之间的接口。在模型运行时,规定输入输出数据的来源及去向,并同数据库管理系统进行数据交换。

(3) 模型库管理系统的语言体系。

与数据库管理系统相似,模型库管理系统也应有一个语言体系,这个语言体系应包括如下两个方面:

① 模型管理语言。定义模型的有关字典属性,如名称、功能、参数、程序构成以及与其他模型的关系等。

② 模型操作语言。执行模型,控制模型与数据库之间的动态数据交换,模型之间组合的运行控制等。

(4) 模型库管理系统的特定功能

模型在计算机中通常表现为程序形式,用计算机语言编制的模型程序,分为源程序和目标程序,这两种程序与计算机的编辑功能和语言的编译功能相连。有必要把编辑功能和编译功能以特定的形式纳入模型库管理系统中去。

由于三部件结构只涉及两库,即模型库和数据库,故也可将该结构称为决策支持系统的二库结构形式。

2. 决策支持系统的三系统结构形式

决策支持系统的三系统结构形式,即由语言系统(LS)、问题处理系统(PPS)和知识系统(KS)3 个系统组成。其结构图如图 3.3 所示。

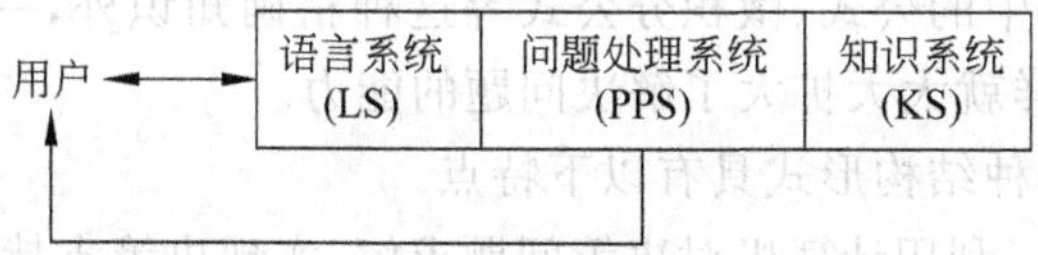

图 3.3 决策支持系统三系统结构图

1) 语言系统

早期的决策支持系统提出:语言系统的功能是把自然语言转化为机器能够理解的形式,以及把机器对问题的解答或者系统内部的其他信息转化为自然语言的相应形式向用户输出。

把自然语言用于决策支持系统中,这是人们的理想。技术发展到今天,自然语言处理技术仍未成熟,用自然语言来描述决策问题是将来的事。

目前,计算机语言有三大类:数值计算语言(也称为高级程序设计语言),如 PASCAL、C 等;数据库语言,如 FoxPro、Oracle 等;智能语言,如 LISP、Prolog 等。

决策支持系统涉及模型计算、数据库操作,故用于决策支持系统的语言应该是数值计算语言和数据库语言的结合。目前,市场上仍然没有这两类语言合一的语言系统,但有这两类语言的接口语言，如 ODBC、ADO 等。决策支持系统语言实质上是数值计算语言和数据库语言通过接口语言进行集成的语言，用这种集成语言来描述决策问题。

2）问题处理系统

早期的决策支持系统把语言系统看成是用自然语言描述决策问题。把问题处理系统看成是对描述的决策问题进行识别、分析和求解问题的过程。

一般认为自然语言处理包含 4 个基本步骤：查词典、句法分析、语义理解和语用分析。前两个步骤作为语言系统的基本任务，后两个步骤作为问题处理系统的任务。更具体地说是：问题处理系统必须具有明确地识别问题的能力，它能把问题的陈述转化为相应可执行的操作方案，它能够对问题做比较透彻的分析，确定什么时候问题陈述已经变成了详细的过程说明、什么时候执行什么、什么时候得到问题的解答。

除了语言理解和问题识别之外，问题分析能力也是问题处理系统应该具备的重要能力。这是一个在模型、知识、数据和用户之间反复交互的过程。最简单的情况是只在模型和数据之间进行交互，在 MS/OR 领域有大量的计算程序和软件包可以完成这样的工作。最困难的分析过程是在模型、知识、数据和用户四者之间的交互，应该把用户和系统紧密地结合在一起。

由于自然语言处理还未成熟，目前采用的决策支持系统语言是数值计算语言和数据库语言以及接口语言的集成语言。问题处理系统是在语言系统用集成语言描述的决策问题的基础上，实现决策问题的分析和求解，把问题求解结果反馈给用户。

3）知识系统

知识系统包含决策问题领域的知识。它包含问题领域中的大量事实和相关知识。最基本的知识系统是由数据文件或数据库组成。数据库的一条记录表示一个事实。它是按一定的组织方式进行存储。

更广泛的知识是对问题领域的规律性描述，这种描述用定量方式表示为数学模型。数学模型一般用方程、方法等形式描述客观规律性，这种形式的知识称为过程性知识。

随着人工智能技术的发展，对问题领域的规律性知识用定性方式描述，一般表现为产生式规则。除了数理逻辑中的公式、微积分公式等这种精确知识外，一般表现为经验性知识。它们是非精确知识，这样就大大扩大了解决问题的能力。

决策支持系统的这种结构形式具有以下特点。

(1) 强调语言系统。利用计算机对决策问题求解、实现决策支持是需要通过计算机语言来完成的。人类所使用的自然语言在计算机上使用是将来的理想。目前计算机语言种类很多，仍属于“上下文无关文法”，它离自然语言相差较远。为了有效地进行问题求解，一般在计算机的输入和输出方面采取简化的自然语言以及有效的人机交互环境来帮助人的理解和使用。

可以认为，语言系统是利用计算机语言来形式化描述决策问题，目前在计算机中决策支持系统语言是数值计算语言和数据库语言以及它们的接口语言的集成语言，它使决策支持系统能在计算机上实现。

(2) 强调问题处理系统的重要性。问题处理系统是对语言系统所描述的决策问题进行分析和求解。不同的决策问题，需要进行的问题处理也是不相同的。如何解决实际决策问题在计算机中进行求解是问题处理系统的关键所在。在问题求解时要利用知识系统中的知识，按问题的求解途径进行计算，得到问题的解答。

(3) 把数据、模型、规则统一归为知识系统。从知识的广义角度看,数据可以看成是事实型知识,模型是过程型知识,规则是产生式知识。这些知识都为解决决策问题提供服务。在三系统结构中,把数据、模型、规则统一看成是为问题处理系统服务的知识。

3. 决策支持系统的三库结构形式

三库结构形式是早期决策支持系统五部件结构的简化,即不考虑知识部件,只具有数据库、模型库和方法库的 3 个库及相应的管理系统,简称三库结构,它属于早期的决策支持系统结构形式。其结构图如图 3.4 所示。

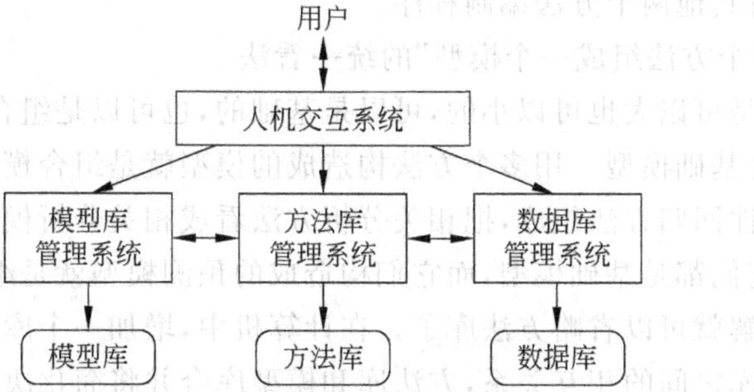

图 3.4 决策支持系统的三库结构

决策支持系统的三库结构形式是把模型与方法分离的系统结构形式。对模型与方法的看法有不同的理解。

1) "模型与方法"的第一种理解

用数学结构表示模型,用求解算法表示方法。例如,线性规划模型表示为目标函数和约束条件所构成的方程,而它的解法,即单纯形法看成方法。

按这种观点来组织模型库和方法库,在方法库中用算法程序来表示方法,在模型库中存放问题的方程形式。这种三库结构形式中,模型库在计算机中的作用被淡化了,而方法库的作用突出了。一般在计算机中更注重程序的运行。

这种结构形式只适合于从模型库中的方程能够自动生成方法库中的程序的这类决策问题。例如,在模型库中的模型是用表达式或者是方程的形式。在方法库中能够对表达式或者方程自动生成程序并运行。

2) "模型与方法"的第二种理解

把模型理解为算法加上数据。这时方法库称为算法库更合适,存放按算法编制的程序。而在模型库中存放的是一个索引,该索引包括算法程序文件的地址和它所需数据的地址。这种处理方式的好处在于对同一个算法程序,若所操作的数据不同,则称为两个模型。例如,线性规划算法程序运行农业数据,则称为农业线性规划模型;而该算法运行工业数据,则称为工业线性规划模型。这种理解使模型更接近实际应用,算法更偏向于通用程序。这样,模型把算法和数据结合起来,已经不是一个通用的抽象模型,而是一个直接可运行的实际模型。

3) "模型与方法"的第三种理解

将模型库和方法库合一。模型和方法虽然有它的不同,但这只是表现形式上的不同,在本质上它们代表了同一个问题,即模型和方法是同一个问题的两个侧面。从宏观上看,可以把模型和方法统一看成是模型。特别是在计算机中，模型的数学方程形式不是主要的，模型的算法才是主要的。一般将模型的方程形式以文本形式作为模型的说明文件。而模型的算法编制成计算机程序，此时要解决的问题是完成模型的计算，达到模型的求解目的。这样，用模型的计算程序代表模型就很自然了。下面从两个方面进行分析。

(1) 对于"一个模型有多个不同的方法"的统一看法。

一个模型有多个不同的方法，但这些不同方法其实际运行效果是相同的。在计算机中一般选取一个方法编制成程序就可以了，用它代表模型。例如，运输模型有 3 个方法，即表上作业法、图上作业法和标号法。在计算机中编制表上作业法的程序代表运输问题模型就可以了，不必再对其他两个方法编制程序。

(2) 对于"多个方法组成一个模型"的统一看法。

模型本身就是可以大也可以小的，可以是基础的，也可以是组合的。对于构成模型的基础方法，可看成是基础模型。用多个方法构造成的模型就是组合模型。例如，预测模型由相关分析方法和线性回归方法组成，把相关分析方法看成相关分析模型，把线性回归方法看成线性回归模型，它们都是基础模型，而它们构造成的预测模型就是组合模型了。

按照这种理解就可以省略方法库了。在计算机中，增加一个库将增加一个库管理系统，而且还增加库与库之间的相互关系，方法库和模型库合并将简化决策支持系统的开发难度。

在大多数的决策支持系统中均采用模型库和方法库合并的形式，这样三库结构就回到了二库结构形式，即三部件结构形式。

4. 决策支持系统的四库结构形式

为了提高决策支持系统的功能，不少研制者在决策支持系统三库结构的基础上增加知识库，以提高智能效果。比较典型的结构是四库三功能结构形式。

决策支持系统的四库三功能结构如图 3.5 所示。

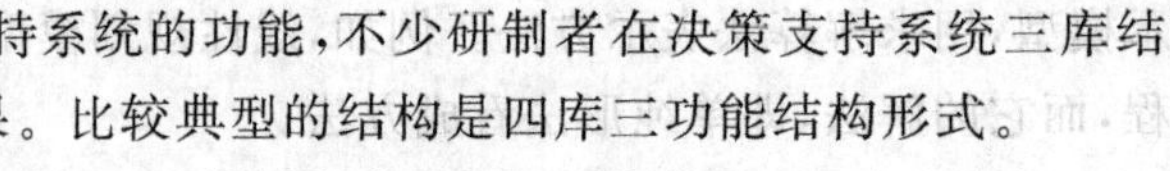

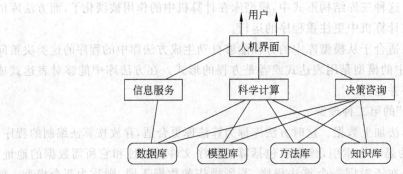

图 3.5　决策支持系统的四库三功能结构

该系统结构中的四库是数据库、模型库、方法库和知识库。该系统的三功能是信息服务、科学计算和决策咨询。

1) 信息服务

信息服务分为外部服务和内部服务两类。外部服务是指为决策者提供所需要的信息，也可以作为其他系统的信息资源。内部服务是为其他功能的实现提供基础数据。

2）科学计算

科学计算是以信息服务为基础，科学计算既包括模型库和方法库的数值计算，也包括辅助决策时所需要的其他数值计算。决策支持系统的科学计算中还需要注意用户的干预和选择，改善科学计算效果。

3）决策咨询

在科学计算的基础上，增加知识和推理的功能后，就可以对决策起进一步的支持作用。知识和推理是人工智能专家系统的组成部分。该系统实际上是在增加智能的效果。

该系统可以看成是一种初级的智能决策支持系统。

3.1.2 决策支持系统的结构比较

决策支持系统有多种结构形式，但主要有两种基本结构形式：一是以对话（人机交互）、模型、数据三部件组成的决策支持系统；二是以语言系统、问题处理系统、知识系统三系统组成的决策支持系统。从宏观上看它们相差很大，需要进行认真分析，找出它们的共性，提出合理的统一结构形式，便于决策支持系统的开发和发展。

1. 对话、模型、数据三部件结构

1）优点

（1）明确了三部件的结构以及它们之间的关系。由于数据部件和模型部件的差异，它们分别用于存储和管理，便于人们对决策支持系统的深刻理解。它们之间存在接口关系和集成关系。接口关系是模型调用数据库中数据时需要通过接口去调用，无法直接存取到数据。集成关系表示将模型部件和数据部件以及人机交互集成起来才能形成决策支持系统。明确了三部件结构和它们的关系后，将便于决策支持系统的设计和关键技术的解决。

（2）便于和其他系统的区别。它和管理信息系统的区别在于决策支持系统多了模型部件。它和专家系统的区别在于决策支持系统是以模型、数据部件进行数值计算为主体的系统，而专家系统是以定性知识进行推理为主体的系统。

2）不足

（1）没有突出决策支持系统的问题处理特性。问题处理系统是解决决策问题的核心，它虽然用到模型和数据，但对不同的决策支持系统，问题处理是大不相同的。

（2）没有强调语言系统。决策支持系统语言有它自身的特点，既需要数据库处理能力（由数据库语言来完成），也需要模型计算能力（由数值计算语言来完成），即决策支持系统语言是两类语言的组合语言。作为该三部件结构，可以理解为决策支持系统的语言系统和问题处理系统隐含在人机交互系统中。

2. LS、PPS、KS 三系统结构

1）优点

（1）突出了问题处理系统的重要性。在设计和开发 DSS 时，应该重点考虑决策问题的处理。

（2）明确了语言系统在人机交互中的作用。人机交互是要通过语言系统来完成的。决策问题的形式化也要用语言系统来描述。

(3) 统一了知识的看法。将数据、模型、规则看成是知识的不同表现形式，这为决策支持系统向智能方面发展提出了宏观方向。

2) 不足

(1) 忽略了数据库系统、模型库系统之间的区别和相互关系。模型和数据相差甚远，数据是静态的，用来显示或者参与运算。模型在静态时是一个程序，由数值计算语言编制而成，分为源程序和目标程序。它们占据一定的空间，比单个数据占据的空间大很多。模型在动态时是需要运行的，模型的目标程序要完成对大量数据的加工。模型和数据作为知识的两种不同形式放在一个知识系统中是不合适的，既不便于人们对知识系统的理解，也不便于对知识系统的开发。

(2) 该系统结构接近专家系统。三系统结构中知识系统体现了智能的内容。但如何利用知识，在问题处理系统中只是客观地说明利用知识来解决实际决策问题，这是不够的。知识有不同的类型，如数据、模型、规则等不同知识，它们的表现形式不一样，其存储方式和使用方式都相差很大，在设计和开发它们时，需要对各类知识分别处理，只用一个"知识系统"来概括它们太粗糙了。这既不便于人们对该系统结构在智能效果的理解，也不便于该结构的系统开发。如果"知识系统"中的知识局限为规则知识，问题处理系统对知识的利用采用推理方式，该系统结构可以认为是专家系统。而专家系统的概念比决策支持系统的概念提出得要早，并且也更成熟，有明确的系统开发方法。可见，用三系统结构来定义决策支持系统的结构就显得不合适了。

3.1.3 决策支持系统统一的基本结构形式

对两种基本结构形式的分析可知，用三部件结构来代表决策支持系统更合适一些。它能明显地突出决策支持系统的特点。在三系统结构中，把数据和模型统一在知识系统中，这不利于对决策支持系统的认识和开发。数据与模型，不但本质上不同，而且它们之间存在接口，这在系统开发中是不能忽略的。如果知识系统中再增加规则知识，它又不同于数据和模型，它们绝不能组织存放在一个库中，应该分别建立数据库、模型库和知识库。为便于决策支持系统开发，应该把数据、模型、知识分别建立各自的库和相应的库管理系统，分别对不同的库进行管理，各库之间存在接口问题。知识库涉及智能方面的问题，我们将在第 4 章详细讨论，在此不考虑智能方面时，决策支持系统结构采用三部件结构就很合适。

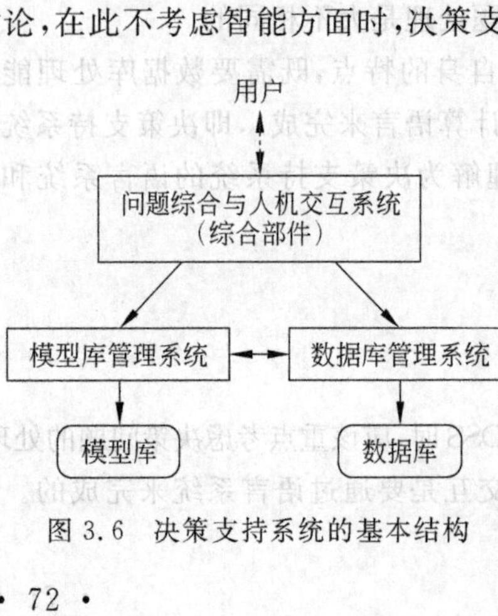

图 3.6 决策支持系统的基本结构

三部件结构中的最大弱点在于"人机交互"部件太简化。该部件应该是三系统中对问题处理系统、语言系统和人机交互系统进行综合的综合部件。把"人机交互部件"改为"问题综合与人机交互系统"，即"综合部件"更合适一些。它具有将决策问题综合"多模型运行功能，存取数据库功能和人机交互功能"为一个整体，形成实际决策支持系统。决策支持系统的基本结构形式如图 3.6 所示。

"人机交互与问题综合系统(综合部件)"可理解为对实际决策问题的处理与人机交互的综合

作用。

在决策支持系统出现之前，组合多模型辅助决策早已出现，具体做法是对各模型编制程序在计算机中运行，模型之间的关联由人来完成，即由人来完成模型的组合。对模型间的数值计算和数据处理，只能由人在计算机外进行，因为每个模型本身不考虑它与其他模型之间的连接问题。这项工作只能由人来完成。在出现决策支持系统之后，这种模型间的处理应由“问题综合与人机交互系统”部件来完成。解决了这个问题才能使多模型的组合运行在计算机中自动进行。多模型的组合形成了系统的方案，能解决更复杂的问题，多模型组合的自动运行为改变方案中的模型和数据带来了方便。在系统方案中采用不同的模型或数据的组合将形成不同的方案，故决策支持系统使解决半结构化问题成为可能。

为使决策支持系统有效自动运行，决策支持系统对语言系统的功能要求比较高，即它应具有调用模型运行能力、数据库存取能力、数值运算能力、数据处理能力和人机交互能力5种综合能力，称它为决策支持系统语言，它不同于数值计算语言（如FORTRAN、C等），它还要有很强的数据处理能力。决策支持系统语言应是两类语言（数值计算语言和数据库语言）的综合。

决策支持系统语言是使原来不能在计算机上实现的问题，即多模型组合辅助决策问题（即半结构化问题）能在计算机的帮助下完成。

可见，决策支持系统是技术进步的产物，它是在管理信息系统和运筹学的基础上发展起来的。运筹学的重点在于建立模型，没有考虑多模型的组合。决策支持系统要进行多模型的组合，这样必须要有模型库，模型之间的联合是通过数据来完成的，这些数据就不能放在模型所私有的数据文件中，必须放在大家共享的数据库中。这样，决策支持系统中既需要模型库，又需要数据库。所以决策支持系统用三部件结构来描述是很合理的。它构成了决策支持系统的基本结构，后来发展的智能决策支持系统和网络型决策支持系统都是建立在基本决策支持系统之上的。

3.2 决策支持系统的数据部件与综合部件

数据部件主要是数据库系统，由数据库和数据库管理系统组成。它是决策支持系统的重要组成部件。

3.2.1 数据库系统在决策支持系统中的作用

1. 数据库应用

1）数据库查询

数据库查询是数据库中最基本、最常用的操作，也是辅助决策的基本手段。一般的数据库查询功能（如数据库列查询、条件查询和连接查询等）由数据库管理系统提供。更复杂的查询功能需要开发者编制相应的查询程序来完成。

（1）数据库列查询。

选择数据库中的全部列或部分列的操作称为投影操作。按列查询包括以下几类。

① 查询指定的列，如查询全体学生的籍贯。

② 查询全部列，如查询全部学生的详细情况。

③ 指定条件的查询，如查询“籍贯＝湖南”的学生。

(2) 条件查询。

条件查询按指定的查询条件进行查询。查询条件包括：比较大小、指定范围、指定集合、字符匹配、空值和多重条件等。

① 比较大小的查询。利用关系符：＝、＞、＜、≥、≤、≠等建立的条件进行查询。例如，查询所有年龄在20岁以下的学生姓名及其年龄和考试成绩不及格的学生姓名等。

② 指定范围的查询。查询属性值在(或不在)指定范围内的元组。例如，查询考试成绩为良好(80～89分)的学生姓名。

③ 指定集合的查询。查询属性值在指定集合的元组。例如，查询所有计算机系学生的姓名和性别。

④ 字符匹配的查询。查询指定的属性值与＜字符串＞相匹配的元组。例如，查询所有姓王的学生的姓名和性别。

⑤ 涉及空值的查询。查询指定属性值是空值的元组。例如，查询英语课没有考试成绩的学生姓名。

⑥ 多重条件查询。多重条件查询是用逻辑运算符 AND 和 OR 连接多个查询条件的查询。例如，查询计算机系年龄在20岁以下的学生姓名。

(3) 组合查询。

在多个属性中，对所需要的属性输入查询条件并进行多条件的任意组合的查询，是一种功能更强的查询方式，也将给用户提供功能更强的辅助决策能力。

例如，组合查询条件为：起止日期、物资编号、发物仓库、收物单位、调拨分类和地理区。

用户可按需要任意选择项，分别输入条件后实现多条件组合查询。

完成这种查询需要根据用户选择条件生成组合查询语句并嵌入到查询程序中完成组合查询工作。例如，查询2009年1月至12月内5号仓库发给某商店的电冰箱的情况。

2) 数据项表达式查询

在数据库中有一种特殊的查询任务，需要得到某些数据项进行数值计算(表达式计算)后的结果。

例如，在区域经济发展长期规划和年度计划的制定过程中，需要大量反映国民经济发展的指标，这些指标之间存在着密切的联系。有些指标需要由其他指标(在数据项中)计算得出，并且计算方法多种多样。

(1) 数据项表达式公式实例。

区域经济发展规划中用于指标生成的表达式如下。

$$① \text{人均社会总产值(元/人)} = \frac{\text{社会总产值(万元)}}{\text{总人口数(人)}} \times 10\,000$$

$$② \text{人均国民收入(元/人)} = \frac{\text{国民收入(万元)}}{\text{总人口数(人)}} \times 10\,000$$

$$③ \text{人均国民生产值(元/人)} = \frac{\text{国民总产值(万元)}}{\text{总人口数(人)}} \times 10\,000$$

④ 物耗率(%)$=\dfrac{\text{社会总产值(万元)}-\text{国民收入(万元)}}{\text{社会总产值(万元)}}\times 100$

⑤ 产值利税率(%)$=\dfrac{\text{工业利润税金(万元)}}{\text{工业总产值(万元)}}\times 100$

⑥ 固定资产投资效果(%)$=\dfrac{\text{当年工业总产值(万元)}-\text{去年工业总产值(万元)}}{\text{固定资产投资额(万元)}}\times 100$

⑦ 人均年末储蓄额(元/人)$=\dfrac{\text{城乡居民储蓄额(万元)}}{\text{总人口(人)}}\times 10\,000$

⑧ 收入支出比(%)$=\dfrac{\text{财政收入(万元)}}{\text{财政支出(万元)}}\times 100$

⑨ 社会商品零售额增长率(%)$=\dfrac{\text{当年社会商品零售额(万元)}-\text{去年社会商品零售额(万元)}}{\text{去年社会商品零售额(万元)}}\times 100$

⑩ 农村人均纯收入(元/人)$=\dfrac{\text{农村经济纯收入(万元)}}{\text{农村总人口(人)}}\times 10\,000$

(2) 数据项表达式设计。

这些数据项表达式具有以下特点。

① 表达式的形式是任意变化的。

② 表达式的计算是临时进行的。

这种对数据项表达式计算的查询不是查询语句所能够完成的,必须专门编制程序来完成这种特殊的查询。编制一个对不同形式的表达式的统一通用的识别和解释执行程序,需要利用编译技术,完成对该表达式的识别和解释执行(将表达式的中缀形式变换成表达式的后缀形式,即逆波兰式)。

将数据库中数据项之间的各种联系通称为数据项关系,表示运算关系的式子称为数据项表达式(以下简称项表达式)。

项表达式包含基本运算、函数、常数和变量,具体如下。

① 基本运算符:+、-、×、/、↑(幂)。

② 函数:$\ln(x)$,$\exp(x)$,$\sin(x)$,$\cos(x)$,$\max(x,y)$,$\min(x,y)\cdots$

③ 常数:整数、实数。

④ 变量:变量代表某一指标,为了方便项表达式计算时对指标的查找,变量用指标的编码来表示。

对所有项表达式的识别和解释执行,在计算机语言系统的编译系统中,具体过程是先对表达式进行词法分析,得出表达式的组成单词,再进行语法分析,将单词构成句子,生成表达式的目标语言。它可以是逆波兰式中间语言,或者是机器语言。该编译程序能识别和执行任何表达式的计算。

2. 数据是最基本的决策资源

数据是事物的数量表示,它反映了事物在量值方面的大小。用数据辅助决策要考虑如下几方面。

(1) 数据归约。数据归约是指在数据库内对记录和域的分离、合并和聚集(如求平均值等)。决策过程包括对大量数据的归约(抽象)。

(2) 聚集值的数据细节。决策者有时希望了解某些数据聚集值的数据细节,便于他掌握更详细的情况。

(3) 多重数据源。决策所使用的数据不仅来自系统内部,也可能来自系统外部。决策越宏观,数据来源越复杂。

(4) 历史数据。决策者经常要根据历史数据的情况来决定未来的行动。预测模型往往需要很多历史数据,历史数据越多,对于预测的结果越有效。

(5) 数据精度。数据的准确性直接影响决策的效果。对决策来说,需要更高精度的数据。

统计分析是从不确定性中做出明智决定的一门技术。统计方法是建立在大量数据基础上进行的。没有大量数据也就无法进行统计分析。

管理科学/运筹学是对定量因素有关的管理问题,通过数学模型达到辅助决策的学科。数学模型必须对大量实际数据进行运算后,才能得出科学的结论信息。

统计分析方法与管理科学的模型是辅助决策的最典型的技术和手段。它们都是建立在大量数据基础上进行数值计算得出辅助决策信息的。

可见,数据是最基本的决策资源,统计分析方法与管理科学模型也是重要的决策资源。

3. 数据是模型组合的基础

每个数学模型都需要对大量数据进行加工,这些数据可以看成是模型的输入数据。数学模型的计算结果也是数据,但这些数据是更有价值的信息,它们是数学模型的输出数据。

对于一个较复杂的问题,靠单个模型是不够的,要多个模型组合起来,共同辅助决策。模型之间的组合一般是通过数据来实现,即一个模型的输出数据是另一个模型的输入数据,或者一个模型的输出数据经过加工处理后成为另一个模型的输入数据。

例如,线性规划模型中约束方程的系数数据的获取,除人工按经验给出外,更多的是靠大量数据经过线性回归模型计算求出。

例如,第 2 章的橡胶配方决策问题中,橡胶产品性能与原料之间的多元线性回归方程系数,构成了线性规划模型约束方程系数。此时,该数据可看成是模型之间组合的基础。

4. 演绎数据库

1) 演绎数据库的基本概念

演绎数据库的研究始于 20 世纪 70 年代中期,由于 J. Minker 和 Gallaire 等人首创。

将人工智能中的演绎功能与关系数据库相结合而产生的一种新的数据库称为演绎数据库。

在传统的关系数据库中,用户所能检索的数据仅是实际存在于数据库中的数据。这些数据是传统数据库管理系统所操纵与管理的对象,也是传统数据库用户所使用的对象。

这些关系数据库中实际存在的数据一般称为实数据。从人工智能角度来看,数据库中每一条记录表示了一个事实。这样,可以认为一个关系数据库是由大量事实组成的。

演绎数据库是在现有的数据库中增加规则知识而形成的，它不仅包含事实，而且也包含规则。这样，规则通过演绎推理，能从已知关系数据库中的事实(实数据)推出一些新数据，这些新数据在数据库中是没有直接给出的，而是隐含在数据库中的。这些在数据库中不直接给出，而由演绎推理推出的新数据(隐含的数据)称为虚数据。演绎数据库中的数据是由实数据和虚数据两部分组成。可见，演绎数据库比传统数据库包含更多的数据。由于演绎推理的功能，能给用户提供种类繁多的虚数据。

从逻辑角度来看，一阶逻辑既可以表示事实，又可以表示规则。因此，演绎数据库是基于一阶逻辑的。在关系数据库中，数据之间的关系可以用谓词来表示。关系中的每个数据项可以表示成谓词的参数。

2) 演绎数据库实例

下面通过一个例子说明演绎数据库从关系数据库的事实中推出新的数据。

父子关系数据库 $F(f,s)$ 如表 3.1 所示。

表 3.1 父子关系数据库 $F(f,s)$

f(父)	s(子)	f(父)	s(子)	f(父)	s(子)
李平	李学	李同	李山	刘军	刘思
李学	李同	刘定	刘军		

建立如下两种逻辑规则。

(1) 祖孙规则。

$$F(x,z) \land F(z,y) \rightarrow G(x,y)$$

该规则表示 x 是 z 的父亲，z 是 y 的父亲，则 x 是 y 的祖父。

在 F 数据库中只能查出父子之间关系，利用祖孙规则在 F 数据库中进行推理检索，就可以得出祖孙关系 G。

对表 3.1 的 F 数据库得出的祖孙关系为

李学-李山　李平-李同　刘定-刘思

(2) 祖先规则。

① $F(x,y) \rightarrow A(x,y)$。

② $A(x,z) \land F(z,y) \rightarrow A(x,y)$。

①表示 x 是 y 的父亲，则 x 是 y 的祖先；②表示 x 是 z 的祖先，z 是 y 的父亲，则 x 是 y 的祖先。

父子关系 F 通过以上规则得到祖先关系 A，如下。

李学祖先：李平。

李同祖先：李学、李平。

李山祖先：李同、李学、李平。

刘军祖先：刘定。

刘思祖先：刘军、刘定。

可以看出，演绎数据库大大扩充了传统数据库的作用。

3）演绎数据库的程序设计

对寻找祖先关系进行程序设计，从②中可见它是一种递归关系。为此需要利用递归算法进行程序设计。

现设计利用祖先规则在 F 数据库中进行推理搜索得出祖先-子孙关系的算法流程图，如图 3.7 所示。

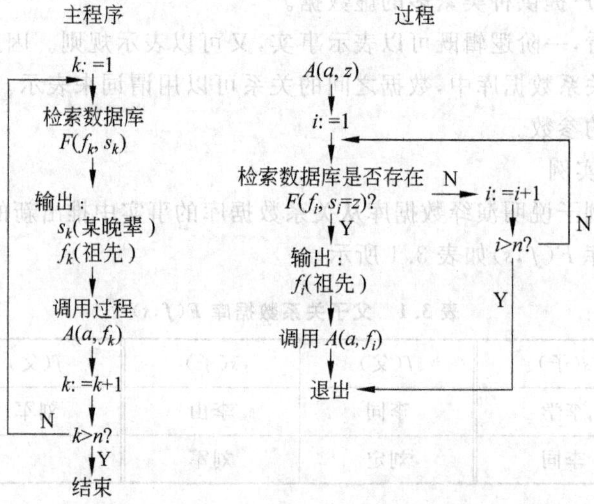

图 3.7 祖先-子孙推理搜索算法流程

3.2.2 人机交互与问题综合系统

1. 人机交互系统

人机交互系统是决策支持系统中的重要组成部分。人与计算机需要进行相互间的通信，即人机交互，实现人与计算机之间通信的硬、软件系统即为人机交互系统。交互系统通常包括计算机输出或显示设备给人提供的大量信息及提示，以及人向计算机输入的有关的信息、问题回答等。

1）人机交互的三元素

一个人机交互系统要能很好地实现计算机与用户之间的人机交互，通常必须考虑 3 个元素：人的因素、交互设备及实现人机对话的软件。其中，人的因素指的是用户操作模型，交互设备是计算机系统的物质基础，软件则是实现各种交互功能的核心。

（1）交互设备。

人们通过各种交互设备向人机交互系统输入各种命令、数据，以至图形、图像、声音信息等。交互设备又向用户输出处理结果及提示、出错信息等。交互设备构成了人机交互系统进行人机对话的基础。

交互的输入输出设备通常可分为多类，主要的有数字和字母输入输出设备，如显示终端、打印机、键盘；图形和图像等输入输出设备，如图形图像显示器、鼠标、数字化仪、摄像机、扫描仪等；以及声音、触感及专用输入输出设备等。

(2) 交互软件。

交互软件是人机交互系统的核心，它向用户提供各种交互功能，以满足系统预定的要求。交互软件和所有软件一样可分为系统软件和应用软件。

在系统软件方面，许多操作系统均采用窗口、菜单以及命令语言的对话方式向用户提供操作界面，如 Windows、UNIX 等。在数据库管理系统中通常也用对话式数据库查询语言，有的用命令方式(SQL)，也有的用填表方式(QBE)。

在应用软件方面，多数应用系统往往根据自身的特点自行开发人机界面。

(3) 人的因素。

人的因素指的是用户操作模型，它与用户的各种特征有关。

用户是人，人有许多弱点，例如操作时经常出错和健忘。因此，进行系统设计时要认真处理出错情况，并对各种操作给予提示和帮助。用户的年龄、文化程度、工作经历及职务不同，因而对操作使用的要求也各不相同。如，大学生可以看懂外文，小学生喜欢图画，老人希望字体大些，领导干部希望得到简明扼要的报告和图表，程序员和录入人员要求系统响应时间快些，编辑记者则经常要进行各种修改，军事及机要部门要求可靠安全，生产系统要求交互系统坚固、简便。

2) 人机交互方式

人机交互方式有多种，一般有菜单、填表、命令语言、屏幕显示、窗口、报表输出等。

(1) 菜单。

菜单是由用户在一组项目表中选择一个认为最合适的选项，并激活该选项，系统就开始执行用户的选择。菜单中所用术语和选择项目的意义是可以理解的，而且是明确的，用户简单地击键即可以完成他们的任务。由于菜单的选项一般不多，用户容易做出清楚的选择，这就是菜单的最大好处。

(2) 填表。

填表是要求用户对一系列相关字段构成的表输入相关的数据。

用户看见一个相关字段的显示，在该字段中移动光标，在需要的地方输入数据。填表方式要求用户必须理解填表字段的标题，系统应提示输入数据的允许范围和输入方法，并能够对用户输入进行校验，包括格式正确与否、是否越界等，对错误的输入能以明确的出错信息做出反应。

(3) 命令语言。

命令语言提供了一个便于控制和创造的氛围。一旦用户掌握了命令语言的语法，如数据库查询语言、操作系统命令语言等，就能够很迅速地表达出较复杂的操纵。

人们利用计算机和命令语言系统来完成各种各样的任务，例如，文本编辑、操作系统控制、书目检索、数据库处理、电子邮件、金融管理、航空公司的订票和旅馆的客房预订等。

命令语言是解释性语言，适合于功能较少的系统；对于功能较复杂的系统，应该采用编译性高级编程语言。

(4) 屏幕显示。

屏幕显示主要有数字、文字、图形和图像信息的显示。这些信息的显示为人机交互系统提供了丰富的画面环境。

① 数字、文字信息的显示。

数字、文字信息的显示是信息显示的基础。它为用户显示系统运行的输入信息、中间运行信息、最后结果信息，即给用户提供系统运行的完整信息，增加用户对系统运行的信任程度。

② 图形信息的显示。

信息系统中用到的图形有地理图形、地形图形、曲线图形、统计图形等。

在军事信息系统中，地形图形、地理图形用得很多，如河流、山脉、桥梁、公路、铁路等。在经济信息系统中，变化曲线图形、统计图形（直方图、饼图等）能给统计人员有一个形象的概念，使决策者和管理者对目前状态有一个全面的了解。

③ 图像信息的显示。

人像、产品照片、风景照片等实物图像的信息显示更能直观深刻地影响用户。图像信息有静态和动态之分：照片是静态图像，产品加工过程、战争的场面、风景的全貌等是动态的图像（视频）。图像信息显示效果比图形显示效果更好。但是，图像是以点阵信息存放的，占用存储空间很大，动态图像占用的存储空间更大。多媒体计算机支持图像信息的显示。

(5) 窗口。

随着计算机支持多任务的要求并在多个任务之间相互切换，广泛采用多窗口技术。

航空公司订票员可从一个"旅客预订行程"窗口开始，再进入"航班表"窗口，在选好飞行区段后，自动送入"预订行程"窗口，在标有"座位选择"的窗口选择座位，然后出现"信用卡计费"窗口，在完成交费后，结束该项事务处理。

这些情况要求人机交互系统的设计者要考虑各种策略来管理和访问相关信息的多窗口。

(6) 报表输出。

打印机上的输出主要是文件的输出和报表的输出。而报表输出是技术难度较大的工作，报表类似于日常工作中的账本和账单，格式多样。而打印机的输出纸是固定宽度。在打印机上输出各类实际系统中所需要的报表格式，需要进行详细的报表格式设计。在报表设计完成后，要编制报表输出程序来完成这些报表的打印。

简单的报表由报表头、表格框架和实际数据 3 部分组成。报表头中包括报表名称、打印日期、数据项栏目等内容。表格框架的设计是按数据项栏目的数目、数据项的宽度来设计报表的宽度。当数据项栏目总宽度超过打印机的宽度时，就要设计成两张以上的表格来完成。报表一页的长度包含多少个数据记录是要计算的。报表输出按每页的固定行数实现自动换页打印。报表中有时要输出有关记录数据的小计、合计和总计等统计数字。这样，报表在输出数据的同时要进行累计计算。

复杂的报表是在简单报表的基础上，增加表格左部的数据记录栏、表格下部的文字说明，以及在文字说明中包括某些变化的统计数据（记录项计算式）；在表格框中某个数据是由某些数据项的表达式运算得来。复杂报表如图 3.8 所示。

这样，一个复杂的报表，既有报表框架的设计，又有数据的获取和运算（数据来源于数据库；运算包含数据项表达式的识别和求解、记录项的统计），还有文字处理能力。可见报表的设计所要求的计算机技术是比较复杂的。

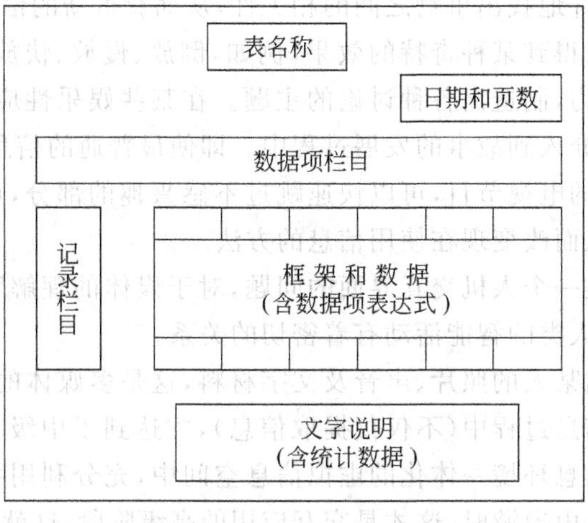

图 3.8　复杂报表的示意图

3）多媒体表现与多媒体查询

媒体（medium）是指承载信息的载体，如数据、文字、图形、图像、声音、动画、视频等多种形式。多媒体（multimedia）是指多种媒体的综合。各种媒体原来是用模拟信号表示的，无法存入计算机。20 世纪 80 年代后期，由于各种媒体均采用二进制表示，计算机就可以对多种媒体进行存储并处理，这是计算机的一大进步。各种媒体采用二进制点阵形式表示后，对计算机存储容量要求极大。在计算机存储容量的极大提高（出现了光盘）和运算速度的极大提高之后，才使多媒体技术得到很快的发展。

（1）多媒体信息系统。

现代信息系统的应用极为广泛，管理信息系统、银行信息系统、民航订票系统、办公信息系统、地理信息系统、情报检索系统、军事指挥信息系统等都属于信息系统的范畴。

从信息系统过渡到多媒体信息系统，并不仅仅是形式上或功能上的扩展，而是信息系统在本质上的一次飞跃。多媒体信息系统的应用范围很广泛，从办公室自动化、工厂自动化，到管理自动化、家庭自动化、信息传递自动化，可以说是遍及各个角落。在未来，现在的各种计算机、电视、音响、电话、传真机都可合为一体，被多媒体终端（telecomputer）取代，并且由高速的多媒体通信网络连接起来，由系统提供各种公共服务，组成多媒体化信息综合服务系统。

（2）多媒体信息表现与交互。

以数据、文字、图形为媒体的信息系统对信息的表达仅限于被动的“显示”。在多媒体环境下，各种媒体并存，既有视觉方面的文字、图像、动画、视频等，又有声音、音乐等，这种多媒体信息的主动表达称为“表现”。多媒体信息系统的表现，既能够通过电影、电视、广播等视听媒体的连续播放来表达某种“思想”，更强调能够通过人机交互来增加人对信息表达的要求和控制。例如，宾馆的多媒体查询系统可以使客人随意交互，主动点播观看感兴趣的宾馆周围的环境、各种类型房间的设施、娱乐场所、会议室、饭厅以及各种菜谱的烹饪过程等。

多媒体信息系统表现与交互改变了电影、电视那种被动接收信息的状态，变成了对信息的主动探索。通过人机交互，可以让用户获得所关心的内容，获取更多的信息。例如，对某些事物进行选择，有条件地找出事物之间的相关性，从而获得新的信息内容。对某些事物的运动过程进行控制可以得到某种奇特的效果，例如，倒放、慢放、快放、变形、虚拟等，从而激发学生的想象力、创造力，制造出各种讨论的主题。在某些娱乐性应用中，用户可以改变故事的结局，从而使用户介入到故事的发展过程中。即使最普通的信息检索应用，用户也可以找出想读的书籍、想看的电视节目，可以快速跳过不感兴趣的部分，可以对所关心的内容进行编排、插入书评等，从而改变现在使用信息的方法。

人机交互不仅仅是一个人机交互界面的问题，对于媒体的理解和人机通信可以看成是一种智能的行为，它与人类的智能活动有着密切的关系。

从数据库中检索出某人的照片、声音及文字材料，这是多媒体的初级交互应用；通过交互特性使用户介入到信息过程中（不仅仅提取信息），才达到了中级交互应用水平。当我们完全地进入到一个与信息环境一体化的虚拟信息空间中，充分利用各种感觉器官和控制能力对空间进行控制和自由遨游时，这才是交互应用的高级阶段，这就是虚拟现实。虚拟现实可以提供更高层次的交互性，这种交互性不仅仅局限于视觉和听觉，还要引入触觉和运动跟踪和反馈，使得用户的每一个动作都对他所感受到的信息产生相应的影响。这种全方位的交互使得用户体验到逼真的感觉。例如，模拟驾驶舱用来训练飞机、舰船、汽车的驾驶员。

(3) 多媒体查询和检索。

“查询”和“检索”是从数据库中获取所需信息的两个侧面，对用户而言，一般用“查询”这个词；对计算机操作而言，一般用“检索”这个词。对多媒体查询一般分为两类：基于表示的查询和基于内容的查询。传统数据库的查询采用的是基于表示形式的查询，按单个字段项或多个字段项的取值要求进行查询，这是一种有精确概念的查询。在多媒体数据库中只能采用非精确的相似性查询，因为在多媒体数据库中，对同一个对象，采用不同的媒体进行表示，对计算机来说肯定是不同的；若用同一种媒体表示，如果有误差，在计算机看来也是不同的。对图像和视频媒体，它包含了形状、颜色、纹理等内容，其本身就不易于精确描述概念，在查询时，只能采用一种模糊的、非精确的匹配方式，即基于内容的查询。

为了寻找视频资料指定的内容，目前往往采用快进浏览查找的方法。但当资料库内容很大时，这种方式就难以胜任，因而需要一种更为有效的检索手段。如体育节目（如射门集锦）的编辑制作需要制作人对节目从头到尾地浏览一遍，从中摘选精彩镜头，因此效率很低。但若能先对节目进行自动分割和标注，为浏览提供一些候选视频片段，检索效率则会大大提高。

2. 问题综合系统

问题综合系统在决策支持系统的统一结构形式中和人机交互系统结合在一起形成综合部件。人机交互系统主要实现人机对话和对决策支持系统的控制，而问题综合系统在决策问题用决策支持系统语言描述（形式化）后，完成对决策支持系统问题的分析和求解。

决策问题一般通过模型或模型的组合来解决，小的决策问题可以用单个模型来解决，而复杂的决策问题需要多个模型的组合来完成。模型的组合方式由问题综合系统来完成。

模型运行时需要用到数据。用数值计算语言编制模型程序时，数据是以文件形式存放的，直接与程序联系，此时的数据是模型程序自带的，可以说该数据是模型程序所私有的。

当模型程序使用的数据放在共享公用的数据库中时,该数据就不是模型所私有的。对于数值计算语言来说,目前它不能直接调用数据库中的数据,必须通过接口程序才能调用数据库中的数据。市场上已有的接口软件有 ODBC、ADO 等。

对于组合模型中用到的数据一定是共享数据,一般都放在数据库中,通过数据建立模型之间的关系。大量的模型放入模型库中,大量的数据放入数据库中。决策支持系统实质上是把模型库中的多个模型和它们分别使用的数据库中的数据集成起来,按决策问题的需求,构建多个模型的组合方式,形成解决实际问题的方案,对方案编制程序就形成了该决策问题的决策支持系统程序。通过计算机对决策支持系统程序计算,求出决策支持系统的解。当求出的解不能满足用户需求时,可以重新选择模型或修改参数或数据,以及改变多模型的组合方式,形成决策问题的新方案,重新进行计算,反复多次才能得到理想的决策支持系统解。

问题综合系统实质上是按决策问题需求,综合模型部件中的模型和数据部件中的数据以及有关的人机对话,形成决策支持系统方案,编制成决策支持系统程序,在计算机上运行,求出决策支持系统的解。

3.2.3 决策支持系统的综合部件

人机交互与问题综合系统是人机交互系统和问题综合系统的结合,形成综合部件,它既发挥人机交互的对话作用,把计算机对数据的处理和计算能力的优势与人的智能优势结合起来,又起到把模型部件中的多个模型和数据部件中的大量数据结合起来,达到综合集成的作用,形成实际问题的决策支持系统。

1. 决策支持系统语言

决策支持系统既要达到综合模型部件和数据部件的作用,又要起到人机交互对话作用,需要利用很强能力的语言来完成。目前,计算机的语言主要是数值计算语言(PASCAL、C 等)和数据库语言(FoxPro、Oracle 等)两大类。数值计算语言具有很强的计算能力,包括树、图的指针、链表计算、递归运算等,但它不能直接对数据库进行操作。数据库语言有很强的数据处理能力,对数据库中大量数据进行增加、删除、修改、查询等能力,但它的数值计算能力很弱。而决策支持系统语言对这两类语言能力都需要,但目前市场上还没有一种能包括这两类语言的综合语言,只能通过接口语言(如 ODBC、ADO 等)将两类语言联系起来。

决策支持系统早期要求用自然语言来描述决策问题、识别问题和求解问题是不现实的,只能用当前的计算机语言来实现。目前的决策支持系统语言只能是数值计算语言(如 C)和数据库语言(如 FoxPro)以及接口语言(如 ODBC)集成的语言。用这种集成语言来描述决策问题、分析问题并解决问题,实现决策支持系统的人机交互系统和问题综合系统。

2. 综合部件的功能

综合部件包含以下功能。

1)控制模型的运行

模型可以是数学模型,或者是数据处理模型。数学模型发挥决策支持的作用,所用的语言是数值计算语言。数据处理模型是完成数据处理工作，实现数据结构(选择、投影、旋转、连接等)的变换，也需要编制程序来完成，所用的语言采用数据库语言。每个模型的运行需要存取不同数据库的数据并进行计算或处理。

2）多模型的组合运行

对多模型的组合运行，把模型看成程序中的模块按计算机程序结构形式——顺序、选择、循环 3 种结构形式进行组合以及它们之间相互嵌套的组合来完成对多个模型的有效组合。

多模型组合的最简单形式是单个数学模型以及输入数据处理模型和输出数据处理模型，构成 3 个模型的组合。对单个数学模型的运行需要对输入数据的处理与输出数据的处理。输入数据的处理完成输入数据方式转换成模型所需要的数据存储方式。输出数据的处理完成模型计算出的数据转换成人们便于观看的方式，如报表。对输入数据处理与输出数据处理可看成两个数据处理模型，特别是输出的报表需要用数据库语言来编制成程序来完成，这种输出数据处理模型称为报表模型更合适些。

3）人机交互

在实际决策支持系统中，人机交互是不可缺少的。用户可以通过交互信息来控制、改变模型的运行以及决策支持系统的运行过程。

决策支持系统又可通过多媒体和可视化技术表现系统运行情况和最终结果。

4）数值计算和数据处理

对于模型之间的数值计算或数据处理，在决策支持系统出现以前是由人来完成的。在决策支持系统出现以后，就应该由“人机交互与问题综合系统”部件来完成。这样才使多模型有机组合形成实际决策问题的决策支持系统。

3.3 模型库系统

模型库系统是决策支持系统的核心部件，通过模型或者模型的组合来辅助决策是决策支持系统的中心思想。模型库系统由模型库和模型库管理系统所组成。

3.3.1 模型库

1. 模型库概念

模型是对客观事物的一种抽象描述，人们通过模型来对客观事物进行理解和处理。用模型来辅助决策已经是人们的共识。利用计算机对模型的使用经历了 3 个阶段。

1）模型程序

模型在计算机中实现，主要是编制模型程序。模型程序是利用计算机语言来描述模型的算法过程。一般介绍模型的算法是人工算法，适合于人工进行计算。这种人工算法并不能直接搬到计算机上来实现，这是由于计算机的局限性造成的。必须把人工算法转换成计算机算法才能在计算机上进行计算，求出结果。计算机算法是建立在计算机语言基础上的。计算机语言(满足 2 型和 3 型文法)离人类的自然语言(满足 0 型和 1 型文法)相差甚远。设计和编制计算机程序必须先设计数据的存储结构(如变量、数组、线性表、树、图、文件、数据库等),再用计算机语言设计算法,利用计算机语言的语句以及语句的组合(顺序、选择、循环)形成的计算机程序,例如对运输问题采用表上作业法,其3个步骤为求基本解、解位势方程及检验解、调整解,其位势方程的求解,人工算法和计算机算法本质一样,算法的实现相差很大。

计算机程序又分为源程序和目标程序。源程序是用计算机语言编写的,便于人们阅读和修改。目标程序是机器语言(二进制指令代码)形式,便于计算机操作和运算。由源程序转换成目标程序是通过编译程序来完成的。不同的计算机语言有不同的编译程序。

在计算机上利用模型程序的运算达到辅助决策,起到很好的效果,特别是运筹学模型。

2) 模型程序包

为了减少人们重复编制模型程序,出现模型程序包。由专人编制各种模型程序组成程序包。用户调用相应的模型程序,输入所需要的数据就可以在计算机上计算出该模型的运行结果。

模型程序包具有以下特点。

(1) 模型程序包组织结构简单。程序包中的模型程序有的是分散存放的程序文件(它是由操作命令来调用的),有的是通过多级菜单连接起来(它是通过菜单的选择项来调用的)。

(2) 各模型程序相对独立。各模型程序分别挂在菜单的底层,各模型程序之间除了和菜单连接外,没有其他任何联系。

(3) 每个模型程序的数据是各自封闭的。每个模型程序使用时,都要输入实际问题的数据。一个模型程序的数据不可能使用另一个模型的数据。

(4) 程序包是适合于模型间无关系的组织结构形式。程序包只适合各模型独立使用,不适合多模型的组合。

目前的模型程序包主要以数学模型为主体,如运筹学软件包等。

3) 模型库

模型库是将众多的模型按一定的结构形式组织起来,通过模型库管理系统对各个模型进行有效的管理和使用。

模型库像数据库一样,是一个共享资源。模型库中的模型可以重复使用,即可以被不同系统调用,避免了冗余。通过模型库可以将多个模型组合起来构成更大的模型。这样模型库就比模型程序包具有更强的使用能力。

模型库的模型主要是数学模型,它是管理科学和运筹学中研究的模型,在辅助决策中起到了很明显的效果。模型库中还有数据处理模型,图形、图像模型,报表模型,智能模型等。多种类型的模型不但扩充了辅助决策的能力,对于不同类型的模型组合,将能适应更广泛的决策问题。

2. 模型库中模型的种类和表示

1) 数学模型

数学模型是辅助决策中用得最多,使用范围最广泛的模型。数学模型的表示形式有方程形式、算法形式和程序形式。

(1) 方程形式。

数学模型的方程形式是建立变量之间的关系。例如，管理科学中应用得最广泛的线性规划模型的方程形式是由目标函数取极值(极大或极小)以及多个约束方程共同组成的。

方程形式是数学模型的一种数学结构形式。它建立了模型中变量的相互关系，反映了事物的规律性，具有高度的概括性。数学方程形式的直观性便于人们掌握事物的内在本质。方程形式便于理解但不利于计算。对模型的介绍、解释说明一般用方程形式。

(2) 算法形式。

模型的算法是用一系列演算步骤表示模型的数学求解过程。当人们代入实际问题的数据，经过算法步骤的演算，就可求出模型的计算结果(人工算法)。

例如，线性规划模型是通过单纯形法进行求解。当输入目标函数中各目标变量的系数，确定目标的极值(极大或极小)，需要输入多个约束方程的系数，约束值以及约束关系(小于、等于、大于等)。通过单纯形法的演算步骤，就能求出理想的目标值和变量值。

模型表示的算法形式能够计算出结果，很实用但不直观。对模型的运用一般采用模型的算法形式。

(3) 程序形式。

模型在计算机中的应用是利用计算机语言按模型的算法步骤编制模型程序，在计算机中进行计算。

利用计算机语言编制模型程序是需要将人工算法变换成计算机算法。由于人具有很强的形象思维和逻辑思维，而计算机不具有，故很多人工算法不能直接编制成程序，需要编制程序人员付出很大的劳动来完成模型程序的编制。

数学模型程序一般是利用数值计算语言来编制。数值计算语言有 FORTRAN、PASCAL、ADA、C 等，它们均具有较强的计算能力，如数组运算、链表使用、过程调用、循环与递归等。由于算法比较复杂，在进行数值计算中具有一定的计算精度，连续多次的数值计算会造成误差的增大。误差的控制是模型程序要解决的问题。

2) 数据处理模型

数据处理主要是对数据库中的数据的处理。数据处理模型是完成一定任务的数据处理过程。其不同于数学模型在于它不需要复杂的计算，如矩阵运算(相乘、求逆等)、方程求解、递归迭代等计算，而是对数据库中的数据进行数据处理。数据处理的特点是处理的数据量很大。数据处理模型完成的基本工作为：对数据的选择、投影、旋转、排序、统计等。在数据处理模型中，部分数据处理模型如统计模型具有辅助决策作用，更多的数据处理模型是完成两个数学模型之间的数据处理工作。

数据处理模型一般采用数据库语言来编制数据处理过程的程序。数据库语言有 FoxPro、Oracle、SQL Server 等。

3) 图形、图像模型

图形、图像模型用于人机交互，使计算机更形象更直观地表现给用户。可以认为它属于人机交互模型。

图形模型一般以向量数据形式表示或以绘图程序形式表示。向量数据形式表示的特性直接可以显示在屏幕上。而以绘图程序形式表示的图形在显示时,需要运行该程序,使它在屏幕上画出来。

图像模型是以点阵数据形式表示。图像的数据文件一般存储量很大。图像要求越清晰,色彩越丰富,数据量越大。

4) 报表模型

报表是数据处理的主要输出手段。它可以看成是人机交互的一种输出形式,也可以看成是数据处理的结果。由于报表的大量使用和报表格式的种类繁多,也把它作为一种类型的模型。

报表模型是以程序形式表示的。通过程序描述报表的格式,数据取自数据库,运行报表程序能在打印机上输出各种类型的报表。报表程序一般用数据库语言编写。而一般报表工具却是用数值计算语言(如 PASCAL、C 语言等)编写,主要是工具程序需要完成任意表格的生成,以及数据项表达式的识别和求解等复杂运算。它在存取数据库中的数据时,需要解决好接口问题,因为这些语言不能直接对数据库进行操作。

5) 智能模型

在人工智能中,应用最为广泛的是专家系统。它是以知识推理形式达到人类专家解决问题的能力。它是区别于数学模型、数据处理模型的一种重要辅助决策手段,称之为智能模型(关于专家系统将在 4.3 节详细说明)。在智能模型中,需要利用递归技术。为了便于智能模型的编制,出现了人工智能语言。20 世纪 60 年代出现了 LISP 语言,它是一种表处理语言,具有很强的递归功能。20 世纪 80 年代 Prolog 语言形成热潮,它不但有很强的递归功能,还隐含了一个深度优先搜索的推理机制。它推动了专家系统的发展。近年来,由于知识推理要与数值计算、数据处理相结合,又兴起了用 C 语言编制智能模型的趋势。

智能模型是以智能程序形式表示的,它处理的对象是知识库。知识不同于数据,也不同于数学模型的方程和算法。专家系统用得最多的知识是产生式规则,以"if 条件 then 结论"形式表示。知识库由大量的产生式规则知识和事实知识所组成。知识库由知识库管理系统来管理。专家系统可以是一个独立系统,也可以作为决策支持系统的一种特殊的模型。

3.3.2 模型库的组织和存储

模型库的组织和存储是模型库的重要问题。模型库的组织形式与模型的表示形式有关。

模型库中除智能模型外,其他模型都是以程序形式或数据文件表示,程序和数据都是以文件存储。但程序又有源程序和目标程序,这样一个模型至少有两个文件。如果对模型进行文字说明,包括模型的方程形式以及算法的自然语言描述,这将形成模型的说明文件。如果对模型的输入数据和输出数据进行说明,又将形成模型的数据描述文件,这样一个模型将对应 4 个文件。对这些文件需要建立一个文件库。对大量模型统一组织和存储,建立一个字典库来索引描述对应的模型文件就很有必要。这样,模型库由字典库和文件库两者组成。

1. 模型字典库

模型字典库需要对模型的名称、编号、文件等进行说明。

1）字典库的作用

字典库具有以下作用。

（1）字典是模型文件的索引。每个模型都有4个文件。为了方便各模型与模型文件的联系，建立索引是非常必要的。

（2）字典便于对模型的分类。随着技术的发展，模型将会愈来愈多，目前应用成熟的模型已经相当多了，对模型分类很有必要。例如，预测模型多达二百多种，对预测模型进行分类就很有必要。按时间分类，有短期预测、中期预测和长期预测。按预测结果、限制条件等都能分类。对模型分类，首先要对模型字典分类。

（3）字典方便了对模型的查询和修改。由于字典是模型文件的索引，要查询模型文件，通过索引能迅速地查找到所需要的模型。同时，也方便了对模型文件的修改。对模型文件的修改主要是对模型算法、参数以及有关模型说明的修改。修改工作一般包括增加、删除和更新等内容。

2）字典库的组织结构

字典库的组织结构一般有文本形式、菜单形式和数据库形式等。

（1）文本形式。

模型字典内容用文本形式进行存储。这种形式把所有模型内容都以文字形式进行说明，存入到文本文件中。这种形式的模型字典只能起查询作用。

（2）菜单形式。

模型字典用一个层次式的菜单来表示。菜单中的各项内容与各模型的模型文件相联系。这样把模型字典和模型文件联系上了，可以通过模型字典（菜单）运行模型文件（模型目标程序文件）和查询模型文件（模型源程序文件和模型说明文件）。模型软件包一般采取这种形式。

（3）数据库形式。

模型字典的内容按照关系数据库的组织形式存放。按照模型分类就可以分别建立不同的字典库，一个库存放一类模型，每个模型是一个记录，每个记录中含有模型的编号、名称、各种模型文件名等数据项，这样字典库实质上是数据库，需要把它和有关模型文件本身联系起来。

这种组织存储形式便于模型的分类、查询和修改。决策支持系统一般采取这种形式。

2．模型文件库

模型文件是模型的主体。模型文件中源程序文件和目标程序文件是主要的模型文件，一个模型至少有2～4个模型文件，模型库中大量的模型就对应着大量的模型文件。对这些模型文件，如何存储以及如何调用是个关键问题。

1）模型文件的存储方式

（1）直接在计算机操作系统管理下存储。

这种方式是最简单和省事的。计算机操作系统对于数据文件和程序文件都是以文件形式统一存储和管理，操作系统的文件管理，按文件的大小以及存储空间中的空位，决定该文件的存放位置，在文件目录中记录了该文件的起始地址。

在这种存储方式中，所有的模型文件的存储位置都是杂乱的，它们和磁盘中其他文件混杂在一起。

(2) 建立子目录存储模型文件。

为了区分模型文件和磁盘的其他文件，可以利用建立子目录的方法，把模型文件都建立在子目录下。这样，又可采用建立一个子目录存入所有的模型文件和建立多个子目录分开存放不同的模型文件这两种方式。显然后者更好一些。

2) 模型文件的调用

模型文件特别是目标程序文件的调用(即模型的运行)是模型库的另一个重要问题。模型文件的调用与模型文件的存储方式直接有关。调用模型文件首先要按它的存储路径找到该文件；然后，再启动该文件。

在操作系统下启动某程序文件，直接运行该文件名即可。在计算机各种语言中启动某文件需要利用此语言中运行某文件的命令。例如，PASCAL 语言用 EXEC 命令来启动某文件运行。

对模型文件的运行，一般应该通过模型字典库，沿着模型文件的存储路径，找到具体的模型文件，再启动它运行。

3.3.3 模型库管理系统

1. 基本概念

模型库管理系统(Model Base Management System，MBMS)类似于数据库管理系统(DBMS)。数据库系统是为解决数据冗余和数据独立性问题，用一个管理系统(即 DBMS)来统一管理所有的数据，从而实现了数据的共享。同时，对于数据的完整性、安全性等问题，也得到了相应的解决。

模型库管理系统是随决策支持系统的需要而发展起来的。它使模型管理技术提高到一个新水平上。

模型不是简单的数据，它是一个程序文件或数据文件。这样模型库比数据库就要复杂得多。数据库技术目前已经成熟，而且还在继续发展。微机和小型机上的数据库管理系统的功能也在逐步提高。

模型能辅助决策，模型的组合辅助决策的能力更强。这样，模型的组合是模型库的新的研究内容。模型的组合形成了新的模型，这相当于新模型的生成，称为新模型的建立。

目前，计算机建模主要表现在以下两方面。

(1) 在已有的数学模型结构中确定变量，并生成方程的系数。例如，对于线性规划问题的模型生成，主要表现在：目标函数中变量个数的选取以及对应系数的生成；约束方程中变量的选取，变量系数的生成以及约束值的生成；决定约束方程的个数。

这样，线性规划方程的具体形式就出来了，再利用线性规划的算法程序对它进行求解。

(2) 选择基础模型并将它们组合成大模型。在模型库中已经有了一些基本模型，在分析实际问题后，选择多个基本模型作为基础模型，根据模型间的逻辑关系将这些基础模型组合成实际问题的大模型。一般的逻辑关系有“与(and)”和“或(or)”。但是，组合模型形成复杂大模型应该利用程序设计中的3种组织结构的嵌套结构形式。这3种结构是顺序结构关系(模型间按前后顺序依次执行)、选择结构关系(模型间按选择条件决定执行哪个模型)和循环结构关系(一个模型或多个模型的多次反复执行)。

2. 模型库管理系统功能

模型库管理系统主要有3个功能:模型的存储管理、模型的运行管理和支持模型的组合。

1) 模型的存储管理

模型的存储管理包括:模型的表示,模型存储的组织结构,模型的查询和维护等。

(1) 模型的表示。

模型的表示与模型自身的特点有关。

① 数学模型在计算机中都是以数值计算语言的程序形式表示,在给它数据后,执行程序就能得出结果。程序在计算机中的存储仍是以文件形式存储。为区别其他形式的文件,称它为程序文件。

② 数据处理模型是对大量数据库数据进行选择、投影、旋转、排序、统计等处理。它以数据库语言的程序形式表示,仍为程序文件。

③ 图形、图像模型是利用大量点阵组成的有灰度、有颜色数据组成的图像。例如人像,它是一个数据文件。

④ 报表模型是由一定格式的结构,中间填入数值、文字等数据组成。它是由报表打印程序表示的。它在接收到要输出的数据后,将数据和报表框架一起形成报表在打印机上输出。它仍是一个程序文件。

用于辅助决策的模型主要是以上4种(智能模型以后再讨论)。不管哪种,在计算机中都是文件形式。具体表示为程序文件或者是数据文件。

(2) 模型存储的组织结构。

模型表示为文件形式。如何组织存储是一个很重要的问题。在模型数量少时,一般存放在计算机外存中,由操作系统中的文件系统进行管理,具体的组织管理方式是:在开始时顺序存放输入的各种文件,以后就按空位存放新输入的文件。这种存储组织方式,以文件为单位,不过问文件的内容。文件的读取则是通过文件目录来找到文件的位置,再进行读取。对于大量的模型文件的存储,由操作系统来管理是不合适的,因为对大量的存储空间,它既存储这个系统的文件,也存储那个系统的文件,这些文件都混杂地存储在一起,不利于单个系统中文件的独立管理。这样,就需要重新组织存储。

组织存储结构形式可以借鉴操作系统的方法来设计一个模型库的存储组织结构,即建立一个模型文件字典和模型文件库,在模型字典中指明模型文件的存储路径。在模型文件的存储上,把那些关系密切的或者类型相同的存放在一起,便于查找和存取。

模型文件字典的组织存储结构形式采用数据库的组织形式,建立多个库,在一个库中存放同类型的模型或者经常在一起使用的模型。例如,预测模型库存放用于预测的各种模型,优化模型库存放用于优化的各种模型。模型字典库的概念不能和一般数据库概念相混淆,一般数据库中的数据是一个基本单位,长度固定而且长度都很小;而一个模型则是一个文件，长度很大且不固定。借鉴数据库的形式只能用于模型字典库上，而模型文件仍以文件的存储方式。模型字典库的组织结构虽然同数据库的结构形式相同，但存放的内容不再是数据而是模型文件名。

这样，模型库的组织存储形式由两部分组成：第一部分是模型字典库，它类似于数据库的组织结构形式，但存储的是模型文件名；第二部分是模型文件库，它是模型的主体，具有文件形式，按文件方式存储。在模型字典库中应该指明模型文件的存取路径。

(3) 模型的查询和维护。

模型库中存放着大量的模型，自然有查询和维护的问题。根据模型库的组织存储结构形式，要查询模型，首先要查询模型字典库，查到需要的模型名，再沿着该模型文件的存取路径查到相应的模型文件。这个过程包含着两部分内容：一个是模型字典库的查询，它类似于数据库的查询；另一个是模型文件的查询，这类似于操作系统的文件的查询。可以说模型库的查询是数据库查询和操作系统的文件查询的结合。

模型的维护类似于数据库的维护，需要对模型进行增加、插入、删除、修改等工作。随着技术的发展，需要增加新模型，这种增加可以是增加到模型的后面，也可以插入到同类模型中去。当模型因过时将被新模型所取代时，需要删除旧模型。当模型需要部分进行修改时，要修改模型程序。这些维护工作的进行都要按模型的存储组织结构形式进行。增加、插入、删除模型时，要先在模型字典库中增加、插入、删除该模型的记录，再沿模型存取路径去增加、插入、删除模型文件。当完成了这两项工作后，才完成了整个模型的维护工作。修改模型工作一般不修改模型字典，只修改模型文件内容(如修改模型程序)。

2) 模型的运行管理

模型的运行管理包括模型程序的输入和编译，模型的运行控制，以及模型对数据的存取。

(1) 模型程序的输入和编译。

模型程序的输入不同于数据的输入。它是一个程序，需要编辑系统才能完成对模型程序的输入。模型程序是利用计算机语言来编制的，不同的语言，程序的形式是不同的。编辑功能具有对程序输入、修改、增加、插入等功能，便于用户对模型程序的输入。这种输入的程序是源程序，用户编写、阅读和修改都很方便，但它不能直接运行。源程序通过相应语言的编译系统把它编译成目标程序，即机器代码程序，它是一个二进制表示的程序，不便于阅读，但适合于计算机的运行。C 语言有 C 编译系统，PASCAL 语言有 PASCAL 编译系统。

(2) 模型的运行控制。

模型程序的运行主要是计算机执行模型的目标程序。首先，必须找到模型目标程序，即按模型的组织存储结构，先到模型字典库中找到该模型记录，再按模型文件的存取路径找到模型目标程序文件。运行该目标程序有两种方式：独立运行该目标程序和在 DSS 总控制程序中运行该目标程序。前者只需在操作系统命令下，执行该目标程序文件名即可。后者需要利用 DSS 总控制程序所使用的语言中提供的调用执行语句来控制模型目标程序的运行。前者只能单独运行模型，后者能组合模型。

(3) 模型对数据的存取。

运行模型都需要数据。一般程序设计语言提供的方法是各模型自带数据或数据文件。

这样，数据不能共享。这种方法只适合于单模型的运行，不适合于多模型的组合运行。按照决策支持系统的观点，所有共享数据应都放入数据库中，由数据库管理系统统一管理。这样，便于数据库的输入、查询、修改、维护。目前，提供编制模型程序的计算机语言C、PASCAL等计算机语言都是数值计算语言，都不提供存取数据库中数据的功能。而我们又需要在模型程序中存取数据库中的数据。为完成这项工作，需要利用该语言和数据库之间的接口（如ODBC、ADO等）。利用接口，使模型能存取数据库的数据，这样，使模型库和数据库形成统一的整体。

3）支持模型的组合

模型之间的连接以及多模型的组合是通过编制一个总控制程序来完成的。

模型的组合包含两个问题：一个是模型间的组合；另一个是模型之间数据的共享和传递。

模型间的组合由总控制程序通过程序设计中3种组织结构方式来完成，即顺序结构、选择结构和循环结构。这3种结构形式又可以嵌套使用，从而在总控程序中形成任意的复杂的系统结构。这种组合结构形式虽然和一般的计算机语言的程序设计的结构形式相同，但含义是大不一样的。一般程序设计结构是在语句或子程序（注：这些子程序是不能独立于主程序而单独运行的）的基础上进行顺序、选择、循环的组合，完成单一问题的处理。而模型的组合是在模型的基础上进行顺序、选择、循环的组合。模型本身是辅助决策的基本单元，即它本身就能完成某种辅助决策，各模型可以用不同的语言编制，模型可以独立运行，又能作为组合模型的一部分。对模型的组合在总控制程序中形成方案，完成方案形式的决策，达到复杂问题辅助决策的作用。

模型之间数据的共享和传递是组合模型的配套要求，只有各模型之间数据能共享和传递，才能使组合模型成为一个有机整体，而且也能减少数据的冗余和实现数据的统一管理。为实现模型之间数据的共享和传递，所有的共享数据应该都存放在数据库中，由数据库管理系统进行统一管理。为了实现模型对数据的有效存取，需要利用模型存取数据库的接口。这个接口保证各模型既可存取和修改数据库中任意位置的数据，也可以存取数据库中的大量数据。

模型库管理系统本身不进行模型的组合，而是能够支持模型的组合，模型的组合是按决策问题的要求，通过总控制程序的集成来进行的，最后形成解决问题的方案。

3. 模型库管理系统语言体系

模型库管理系统的各种功能的实现类似于数据库管理系统各种功能的实现，即数据库管理系统是由数据库语言体系来完成的。数据库语言分为数据库描述语言（DDL）和数据库操作语言（DML）。模型库管理系统是由模型库语言体系来完成的。根据模型库的特点，模型库管理系统语言体系应该分为模型管理语言、模型运行语言和数据库接口语言。

1）模型管理语言

模型管理语言（Model Management Language，MML）要求完成对模型的存储管理以及对模型的查询和维护。模型库的组织是由模型字典库和模型文件库组成的。对模型存储的管理就要同时完成对字典库和文件库的管理。例如，增加一个模型，就必须在字典库中增加一个记录，输入模型文件名，并按该模型文件的存取路径存入该模型文件。

2）模型运行语言

模型运行语言（Model Run Language，MRL）要求完成对单模型的调用、运行以及支持模型的组合运行。对单模型的调用运行用命令来完成。对模型的组合运行则要求在总控制程序中调用模型运行。总控制程序语言要比一般计算机语言有更高的要求。首先，它要组合模型，就必须具有调用和运行模型的能力。组合模型体现在程序设计的顺序、选择、循环3种结构的任意嵌套组合形式。其次，需要和数据库连接，进行数据库操作。这样就要求语言既具有数值计算能力，也有数据库处理能力。目前的计算机语言还没有哪一种能达到这样的要求。FORTRAN、PASCAL、C等语言适合于数值计算，不适合数据库处理。Oracle、FoxPro等语言适合于数据库处理，不适合数值计算。根据决策支持系统的需要，必须把它们统一在一个整体中，这就要求数据接口语言来完成两者之间的连接。

3）数据接口语言

模型要对数据库进行操作，就需要接口，完成接口任务是由接口语言（Data Interface Language，DIL）来实现的。一般模型程序是由数值计算语言来编写的，不具有数据库操作功能，模型程序和接口语言相连接来达到模型操作数据库的能力。

目前市场上已有的接口语言软件是ODBC、ADO等，它们实现了数值计算语言对各种数据库语言的接口。

3.4 组合模型的决策支持系统

模型辅助决策是管理科学和运筹学的研究内容，由于研究的模型都是单模型，故它不涉及模型库和数据库。组合模型辅助决策是决策支持系统研究的内容，它需要建立模型库和数据库。模型库达到共享模型作用，存放大量的公用模型。数据库达到共享数据的作用，存放大量的公用数据。模型计算需要数据，模型组合运算需要传递和交换数据。组合模型的决策支持系统是将模型库与数据库有机结合的产物。

3.4.1 模型组合技术

1. 模型组合基本方法

决策支持系统是以多模型的组合形式辅助决策。

模型的组合有多种方式，用逻辑形式表示为以下几种。

(1) 模型间的关系为“与”(and)关系，例如“模型 1 and 模型 2”。

(2) 模型间的关系为“或”(or)关系，例如“模型 3 or 模型 4”。

(3) 模型间的关系为组合“闭包”$(and/or)^+$关系，例如“模型 1 and 模型 2”or“模型 3 and 模型 4”。

在计算机程序设计语言中，程序有3种结构形式，即顺序、选择、循环，完成对语句、子程序、模块的组合。这3种结构形式把计算机语言的语句组织起来形成程序。

把模型组合的逻辑关系和程序结构形式结合起来，就形成了模型组合的程序形式。模型的“与”(and)关系采用程序的“顺序”结构；模型的“或”(or)关系采用程序的“选择”结构；模型的“闭包”(and/or)$^{+}$关系采用程序的“循环”结构。

模型的 3 种程序组合方式，如图 3.9 所示。图中，p 是判别条件，满足条件时走一分支，不满足条件时走另一分支。

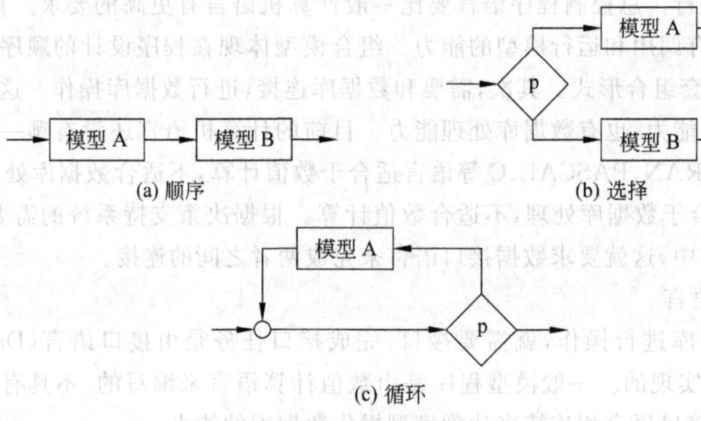

图 3.9　模型的 3 种程序组合

2. 模型组合的嵌套方法

把模型的 3 种组合关系用程序的 3 种结构形式来组织，利用程序 3 种结构形式的嵌套组合就形成了模型的复杂组合关系。

计算机程序设计中将 3 种基本结构形式进行相互嵌套，就形成了任意复杂的程序结构。将同样模型的 3 种程序组合形式进行相互嵌套，就可以生成复杂的决策问题方案的程序形式。

模型组合的嵌套方式如图 3.10 所示。

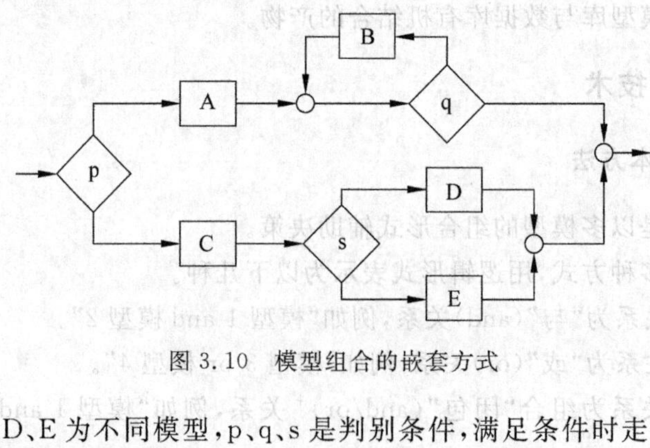

图 3.10　模型组合的嵌套方式

图中，A、B、C、D、E 为不同模型，p、q、s 是判别条件，满足条件时走一分支，不满足条件时走另一分支。

图 3.11 所示的模型组合嵌套方式表示为在条件 p 下有两种选择，其一分支是模型 A

与模型 B 的循环的组合；另一分支是模型 C 与模型 D 或者模型 E 的组合。

以上的模型组合的程序组合方式均满足单输入和单输出。由于它们满足结构程序要求，因而这些模型组合程序能保证其程序的正确性。

3. 模型组合程序的正确性

G. Jacopini 和 C. Bohm 于 1966 年从理论上证明了任何程序都可以用顺序结构、选择结构、循环结构表示出来。Dijkstra 首先提出了结构程序设计的概念(1969 年)，结构化程序是以顺序、选择、循环结构为基本结构组成的"单入口"和"单出口"的复合程序。经过若干年的实践证明，用结构程序设计方法编写出的程序不仅结构良好，易写易读，而且易于证明其正确性。

3.4.2 模型组合的程序设计

模型程序是对该模型的算法用语言编制的程序，它不同于一般程序中的子程序或模块。它具有一定的标准性和通用性。作为一种工具，预先就选好语言把模型程序编制好。一个模型可以为多个不同的用户提供服务。这种不同的服务表现在用不同的数据。各用户调用模型所采用的语言一般会不同于模型程序的语言。而一般程序中的子程序或模块，虽然位于主程序之外，但仍然是和主程序融为一体，不能脱离主程序独立存在。子程序或模块采用的语言和主程序使用的语言是一致的。

模型的运行需要数据，这些数据可能是某个数据文件，也可能是数据库中的数据。对于多个模型的组合，一般表现为：一个模型的输出数据，经过适当变换后，成为另一个模型的输入数据。

在决策支持系统中，模型存放在模型库中，数据存放在数据库中，而控制模型的运行则在综合部件中。这就构成了一种特殊的调用关系，即控制模型在综合部件中，模型运行在模型部件中，存取的数据在数据部件中。在综合部件中由控制程序发出运行命令，并将运行权交给模型库中的模型进行运行。运行时调用数据库中的数据 1，模型运行完成后将数据送入数据库中的数据 2，并将控制权交回给综合部件中控制程序的"下步操作"。程序运行图如图 3.11 所示。

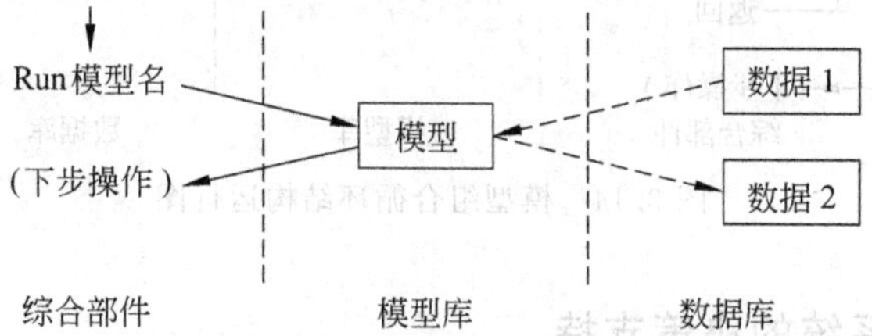

图 3.11 决策支持系统模型运行图

对于 3 种模型组合结构形式的运行图，分别见顺序结构运行图(见图 3.12)、选择结构运行图(见图 3.13)、循环结构运行图(见图 3.14)。

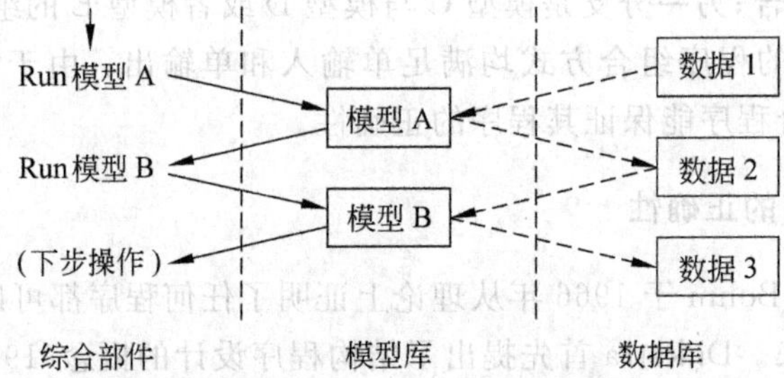

图 3.12　模型组合顺序结构运行图

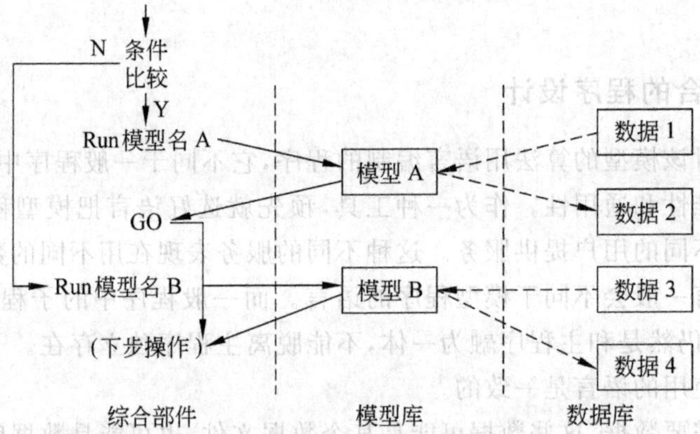

图 3.13　模型组合选择结构运行图

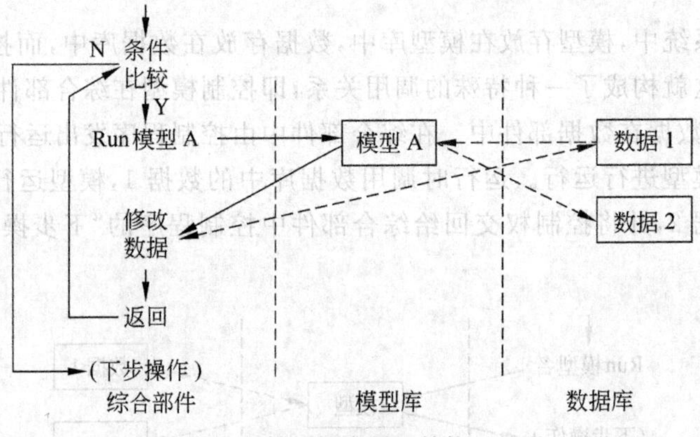

图 3.14　模型组合循环结构运行图

3.4.3　决策支持系统的决策支持

由多个模型组合而成的决策支持系统，在模型组合中，可以选择不同的模型、相同的数据构成不同的决策支持系统方案；也可以选择相同模型、不同的数据构成不同的决策支持系统方案；还可以选择不同的模型和不同的数据构成不同的决策支持系统方案。

按前面所述的模型组合的程序结构形式，是很容易构造和生成不同的决策支持系统方案。由于在模型库中存放了大量的模型，就便于对不同模型进行选择。在数据库中存放了大量的数据，也便于对数据进行选择。

不同的模型与不同的数据相当于不同形式的积木块，决策支持系统就相当于选择不同的模型积木块与不同的数据积木块，搭建成各种各样的实际决策问题的决策支持系统方案。

在综合部件中，控制模型运行时，需要发送信息给模型库中的模型，这些信息包括如下。

(1) 模型运行时，所需要的数据文件名和地址，包括输入数据和输出数据。这样，模型就会到指定地址中存取数据。

(2) 模型运行命令。模型接到命令后开始运行。

(3) 模型运行完成后，返回综合部件的"下步操作"语句行。

模型在模型部件中运行后，控制权将返回综合部件中"下步操作"的语句行。

可见，决策支持系统要修改方案，并运行新方案时，只需修改综合部件中控制的模型名、模型程序地址，以及给模型发送、存取数据的文件名与地址。

决策支持系统多方案的决策支持作用很容易在模型组合的控制程序中实现。

3.5 决策支持系统实例

物资分配调拨问题是根据各单位提出对物资的需求申请，按仓库的库存情况制定分配方案，再根据该分配方案以及仓库和单位的距离制定物资运输方案。最后，按照物资运输方案制定各仓库的发物表和各单位的接收表，修改各仓库库存数和各单位的物资数。在物资分配调拨过程中，如果觉得分配调拨结果不理想，就需要修改整个物资分配调拨方案。这样就可能更改模型或者是修改数据，形成新方案。在多个方案的计算结果中选择合理的计算结果。

该决策问题需要设计多个数据库和多个模型共同求解。总的处理流程如图 3.15 所示。

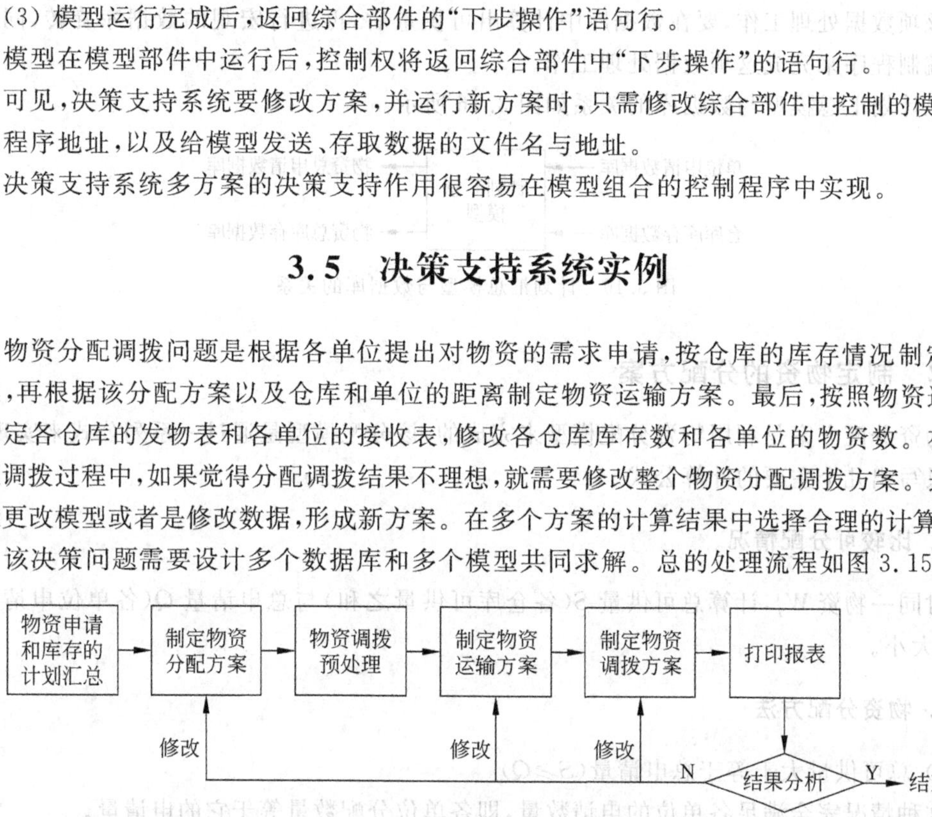

图 3.15 物资分配调拨流程图

3.5.1 物资申请和库存的计划汇总

各单位按自己的需要提出对各物资的申请，其申请数据库为

$$D_i = \{SQ(W_1), SQ(W_2), \cdots\} \quad i = 1,2,\cdots \tag{3.1}$$

其中，D_i 表示第 i 个单位；$SQ(W_j)$表示申请物资 W_j 的需要数量。

将各单位的申请数据库汇总成某一物资各单位的需要量，形成总申请数据库。

$$W_j = \{SQ(D_1), SQ(D_2), \cdots\} \quad j = 1,2,\cdots \tag{3.2}$$

其中，$SQ(D_i)$表示第 i 个单位对物资 W_j 的申请数量。

该项数据处理工作宏观上是属于数据库的旋转，完成时需要编制程序来完成这项数据处理工作。

各仓库对各物资的可供应情况为

$$K_i = \{XY(W_1) - KD(W_1), XY(W_2) - KD(W_2), \cdots\} \quad i = 1,2,\cdots \tag{3.3}$$

其中，K_i 表示第 i 个仓库；$XY(W_j)$，$KD(W_j)$分别表示该仓库中物资 W_j 的现有数量和最低储备量；$XY(W_j) - KD(W_j)$表示物资 W_j 的可供量。

将各单位的物资的可供应情况汇总成某一物资的各仓库可供量，形成总库存数据库。

$$W_j = \{XY(K_1) - KD(K_1), XY(K_2) - KD(K_2), \cdots\} \tag{3.4}$$

该项数据处理工作，要在数据库中计算出可供量后，再进行宏观的数据库旋转，同样也需要编制程序来完成这项数据处理工作。

该计划汇总模型与数据库的关系如图 3.16 所示。

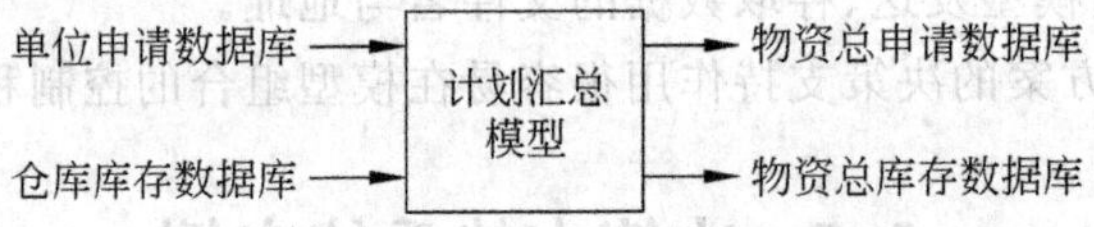

图 3.16　计划汇总模型与数据库的关系

3.5.2　制定物资的分配方案

物资分配方案是利用物资分配模型来完成的，该分配模型是通过一系列公式来实现的。这里只写出几个主要的计算公式。

1. 比较可分配情况

对同一物资 W_j，计算总可供量 S(各仓库可供量之和)与总申请量 Q(各单位申请量之和)的大小。

2. 物资分配方法

1) 总可供量大于等于总申请量($S \geqslant Q$)

这种情况完全满足各单位的申请数量，即各单位分配数量等于它的申请量。

$$FB(D_j) = SQ(D_j) \quad j = 1,2,\cdots \tag{3.5}$$

2) 总可供量小于总申请量($S < Q$)

对于这种情况有以下几种处理办法：

(1) 按申请比例削减：

$$FB(D_j) = SQ(D_j) \times S/Q \quad j = 1,2,\cdots \tag{3.6}$$

(2) 按优先类别分配。

各单位按需要物资的程度有一个优先类别 $LP(D_j)$，一般分为 1、2、3、4 等类别。对第一类单位是重点保证。其他类别按类别大小削减，具体做法如下。

① 计算第一类单位总申请量 Q_1。当可供量小于一类单位申请总量时($S < Q_1$)，一类单位分配数按比例削减。其他类单位分配数为零。

② 当 $S \geqslant Q_1$ 时，先满足一类单位申请量(即一类单位的分配数等于申请数)。其他各类单位的可供量 $S_1 = S - Q_1$。

③ 其他各单位的分配。

计算其他各类单位的申请量(除一类外):

$$Q_2 = \sum_j SQ(D_j(P)) = Q - Q_1 \tag{3.7}$$

计算差额:

$$\Delta S = Q_2 - S_1 \tag{3.8}$$

这个差额分配到非一类单位中去，按类别数越高的单位削减量越多的原则，计算非一类单位的削减量。这样，利用类别数 LP 作为加权值参与公式计算。

先计算非一类单位的加权(类别)申请数量为

$$SP = \sum_P SQ(P) \cdot LP(P) \tag{3.9}$$

计算非一类单位的削减量为

$$\delta(P) = \Delta S \cdot (SQ(P) \cdot LP(P))/SP \tag{3.10}$$

计算非一类单位的分配数为

$$FB(P) = SQ(P) - \delta(P) \tag{3.11}$$

物资分配模型和数据库的关系如图 3.17 所示。

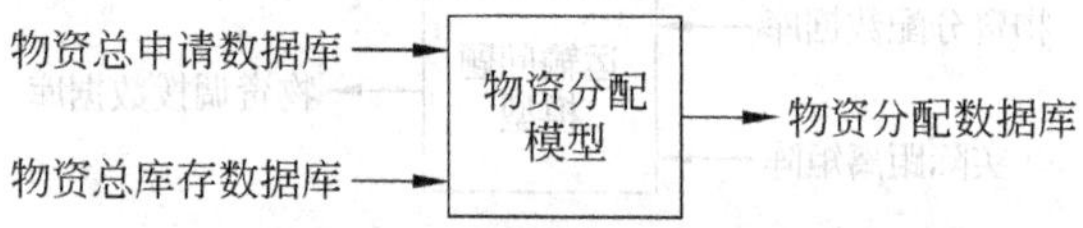

图 3.17 物资分配模型与数据库的关系

图中物资分配数据库中的每个记录表示每种物资分配给各单位的具体数量。

3.5.3 物资调拨预处理

在制定物资分配方案时，已确定了每种物资给各接收单位的分配数量。具体由哪个仓库调拨多少物资到哪个单位中去，就由运输问题的线性规划来解决。但决定哪几个具体仓库、哪几个具体接收单位之间实现调拨供应是需要进行预处理的。

在每种物资的调运中，参加调运的仓库和接收单位，都是不一样的，是随机出现的。参加调运的仓库是由该仓库提供某物资的可供量是否大于零来决定的。参加调运的接收单位是由它接收某物资的分配数是否大于零来决定的。

每个仓库到所有接受单位的路程，被存入一个全局距离数据库中。对每一种物资，由于参加调运的仓库和单位的不同，则要形成参加调运的实际距离矩阵，这就要对全局距离数据库中的每个距离记录进行挑选，挑选后形成小的实际距离矩阵，在形成实际调拨矩阵后，才可以进行运输问题线性规划模型的计算，按吨千米最小的原则，计算出由哪个仓库调运多少物资给某个接收单位。

这个物资调拨预处理是一个数据处理模型，宏观上是数据库的投影操作，实际完成时要编一个程序，这个程序需要采用两个“队列”的数据结构(矩阵“行队列”表明原来的行序号和现在的行序号的对应关系，矩阵“列队列”表明原来的列序号和现在的列序号的对应关系），来完成从全局距离数据库中挑选所需要的距离值，形成小的实际距离矩阵。

该模型完成了物资调拨预测处理后（由原来距离大矩阵变成实际小矩阵），接着就可以计算物资的运输方案（下个模型），当求出具体解（哪个仓库调拨多少物资到哪个单位）之后，再由该模型把运输方案解的位置（实际小矩阵）返回到原数据库（原距离大矩阵）的位置，即由数据库反投影操作来完成。该模型和下个模型交叉进行。

该模型和数据库之间的关系如图 3.18 所示。

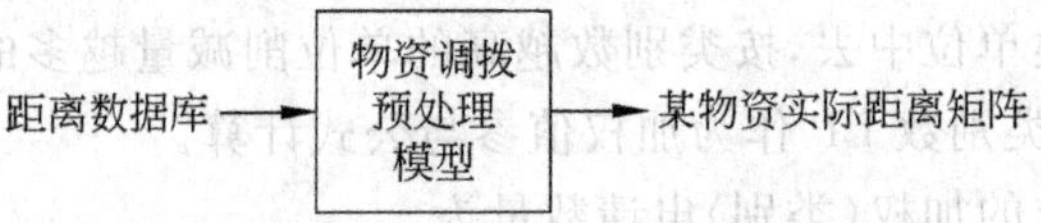

图 3.18　物资调拨预处理模型和数据库的关系

实际距离矩阵是暂时数据，存入工作单元，不存入数据库中。

3.5.4　制定物资运输方案

利用运输问题数学模型的具体求解方法，制定各物资的运输方案。

模型和数据库之间的关系如图 3.19 所示。

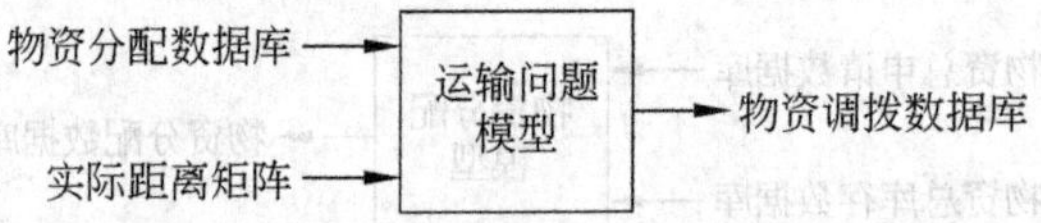

图 3.19　运输问题模型和数据库之间的关系

在运输问题模型的算法程序中，还有些具体问题需要解决，才能使模型真正应用在实际之中，具体问题如下所述。

1. 供销不平衡及其处理

在线性规划运算过程中，要求总供应量等于总分配数，但在实际过程中，往往是总供应量大于总分配数。这种情况参加线性规划表上作业法是不能正常运算的；参加线性规划标号法计算虽然可以运算，但是得出的不是最优解。

为了有效地得到运输问题的最优方案，在进入线性规划之前检查总供应量是否等于总分配数，相等时进行线性规划；不相等时，将虚设一个分配单位，将多余的供应量都分配给它，它到各供应单位的距离大于所有的其他距离值。这样，将不会影响原有单位和仓库的线性规划调拨，只将最后剩余物资分配给虚设单位。再则，为了让虚设单位不影响实际单位求解初始值，应该让虚设单位到各供应仓库的距离值略大于实际单位到各供应仓库的距离值。

2. 退化情况

之所以要研究退化情况，是因为在寻找解的计算过程中，经常遇到退化情况，这时计算就无法进行下去，程序将出现死循环。

退化情况都是在求初始解时发生的。用最小元素法求初始解，到最后，所有供销单位的产量和销量均为零，而非零解的个数小于正常情况，即出现退化情况：

非零解的个数<行数+列数−1

解决退化情况需要在最小元素求基本解的方法中，找到适当位置上的最后一个零解，即把退化问题变为非退化问题(正规情况)。

编制计算机程序不但要能满足算法的要求，而且要解决好实际中可能出现的问题。只有当编制的程序具有实用价值，它才能与其他的程序进行连接构成一个大的系统。

3.5.5 制定物资调拨方案

物资调拨数据库中每个记录表示一个物资对所有仓库调拨物资给所有单位的具体数量，现在要把物资调拨数据库拆成两个数据库，即仓库的发物数据库和单位的收物数据库，此数据处理模型的工作正好是3.6.1节中物资申请和库存的计划汇总模型的反方向。

在仓库发物数据库中，具体仓库需要的是该仓库调拨出所有的物资情况的数据。而在单位收物数据库中，具体单位需要的是接收所有物资的情况的数据。这就需要对物资调拨数据库中的数据进行反向汇总，即制定物资调拨方案是利用物资调拨数据库中调拨物资的数量，经过物资调拨汇总模型将单个物资各仓库调拨给各单位的数量，转换成单个仓库的发物数据库(即该仓库给各单位物资数量的数据库)和一个单位的收物数据库(即该单位接收各仓库调拨物资数量的数据库)，再制成表格，打印各仓库的发送报表和各单位的接收报表。

该物资调拨模型和数据库之间的关系如图3.20所示。

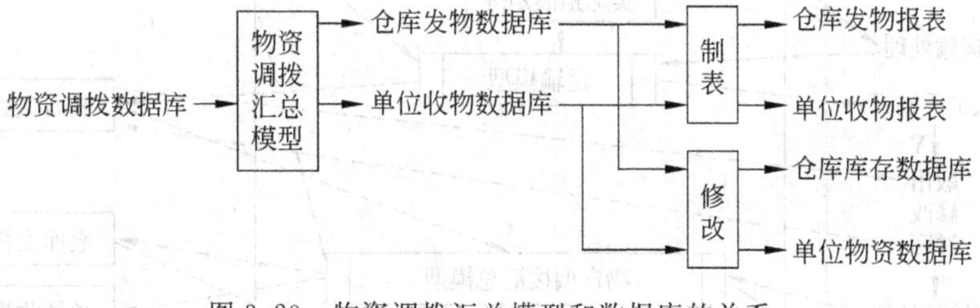

图3.20 物资调拨汇总模型和数据库的关系

3.5.6 物资分配调拨决策支持系统结构与决策支持

1. 基本方案

从前面的详细分析中，该决策问题涉及10个数据库，即单位申请数据库、仓库库存数据库、物资总申请数据库、物资总库存数据库、物资分配数据库、距离数据库、物资调拨数据库、仓库发物数据库、单位收物数据库和单位物资数据库。该决策问题涉及6个模型，即计划汇总模型、预处理模型、分配模型、运输问题模型、调拨汇总模型和制表模型。其中，计划汇总模型、预处理模型、调拨汇总模型、制表模型都是数据处理模型，即对数据库中的数据存储方式进行重新组织，它们都属于管理业务工作，用数据库语言编写程序。分配模型与运输问题模型都是数学模型，用数值计算语言编写程序。分配模型是属于分配平衡决策，它要达到的目标是使物资分配尽量合理，该模型中的计算公式是分配决策方法之一，也可以采用别的分配决策方法。该模型使分配决策尽量科学化。运输问题模型是属于优化决策，它使运输过程达到的目标是运输的总的吨千米数最小(即运输的成本最小)，它比人做运输计划更科学。这6个模型都是以程序形式出现，它们均放在模型库中。

为了使模型部件和数据部件有机地结合起来，再建立总控程序，既控制各模型有序地运行，数据有效地存取，同时进行必要的人机对话。允许决策用户修改分配方案和调拨方案，形成决策支持系统，达到人机共同进行决策。该决策支持系统的基本方案是按目前分析的模型和数据库进行组合运算，得出辅助决策信息。若修改方案时，则进行"修改方案处理"的工作后，重新进行新方案的计算。其运行结构如图3.21所示。

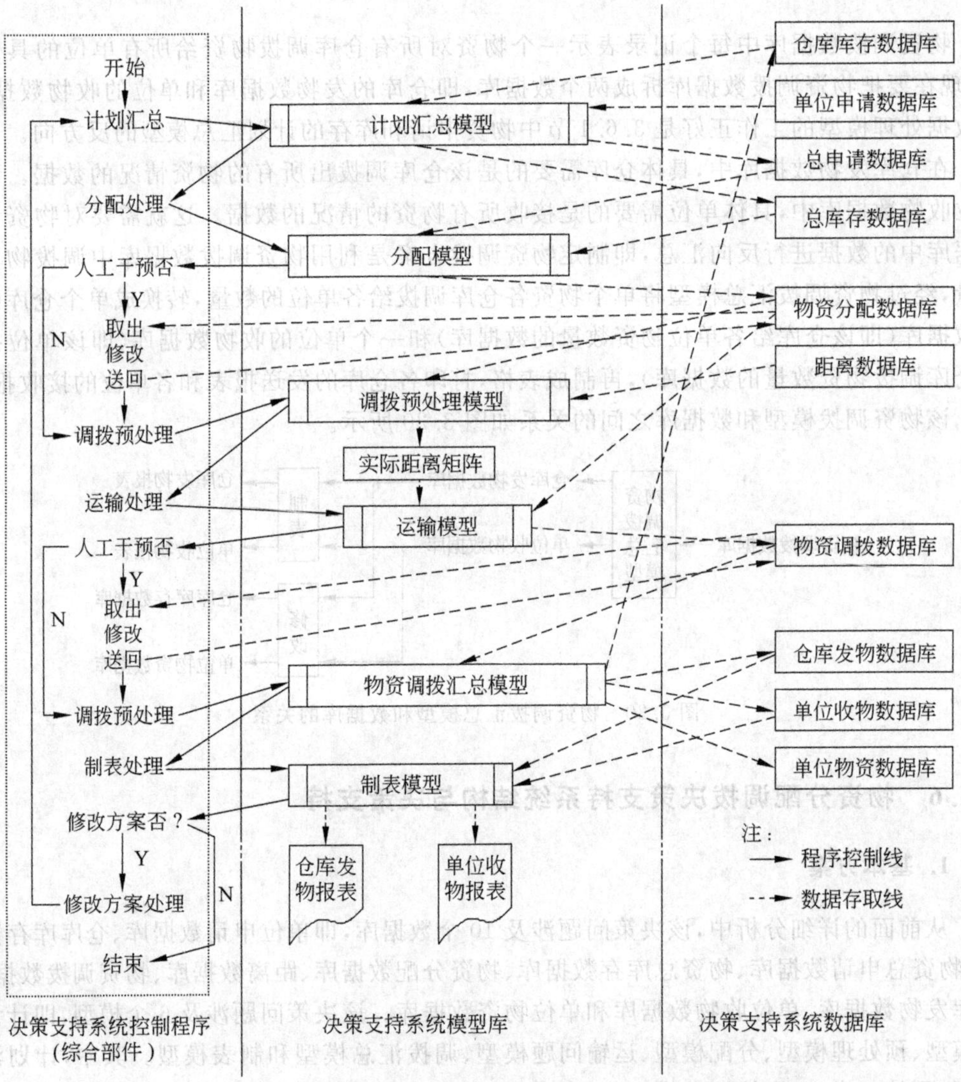

图3.21 物资分配调拨决策支持系统的运行结构图

该物资分配调拨问题需要处理四千多种物资、二十多个单位、三十多个仓库的分配和调拨，工作量很大，以前由人来完成，需要两个人一个多月的时间进行紧张的工作才能完成，工作人员是按个人的经验进行分配和调拨。分配中计算公式简单，人为因素比较大。调拨时看地图粗略的调运，人工编制报表，账本多，数据量大，科学性很差。

建立决策支持系统在计算机上运行，在小型机上用4个多小时就完成了这项庞大的物资分配调拨工作，打印约4000张各仓库的物资发送报表和各单位的物资接收报表。这充分发挥了辅助决策的效果。

2. 多方案辅助决策

对于基本方案可以做多种修改形成多种方案，通过计算得出多种方案的辅助决策信息。下面介绍几种方案设计。

1）选用不同模型

(1) 更改分配模型。

基本方案中的分配模型已在前面介绍了。若分配方法不采用按优先级等级分配方法，该分配模型将改为新分配方法模型，而所用的数据文件不变。这时，需要在总控程序中修改"分配处理"的调用模型名为调用新模型名。该决策支持系统将按新分配模型进行计算。

(2) 更改运输模型。

基本方案中的运输问题是按铁路运输计算的，若增加考虑水运(包括内河和沿海运输)和航空运输，则铁路运输模型就不能用了，即改用新的运输模型。这时，需要在总控程序中修改"运输处理"的调用运输模型名为调用新运输模型名。该决策支持系统将按新运输模型进行计算。

2）修改数据

(1) 修改分配模型中部分单位的优先级别。

由于形势的改变，需要修改部分单位的优先级别，这时要对单位优先级别数据进行修改，然后重新进行决策支持系统计算。

(2) 修改距离数据库中的仓库到单位的距离。

由于更换仓库位置，或新修铁路使仓库到单位的距离发生变化，这时需要修改库存距离数据，然后重新进行决策支持系统计算。

(3) 仓库数或单位数发生变化。

当仓库数或单位数发生变化时，要对相应数据库中的仓库记录或单位记录进行增加、删除、修改。有关的数据库如距离数据库中的数据也要修改。所有有关数据修改后重新进行决策支持系统计算。

(4) 其他数据变化。

3）多方案辅助决策处理

多方案辅助决策，一般都是在基本方案的基础上进行修改，也有可能是多个完全不同的设计方案。为了实现多方案辅助决策，需要采取如下处理。

(1) 用多功能编辑器修改基本方案。

对于前面所述的多方案改变，即选用不同的模型或修改数据，采用多功能编辑器实现对总控程序中的语句的修改(改变调用的模型名)或数据库数据的修改。

多功能编辑器需要具有修改程序中语句的能力和修改数据库中数据的能力。它适用于在原来基本方案的基础上做小的修改。

(2) 系统快速原型开发技术。

对于完全不同的决策支持系统方案，主要差别在决策支持系统控制程序的流程(对不同模型和数据组合方式的差别)。系统快速原型开发技术将根据决策方案的思路(多模型和数据组合方式)，先画出决策支持系统控制流程图，再由流程图自动生成决策支持系统控制程序，然后运行。

利用快速原型开发技术自动生成决策支持系统控制程序完成多方案的决策支持系统是决策支持系统开发的新的技术高度。

3.5.7 复杂化学系统多尺度模型实例

马丁·卡普拉斯(M. Karplus)和亚利耶·瓦谢尔(A. Warshel)因为完成了复杂化学系统多尺度模型，获得了2013年诺贝尔化学奖。该成果实质上是把经典物理学的计算模型和量子物理学的计算模型组合成的决策支持系统的成功实例。

在此之前，科学家们在计算机上模拟分子，所拥有的软件要么是基于经典物理学的，要么则是基于量子物理学的，这两种方法各自有其优缺点。经典物理的强大之处在于其计算过程相对简单，并且可以拥有模拟非常大型的分子结构。但是它也拥有明显的劣势，那就是它无法模拟化学反应过程，因为在反应过程中，分子是充满能量而处于激活态的。经典物理学方法无法理解这种状态，这也是它最严重的缺陷。

因此，化学家们求助了量子物理学。在这一理论中，电子同时具有两个状态，即它既可以是粒子，也可以同时是波。量子物理学的优势在于它是不偏不倚的，这样的模拟将更加接近真实。然而量子物理学方法最大的局限性就在于它需要海量的计算。计算机将需要处理分子内部的每一个电子和每一个原子核。这个方法可以更真实地描述化学反应过程，但需要强大的计算机。

经典和量子是两个完全不同的物理学领域，在一些方面甚至是冲突的。然而科学家们成功地在这两者之间打开了一扇门，将经典和量子物理学相互结合在了一起。

多尺度方法作为一种组合不同模型的耦合方法，在解决材料的跨尺度问题上扮演着越来越重要角色。它的主要思想是在模拟体系的核心部分考虑精确的模拟方法，即量子物理学方法。而在外围区域采用粗糙的模拟方法，即经典物理学方法。科学家们开发了一套计算机程序，当其处理自由电子时会采用量子物理算法，而当处理其他电子和原子核时则采用更加简单的经典方法。1972年，科学家们公布了这项最新的方法，这是世界上首次实现这两种方法的结合。

该实例说明了两个不同计算模型的组合建立的决策支持系统，解决了复杂化学系统不同尺度的电子和原子核化学反应的计算难题，非常成功。

习 题 3

1. 在决策支持系统的三库结构中如何理解“模型”与“方法”?
2. 为什么要建立决策支持系统统一的基本结构形式?

3. 说明数据库管理系统与数据库语言的关系。

4. 设计算法流程，实现从父子数据库中找出祖孙关系的数据并送入祖孙数据库中。

5. 计算机的多媒体表现与电影、电视的多媒体表现有什么本质区别？

6. 模型库系统与数据库系统有什么区别？

7. 说明模型组合的基本方法和嵌套方法。

8. 决策支持系统运行结构图与一般程序流程图有什么本质区别？

9. 通过物资分配调拨决策支持系统实例，说明决策支持系统的三部件结构内容及相互关系。

10. 物资分配调拨决策支持系统是如何完成多方案的改变？

11. 对 2.3.2 节中的某县粮食产量规划问题设计成决策支持系统，画出该问题决策支持系统运行结构图。

12. 对 2.4.1 节中的某企业制订生产计划，利用投入产出模型结合线性规划模型制订生产计划的最优方案的实例，设计成决策支持系统，画出该问题支持决策系统的运行结果图。

13. 对 2.4.2 节的橡胶产品的决策问题设计成决策支持系统，画出该问题决策支持系统运行结构图。

14. 某县工业、农业、副业、林业、矿业等的综合生产平衡问题中，有 3 个目标：煤炭取极小，劳动力取极小，利润取极大。在工、农、副、林、矿业以及资金约束中，需要专门对资金约束进行分析，找出合理的资金约束值，并计算在所有约束条件下，3 个目标值是怎样变化的？用报表模型打印出多目标规划模型的所有数据。请设计该问题的决策支持系统运行结构图，并对总控程序、模型程序、数据库进行结构和功能说明。

提示：该决策支持系统需要利用 3 个模型：多目标规划模型、绘图模型、报表模型和两个数据库（多目标规划数据库和“资金-目标数据库”）。

为了找出合理的资金约束，需要进行多次不同资金（从某一个最高资金数开始，每次减少一个固定资金 d 万元，共减少 10 次）下，计算多目标规划模型，得出 10 次不同资金下的 3 个目标值，该数据放入“资金-目标数据库”中。再利用绘图模型画出 3 个目标值在资金变化下的变化曲线，由决策者通过人机对话形式选择合理的资金约束值，将此约束值输入到多目标规划数据库中资金约束值处，再次计算多目标规划模型，得出理想资金约束下的 3 个目标值，并用报表模型打印全部多目标规划数据库中的全部数据。

15. 开发决策支持系统一定要模型库管理系统吗？

第4章　智能决策支持系统

第3章介绍的内容是决策支持系统的基础，称为基本决策支持系统。它是组合数学模型与数据处理模型和数据库形成决策方案的决策支持系统。它是以数值计算的定量方式辅助决策的。

本章先介绍以知识推理的定性方式辅助决策的专家系统和仿生物智能技术的神经网络。把它们结合到基本决策支持系统中，将提高辅助决策能力，这就形成了智能决策支持系统。

4.1　专家系统的决策支持

4.1.1　专家系统的原理

1. 专家系统的概念

专家系统是具有大量专门知识，并能运用这些知识解决特定领域中实际问题的计算机程序系统。

这里提到的解决实际问题是利用推理方法，也就是说，专家系统利用大量的专家知识，运用知识推理的方法来解决各特定领域中的实际问题。它使计算机专家系统这样的软件能够达到人类专家解决问题的水平。

专家系统可以看成是利用知识辅助决策的，它和决策支持系统的三系统结构（语言系统、问题处理系统、知识系统）是一致的。也可以说，专家系统是知识型的决策支持系统。

下面用一个通俗的例子来说明。

求解微积分问题，是利用30～40条微分、积分公式来求解千变万化的微分、积分问题，得出各自的结果。其中，微积分公式就是规律性知识，求解微积分问题就是对某函数进行反复地利用微积分公式进行推理，最后得出该函数的导数（微分）或原函数（积分）问题的结果。这个推理过程是一个不固定形式的推理，即前后用哪个微积分公式，调用多少次这些公式都是随问题的不同而变化的。

这完全不同于数值计算和数据处理。它们之间存在以下区别。

1）对比数据库检索

数据库中存放的记录可以看成是事实性知识。如果把检索数据库记录看成是推理的话，它也是一种知识的推理。它与专家系统的不同在于：

(1) 知识只包含事实性知识，不包含规律性知识。

(2) 推理是对已有记录的检索，记录不存在，则检索不到。不能适应变化的事实，就推理不出新事实。

2）对比数值计算

数值计算是用算法解决实际问题，对不同的数据可以算出不同的结果。如果把数据看成是知识，算法看成推理的话，它也是一种知识推理。它与专家系统的不同在于：

（1）算法（推理过程）是固定形式的。算法一经确定，推理过程就固定了。而专家系统的推理是不固定形式的，随着问题不同，推理过程也不一样。

（2）数值计算只能处理数值，不能处理符号。

从上面分析可见，数值计算、数据处理是知识处理的特定情况，知识处理则是它们的发展。

知识处理具有以下特点：知识包括事实和规则（状态转变过程）；适合于符号处理；推理过程是不固定形式的；能得出未知的事实。

2. 专家系统结构

专家系统结构如图 4.1 所示。

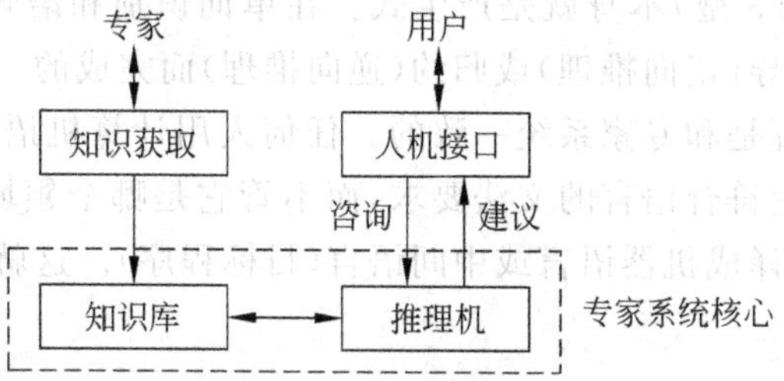

图 4.1　专家系统结构

专家系统的核心是知识库和推理机。

知识获取完成把专家的知识按一定的知识表示形式输入到专家系统的知识库中。专家一般不懂计算机，需要知识工程师将专家的知识翻译和整理成计算机中专家系统需要的知识。人机接口将用户的咨询和专家系统推出的建议、结论进行人机间的翻译和转换。

专家系统可以概括为

专家系统＝知识库＋推理机

3. 产生式规则知识的推理机

利用产生式规则知识在推理时，既要进行深度优先的搜索，又要对规则前提的匹配，可以概括地说：

产生式规则的推理机＝搜索＋匹配（假言推理）

在推理过程中，是一边搜索一边匹配。匹配需要找事实。这个事实一是来自于规则库中别的规则，一是来自向用户提问。在匹配时会出现成功或不成功，对于不成功的将引起搜索中的回溯和由一个分支向另一个分支的转移，可见在搜索过程中包含了回溯。

4. 产生式规则推理的解释

推理中的搜索和匹配过程，如果进行跟踪和显示就形成了向用户说明的解释机制。好的解释机制不显示那些对于失败路径的跟踪。

4.1.2 产生式规则专家系统

目前,用产生式规则知识形式建立的专家系统是最广泛和最流行的。主要原因如下。

(1) 产生式规则知识表示形式容易被人理解。

(2) 它是基于演绎推理的。这样,它保证了推理结果的正确性。

(3) 大量产生式规则所连成的推理树(知识树),可以是多棵树。从树的宽度看,反映了实际问题的范围;从树的深度看,反映了问题的难度。这使专家系统适应各种实际问题的能力很强。

计算机各种语言的编译系统,虽然人们没有把它说成是专家系统,但是,从编译方法的处理过程看,它事实上就是专家系统。编译系统的词法分析利用单词的 3 型文法来实现对单词的识别。语法分析是利用语句的 2 型文法实现对语句的识别和产生中间语言。计算机语言的这些文法(2 型和 3 型)本身就是产生式。在单词识别和语句识别的过程中,是反复地利用这些文法进行推导(正向推理)或归约(逆向推理)而完成的。编译系统在知识的表示(文法)和推理两方面,都是和专家系统一致的。任何人用计算机语言编制任何问题的计算机程序(源程序),只要它符合语言的文法要求,而不管它是哪个领域的问题求解程序,编译系统一定能把该程序编译成机器语言或中间语言(目标程序)。这就体现了智能的效果。

1. 产生式规则

产生式规则知识一般表示为

if A then B,或表示为:如果 A 成立则 B 成立,简化为 $A \to B$。

产生式规则知识允许有如下特点。

(1) 相同的条件可以得出不同的结论,如 $A \to B$,$A \to C$。

说明:这种情况有时允许,有时不允许。

(2) 相同的结论可以有不同的条件来得到,如 $A \to G$,$B \to G$。

(3) 条件之间可以是"与"(and)连接和"或"(or)连接,如 $A \land B \to G$,$A \lor B \to G$(相当于 $A \to G$,$B \to G$)。

(4) 一条规则中的结论,可以是另一条规则中的条件,如 $F \land B \to Z$,$C \land D \to F$。其中,F 在前一条规则中是条件,在后一条规则中是结论。

由于以上特点,规则知识集能做到以下两点。

① 能描述和解决各种不同的灵活的实际问题(由前 3 个特点形成)。

② 能把规则知识集中的所有规则连成一棵"与或"推理树(知识树),即这些规则知识集之间是有关联的(由后两个特点形成)。

2. 推理树

规则库中的各条规则之间一般来说都是有联系的,即某条规则中的前提是另外一条规则中的结论。按逆向推理思想把知识库所含的总目标(它是某些规则的结论)作为根结点,按规则的前提和结论展开成一棵树的形式。这棵树一般称为推理树或知识树,它把知识库中的所有规则都连接起来。由于连接时有"与"关系和"或"关系,从而构成了"与或"推理树。

下面通过一个例子用示意图形式画出。该推理树是逆向推理树，是以目标结点为根结点展开的。

例如，若有知识库为

$$A\vee(B\wedge C)\rightarrow G$$
$$(I\wedge J)\vee K\rightarrow A$$
$$X\wedge F\rightarrow J$$
$$L\rightarrow B$$
$$M\vee E\rightarrow C$$
$$W\wedge Z\rightarrow M$$
$$P\wedge Q\rightarrow E$$

画出“与或”推理树，如图 4.2 所示。

用规则的前提和结论形式画出一般的推理树形式，如图 4.3 所示。

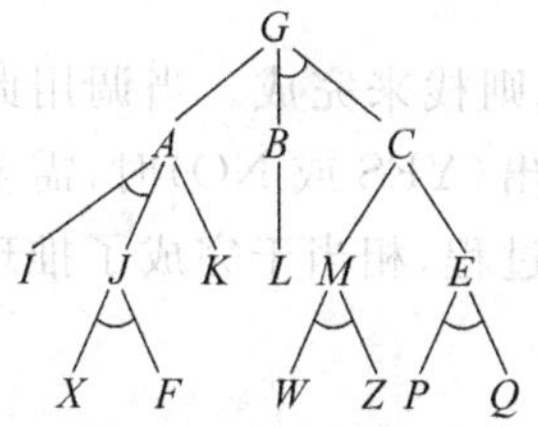

图 4.2 规则知识库的逆向推理树

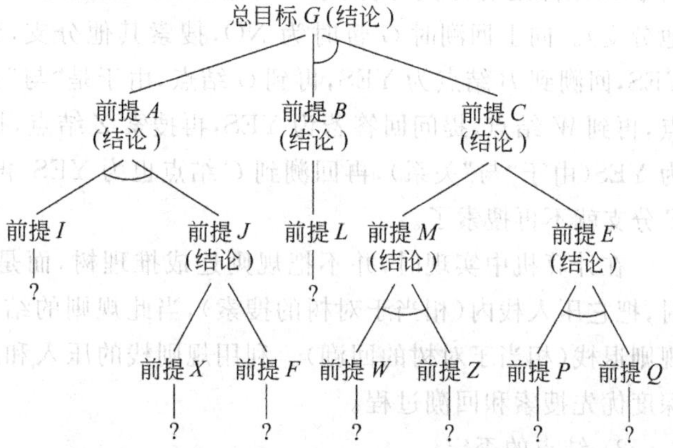

图 4.3 逆向推理树的一般形式

该“与或”推理树具有以下特点。

(1) 每条规则对应的结点分支有与(and)关系、或(or)关系。

(2) 树的根结点是推理树的总目标。

(3) 相邻两层之间是一条或多条规则连接。

(4) 每个结点可以是单值，也可以是多值。若结点是多值时，各值对应的规则将不同。

(5) 所有的叶结点，都安排向用户提问，或者把它的值直接放在事实数据库中。

3. 逆向推理过程

1) 推理树的深度优先搜索

逆向推理过程在推理树中的反映为推理树的深度优先搜索过程。以上面的推理树为例，其逆向推理的搜索过程如图 4.4 所示。

从根结点 G 开始搜索，经过 A 结点到 I 结点，它是叶结点，向用户提问，若回答为 YES，则继续搜索 J 结点，再到 X 结点，它是叶结点，向用户提问，若回答为 YES，再搜索 F 结点，向用户提问，若回答为 NO，由于是“与”关系，回溯 J 结点为 NO，再回溯 A 结点暂时为 NO。

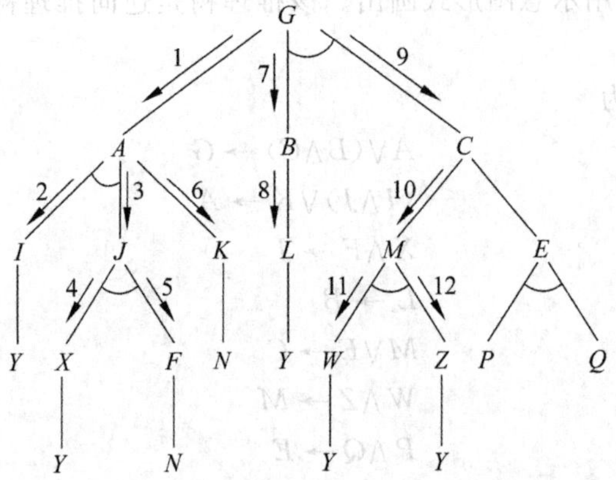

图 4.4　逆向推理的搜索过程

由于 A 结点还有分支，则搜索 K 结点，若回答也是 NO，则此时 A 结点为 NO(因已没有其他分支)。向上回溯时 G 暂时为 NO，搜索其他分支，到 B 结点，再到 L 结点，提问回答为 YES，回溯到 B 结点为 YES，再到 G 结点，由于是"与"关系，搜索另一分支 C 结点再到 M 结点，再到 W 结点，提问回答若为 YES，再搜索 Z 结点，提问回答也是 YES 时回溯到 M 结点为 YES(由于"与"关系)，再回溯到 C 结点也为 YES，再回溯到 G 结点为 YES，结论已求出，E 分支就不再搜索了。

在计算机中实现时，并不把规则连成推理树，而是利用规则栈来完成。当调用此规则时，把它压入栈内(相当于对树的搜索)，当此规则的结论已求出(YES 或 NO)时，需要将此规则退栈(相当于对树的回溯)。利用规则栈的压入和退出的过程，相当于完成了推理树的深度优先搜索和回溯过程。

2）结点的否定

从上例可见，每个结点有两种可能，即 YES 和 NO，叶结点为 NO 是由用户回答形成的。中间结点为 NO 是由叶结点为 NO，回溯时引起该结点为 NO。对中间结点的否定，若该结点还有其他"或条件"分支时，不能立即确定该结点为 NO，必须再搜索另一分支，当另一分支回溯为 YES 时，该结点仍为 YES。中间结点只有所有"或"分支的回溯值均为 NO 时，才能最后确定该中间结点为 NO。

4. 事实数据库和解释机制

1）事实数据库

事实数据库中的每一个事实，除该命题本身，还应该包含更多的内容，每个事实的属性如表 4.1 所示，构成了关系型结构。

表 4.1　事实数据库

事　实	Y、N 值	规则号	可信度	事　实	Y、N 值	规则号	可信度
A_{11}	N	0	0	A_1	Y	4	0.7
A_{12}	Y	0	0.8				

表 4.1 事实栏中放入命题本身；Y、N 值表示是 Y(YES)还是 N(NO)。对 NO 值事实，之所以记录它，是为了减少重复提问。规则号表示该事实取 Y 或 N 的理由，当规则号为 0 表示向用户提问得到。具体规则号表示由该规则推出事实是 Y 或 N。可信度表示该事实的可信度。它是一个度量值。

如果事实可以取多值，则事实栏就为变量栏，"Y、N 值"栏就是"值"栏，同一变量取多个值时，就应该建立多条记录，每个记录表示一个特定值。

事实数据库在推理过程中是逐步增长的，对不同的问题，事实数据库的内容也不相同，故也称事实数据库为动态数据库。

2) 解释机制

解释机制是专家系统中的重要内容。它把推理过程显示给用户，让用户知道目标是如何推导出来的，消除用户对目标结论的疑虑。

解释机制有两种实现方法：一种是推理过程的全部解释，即每推理一步就显示给用户利用那条规则推出的结果，不管该规则推出的结果是 YES 或者是 NO；另一种是推理过程中正确路径的解释，即只显示给用户那些推出结果是 YES 的规则，不显示给用户那些推出的结果是 NO 的规则。具体算法不在此介绍。

4.1.3 建模专家系统

该类专家系统是实现在不同的情况下对多种模型的选择。

例如，弹簧振动建模专家系统。该专家系统是解决弹簧在不同受力情况下(包括冲力、摩擦力等)应该满足哪种类型的微分方程模型。该专家系统的知识库取自于清华大学熊光楞的论文《计算机辅助建模专家系统》。下面对弹簧振动建模专家系统进行简化说明。

1. 规则

规则共有 20 条：R_1、R_2、…、R_{20}。

R_1：$A \wedge B \wedge C \wedge D \rightarrow M_1$

R_2：$A_1 \rightarrow A$

R_3：$A_{11} \rightarrow A_1$

R_4：$A_{12} \rightarrow A_1$

R_5：$A \wedge B \wedge E \wedge F \wedge D \rightarrow M_2$

R_6：$C_1 \rightarrow C$

R_7：$E_1 \rightarrow E$

R_8：$A \wedge B \wedge E \wedge F \wedge G \rightarrow M_3$

R_9：$A \wedge B \wedge C \wedge G \rightarrow M_4$

R_{10}：$B_1 \rightarrow B$

R_{11}：$H_1 \rightarrow H$

R_{12}：$A_2 \rightarrow A$

R_{13}：$H \wedge B \wedge C \wedge D \rightarrow M_5$

R_{14}：$H \wedge B \wedge C \wedge G \rightarrow M_6$

R_{15}：$H \wedge B \wedge E \wedge F \wedge D \to M_7$

R_{16}：$H \wedge B \wedge E \wedge F \wedge G \to M_8$

R_{17}：$A \wedge B \wedge E \wedge I \wedge D \to M_9$

R_{18}：$A \wedge B \wedge I \wedge G \to M_{10}$

R_{19}：$H \wedge B \wedge E \wedge I \wedge D \to M_{11}$

R_{20}：$H \wedge B \wedge E \wedge I \wedge G \to M_{12}$

规则中各项英文字母含义如下。

A：弹簧满足胡克定律。

B：弹簧质量可以忽略。

C：可以忽略摩擦力。

D：没有冲力。

A_1：弹簧有线性恢复力。

A_{11}：弹簧与位移成正比。

A_{12}：位移量很小。

E：要考虑摩擦力。

F：摩擦力与速度之间为线性关系。

C_1：若振动为自发时振幅为常数。

E_1：若振动为自发时振幅是递减的。

G：有冲力 $F(T)$。

B_1：弹簧具有质量 N 并且 N/M 远远小于1。

H_1：弹簧势能不是关于平衡位置对称。

H：弹簧不满足胡克定律。

A_2：弹簧势能与函数 $X(T)$成正比。

I：摩擦力与速度之间为非线性关系。

2. 模型

模型共有 12 个：M_1、M_2、…、M_{12}。各模型的微分方程如下。

M_1：$X''+(C_2/M)X=0$

M_2：$X''+(C_1/M)X'+(C_2/M)X=0$

M_3：$X''+(C_1/M)X'+(C_2/M)X=F(T)/M$

M_4：$X''+(C_2/M)X=F(T)/M$

M_5：$X''+F(X)/M=0$

M_6：$X''+F(X)/M=F(T)/M$

M_7：$X''+(C_1/M)X'+F(X)/M=0$

M_8：$X''+(C_1/M)X'+F(X)/M=F(T)/M$

M_9：$X''+(G/M)X'+(C_2/M)X=0$

M_{10}：$X''+(G/M)X'+(C_2/M)X=F(T)/M$

M_{11}：$X''+(G/M)X'+F(X)/M=0$

M_{12}：$X''+(G/M)X'+F(X)/M=F(T)/M$

其中，X''表示 X 对 t 的二阶导数，X'表示一阶导数。

3. 规则库的推理树

将 20 条规则连成的推理树如图 4.5 所示。

每个叶结点提问的回答为：Y——YES，N——NO。

当用户不明白专家系统为什么要提该问题时，可以回答 W——WHY，专家系统将解释为证实某条规则而安排的提问。

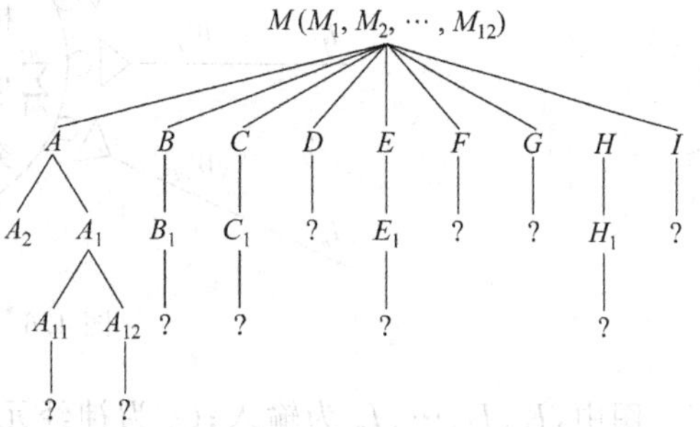

图 4.5　弹簧振动推理树的标准形式

4. 专家系统的应用

对于任意一个实际弹簧要询问它满足 12 个模型(微分方程)中哪个模型时，利用该专家系统进行逆向推理，当推理进入到叶结点提问时，要回答实际弹簧对该叶结点的事实是否成立，如“弹簧与位移成正比(A_{11})”叶结点需要回答 Y 或者 N，对多个叶结点提问回答完后，该专家系统在推理树的推理回溯时，能得出该实际弹簧满足的模型(微分方程)是哪一个。

例如，在专家系统推理过程中，对叶结点 H_1(弹簧势能不是关于平衡位置对称)、B_1(弹簧具有质量 N 并且 N/M 远远小于 1)、C_1(若振动为自发时振幅为常数)、G(有冲力 $F(T)$)均回答为 Y，其他叶结点提问回答为 N 时，专家系统会告之该弹簧满足模型 6(M_6)的微分方程。

4.2　神经网络的决策支持

4.2.1　神经网络原理

神经生理学家和神经解剖学家早已证明，人的思维是通过人脑完成的，神经元是组成人脑的最基本单元，人脑神经元大约有 $10^{11}\sim10^{12}$ 个(约 1000 亿～10 000 亿个)。

神经元由细胞体、树突和轴突 3 部分组成，是一种根须状的蔓延物。神经元的中心有一闭点，称为细胞体，它能对接收到的信息进行处理。细胞体周围的纤维有两类：轴突是较长的神经纤维，是发出信息的；树突的神经纤维较短，而分支很多，是接收信息的。一个神经元的轴突末端与另一个神经元的树突之间密切接触，传递神经元冲动的地方称为突触。经过突触的冲动传递是有方向性的，不同的突触进行的冲动传递效果不一样，有的使后一神经元发生兴奋，有的使它受到抑制。每个神经元可有 $10\sim10^4$ 个突触。这表明大脑是一个广泛连接的复杂网络系统。从信息处理功能看，神经元是一个信息多输入单输出的结构。

1. 神经元的数学模型

神经元的数学模型是在 1943 年由 W. Mcculloch 和 W. Pitts 提出的，简称 MP 模型，用

图 4.6 表示。

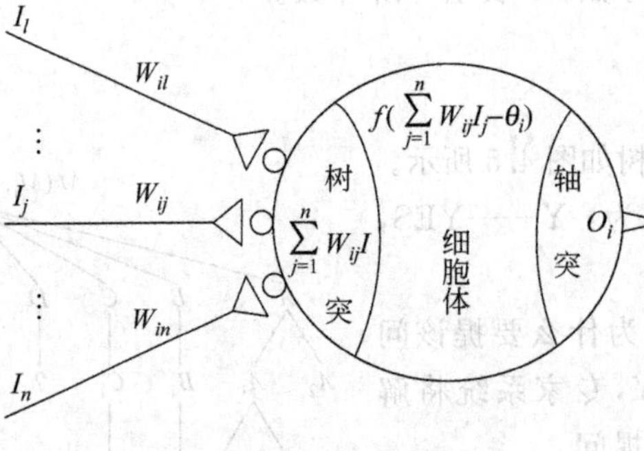

图 4.6　神经元模型

图中，I_1、I_2、…、I_n 为输入；O_i 为神经元 i 的输出；W_{ij} 为外面神经元与该神经元连接强度(即权)；θ 为阈值；$f(x)$为该神经元的作用函数。

MP 模型方程为

$$O_i = f\left(\sum_j W_{ij} I_j - \theta_i\right) \quad i = 1,2,\cdots,n$$

其中，W_{ij} 是神经元之间的连接强度，$W_{ii}=0$，W_{ij} $(i \neq j)$是可调实数，由学习过程来调整。θ_i 是阈值，$f(x)$是阶梯函数。

2. 神经元作用函数

神经元的基本作用函数有如下 4 种。

1) $[0,1]$阶梯函数

$$f(x) = \begin{cases} 1 & x > 0 \\ 0 & x \leqslant 0 \end{cases}$$

2) $[-1,1]$的阶梯函数

$$f(x) = \begin{cases} 1 & x > 0 \\ -1 & x \leqslant 0 \end{cases}$$

3) $(-1,1)$S 型函数

$$f(x) = \frac{1 - e^{-x}}{1 + e^{-x}}$$

4) $(0,1)$S 型函数(如图 4.7 所示)

$$f(x) = \frac{1}{1 + e^{-x}}$$

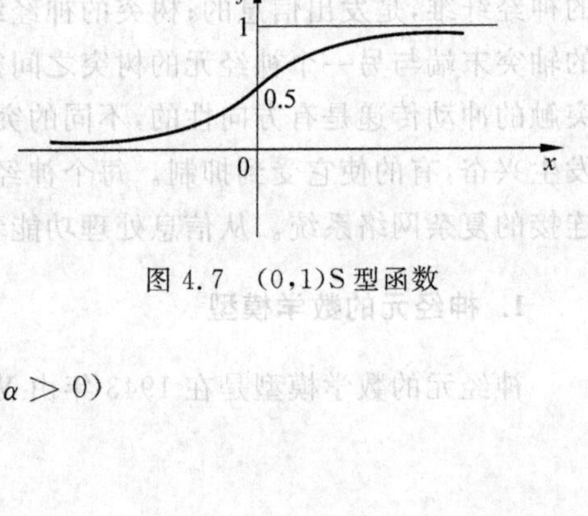

图 4.7　(0,1)S 型函数

3. 学习规则

神经元的学习规则是 Hebb 规则。

Hebb 学习规则：若 i 与 j 两种神经元之间同时处于兴奋状态，则它们间的连接应加强，即

$$\Delta W_{ij} = \alpha S_i S_j \quad (\alpha > 0)$$

这一规则与“条件反射”学说一致，并得到神经细胞学说的证实。设 $\alpha=1$，当 $S_i=S_j=1$ 时，$\Delta W_{ij}=1$，在 S_i，S_j 中有一个为 0 时，$\Delta W_{ij}=0$。

4.2.2 反向传播模型

1. 反向传播模型(Back Propagation，BP)网络结构

BP 模型是 1985 年由 Rumelhart 等人提出的，它是目前用得最多的神经网络模型。

1) 多层网络结构

神经网络不仅有输入结点、输出结点，而且有一层或多层隐结点，如图 4.8 所示。

2) 作用函数为(0,1)S 型函数

$$f(x)=\frac{1}{1+e^{-x}}$$

3) 误差函数

对第 p 个样本误差计算公式为

$$E_p=\frac{1}{2}\sum_i(t_{pi}-O_{pi})^2$$

其中，t_{pi}、O_{pi} 分别是实际输出与计算输出。

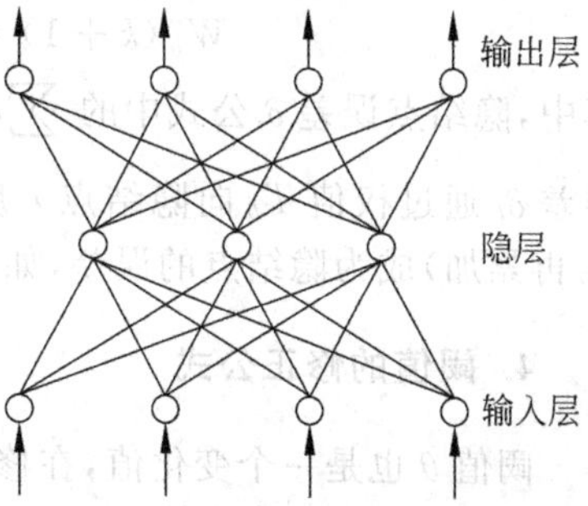

图 4.8 BP 模型网络结构

2. BP 网络计算公式

BP 网络表示为：输入结点 x_j，隐结点 y_i，输出结点 O_l。

输入结点与隐结点间的网络权值为 W_{ij}，隐结点与输出结点间的网络权值为 T_{li}。当输出结点的期望输出为 t_l 时，BP 模型的计算公式分别如下。

1) 隐结点的输出

$$y_i=f\Big(\sum_j w_{ij}x_j-\theta_i\Big)=f(\mathrm{net}_i)$$

其中，$\mathrm{net}_i=\sum_j w_{ij}x_j-\theta_i$。

2) 输出结点计算输出

$$O_l=f\Big(\sum_i T_{li}y_i-\theta_l\Big)=f(\mathrm{net}_l)$$

其中，$\mathrm{net}_l=\sum_j T_{li}y_i-\theta_l$。

3) 输出结点的误差公式

$$\begin{aligned}E&=\frac{1}{2}\sum_l(t_l-O_l)^2\\&=\frac{1}{2}\sum_l\Big(t_l-f\Big(\sum_i T_{li}y_i-\theta_l\Big)\Big)^2\\&=\frac{1}{2}\sum_l\Big(t_l-f\Big(\sum_i T_{li}f\Big(\sum_j w_{ij}x_j-\theta_i\Big)-\theta_l\Big)\Big)^2\end{aligned}$$

在此省略公式推导。

3. 网络权值的修正公式

1）输出结点误差

$$\delta_l=(t_l-O_l)f'(\mathrm{net}_l)$$

对隐结点到输出结点的网络权值修正为

$$T_{li}(k+1)=T_{li}(k)+\Delta T_{li}=T_{li}(k)+\eta\delta_l y_i$$

2）隐结点的误差

$$\delta'_i=f'(\mathrm{net}_i)\sum_l \delta_l T_{li}$$

对输入结点到隐结点的网络权值修正为

$$W_{ij}(k+1)=W_{ij}(k)+\Delta W_{ij}=W_{ij}(k)+\eta'\delta'_i x_j$$

其中，隐结点误差 δ'_i 公式中的 $\sum_l \delta_l T_{li}$ 表示输出层结点 l 的误差 δ_l 通过权值 T_{li} 向隐结点 i 反向传播（误差 δ_l 乘权值 T_{li} 再累加）成为隐结点的误差，如图 4.9 所示。

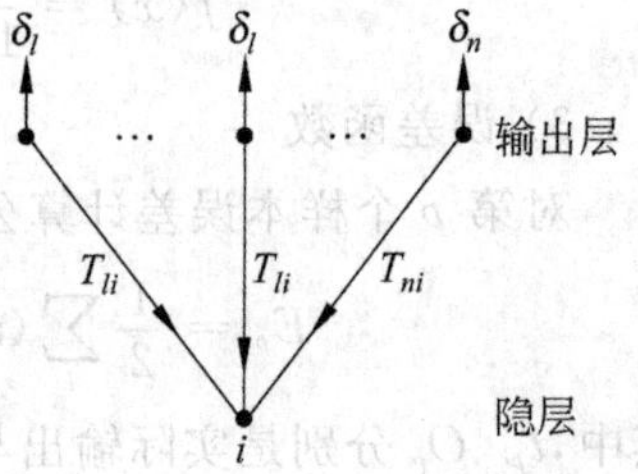

图 4.9　误差反向传播示意图

4. 阈值的修正公式

阈值 θ 也是一个变化值，在修正权值的同时也修正它，原理同权值的修正。

1）输出结点阈值的修正公式

$$\theta_l(k+1)=\theta_l(k)+\eta\delta_l$$

2）隐结点阈值的修正公式

$$\theta_i(k+1)=\theta_i(k)+\eta'\delta'_i$$

5. 作用函数 $f(x)$ 的导数公式

对函数 $f(x)=\dfrac{1}{1+\mathrm{e}^{-x}}$，存在关系

$$f'(x)=f(x)(1-f(x))$$

则对输出结点有

$$f'(\mathrm{net}_l)=O_l(1-O_l)$$

对隐结点有

$$f'(\mathrm{net}_i)=y_i(1-y_i)$$

6. BP 模型计算公式汇总

1）输出结点输出 O_l 的计算公式

（1）输入结点的输入 x_j。

（2）隐结点的输出：

$$y_i=f\Big(\sum_j W_{ij}X_j-\theta_i\Big)$$

其中，连接权值 W_{ij}，结点阈值 θ_i。

（3）输出结点输出：

$$O_l = f\left(\sum_i T_{li} y_i - \theta_l\right)$$

其中,连接权值 T_{li},结点阈值 θ_l。

2) 输出层(隐结点到输出结点间)的修正公式

(1) 输出结点的实际输出 t_l。

(2) 误差控制。

所有样本误差为

$$E = \sum_{k=1}^{P} e_k < \varepsilon$$

其中一个样本误差为

$$e_k = \sum_{l=1}^{n} \mid t_l^{(k)} - O_l^{(k)} \mid$$

其中,p 为样本数,n 为输出结点数。

(3) 误差公式:

$$\delta_l = (t_l - O_l) \cdot O_l \cdot (1 - O_l)$$

(4) 权值修正:

$$T_{li}(k+1) = T_{li}(k) + \eta\delta_l y_i$$

其中,k 为迭代次数。

(5) 阈值修正:

$$\theta_l(k+1) = \theta_l(k) + \eta\delta_l$$

3) 隐结点层(输入结点到隐结点间)的修正公式

(1) 误差公式:

$$\delta'_i = y_i(1 - y_i)\sum_l \delta_l T_{li}$$

(2) 权值修正:

$$W_{ij}(k+1) = W_{ij}(k) + \eta'\delta'_i x_j$$

(3) 阈值修正:

$$\theta_i(k+1) = \theta_i(k) + \eta'\delta'_i$$

7. BP 模型算法示意图

BP 模型算法示意图如图 4.10 所示,包括 3 部分内容。

(1) 隐结点、输出结点的输出信息(y_i、O_l)的计算。这是由下而上进行的。

(2) 输出结点、隐结点的误差(δ_l、δ'_i)的计算。

(3) 网络权值的修正与阈值的修正。

4.2.3 神经网络专家系统及实例

1. 神经网络专家系统概念

利用神经网络原理也可以解决一般专家系统的某些类似问题,把利用神经网络达到专家系统能力的系统称为神经网络专家系统。

神经网络专家系统具有一般专家系统的特点,也有它自身的特点。

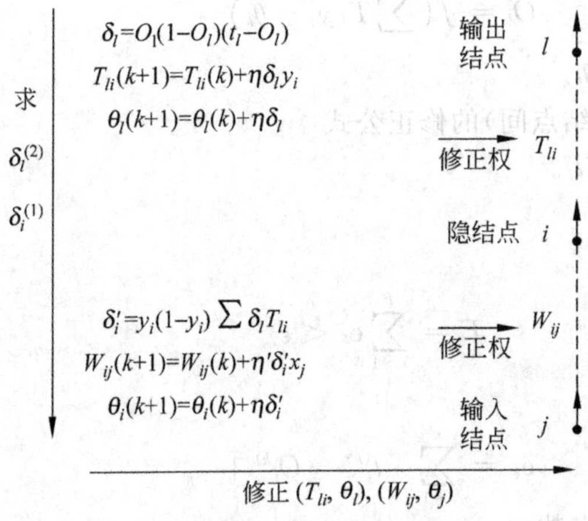

图 4.10　BP 模型算法示意图

共同特点：都由知识库和推理机组成。

不同特点如下。

(1) 神经元网络知识库体现在神经元之间的连接强度(权值)上。它是分布式存储的，适合于并行处理。一个结点的信息由多个与它连接的神经元的输入信息以及连接强度合成的。

(2) 推理机是基于神经元的信息处理过程。它是以 MP 模型为基础的，采用数值计算方法。这样，对于实际问题的输入输出，都要转化为数值形式。

(3) 神经元网络有成熟的学习算法。学习算法与采用的规则有关。基本上是基于 Hebb 规则。感知机采用 delta 规则、反向传播模型采用误差沿权值梯度方向下降以及隐结点的误差由输出结点误差反向传播的思想进行。通过反复的学习，逐步修正权值，使之适合于给定的样本。

(4) 容错性好。由于信息是分布式存储的，在个别单元上即使出错或丢失，所有单元的总体计算结果可能并不改变。这类似于人在丢失部分信息后，仍具有对事物的正确判别能力。

随着神经元网络的发展，神经元网络专家系统正在普及，对于分类问题，神经元网络专家系统比产生式规则专家系统有明显的优势，对于其他类型的问题，神经元网络也在逐步发挥它的特长。

神经元网络专家系统进一步发展的核心问题在于学习算法的改进和提高。

2. 神经元网络专家系统结构

神经元网络专家系统结构由两部分组成：开发环境和运行环境。其结构图如图 4.11 所示。

开发环境由 3 部分组成，通过样本例子进行学习得到知识库，具体组成为：确定系统框架，学习样本，神经元学习。

运行环境实质是专家系统，用来解决实际问题。它由如下 5 部分组成：实际问题参数，输入模式的转换，推理机制，知识库和输出模式的转换。

1) 确定系统框架

对神经元网络的结构设计涉及以下内容。

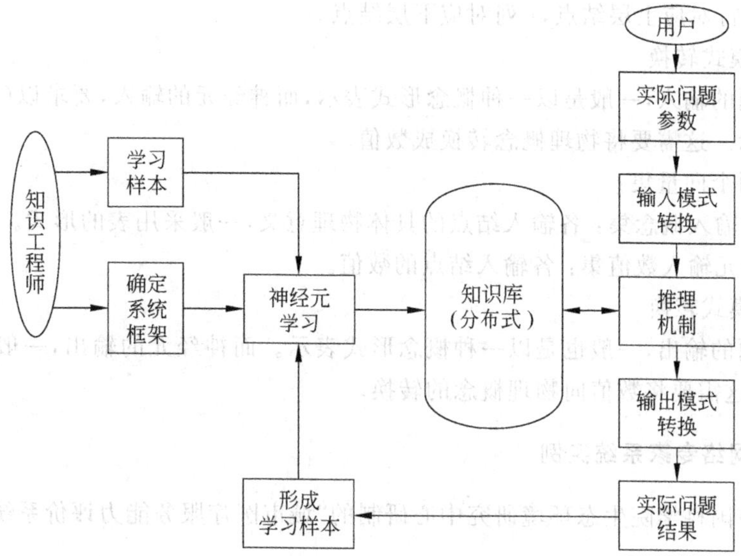

图 4.11　神经元网络专家系统结构图

（1）神经元个数：神经元表示各个不同的变量和不同的值。

（2）神经元网络层次：一般包括输入层和输出层。对于较复杂的系统引入一层或多层隐结点。

（3）网络单元的连接：一般采用分层全连接结构，即相邻两层之间都要连接。

神经元的作用函数用得较多的有两种：阶梯函数和S型函数。

阈值的选取可为定值，如 $\theta_i=0$ 或 $\theta_i=0.5$，或者进行迭代计算（反向传播）。

2）学习样本

学习样本是实际问题中已有结果的实例、公认的原理、规则或事实。

学习样本分为两类：线性样本和非线性样本。

非线性样本要采用较复杂的学习算法，网络层次包含隐单元（BP模型）或增加输入结点（函数型网络）。

3）学习算法

对不同的网络模型采用不同的学习算法，但都以 Hebb 规则为基础。如对感知机（Perceptron）模型，采用 delta 规则；对反向传播（Back Propagation，BP）模型，采用误差反向传播方法。

4）推理机

推理机是基于神经元的信息处理过程。

神经元 i 的输出：

$$O_i = f\left(\sum_j W_{ij} I_j - \theta_i\right) \quad i = 1, 2, \cdots, n$$

其中，W_{ij} 为神经元 i 和下层神经元 j 之间的连接权值；I_j 为神经元 j 的输入；O_i 为神经元 i 的输出；θ_i 为神经元 i 的阈值；f 为神经元作用函数。

5）知识库

知识库主要存放各个神经元之间连接权值，由于上下两层间各神经元都有关系，用数组

表示为 W_{ij}，i 行对应上层结点，j 列对应下层结点。

6）输入模式转换

实际问题的输入，一般是以一种概念形式表示，而神经元的输入，要求以$(-\infty,\infty)$间的数值形式表示。这需要将物理概念转换成数值。

要建立两个向量集：

（1）实际输入概念集：各输入结点的具体物理意义，一般采用表的形式。

（2）神经元输入数值集：各输入结点的数值。

7）输出模式转换

实际问题的输出，一般也是以一种概念形式表示。而神经元的输出，一般是在[0,1]间的数值形式，这需要将数值向物理概念的转换。

3. 神经网络专家系统实例

我们对中国科学院生态环境研究中心研制的“城市医疗服务能力评价系统”实例进行了研究。

评价城市医疗服务能力，输入包括 5 个方面：病床数、医生数、医务人员数、门诊数和死亡率。其输出模式包括 4 个级别：非常好(v)、好(g)、可接受(a)和差(b)。

1）神经网络结构

建立一个 3 层的神经元网络，网络结构如图 4.12 所示。

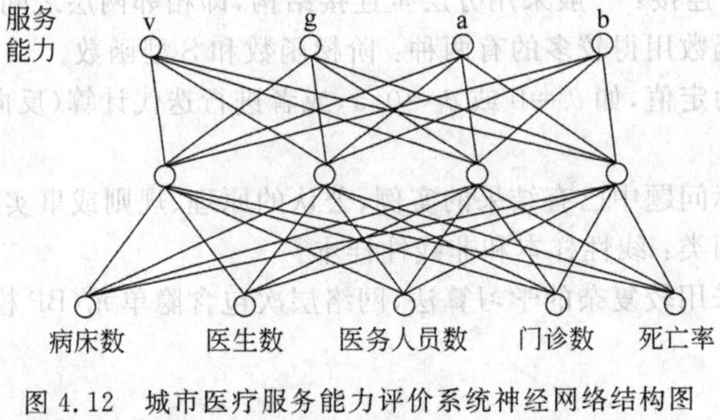

图 4.12　城市医疗服务能力评价系统神经网络结构图

选择 10 个城市的数据作为训练集，如表 4.2 所示，学习之后，对其他城市进行评价。

表 4.2　城市医疗服务能力训练集

参　数	上海	北京	沈阳	武汉	哈尔滨	重庆	成都	青岛	鞍山	兰州
万人拥有医院病床数	g	a	b	g	v	g	a	v	g	g
万人拥有的医生数	v	v	b	g	g	g	g	g	b	a
万人拥有卫生工作人数	v	v	b	g	a	b	g	a	v	a
万人拥有门诊数	v	v	a	a	b	b	a	g	v	b
死亡率	b	g	g	b	a	b	a	v	a	v
医疗服务能力	v	v	b	a	a	b	a	v	g	g

进行神经元网络计算，需要对物理概念的数值转换。输入结点数据允许在范围(−∞，∞)中取值，该问题的5个输入结点，分别表示5个指标。为便于神经网络计算，对每个指标结点取v、g、a、b共4种值，需要将4种值转化为数值。输出数据在范围[0,1]中取值。为了便于输出数据的判别，用4个结点分别表示v、g、a、b，每个结点用{0,1}值表示，这样4个结点组成4个向量值：1000、0100、0010、0001，分别表示4个级别。

2）物理概念的数值转换

我们对输入结点的4个概念值v、g、a、b的数值转换设计了5个方案，具体如下。

方案1：v=3　g=1　a=−1　b=−3

方案2：v=1.5　g=0.5　a=−0.5　b=−1.5

方案3：v=6　g=2　a=−2　b=−6

方案4：v=1　g=0.66　a=0.33　b=0

方案5：v=10　g=7　a=4　b=1

通过实际计算，结果表明，方案2收敛最快Count=360，计算结果很合理；其次是方案1，Count=451；方案3、4、5均较差。

说明物理概念的数值转换，尽量采用(−1,1)附近较合适。

3）对样本的讨论

在样本中若存在矛盾的情况，例如学习样本中武汉，由原来的g,g,g,a,b→a改为g,g,g,a,b→b，它和其他样本：b b b a g→b，g g b b b→b，v g a b a →a，a g g a a →a不一致，这将产生如下两种结果：

(1) 使学习过程不收敛。

(2) 学习过程勉强收敛，但在分析实际问题时，将发生偏差。

可见，对样本的合理性要进行相应的检查，以保证学习过程的收敛和分析实际问题的准确性。

4.2.4 神经网络的容错性

神经网络的容错性是一个重要的特性，我们通过例子对容错性进行说明。

有4个动物的样本如表4.3所示。

表4.3 动物样本

样本输入										样本输出				
暗斑点	黄褐色	有毛发	吃肉	黑条纹	不飞	黑白色	会游泳	有羽毛	善飞	编码				动物名
1	1	1	1	0	0	0	0	0	0	1	0	0	0	豹
0	1	1	1	1	0	0	0	0	0	0	1	0	0	虎
0	0	0	0	0	1	1	1	1	0	0	0	1	0	企鹅
0	0	0	0	0	0	0	0	1	1	0	0	0	1	信天翁

说明：表中0表示无该属性，1表示有该属性。

(1) 某动物是暗斑点、黄褐色、有毛发、吃肉,它就是豹。

(2) 某动物是黄褐色、有毛发、吃肉、黑条纹,它就是虎。

(3) 某动物是不飞、黑白色、会游泳、有羽毛,它就是企鹅。

(4) 某动物是有羽毛、善飞,它就是信天翁。

该样本设计成神经网络,如图 4.13 所示。

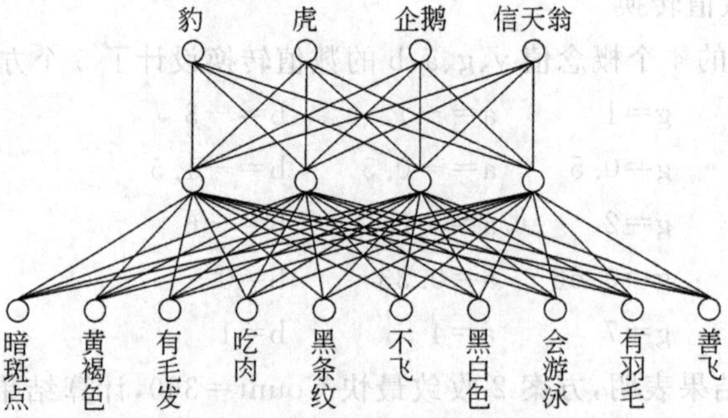

图 4.13　动物样本神经网络(图中圆圈表示网络结点)

完成机器学习以后,对样本进行改变条件输入,有如下 3 种情况。

① 缺 1 个条件的情况。

② 缺 2 个条件的情况。

③ 介于中间的情况。

按照改变条件所得的推理结果如表 4.4 所示。从计算结果中,可以看出容错效果很好,对第一种情况的第一例,对豹缺少黄褐色条件时,输出结果仍然是豹(0.8463);对第二种情况第一例,对虎缺少黄褐色和多一个不飞的条件时,输出结果仍然是虎(0.9286);对第三种情况的第一例,输入豹和虎的共同信息(黄褐色、有毛发、吃肉)时,神经网络的输出是既靠近豹(0.3394)又靠近虎(0.4203),输出结论:该动物是一个介于豹和虎的中间新品种。

表 4.4　缺省条件推理结果

输入										输出				输出结论
暗	黄	毛	肉	纹	不飞	黑白	泳	羽	飞	豹	虎	企鹅	信天翁	
1	0	1	1	0	0	0	0	0	0	0.8463	0.0245	0.0481	0.0950	豹
0	1	0	1	1	0	0	0	0	0	0.0200	0.9473	0.0204	0.0030	虎
0	0	0	0	1	1	1	1	1	0	0.0148	0.2133	0.8971	0.0978	企鹅
0	0	0	0	0	0	0	0	1	0	0.1156	0.0298	0.1262	0.6662	信天翁
1	1	1	0	0	0	0	0	0	0	0.8677	0.0231	0.0647	0.0711	豹
0	0	0	0	0	0	0	0	0	1	0.1798	0.0283	0.0125	0.9043	信天翁
0	0	1	1	1	1	0	0	0	0	0.0140	0.9286	0.0368	0.0029	虎
1	0	0	1	0	0	0	0	0	0	0.8486	0.0193	0.0550	0.1618	豹

续表

输入										输出				输出结论
暗	黄	毛	肉	纹	不飞	黑白	泳	羽	飞	豹	虎	企鹅	信天翁	
0	1	0	0	1	0	0	0	0	0	0.0241	0.9291	0.0358	0.0044	虎
0	0	0	0	0	0	1	0	1	0	0.0735	0.0296	0.6562	0.1502	企鹅
0	1	1	1	0	0	0	0	0	0	0.3394	0.4203	0.0317	0.0135	豹,虎
1	1	0	0	0	1	1	0	0	0	0.6774	0.0200	0.3668	0.0461	豹,企鹅
0	1	0	0	1	0	0	0	0	0	0.0455	0.2547	0.4704	0.0124	虎,企鹅
0	0	0	0	0	0	1	0	1	0	0.4067	0.0236	0.1170	0.0577	豹,企鹅

说明：表中0表示无该属性,1表示有该属性。

4.3 智能决策支持系统原理与实例

4.3.1 智能决策支持系统概念

智能决策支持系统(Intelligent Decision Support Systems,IDSS)是决策支持系统与人工智能(Artificial Intelligent,AI)技术相结合的系统。

人工智能技术主要是以知识处理为主体,利用知识进行推理,完成人类定性分析的智能行为。人工智能技术融入决策支持系统后,使决策支持系统在模型技术与数据处理技术的基础上,增加了知识推理技术,使决策支持系统的定量分析和AI的定性分析结合起来,提高辅助决策和支持决策的能力。

智能决策支持系统是决策支持系统的重要发展方向,我国在20世纪90年代初期形成了高潮,建立了不少智能决策支持系统,研究文献也大量涌现。

从智能决策支持系统的发现过程来看,1981年R. H. Bonczek提出的决策支持系统的三系统结构(见图3.3)是由语言系统、问题处理系统和知识系统组成。由于该结构中有"知识系统",这样,不少学者把决策支持系统划入人工智能的范畴,也使不少研究者从三系统角度研究决策支持系统。这些研究者必然要研究知识表示与知识的推理,这使他们不自觉进入了人工智能领域中有很大影响的专家系统(Expert System,ES)的范畴之内,这样,模糊了决策支持系统与专家系统的界限,这不利于决策支持系统的发展。在3.1.2节中进行了讨论。可以认为Bonczek的决策支持系统三系统结构是智能决策支持系统的初级形式。

传统的决策支持系统是以模型技术和数据处理技术为基础发展起来的,1980年R. H. Sprague提出的三部件结构是典型代表。在该系统中模型部件(模型库与模型库管理系统)是主体。在该决策支持系统中加入知识部件(知识库、知识库管理系统与推理机)后,形成了智能决策支持系统,这种观点已被大家普遍接受了。

在这里要说明的是,知识部件中知识库管理系统完成的是对知识的查询、浏览、增加、删除、修改、维护等管理工作,而推理机完成对知识的推理。知识一般需要经过推理才能用于解决实际问题。实际上,知识推理是建立从初始概念到中间概念,最后到目标概念的推理链。例如，“咳嗽”“发烧”是人的症状，初始概念经过推理得出该人是“肺炎”或“肺结核”这样的目标概念。得出目标概念以后，才能对“病”进行“治疗”。医疗知识是通用的，但对不同人的病症，经过推理之后，得出的“病名”是不同的。不同的“病名”，“治疗”的方法将不同，“肺炎”和“肺结核”的治疗是完全不同的。可以说，推理机在知识部件中是重要的组成部分，是使用知识的重要手段。可见，知识部件不同于模型部件和数据部件，由知识库、知识库管理系统和推理机三者组成。

4.3.2 智能决策支持系统结构

1. 人工智能的决策支持技术

智能决策支持系统中包含了人工智能技术，与决策支持有关的人工智能技术主要有专家系统、神经网络、遗传算法、机器学习、自然语言理解等。

1）专家系统

专家系统是利用大量的专门知识解决特定领域中的实际问题的计算机程序系统。在专家系统中，知识的表示形式有产生式规则、谓词公式、框架、语义网络等。用得最多的是产生式规则知识表示形式。对于产生式规则知识的推理机是“搜索”加“匹配”，这里的“搜索”大多采用深度优先方法，这里的“匹配”采用的是假言推理。

专家系统利用专家的定性知识进行推理，达到领域专家解决问题的能力。

2）神经网络

神经网络是利用神经元的信息传播模型（MP 模型）进行学习和应用。神经元的信息传播是一个多输入、单输出的结构。神经元之间的连接强度通过权值来表示，它是神经网络的知识，是通过大量样本的学习而获得的。神经网络的推理就是信息传播模型。神经网络主要有前馈式网络、反馈式网络和自组织网络。用得最多的是前馈式网络。

前馈式神经网络是利用大量标准样本（已知样本的输入信息和输出信息）进行学习，获得网络的权值（知识）。这些知识可以用来对新实例（只已知输入信息）进行神经网络的推理完成识别，求出该实例的输出信息。

3）遗传算法

遗传算法是模拟生物遗传过程的群体优化搜索方法。遗传算法的处理对象是问题参数编码集形成的个体，遗传过程用选择、交叉、突变 3 个算子进行模拟，产生和优选后代群体。经过若干代的遗传，将会获得满足问题目标要求的优化解。

遗传算法已经广泛地应用于各类优化问题和分类学习问题。

4）机器学习

机器学习是让计算机模拟和实现人类的学习，获取解决问题的知识。

机器学习方法主要是归纳学习和类比学习。比较成功的机器归纳学习方法有：覆盖正例排斥反例的 AQ 系列方法，决策树 ID3、C4.5 和 IBLE 方法，粗糙集（rough set）方法和概念树方法等。

5）自然语言理解

自然语言理解是让计算机理解和处理人类进行交流的自然语言。由于自然语言存在二义性、感情(语调)等复杂因素,在计算机中无法直接使用自然语言。目前,计算机中提供的语言如高级语言 C、PASCAL 等,数据库语言 FoxPro、Oracle 等,均属于 2 型文法(上下文无关文法)和 3 型文法(正则文法)范畴,离 0 型文法(短语文法)和 1 型文法(上下文有关文法)的语言有较大的差距。但是,在人机交互中,对于简单的自然语言进行理解和处理还是能做到的。

自然语言处理过程是对一连串的文字表示的符号串,通过词法分析识别出单词,经过句法分析将单词组成句子,再经过语义分析理解句子的含义,变成计算机中的操作(如查询数据库)。

2. 智能决策支持系统结构形式

智能决策支持系统是决策支持系统与人工智能技术结合的系统。智能决策支持系统的基本结构如图 4.14 所示。

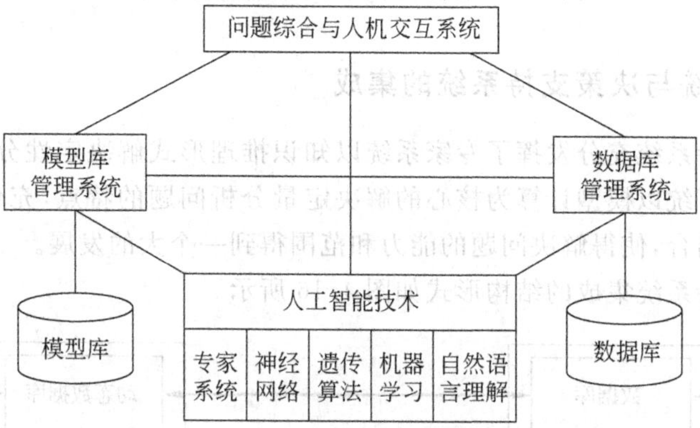

图 4.14 智能决策支持系统的基本结构

在智能决策支持系统的结构中,模型库系统(模型库与模型库管理系统)和数据库系统(数据库与数据库管理系统)是决策支持系统的基础。人工智能技术包括专家系统、神经网络、遗传算法、机器学习和自然语言理解等。其中,专家系统的核心是知识库和推理机;神经网络涉及样本库和网络权值库(知识库),神经网络的推理机是 MP 模型;遗传算法的核心是选择、交叉、突变 3 个算子,可以将它看成是遗传算法的推理机,它处理的对象是群体,这是一个动态库;机器学习包括各种算法库,算法可以看成是一种推理,它对实例库进行算法操作获取知识;自然语言理解需要语言文法库(知识库),处理对象是语言文本,对语言文本的推理采用推导和归约两种方式。可见,这些人工智能技术可以概括为:推理机+知识库。智能决策支持系统的简化结构图如图 4.15 所示。

智能决策支持系统中的人工智能技术种类较多,这些智能技术都是决策支持技术,它们可以独立开发出各自的智能系统,发挥各自的辅助决策作用。智能技术和决策支持系统结合起来形成了智能决策支持系统。各种智能技术在智能决策支持系统中发挥的作用是不同的。一般的智能决策支持系统中的智能技术只有一种或两种。

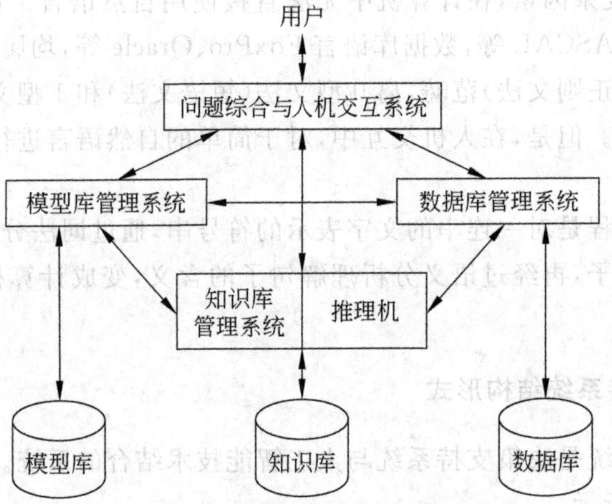

图 4.15　智能决策支持系统的简化结构图

4.3.3　专家系统与决策支持系统的集成

智能决策支持系统充分发挥了专家系统以知识推理形式解决定性分析问题的特点，又发挥了决策支持系统以模型计算为核心的解决定量分析问题的特点，充分做到定性分析和定量分析的有机结合，使得解决问题的能力和范围得到一个大的发展。

智能决策支持系统集成的结构形式如图 4.16 所示。

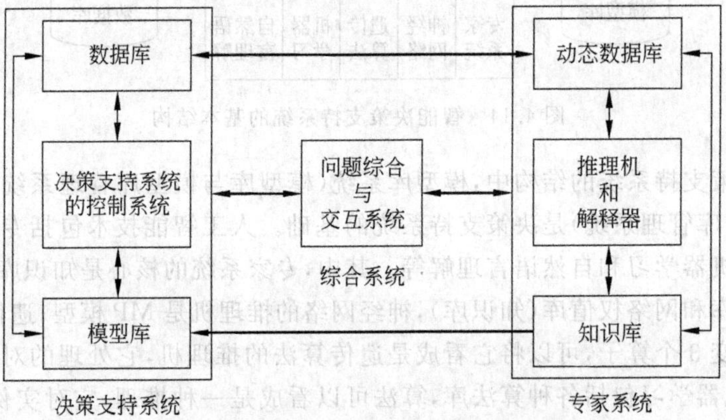

图 4.16　智能决策支持系统集成结构图

智能决策支持系统中决策支持系统和专家系统的结合主要体现在 3 个方面。

(1) 决策支持系统和专家系统的总体结合。由集成系统把决策支持系统和专家系统有机结合起来(即将两者一体化)。

(2) 知识库和模型库的结合。模型库中的数学模型和数据处理模型作为知识的一种形式，即过程性知识，加入到知识推理过程中去。

(3) 数据库和动态数据库的结合。决策支持系统中的数据库可以看成是相对静态的数据库，它为专家系统中的动态数据库提供初始数据，专家系统推理结束后，动态数据库中的结果再送回到决策支持系统中的数据库中去。

由决策支持系统和专家系统结合，也就形成了 3 种智能决策支持系统的集成形式。

智能决策支持系统集成形式包括以下几种。

1）决策支持系统和专家系统并重的智能决策支持系统结构

这种结构由集成系统完成对决策支持系统和专家系统的控制和调度，根据问题的需要协调决策支持系统和专家系统的运行。从地位上看，决策支持系统和专家系统并重。集成系统可以有两种形式。

（1）决策支持系统和专家系统两者之外集成的系统，它具有调用和集成决策支持系统和专家系统的能力。这种结构形式如图 4.17 所示。

（2）将决策支持系统"问题处理与人机交互系统"功能扩充，即增加对专家系统的调用组合能力。

这种结构形式中决策支持系统和专家系统之间的关系，主要是专家系统中的动态数据库和决策支持系统中的数据库之间的数据交换，即以智能决策支持系统中第一种和第三种结合形式为主体，同时也可结合第二种形式。这种结构形式体现了定量分析和定性分析并重的解决问题的特点。

2）决策支持系统为主体的智能决策支持系统结构

这种集成结构形式体现了以定量分析为主体，结合定性分析解决问题。这种结构中综合系统和决策支持系统控制系统合为一体，从决策支持系统角度来看，简化了智能决策支持系统的结构，如图 4.18 所示。

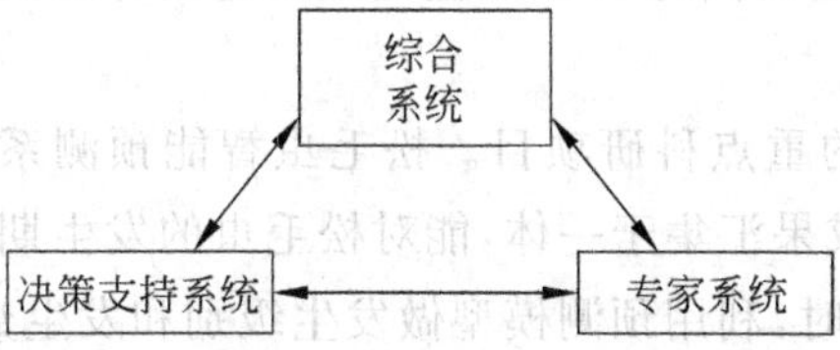

图 4.17　决策支持系统和专家系统并重的智能决策支持系统结构

图 4.18　以决策支持系统为主体的智能决策支持系统结构

在这种结构中，专家系统相当于一类模型，即知识推理模型或称智能模型，它被决策支持系统控制系统所调用。

作者和南京林业大学合作完成的"松毛虫智能预测系统"是属于这种结构形式的智能决策支持系统。

3）以专家系统为主体的智能决策支持系统结构

这种结构形式体现了以定性分析为主体，结合定量分析。这种结构中，综合系统和专家系统的推理机合为一体，它从专家系统角度来看，简化了智能决策支持系统的结构。它又包括以下两种结构。

（1）决策支持系统作为一种推理机形式出现，受专家系统中的推理机所控制。其结构形式如图 4.19 所示。

这种结构中的推理机是核心，对产生式知识的推理是搜索加匹配，对数学模型的推理就是对公式的推演。问题的求解体现为推理形式。

(2) 数学模型作为一种知识出现，即模型是一种过程性知识，体现了第二种结合形式。其结构形式如图 4.20 所示。

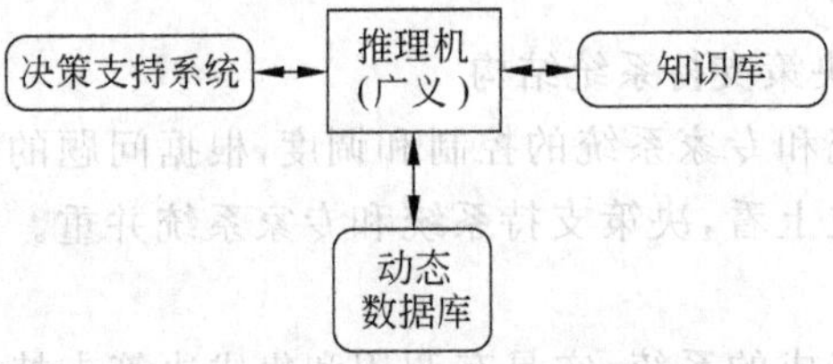

图 4.19 决策支持系统作为推理形式的智能决策支持系统结构图

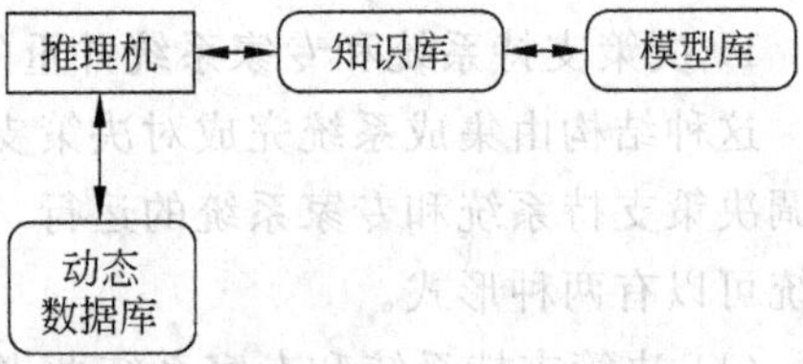

图 4.20 模型作为知识的智能决策支持系统结构图

在这种结构中，数学模型反映在推理树中，一般在知识树的叶结点处要进行对模型的数学运算，如对预测模型的智能选择就可采用此种结构形式。

4.3.4 智能决策支持系统实例

松毛虫智能预测系统(PCFES)是一个智能决策支持系统。该系统把模型库、数据库、知识推理、人机交互四者有机地结合起来，达到了定性的知识推理、定量的模型数值计算、数据库处理的高度集成。该系统是作者和南京林业大学合作完成的。

松毛虫是我国最主要的森林害虫，其分布遍及全国绝大多数省区，大发生年份的虫害发生面积达 3000 万～4000 万亩，占全国森林害虫发生面积的 1/3，严重地威胁着松林的生长，也直接影响国民经济建设。

松毛虫的预测预报和松毛虫的防治都是我国的重点科研项目。松毛虫智能预测系统，把分散在全国各地的松毛虫预测经验知识和研究成果汇集于一体，能对松毛虫的发生期、发生量、发生范围和危害程度进行定性预测咨询。同时，利用预测模型做发生级别和发生数量的定量预测。该系统又能够对全国 11 个省(区)40 多个气象站资料与松毛虫虫情资料数据库进行统计、打印 120 多种气象资料与虫情报表。

我们把松毛虫智能预测系统设计成既可作为预测系统，又能当成测报资料管理系统的形式，其总体结构如图 4.21 所示。

PCFES 具有预测和管理功能。其功能如图 4.22 所示。

预测系统由三大部分组成：预测咨询系统、虫情报表系统和模型预测系统。

1. 预测咨询系统

我国森保工作者在 1949 年后的几十年中，对松毛虫的预测预报工作进行了长期的研究，取得了许多研究成果，各地在松毛虫预测实践中也积累了大量的经验，提出了不少预测方法。其中，对松毛虫发生期和发生量的研究十分深入。发生期预测中使用效果良好的方法就有六七种，其中物候法、期距法和有效积温法，成为了经典的预测方法。发生量预测中使用较多的方法也有六七种，其中气候经验指标法、有效虫口基数法等在生产实践中使用的频率相当高。

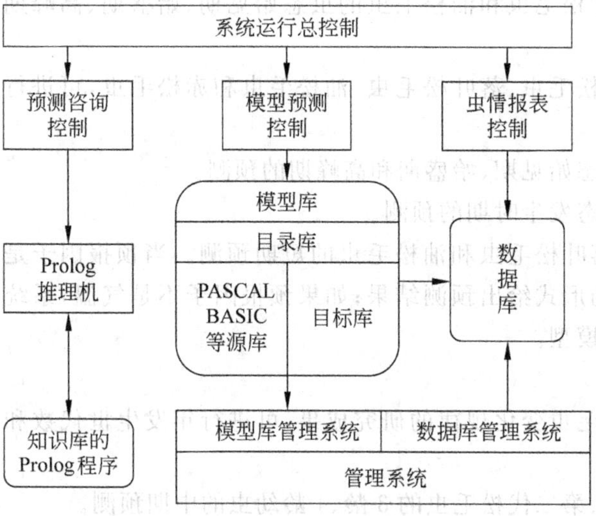

图 4.21　松毛虫智能预测系统结构图

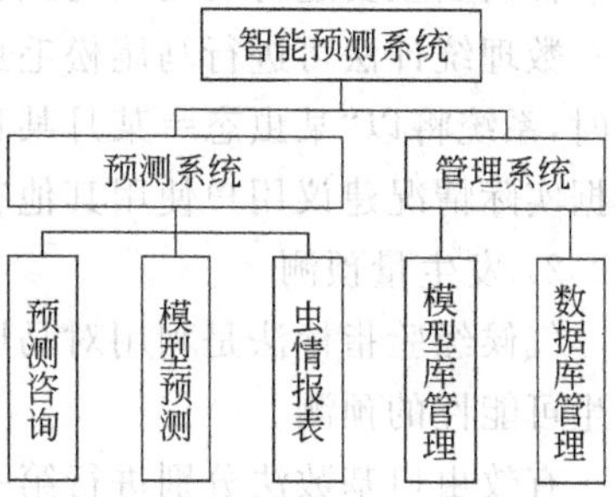

图 4.22　PCFES 系统功能图

南京林业大学收集了专家们对马尾松毛虫、落叶松毛虫、油松毛虫和赤松毛虫等我国主要松毛虫预测的研究成果与各地的预测经验，并在此基础上加以整理、总结和提高，构成系统的知识库。预测知识采用产生式规则形式，在本系统中共有 700 多条。由国防科技大学研制的 Prolog 产生器 P3 生成 Prolog 程序，形成了松毛虫智能预测系统中的预测咨询系统。该专家系统能进行各种以定性为主的松毛虫预测，用于完成松毛虫发生期、发生量、发生范围和危害程度的定性预测和一些简单的定量预测咨询。它基本上包括了目前国内常用的各种预测方法，对于短期的发生期预测，它将直接给出日期，而不必由用户计算。

预测咨询系统结构如图 4.23 所示。

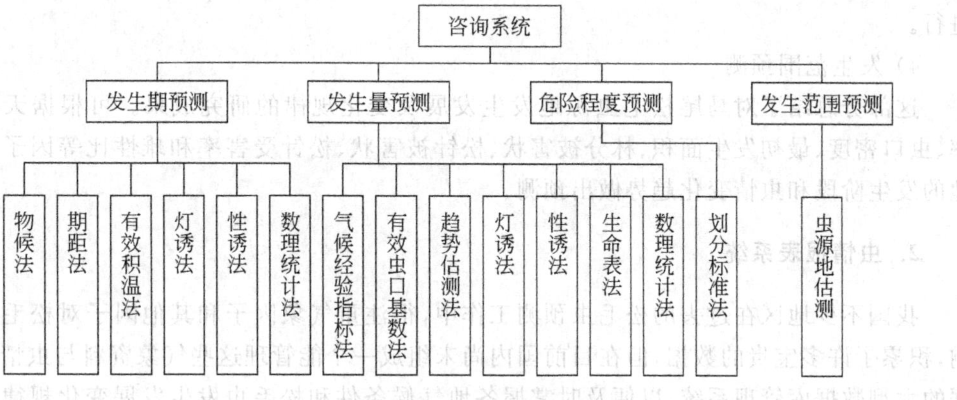

图 4.23　预测咨询系统结构

1）发生期预测

物候法可以进行包括马尾松毛虫、落叶松毛虫和油松毛虫 3 种松毛虫的物候预测。利用作物生长期、植物花期、林木物候、动物物候、农事活动、林事活动和节气（或时期）等进行松毛虫不同虫态出现时期的预测。

期距法可以进行马尾松毛虫、落叶松毛虫和油松毛虫的虫态始见期、始盛期、高峰期和盛末期的短、中、长期预测。

有效积温法的预测对象包括马尾松毛虫、落叶松毛虫、油松毛虫和赤松毛虫，可进行年发生世代数和各虫态历期的预测。

灯诱法主要进行马尾松毛虫某虫态始见期、始盛期和高峰期的预测。

性诱法主要进行马尾松毛虫各虫态发生时期的预测。

数理统计法可进行马尾松毛虫、落叶松毛虫和油松毛虫的短期预测。当预报因子是气温时，系统将以“某虫态＝某月某日”的形式给出预测结果；如果预报因子不是气温，系统将根据实际情况建议用户使用其他有关模型。

2）发生量预测

气候经验指标法是利用对马尾松毛虫变化规律的研究成果，可进行年发生世代数和大发生可能性的预测。

有效虫口基数法分别进行第一代、第二代松毛虫的3龄、4龄幼虫的中期预测。

发生趋势估测法预测时主要考虑存活率、雌性蛹比重、产卵量、松林受害情况、发生面积和虫口密度等因子，可预测出下代虫口密度的大小。

灯诱法和性诱法主要进行马尾松毛虫虫情变化的监测。

生命表法以文字和图示方式解释生命表。

数理统计法告诉用户如何根据实际情况合理地选用各种应用较成功的模型及本系统首次应用得到松毛虫预测中的有关模型。各模型的具体计算需转到模型预测系统中的相应模型部分进行。

3）危害程度预测

这部分主要对林业部最近制定的马尾松毛虫、落叶松毛虫、油松毛虫和赤松毛虫的危害程度标准进行划分上的咨询。对于需进行大量数值计算的预测，可转到模型预测系统中进行。

4）发生范围预测

这部分总结了对马尾松毛虫源地发生发展及变化规律的研究成果。可根据天敌寄生率、虫口密度、最初发生面积、林分被害状、松针被害状、松针受害率和雌性比等因子对虫源地的发生阶段和虫情变化趋势做出预测。

2. 虫情报表系统

我国不少地区在过去的松毛虫预测工作中，很注重气象因子和其他因子对松毛虫的影响，积累了许多宝贵的数据，但在目前国内尚未组成一个能管理这些气象资料与虫情资料数据的大型数据库管理系统，以便及时掌握各地气候条件和松毛虫发生发展变化规律。针对这种状况，南京林业大学经过长期调研，将积累的全国11个省区的40多份测报资料都存储到数据库中。实现了对全国11省(区)40多个测报资料数据库中数据的直接调用、查询、修改和增删。能打印月平均气温、最高气温、最低气温、相对湿度、绝对湿度、降雨量、降雨天数、日照时数、台风次数等几十种气象因子的历年数据以及松毛虫发生面积、虫情级数、虫口密度和各种防治方法、防治面积的历年数据的120多种报表。该系统还能打印出林业部制定的松毛虫系统预测报表所需的12种调查表。

数据库中所存储的资料如下。

(1) 全国11个省(区)40个地区的历年气象资料与松毛虫发生情况数据。

(2) 瑞安市松毛虫发生期、发生面积与防治面积、气象资料、野外发生历期等科技档案资料。

(3) 马尾松树林级数、马尾松毛虫情级数、雌虫数与产卵量换算表、4种主要松毛虫的危害程度划分标准表。

3. 模型预测系统

南京林业大学等单位先后应用不同模型对松毛虫进行预测。由于不少模型在运算之前要进行大量手工计算,如马尔可夫链法,要进行分级,统计各级频次,计算转移概率矩阵。尽管对此进行了算法上的简化,但终究没有摆脱手工的烦琐计算,也未能排除计算过程中出错的可能性大的缺点。用多元回归分析等无法自动筛选因子的模型进行预测时,其因子的取舍仅凭个人经验,或者需要另用相关分析模型进行计算以判别出相关性大的因子作为主要因子。总之,上述模型预测,有着计算步骤烦琐,模型间缺少联系,对所用数据缺乏科学管理方法等不足之处。

该系统在全面分析前人工作的基础上,提出把判定因子和模型计算合为一体的思想,并用模型组合的方式,使多元回归分析、模糊隶属度等模型具有判定因子的功能。在预测实践中,要选择一种合适模型是件不容易的事,为此,我们又特地设置了预测择优决策模块,能同时用几种不同模型对同一地区松毛虫进行预测,并以报表形式给出结果,用户可从中择优应用。

这样,由判定主要因子、预测模型、用主要因子进行预测和预测择优决策等4个模块就组成了模型预测系统。它完成需要进行大量计算的模型预测,用于进行各种松毛虫发生量(期)的定量预测。所有模型都能根据实际需要任意调用,结束了过去松毛虫预测中仅采用单一模型且各模型之间缺少联系的做法,实现了对某个问题同时用多个模型进行预测,然后以报表形式打印出各模型预测结果并指出最优的预测结果这一复杂的预测技术;同时还实现了相关分析模型与多元线性回归分析模型和模糊隶属度之间的组合运行,克服了这些模型单独使用且无法判别主要因子或预报因子与预报量的相关类型(正相关或负相关)的缺点,使得多元回归、模糊隶属度等模型具有类似逐步回归、判别分析等模型功能,4个模块所包含的模型如下。

(1) 判定主要因子包括单相关、灰色关联度、秩相关等模型。

(2) 预测模型包括马尔可夫链、模糊隶属度、判别分析、一元回归、多元回归、逐步回归、数量化方法、模糊聚类、灰色预测等模型。

(3) 用主要因子进行预测,如用单相关模型和多元回归模型完成两个模型的组合进行预测;用单相关和模糊隶属度模型完成两个模型的组合进行预测。

(4) 预测择优决策。利用模糊隶属度、判别分析、多元回归、逐步回归、数量化方法等模型分别进行预测计算,最后对各模型的预测结果进行择优决策。

4. 管理系统及其功能

1）模型库管理系统

该系统主要对模型字典和对应的模型文件进行管理。

有以下两个模型字典库。

(1) 发生级别预测字典库，包括马尔可夫链、模糊综合评判法、判别分析等模型。

(2) 发生数量预测字典库，包括灰色预测、模糊聚类、数量化方法、逐步回归、多元线性回归等模型。

2）虫情报表系统与数据库管理系统

虫情报表系统用于打印各类虫情统计和调查表格，数据库管理系统则用于帮助用户建立和修改各自的松毛虫测报资料数据库。

5. 松毛虫智能预测系统的特点

该系统是集成了管理信息系统、专家系统和决策支持系统的大型智能决策支持系统，是利用我们自行研制的"GFKD-DSS 决策支持系统工具"与"Prolog 产生器 P3"，完成的我国第一个"松毛虫智能预测系统"。

该系统与以前的预报方法相比有以下优点。

1）把多个不同的模型有机结合起来，形成一个完整的预测决策支持系统

以前对松毛虫测报时，均采用单一模型的计算，各模型之间没有联系。现在，这些模型有机地汇集在一个系统中，可以任意调用。这些模型包括数学模型(用算法语言编写的数值计算模型，在我们的系统中用 PASCAL 语言和 BASIC 语言编写)、智能模型(知识与推理相结合的模型，在我们的系统中用 Prolog 语言编写)和形象模型(在我们系统中图形用 Prolog 语言编写，报表用数据库语言编写)。不仅如此，我们还对各模型的算法做了很大的改进，改变了过去模型预测时还需另外做大量烦琐手工计算的现象，实现了模型计算的高度计算机化。

2）实现了相似模型的预测择优决策

该系统能同时自动地采用几个模型对某个地区松毛虫进行发生级别或发生数量的预测，而且能以报表形式输出预测值，并指出最优预测结果。用户可以从中择优应用于实际预测。这是以前的测报方法所做不到的。

3）模型直接调用数据库中的数据

以前进行模型计算时，只能把原始数据作为程序的一部分或需要另外建立数据文件。现在原始数据统一存放在既可用于预测计算又能用于管理的测报资料数据库中，在各模型的计算过程中可以任意调用其中的某一个(或某几个)预报因子的数据，充分表现出数据调用的高度灵活性。这种存放数据的方式还便于数据的查询、修改、增删以及统计和打印报表，克服了过去无法对宝贵的测报资料进行科学管理的缺点。

4）形成了松毛虫测报的大型管理信息系统

以往的松毛虫测报资料均以表格形式保存，不便于进行科学的管理与交流且容易丢失。现在，全国 11 个省(区)的 40 多份测报资料都以数据库形式存放，它和统计报表程序一起形成了松毛虫测报管理信息系统。这无疑大大提高了各地松毛虫测报的管理水平。可以预

言，这种做法将是今后国家级或省市级等大型森林病虫测报中心进行森林害虫预测的必然选择。

5）包含了预测松毛虫的专家系统

系统包含了大量松毛虫预测知识，进行了知识推理。使得松毛虫预测具有智能特性。在进行具体预测时用户输入一些数据即可得到满意的预测结果。这就使松毛虫预测向智能化方向迈进了很大的一步。

6）建立一个多功能的综合系统

该系统把预测咨询专家系统、模型预测决策支持系统和测报管理信息系统汇集于一体，是一个大型智能决策支持系统。

习 题 4

1. 你知道人工智能的历史和现状吗？

2. 你知道专家系统是如何实现知识推理的吗？

3. 如何解决专家系统中知识获取的困难？

4. 已知如下规则集和可信度：

R_1	$A\wedge B\rightarrow G$	0.9
R_2	$C\vee D\vee E\rightarrow A$	0.8
R_3	$F\wedge H\rightarrow B$	0.8
R_4	$I\rightarrow D$	0.7
R_5	$K\rightarrow H$	0.9

已知事实及可信度为 $C(0.8)$、$I(0.9)$、$E(0.7)$、$F(0.8)$、$K(0.6)$，请用逆向推理过程，计算结论 G 的可信度。给出动态数据库的详细内容。

5. 有如下规则集：

R_1	$A\vee B\vee C\rightarrow G$
R_2	$D\wedge E\rightarrow A$
R_3	$F\rightarrow B$
R_4	$H\vee P\rightarrow C$
R_5	$Q\rightarrow E$

已知事实 D、Q、F、P 均为 YES，H 为 NO，请用逆向推理求证目标 G。

6. BP 模型中误差公式 $\delta_i = f'(\mathrm{net}_i)\sum_k \delta_k \cdot w_{ki}$ 的含义是什么？

7. 对如下 BP 神经网络，写出它的计算公式（含学习公式），并对其初始权值以及样本 $x_1=1, x_2=0, d=1$ 进行一次神经网络计算和学习（该系数 $\eta=1$，各点阈值为 0），即算出修改一次后的网络权值。

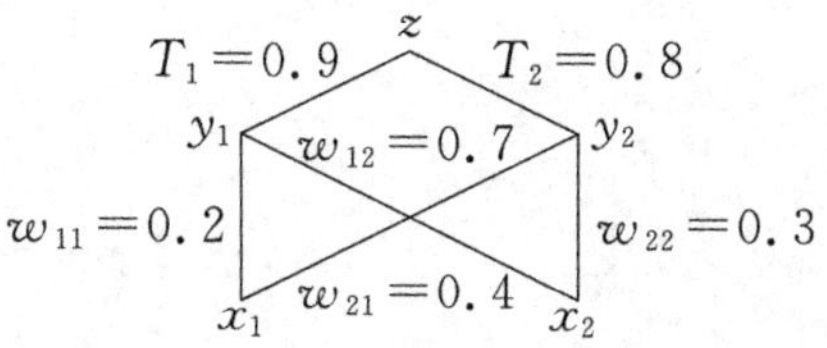

作用函数可简化为

$$y=f(x)=\begin{cases}0.95 & x\geqslant 0.45\\ x+0.5 & -0.45<x<0.45\\ 0.05 & x\leqslant -0.45\end{cases}$$

8. 编制异或模型的 BP 网络模型程序。样本如下表所示。

X_1	X_2	Y	X_1	X_2	Y
0	0	0	1	0	1
0	1	1	1	1	0

9. 了解从感知机神经网络到深度网络(深度学习)的进化过程。

10. 通过智能决策支持系统的基本结构和简化结构来说明智能决策支持系统的本质。

11. 从智能决策支持系统的原理和实例来说明 R. H. Bonczek 的三系统结构的决策支持系统的不足。

第5章 数据仓库型决策支持系统

20世纪90年代中期，国外兴起了3项决策支持新技术，即数据仓库、联机分析处理(OLAP)和数据挖掘(DM)。数据仓库是在数据库的基础上发展起来的，把数据的组织由二维平面结构扩充到多维空间结构，用于决策分析。联机分析处理提出了多维数据分析方法。数据挖掘则是在人工智能机器学习中发展起来的，它是从数据库或数据仓库中发现知识(KDD)的核心。数据仓库、联机分析处理、数据挖掘的结合形成了基于数据仓库的决策支持系统。

5.1 数据仓库基本原理

数据仓库是W. H. Inmon在《建立数据仓库》(*Building the Data Warehouse*)中提出的。数据仓库的提出是以关系数据库，并行处理和分布式技术的飞速发展为基础的信息新技术。

从目前的形势看，数据仓库技术已紧跟Internet而上，成为信息社会中获得企业竞争优势的又一关键技术。

5.1.1 数据仓库的概念

1. 数据仓库的定义

1) W. H. Inmon对数据仓库的定义

数据仓库是面向主题的、集成的、稳定的、不同时间的数据集合，用于支持经营管理中的决策制定过程。

2) SAS软件研究的观点

数据仓库是一种管理技术，旨在通过通畅、合理、全面的信息管理，达到有效的决策支持。

传统数据库用于事务处理，也称为操作型处理，是指对数据库联机进行日常操作，即对一个或一组记录的查询和修改，主要为企业特定的应用服务。用户关心的是响应时间、数据的安全性和完整性。数据仓库用于决策支持，也称为分析型处理，用于决策分析，它是建立决策支持系统的基础。操作型数据与分析型数据的对比如表5.1所示。

表5.1 操作型数据与分析型数据对比表

操作型数据	分析型数据	操作型数据	分析型数据
细节的	综合或提炼的	事务驱动	分析驱动
代表当前的数据	代表过去的数据	面向应用	面向分析
可更新的	不更新	一次操作数据量小	一次操作数据量大
操作需求事先可知道	操作需求事先不知道	支持管理业务	支持决策分析

例如，银行的用户有储蓄，又有贷款，还有信用卡。这些数据存放在不同业务处彼此独立的数据库中。现在，把这3个数据库集中起来建立数据仓库，就便利对用户的整体分析，容易决定是否继续对用户贷款或发放信用卡。

2. 数据仓库的特点

数据仓库有如下特点。

1）数据仓库是面向主题的

主题是数据归类的标准，每一个主题基本对应一个宏观的分析领域。例如，保险公司的数据仓库的主题为客户、政策、保险金、索赔等。

基于应用的数据库则完全不同，它的数据只是为处理具体应用而组织在一起的。保险公司按应用来组织数据库为汽车保险、生命保险、健康保险、伤亡保险等。

2）数据仓库是集成的

数据进入数据仓库之前，必须经过加工与集成。对不同的数据来源进行数据结构和编码的统一。统一原始数据中的所有矛盾之处，如字段的同名异义、异名同义、单位不统一、字长不一致等。总之，将原始数据结构做一个从面向应用到面向主题的大转变。

3）数据仓库是稳定的

数据仓库中包括了大量的历史数据。数据经集成进入数据仓库后是极少或根本不更新的。

4）数据仓库是随时间变化的

数据仓库内的数据时限在5～10年，故数据的键码包含时间项，标明数据的历史时期，这适合决策支持系统进行时间趋势分析。而数据库只包含当前数据，即存取某一时间的正确的有效的数据。

5）数据仓库中的数据量很大

通常的数据仓库的数据量为10GB级，相当于一般数据库100MB的100倍，大型数据仓库是1TB(1000GB)级。

数据仓库中数据的比重为索引和综合数据占2/3，原始数据占1/3。

6）数据仓库软硬件要求较高

既需要一个巨大的硬件平台，又需要一个并行的数据库系统。

5.1.2 数据仓库结构

数据仓库是在原有关系型数据库基础上发展形成的，但不同于数据库系统的组织结构形式，它从原有的业务数据库中获得的基本数据和综合数据被分成一些不同的层次(levels)。一般数据仓库的结构组成如图5.1所示，包括当前基本数据(current detail data)、历史基本数据(older detail data)、轻度综合数据(lightly summarized data)、高度综合数据(highly summarized data)和元数据(meta data)。

当前基本数据是最近时期的业务数据，是数据仓库用户最感兴趣的部分，数据量大。当前基本数据随时间的推移，由数据仓库的时间控制机制转为历史基本数据，一般被转存于介

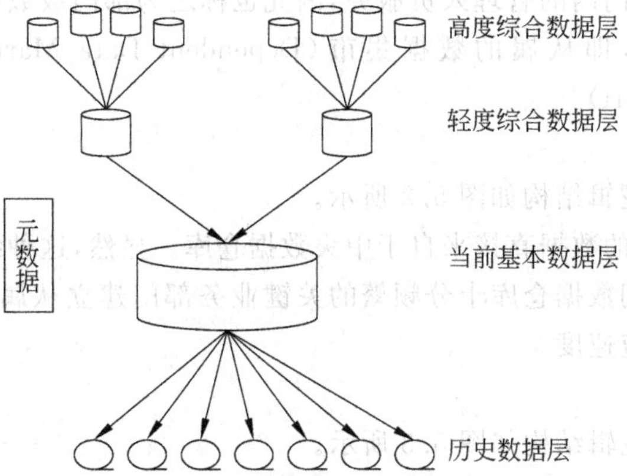

图 5.1　数据仓库结构图

质中，如磁带等。轻度综合数据是从当前基本数据中提取出来的，设计这层数据结构时会遇到“综合处理数据的时间段选取，综合数据包含哪些数据属性（attributes）和内容（contents）”等问题。最高一层是高度综合数据层，这一层的数据十分精练，是一种准决策数据。

整个数据仓库的组织结构是由元数据来组织的，它不包含任何业务数据库中的实际数据信息。元数据在数据仓库中扮演了重要的角色，它被用在以下几种用途。

（1）定位数据仓库的目录作用。

（2）数据从业务环境向数据仓库环境传送时数据仓库的目录内容。

（3）指导从当前基本数据到轻度综合数据，轻度综合数据到高度综合数据的综合方法。元数据至少包括以下一些信息：数据结构（the structure of the data）；用于综合的方法（the algorithms used for summarization）；从业务环境到数据仓库的规划（the mapping from the operation to the data warehouse）。

例如，当前基本数据层存放的是 2015—2016 年销售细节数据，历史数据层存放的 2010—2014 年的销售细节数据，轻度综合数据层存放 2015—2016 年的每周销售数据，高度综合数据层存放 2015—2016 年的每月销售数据。

数据仓库的工作范围和成本常常是巨大的。建造数据仓库需要对所有的用户的任何一次决策需求进行分析，从而使数据仓库的开发成本高、时间长。于是，提供更紧密集成的、拥有完整图形接口并且价格吸引人的工具——数据集市（Data Marts）——就应运而生了。

数据集市是一种更小、更集中的数据仓库，为公司提供分析商业数据的一条廉价途径。

目前，全世界对数据仓库总投资的一半以上均集中在数据集市上。

数据集市不等于数据仓库，多个数据集市简单合并起来不能成为数据仓库。

数据集市的特性：①规模小；②特定的应用；③面向部门；④由业务部门定义、设计和开发；⑤由业务部门管理和维护；⑥快速实现；⑦购买较便宜；⑧投资快速回收；⑨可升级到完整的数据仓库。

数据仓库是企业级的，能为整个企业的运行提供决策支持手段；而数据集市则是部门级的,一般只能为某个部门内的管理人员服务,因此也称之为部门级数据仓库。

数据集市有两种,即从属的数据集市(Dependent Data Mart)和独立的数据集市(Independent Data Mart)。

1) 从属数据集市

从属数据集市的逻辑结构如图 5.2 所示。

所谓从属,是指它的数据直接来自于中央数据仓库。显然,这种结构仍能保持数据的一致性。一般为那些访问数据仓库十分频繁的关键业务部门建立从属的数据集市,这样可以很好地提高查询的反应速度。

2) 独立数据集市

独立数据集市的逻辑结构如图 5.3 所示。

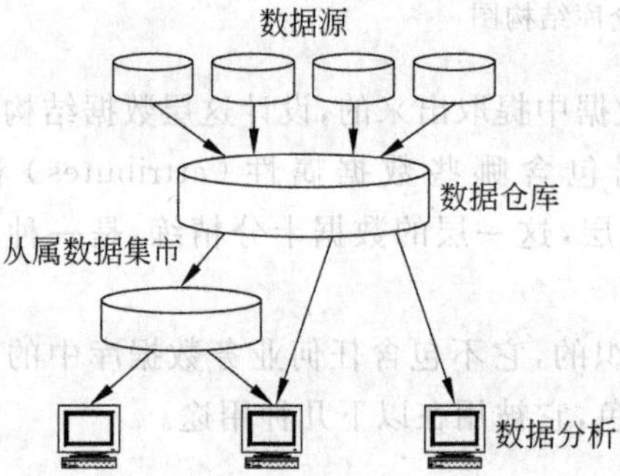

图 5.2 从属数据集市结构

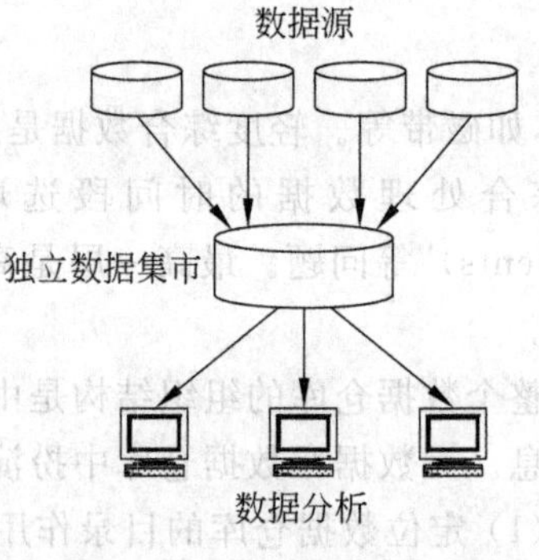

图 5.3 独立数据集市结构

独立数据集市的数据直接来源于各生产系统。许多企业在计划实施数据仓库时,往往出于投资方面的考虑,最后建成独立数据集市,用来解决个别部门比较迫切的决策问题。从这个意义上讲,它和企业数据仓库除了在数据量大小和服务对象上有所区别外,逻辑结构并无多大区别,这是把数据集市称为部门数据仓库的主要原因。

5.1.3 元数据

元数据是数据仓库的重要组成部分。元数据描述了数据仓库的数据和环境,即关于数据的数据(data about data)。元数据可分为 4 类,分别为:关于数据源的元数据、关于数据模型的元数据、关于数据仓库映射的元数据和关于数据仓库使用的元数据。

元数据就相当于数据库系统中的数据字典。由于数据仓库与数据库有很大的不同,因此元数据的作用远不是数据字典所能相比的。元数据在数据仓库中有着举足轻重的作用,它不仅定义了数据仓库有什么,指明了数据仓库中信息的内容和位置,刻画了数据的抽取和转换规则,存储了与数据仓库主题有关的各种商业信息,而且整个数据仓库的运行都是基于元数据的,如数据的修改、跟踪、抽取、装入、综合等。

1. 关于数据源的元数据

它是现有的业务系统的数据源的描述信息。这类元数据是对不同平台上的数据源的物理结构和含义的描述。具体如下。

(1) 数据源中所有的物理数据结构,包括所有的数据项及数据类型。

(2) 所有数据项的业务定义。

2. 关于数据模型的元数据

这类元数据描述了数据仓库中有什么数据以及数据之间的关系,它们是用户管理数据仓库的基础。这类元数据可以支持用户从数据仓库中获取数据。

3. 关于数据仓库映射的元数据

这类元数据是数据源与数据仓库数据之间的映射。

当数据源中的一个数据项与数据仓库建立了映射关系,就应该记下这些数据项发生的任何变换或变动,即用元数据反映数据仓库中的数据项是从哪个特定的数据源来的,经过哪些抽取、转换和加载过程。

从源系统的数据到数据仓库中的目标数据的转移是一项复杂的工作,其工作量占整个数据仓库开发的 70%。

4. 关于数据仓库使用的元数据

这类元数据是数据仓库中信息的使用情况描述。

数据仓库的用户最关心的是两类元数据。

(1) 元数据告诉数据仓库中有什么数据,它们从哪里来,即如何按主题查看数据仓库的内容。

(2) 元数据提供已有的可重复利用的查询语言信息。如果某个查询能够满足用户的需求,或者与用户的愿望相似,用户就可以再次使用那些查询而不必从头开始编程。

关于数据仓库使用的元数据能帮助用户到数据仓库中查询所需要的信息,用于解决企业问题。

5.1.4 数据仓库的存储

数据仓库不同于数据库。数据仓库存储的数据模型是数据的多维视图,它直接影响前端工具和联机分析处理的查询引擎。

在多维数据模型中,一部分数据是数量值,如销售量、投资额、收入等。而这些数量值是依赖于一组“维”的,这些维提供了数量值的上下文关系。例如,销售量与城市、商品名称、销售时间有关,这些相关的维唯一决定了这个销售数量值。因此,多维数据视图就是这些由多个维构成的多维空间中存放着数量值。数据仓库数据的存储示意图如图 5.4 所示,图中的小格内存储的数据可以假设为商品的销售量。

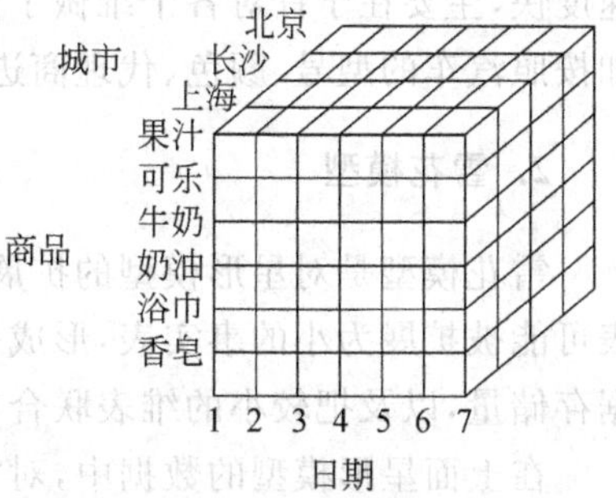

图 5.4 数据仓库数据的存储示意图

多维数据模型的另一个特点是对一个或多个维所做的集合运算。例如,对总销售量按城市进行统计和排序。这些运算还包括对于同样维所限定的数量值的比较(如销售与预算)。一般来说,时间维是一个有特殊意义的维,它对决策中的趋势分析很重要。

对于逻辑上的多维数据模型,可以使用不同的存储机制和表示模式来实现多维数据模型。目前,使用的多维数据模型主要有星形模型、雪花模型、星网模型等。

1. 星形模型

大多数的数据仓库都采用“星形模型”。星形模型是由“事实表”(大表)以及多个“维表”(小表)所组成。“事实表”中存放大量关于企业的事实数据(数量数据)。通常都很大,而且非规范化程度很高。例如,多个时期的数据可能会出现在同一个表中。“维表”中存放描述性数据,维表是围绕事实表建立的较小的表。

图 5.5 所示的是一个星形数据模型实例。

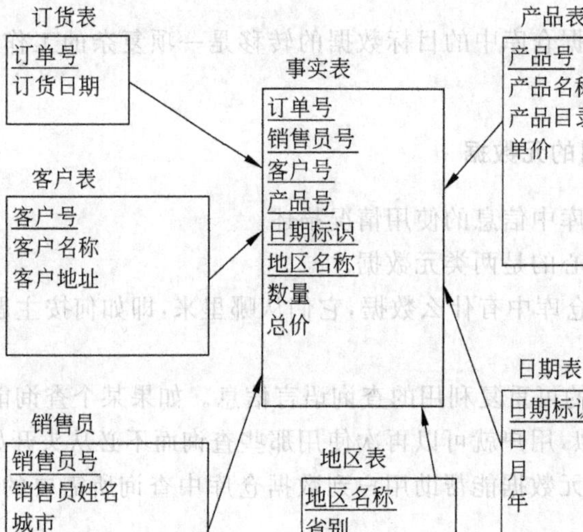

图 5.5　星形数据模型实例

事实表有大量的行(记录),然而维表相对来说有较少的行(记录)。星形模型存取数据速度快,主要在于针对各个维做了大量的预处理,如按照维进行预先的统计、分类、排序等,如按照汽车的型号、颜色、代理商进行预先的销售量统计,作报表时速度会很快。

2. 雪花模型

雪花模型是对星形模型的扩展,雪花模型对星形模型的维表进一步层次化,原来的各维表可能被扩展为小的事实表,形成一些局部的“层次”区域。它的优点是最大限度地减少数据存储量,以及把较小的维表联合在一起来改善查询性能。

在上面星形模型的数据中,对“产品表”“日期表”“地区表”进行扩展形成雪花模型数据,如图 5.6 所示。使用数据仓库的工具完成一些简单的二维或三维查询,既满足了用户对复杂的数据仓库查询的需求,又能够完成一些简单查询功能而不用访问过多的数据。

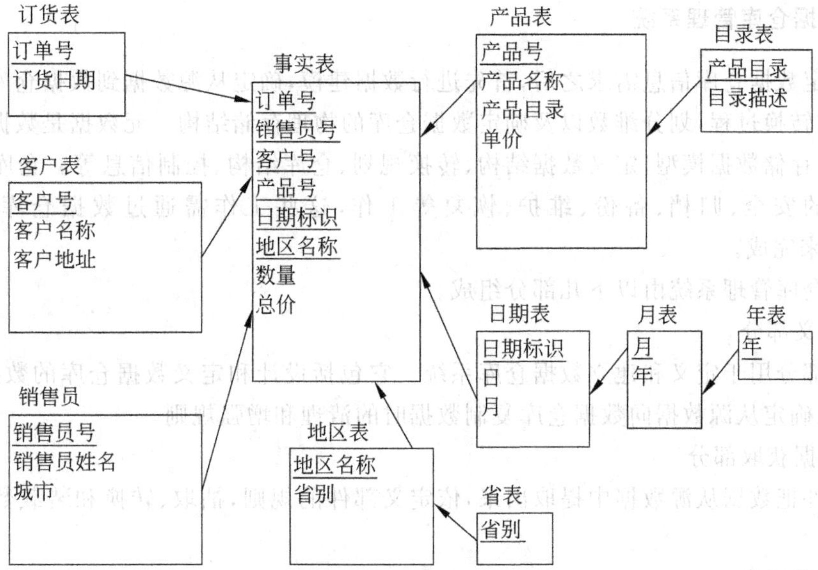

图 5.6　雪花数据模型实例

3. 星网模型

星网模型是将多个星形模型连接起来形成网状结构。多个星形模型通过相同的维，如时间维，连接多个事实表。

5.1.5　数据仓库系统

数据仓库系统由数据仓库、仓库管理和分析工具 3 部分组成，其结构形式如图 5.7 所示。

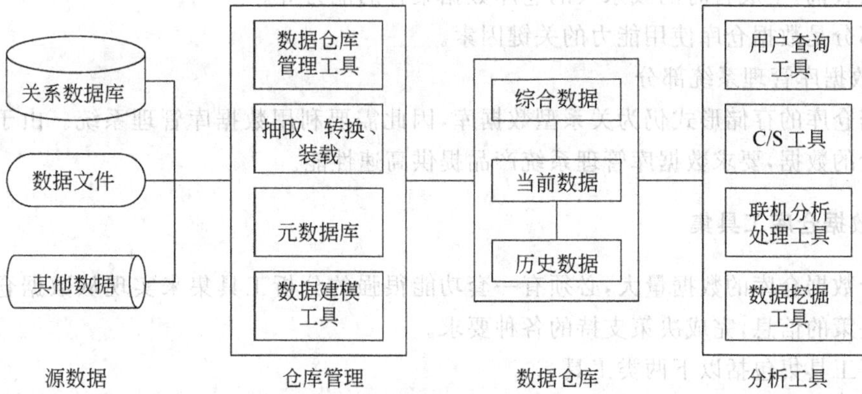

图 5.7　数据仓库系统结构图

数据仓库的数据来源于多个数据源。源数据包括企业内部数据、市场调查报告以及各种文档之类的外部数据。

1. 数据仓库管理系统

在确定数据仓库信息需求之后,首先进行数据建模,确定从源数据到数据仓库的数据抽取、清理和转换过程,划分维数以及确定数据仓库的物理存储结构。元数据是数据仓库的核心,它用于存储数据模型,定义数据结构、转换规划、仓库结构、控制信息等。仓库的管理包括对数据的安全、归档、备份、维护、恢复等工作,这些工作需通过数据仓库管理系统(DWMS)来完成。

数据仓库管理系统由以下几部分组成。

1) 定义部分

定义部分用于定义和建立数据仓库系统。它包括设计和定义数据仓库的数据库、定义数据来源、确定从源数据向数据仓库复制数据时的清理和增强规则。

2) 数据获取部分

该部件把数据从源数据中提取出来,依定义部件的规则,抽取、转换和装载数据进入数据仓库。

3) 管理部分

它用于管理数据仓库的工作,包括对数据仓库中数据的管理、将仓库数据取出给分布的DSS用户、对仓库数据的安全、归档、备份、恢复等处理工作。

4) 目录部分

数据仓库的目录数据是元数据,由以下3方面组成。

(1) 技术目录:由定义部分生成,关于数据源、目标、清理规则、变换规则以及数据源和仓库之间的映像信息。

(2) 业务目录:由仓库管理员生成,包括仓库数据的来源及当前值、预定义的查询和报表细节、合法性要求等。

(3) 信息引导器:使用户容易访问仓库数据。包括查询和引导功能,利用固定查询或建立新的查询,生成暂时的或永久的仓库数据集合的能力等。

该部分是数据仓库使用能力的关键因素。

5) 数据库管理系统部分

数据仓库的存储形式仍为关系型数据库,因此需要利用数据库管理系统。由于数据仓库含大量的数据,要求数据库管理系统产品提供高速性能。

2. 数据仓库工具集

由于数据仓库的数据量大,必须有一套功能很强的分析工具集来实现从数据仓库中提供辅助决策的信息,完成决策支持的各种要求。

分析工具集包括以下两类工具。

1) 查询工具

数据仓库的查询不是指对记录级数据的查询,而是指对分析要求的查询。一般包括以下两类工具。

(1) 可视化工具:以图形化方式展示数据,可以帮助了解数据的结构、关系以及动态性。

(2) 多维分析工具(OLAP 工具):通过对信息的多种可能的观察形式进行快速、一致和交互性的存取,这样便于用户对数据进行深入的分析和观察。

多维数据的每一维代表对数据的一个特定的观察视角,如时间、地域、商品等。

2) 挖掘工具

从大量数据中挖掘具有规律性的知识,需要利用数据挖掘(Data Mining)工具。

3. 数据仓库的运行结构

数据仓库应用是一个典型的客户/服务器(C/S)结构形式。数据仓库采用服务器结构,客户端所做的工作有:客户交互、格式化查询、结果显示、报表生成等。服务器端完成各种辅助决策的 SQL 查询、复杂的计算和各类综合功能等。现在,越来越普通的一种形式是 3 层 C/S 结构形式,即在客户与数据仓库服务器之间增加一个多维数据分析服务器,如图 5.8 所示。

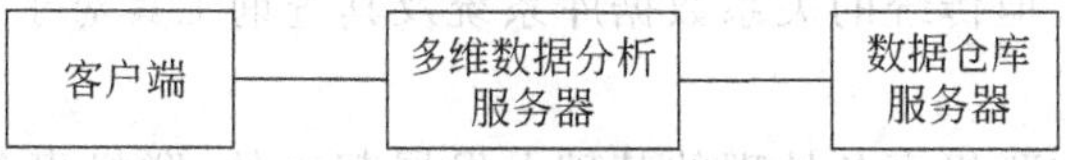

图 5.8 数据仓库应用的 3 层 C/S 结构

多维数据分析服务器将加强和规范化决策支持的服务工作,集中和简化了原客户端和数据仓库服务器的部分工作,降低了系统数据传输量。这种结构形式工作效率更高。

5.2 联机分析处理

联机分析处理(On Line Analytical Processing,OLAP)的概念最早是由关系数据库之父 E. F. Codd 于 1993 年提出的。当时,Codd 认为随着企业数据量的急剧增加,联机事务处理已经不能满足终端用户对数据库查询分析的需要,决策分析需要对关系数据库进行大量的计算才能得到结果,而且查询的结果并不能满足决策者所提出的问题。因此 Codd 提出了多维数据库和多维分析的概念,即多维数据分析的概念。

在数据仓库系统中,联机分析处理是重要的数据分析工具,它的基本思想是企业的决策者应能灵活地操纵企业的数据,从多方面和多角度以多维的形式来观察企业的状态和了解企业的变化。

5.2.1 基本概念

近十几年来,人们利用信息技术生产和收集数据的能力大幅度提高,大量的数据库被用于商业管理、政府办公、科学研究和工程开发等,这一势头仍将持续发展下去。于是,一个新的挑战被提了出来:在信息爆炸时代,如何才能不被信息的汪洋大海所淹没,从中及时发现有用的知识或者规律,提高信息利用率呢?要想使数据真正成为一个决策资源,只有充分利用它为一个组织的业务决策和战略发展服务才行,否则大量的数据可能成为包袱,甚至成为垃圾。联机分析处理是解决这类问题的最有力工具之一。

联机分析处理专门设计用于支持复杂的分析操作，侧重对分析人员和高层管理人员的要求，快速、灵活地进行大数据量的复杂查询处理，并且以一种直观易懂的形式将查询结果提供给决策制定人，以便他们准确掌握企业(公司)的经营状况，了解市场需求，制定正确方案，增加效益。联机分析处理软件以它先进的分析功能和多维形式提供数据的能力，正作为一种支持企业关键商业决策的解决方案而迅速崛起。

1. 联机分析处理的定义

在决策活动中，决策人员需要的数据往往不是单一指标的值，他们希望能够从多个角度观察某个指标或者某个值，或者找出这些指标之间的关系。例如，决策者可能想知道"东北地区和西南地区今年一季度和去年一季度在销售总额上的对比情况，并且销售额按10万～50万元、50万～100万元，以及100万元以上分组"。上面的问题是比较有代表性的，决策所需数据总是与一些统计指标如销售总额、观察角度(如销售区域、时间)和不同级别的统计有关，我们将这些观察数据的角度称之为维。可以说决策数据是多维数据，多维数据分析是决策分析的主要内容。但传统的关系数据库系统及其查询工具对于管理和应用这样复杂的数据显得力不从心。

联机分析处理是在联机事务处理的基础上发展起来的，联机事务处理是以数据库为基础的，面对的是操作人员和低层管理人员，在网络上对基本数据的查询和增、删、改等进行处理。而联机分析处理是以数据仓库为基础的数据分析处理。它有两个特点：一是在线联机(On Line)，体现为对用户请求的快速响应和交互式操作，它的实现是由客户机/服务器这种体系结构来完成的；二是多维分析(Multi-dimension Analysis)，这也是联机分析处理的核心所在。

联机分析处理超越了联机事务处理的查询和报表的功能，它的决策支持能力更强。在多维数据环境中，联机分析处理为终端用户提供了复杂的数据分析功能。通过联机分析处理，高层管理人员能够通过浏览、分析数据去发现数据的变化趋势、特征以及一些潜在的信息，从而更好地帮助他们了解商业活动的变化。目前，比较普遍接受的联机分析处理的定义有两种。

1) 联机分析处理理事会给出的定义

联机分析处理是一种软件技术，它使分析人员能够迅速、一致、交互地从各个方面(维，即坐标)观察信息，以达到深入理解数据的目的。这些信息是从原始数据转换过来的，按照用户的理解，它反映了企业真实的方方面面(多维)。

企业用户的观点要求数据是多维的。拿销售来说，不仅可从生产这方面看，还与地点、时间等有关，这就是为什么要求联机分析处理模型是多维的原因。这种多维用户视图通过一种更为直观的分析模型进行分析和设计。

联机分析处理的大部分策略都是将关系型的或普通的数据进行多维数据存储，以便于进行分析，从而达到联机分析处理的目的。这种多维数据库，也被看成超立方体。沿着各个维方向存储数据，它允许用户沿事物的维的要求能方便地分析数据。

2) 联机分析处理的简单定义

近年来，随着人们对联机分析处理理解的不断深入，有些学者提出了更为简要的定义，即联机分析处理是共享多维信息的快速分析(Fast Analysis of Shared Multidimensional Information)。它有以下 4 个特征。

(1) 快速性(fast)。用户对联机分析处理的快速反应能力有很高的要求。系统应能在 5s 内对用户的大部分分析要求做出反应,如果终端在 30s 内没有得到系统的响应,用户则会变得不耐烦,影响分析的热情。

(2) 可分析性(analysis)。联机分析处理系统应能处理与应用有关的任何逻辑分析和统计分析。尽管系统需要一些事先的编程,但并不意味着系统事先已对所有的应用都定义好了。

(3) 多维性(multidimensional)。多维性是联机分析处理的关键属性。系统必须提供对数据分析的多维视图和分析,包括对层次维和多重层次维的完全支持。

(4) 信息性(information)。不论数据量有多大,也不管数据存储在何处,联机分析处理系统应能及时获得信息,并且管理大容量的信息。

用于实现联机分析处理的技术主要包括客户机/服务器体系结构、时间序列分析、面向对象、并行处理、数据存储优化以及多线索技术等。

2. 联机分析处理准则

1985 年以来,关系数据库需求始终受到 E. F. Codd 提出的 12 条规则的影响。1993 年,他又提出了有关联机分析处理的 12 条准则,用来评价分析处理工具,这也是他继关系数据库和分布式数据库提出的两个“12 条准则”后提出的第三个“12 条准则”。由于这些规则最初是对客户研究的结果,所以业界对这 12 条准则褒贬不一。但其主要方面,如多维视图、客户机/服务器结构、多用户支持及稳定的报表性能等方面还是得到了大多数人的认可。E. F. Codd 系统地阐述了有关联机分析处理产品及其所依赖的数据分析模型的一系列概念及衡量标准,这对联机分析处理产品的辨别及后来的发展方向的确立都产生了重要作用。如今,12 条准则也成为大家定义联机分析处理的主要依据,被认为是联机分析处理产品应该具备的特征。如今联机分析处理的概念已经在商业数据库领域得以广泛使用,Codd 提出的联机分析处理的主要准则如下。

1) 多维视图

联机分析处理的概念模型应是多维的。用户可以简单、直接地操作这些多维数据模型。例如,用户可以对多维数据模型进行切片、切块、旋转坐标或进行多维的联合(概括和聚集)分析。

2) 客户机/服务器体系结构

联机分析处理是建立在客户机/服务器体系结构上的。这要求它的多维数据库服务器能够被不同的应用和工具所访问,服务器端智能地以最小的代价完成同多种服务器之间的挂接任务。

3) 多用户支持

联机分析处理工具应提供并发访问、数据完整性及安全性等功能。当多个用户要在同一分析模式上并行工作,或是在同一企业数据上建立不同的分析模型时,都需要这些功能的支持。

实际上，联机分析处理工具必须支持多用户也是为了适合数据分析工作的特点。

4）稳定的报表性能和灵活的报表生成

报表必须能从各种可能的方面显示出从数据模型中综合出的数据和信息，充分反映数据分析模型的多维特征，并可按用户需要的方式来显示它。

其他准则有透明性、存取能力、维的等同性、动态稀疏矩阵处理、非限定的跨维操作、直接的数据操作、不受限制的维和聚集层次等。

3. 联机分析处理的基本概念

联机分析处理是针对特定问题的联机数据访问和分析。通过对信息的很多种可能的观察形式进行快速、稳定一致和交互性的存取，允许管理决策人员对数据进行深入观察。为了对联机分析处理技术有更深入的了解，这里主要介绍在联机分析处理中常用的一些基本概念。

1）变量

变量是数据的实际意义，即描述数据是“什么”。变量总是一个数值度量指标，例如，“人数”“单价”“销售量”等都是变量，而 100 则是变量的一个值。

2）维

维是人们观察数据的特定角度。例如，企业常常关心产品销售数据随着时间推移而产生的变化情况，这是从时间的角度来观察产品的销售，所以时间是一个维（时间维）。企业也时常关心自己的产品在不同地区的销售分布情况，这时是从地理分布的角度来观察产品的销售，所以地理分布也是一个维（地理维）。其他还有如产品维、顾客维等。

3）维的层次

人们观察数据的某个特定角度（即某个维）还可以存在细节程度不同的多个描述方面，称这多个描述方面为维的层次。一个维往往具有多个层次，例如，描述时间维时，可以从日期、月份、季度、年等不同层次来描述，那么日期、月份、季度、年等就是时间维的层次；同样，城市、地区、国家等构成了地理维的层次。

4）维成员

维的一个取值称为该维的一个维成员。如果一个维是多层次的，那么该维的维成员是由各个不同维层次的取值组合而成。例如，考虑时间维具有日期、月份、年这 3 个层次，分别在日期、月份、年上各取一个值组合起来，就得到了时间维的一个维成员，即“某年某月某日”。

5）多维数组

一个多维数组可以表示为（维 1，维 2，……，维 n，变量）。例如，若日用品销售数据是按时间、地区和销售渠道组织起来的三维立方体，加上变量“销售额”，就组成了一个多维数组（地区，时间，销售渠道，销售额），如果在此基础上再扩展一个产品维，就得到一个四维的结构，其多维数组为（产品，地区，时间，销售渠道，销售额）。

6）数据单元

多维数组的取值称为数据单元（单元格）。当多维数组的各个维都选中一个维成员，这些维成员的组合就唯一确定了一个变量的值。那么数据单元就可以表示为（维 1 成员，维 2 成员，……，维 n 成员，变量的值）。例如，在产品、地区、时间和销售渠道上各取维成员“牙膏”“上海”“2000 年 12 月”和“批发”，就唯一确定了变量“销售额”的一个值(假设为 100 000)，则该数据单元可表示为：(牙膏，上海，2000 年 12 月，批发，100 000)。

4. 联机分析处理与联机事务处理的关系与比较

现代的数据库存储有数以十万计的数据，经常每天处理成千上万的事务，联机事务处理数据库在查找业务数据时是非常有效的，但在为决策者提供总结性数据时则显得力不从心。这就需要联机分析处理技术。联机分析处理是一项给数据分析人员以灵活、可用和及时的方式构造、处理和表示综合数据的技术。例如，一个简单的问题“查看去年东北地区的销售数据，按省、季度和产品分类”。首先要从联机事务处理数据库中抽取数据，这需要大量的时间；然后，要用同样大量的时间用一个查询语句来检索 4 个季度每个月的销售数据。而联机分析处理技术可以在数秒中(通常是 5～30s)完成这样的工作。

联机分析处理主要是关于如何理解聚集的大量不同的数据。与联机事务处理应用程序不同，联机分析处理包含许多具有复杂关系的数据项。联机分析处理的目的就是分析这些数据，寻找模式、趋势以及例外情况。

1) 联机事务处理

联机事务处理是操作人员和低层管理人员利用计算机网络对数据库中的数据进行查询、增、删、改等操作，以完成事务处理工作。

联机事务处理以快速事务响应和频繁的数据修改为特征，用户利用数据库快速地处理具体业务。

联机事务处理的特点在于事务量大，但事务内容比较简单且重复率高。大量的数据操作主要涉及的是一些增、删、改操作，但操作的数据量不大且多为当前数据。例如，在各地的自动取款机(ATM)上取款、存款；在网上预订机票等。

2) 联机分析处理

联机分析处理是决策人员和高层管理人员对数据仓库建立决策支持系统进行信息分析处理。

联机分析处理数据可能包含以地区、类型或渠道分类的销售数据。一个典型的联机分析处理查询可能要访问一个多年的销售数据库(其长度可能有几亿个字节)，以便能找到在每一个地区的每一种产品的销售情况。当得到这些数据后，分析人员可能会进一步地细化查询，在以地区、产品分类的情况下查每一个销售渠道的销售量，最后，分析人员可能会针对每一个销售渠道进行年与年或者季度与季度的比较。其整个过程必须被联机执行并要有快速的响应时间以便分析过程不受外界干扰。联机分析处理可以被刻画为具有下面特征的联机事务：

(1) 可以存取大量的数据，例如，几年的销售数据；分析各个商业元素类型之间的关系，如销售、产品、地区、渠道。

(2) 要包含聚集的数据，例如，销售量、预算金额，以及消费金额。

(3) 按层次对比不同时间周期的聚集数据，如以月、季度或者年。

(4) 以不同的方式来表现数据，如以地区，或者每一地区内按不同销售渠道，不同产品等。

(5) 要包含数据元素之间的复杂的计算,如在某一地区的每一销售渠道的期望利润与销售收入之间的分析。

(6) 能够快速地响应用户的查询,以便用户的分析思考过程不受系统影响。

联机分析处理服务器允许用熟悉的工具方便地存取不同的数据源。快速响应时间是联机分析处理中的关键因素。它分批处理报表,应用程序中的信息必须快速可得,以便执行进一步的分析。为了使分析过程变得容易,联机分析处理应用程序经常以诸如电子表格这样容易辨识的形式提交数据。

3) 联机分析处理与联机事务处理的对比

联机事务处理处理的数据是高度结构化的,涉及的事务比较简单,因此复杂的表关联不会严重影响性能。反之,联机分析处理的一个查询可能涉及数万条记录,这时复杂的连接操作会严重影响性能。在联机事务处理系统中,数据访问路径是已知的,至少是相对固定的,应用程序可以在事务中使用具体的数据结构如表、索引等。而联机分析处理使用的数据不仅有结构化数据,而且有非结构化数据,用户常常是在想要某种数据前才决定去分析该数据。因此数据仓库系统中一定要为用户设计出更为简明的数据分析模型,这样才能为决策支持提供更为透明的数据访问。

联机分析处理是以数据仓库为基础的,其最终数据来源与联机事务处理一样均来自底层的数据库系统,但由于两者面对的用户不同,联机事务处理面对的是操作人员和低层管理人员,联机分析处理面对的是决策人员和高层管理人员,因而数据的特点与处理也明显不同。

联机事务处理和联机分析处理是两类不同的应用,它们的各自特点如表 5.2 所示。

表 5.2　联机事务处理与联机分析处理对比表

联机事务处理	联机分析处理
数据库数据	数据仓库数据
细节性数据	综合性数据
当前数据	历史数据
经常更新	不更新,但周期性刷新
一次性处理的数据量小	一次性处理的数据量大
对响应时间要求高	响应时间合理
用户数量大	用户相对较少
面向操作人员,支持日常操作	面向决策人员,支持决策需要
面向应用,事务驱动	面向分析,分析驱动

5. 联机分析处理的数据组织

建立联机分析处理的基础是多维数据模型,多维数据模型的存储可以有多种不同的形式。MOLAP 和 ROLAP 是联机分析处理的两种具体形式,其中,MOLAP(Multi-dimension OLAP)

基于多维数据库存储方式建立的联机分析处理；ROLAP(Relation OLAP)是基于关系数据库存储方式建立的联机分析处理。

1）关系数据组织 ROLAP

在关系数据库中，没有数组的概念，因此多维数据必须被映像成平面型的关系表中的行。具有代表性的是，非标准化的“星形模式”的设计，它将基本信息存储在一个单独的“事实表”中，而有关维的支持信息则被存储在其他表中。

数据仓库中的基本数据组织形式就是这种多维数据模型。

2）多维数据组织 MOLAP

在多维数据库(MDDB)中二维数据很容易理解，当维数扩展到三维甚至更多维时，多维数据库将形成类似于“超立方”块一样的结构。实际上，多维数据库是由许多经压缩的、类似于数组的对象构成，这种对象通常带有高度压缩的索引及指针结构。

3）两种数据组织的比较

MOLAP 是基于多维数据库的联机分析处理的存储，采用多维数据库形式，是逻辑上的多维数组形式存储，表现为“超立方”结构。由于多维数据库中信息粒度很粗，索引少，通常可常驻内存，使查询性能好。

ROLAP 的关系数据存储与关系数据模式一致。关系数据库按表中存放带关键字记录来存放数据，数据可用通用语言 SQL 来访问。

利用关系数据存储，数据的尺寸可以非常大。通过使用索引和一些特殊的技术，可以增大存储的尺寸，以便在多维查询时获得可接受的性能。在多维存储中，数据存储的大小通常是有限的，但数据存储可利用压缩技术，例如稀疏矩阵压缩，可以在较少空间存放更多数据。

两者之间的对比关系如表 5.3 所示。

表 5.3　MOLAP 和 ROLAP 的对比表

MOLAP	ROLAP	MOLAP	ROLAP
固定维	可变维	读-写应用	维数据变化速度快
维交叉计算	数据仓库的多维视图	数据集市	数据仓库
行级计算	超大型数据库		

可以看到，两者各有优劣。目前，大多数的联机分析处理工具使用的数据存储是基于关系型的。

5.2.2　联机分析处理的决策支持：多维数据分析

联机分析处理的目的是为决策管理人员通过一种灵活的数据分析手段，这是通过多维数据分析实现的。基本的多维数据分析方法包括切片、切块、旋转等。随着联机分析处理的深入发展，联机分析处理也逐渐具有了计算和智能的能力，这些能力称为广义联机分析处理操作。

1. 基本功能

1）切片和切块

选定多维数组的一个二维子集的操作称为切片(slice)，即选定多维数组(维 1，维 2，……，维 n，变量)中的两个维：如维 i 和维 j，在这两个维上取某一区间或任意维成员，而将其余的维都取定一个维成员，则得到的就是多维数组在维 i 和维 j 上的一个二维子集，称这个二维子集为多维数组在维 i 和维 j 上的一个切片，表示为(维 i，维 j，变量)。

切片就是在某两个维上取一定区间的维成员或全部维成员，而在其余的维上选定一个维成员的操作。这里可以得出两点共识。

(1) 维是观察数据的角度，那么切片的作用或结果就是舍弃一些观察角度，使人们能在两个维上集中观察数据。因为人的空间想象能力毕竟有限，一般很难想象四维以上的空间结构。所以对于维数较多的多维数据空间，数据切片是十分有意义的。

图 5.9 所示是一个按产品维、地区维和时间维组织起来的产品销售数据，用多维数组表示为(地区，时间，产品，销售额)。如果在地区维上选定一个维成员(设为"上海")，就得到了在地区维上的一个切片(关于"时间"和"产品"的切片)；在产品维上选定一个维成员(设为"电视机")，就得到了在产品维上的一个切片(关于"时间"和"地区"的切片)。显然，这样切片的数目取决于每个维上维成员的个数。

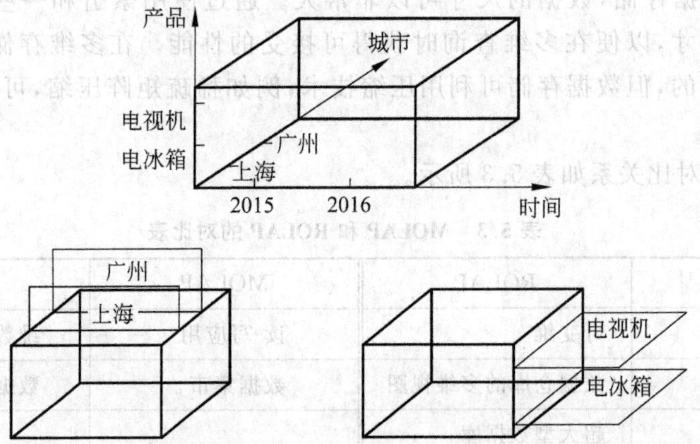

图 5.9　三维数据切片

(2) 切块(dice)可以看成是在切片的基础上，进一步确定各个维成员的区间得到的片段体，也即由多个切片叠合起来。对于时间维的切片(时间取一个确定值)，如果将时间维上的取值设定为一个区间(例如取"2007—2016 年")，而非单一的维成员时，就得到一个数据切块，它可以看成由 2007—2016 年 10 个切片叠合而成的。

2）钻取

钻取(drill)有向下钻取(drill down)和向上钻取(drill up)操作。向下钻取是使用户在多层数据中能通过导航信息而获得更多的细节性数据，而向上钻取获取概括性的数据。例如，2015 年各部门销售收入如表 5.4 所示。

在时间维进行下钻操作，获得 2015 年 4 个季度的数据新表如表 5.5 所示。那么相反的操作为上钻。drill 的深度与维所划分的层次相对应。

表 5.4　部门销售数据

部门	销售
部门 1	900
部门 2	650
部门 3	800

表 5.5　部门销售下钻数据

部门	2015 年			
	第一季度	第二季度	第三季度	第四季度
部门 1	200	200	350	150
部门 2	250	50	150	150
部门 3	200	150	180	270

3）旋转

通过旋转(pivoting)可以得到不同视角的数据。旋转操作相当于平面数据将坐标轴旋转。例如，旋转可能包含了交换行和列，或是把某一个行维移到列维中去，或是把页面显示中的一个维和页面外的维进行交换(令其成为新的行或列中的一个)，如图 5.10 所示。

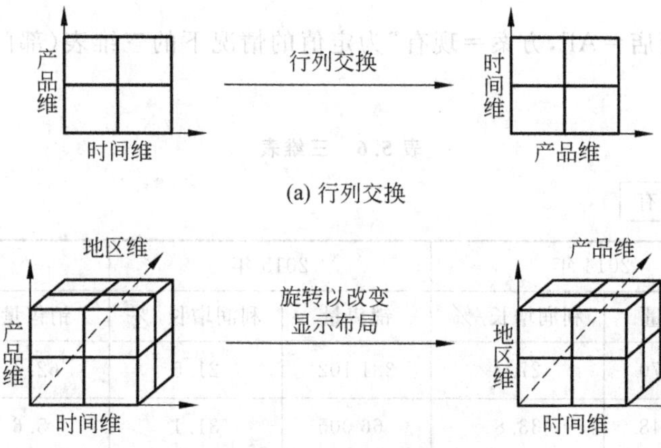

(a) 行列交换

(b) 旋转以改变显示布局

图 5.10　旋转操作

图 5.10(a)是把一个横向为时间、纵向为产品的报表，旋转成为横向为产品、纵向为时间的报表。

图 5.10(b)是把一个横向为时间、纵向为产品的报表，变成一个横向仍为时间而纵向旋转为地区的报表。

2. 广义联机分析处理功能

如上所述，切片、切块、旋转与钻取等操作是最基本的展示数据、获取数据信息的手段。从广义上讲，任何能够有助于辅助用户理解数据的技术或者操作都可以作为联机分析处理功能，这些有别于基本联机分析处理的功能称为广义联机分析处理功能。

1）基本代理操作

“代理”是一些智能性代理，当系统处于某种特殊状态时提醒分析员。它包括以下几类。

(1) 示警报告。定义一些条件，一旦条件满足，系统会提醒分析员去做分析，如每日报告完成或月订货完成等通知分析员做分析。

(2) 时间报告。按日历和时钟提醒分析员。

(3) 异常报告。当超出边界条件时提醒分析员，如销售情况已超出预定义阈值的上限或下限时提醒分析员。

2) 计算能力

计算引擎用于特定需求的计算或某种复杂计算。

3) 模型计算

增加模型，如增加系统优化、统计分析、趋势分析等模型，以提高决策分析能力。

5.2.3 联机分析处理应用实例

假设有一个5维数据模型，5维分别为商店、方案、部门、时间和销售。

1. 三维表查询

在指定两维“商店＝All，方案＝现有”为定值的情况下的三维表（部门、时间和销售量）如表5.6所示。

表5.6 三维表

商店 All 方案 现有

类别	2014年		2015年		增长率/%	
	销售量	利润增长/%	销售量	利润增长/%	销售量	利润增长
服装	234 670	27.2	381 102	21.5	62.4	(20.0)
家具	62 548	33.8	66 005	31.1	5.6	(8.0)
汽车	375 098	22.4	325 402	27.2	(13.2)	21.4
所有其他	202 388	21.3	306 677	21.7	50.7	1.9

其中，无括号数为增长率，有括号数表示下降率。

对于汽车部门出现的奇怪现象，销售下降了13.2%，而利润却增加了21.4%，此时进行向下钻取。

2. 向下钻取

对汽车部门向下钻取出具体项目（维修、附件、音乐）的销售情况和利润增长情况，如表5.7所示。

3. 切片表

切片操作是除去一些列或行不显示，如对表5.6切片后的切片表如表5.8所示。

表 5.7 下钻数据

类别	2014 年		2015 年		增长率/%	
	销售量	利润增长/%	销售量	利润增长/%	销售量	利润增长
汽车	375 098	22.4	325 402	27.2	(13.2)	21.4
维修	195 051	14.2	180 786	15.0	(7.3)	5.6
附件	116 280	43.9	122 545	47.5	5.3	8.2
音乐	63 767	8.2	22 071	14.2	(63.4)	7.3

4. 旋转表

将方案维加入到销售维中。加入方案维的两种情况：现有和计划，这次旋转操作得到 2015 年的方案为：现有、计划、差量(现有与计划的差量)、差量百分比，如表 5.9 所示。

表 5.8 切片表

商店 All 方案 现有

类别	2015 年 销售量
服装	381 102
家具	66 005
汽车	325 402
所有其他	306 677

表 5.9 旋转表

商店 All 方案 现有

类别	2015 年销售量			
	现有	计划	差量	差量百分比/%
服装	381 102	350 000	31 102	8.9
家具	66 005	69 000	(2995)	(4.3)
汽车	325 402	300 000	25 402	8.5
所有其他	306 677	350 000	(44 322)	12.7

5.3 数据仓库的决策支持

数据仓库是一种能够提供重要战略信息，并获得竞争优势的新技术，从而得到了迅速的发展。

战略信息并不为企业日常运作所用，不是关于订货、发货、处理投诉或者从银行账户提款的信息。战略信息比这些信息重要得多，对于企业的生存和持续健康发展有非常重要的意义。企业决定性的商业决策有赖于正确的战略信息。

具体的战略信息包括以下几方面。

(1) 给出销售量最好的产品名单。

(2) 找出出现问题的地区(切片)。

(3) 追踪查找出现问题原因(向下钻取)。

(4) 对比其他的数据(横向钻取)。

(5) 显示最大的利润。

(6) 当一个地区的销售低于目标值时,提出警告信息。

建立数据仓库的目的不只是为了存储更多的数据,而是要对这些数据进行处理并转换成商业信息和知识,利用这些信息和知识来支持企业进行正确的商业行动,并最终获得效益。

数据仓库的功能是在恰当的时间,把准确的信息传递给决策者,使他能做出正确的商业决策。

数据仓库的主要作用是帮助企业摆脱盲目性,提高决策的准确性和决策速度,也就是说,数据仓库的作用正是帮助企业把信息与知识转变为力量(实施正确的行动并获得效益)。

数据仓库的决策支持一般包括:查询与报表,多维分析与原因分析,预测未来。NCR数据仓库公司提出了动态数据库及相应的决策支持:实时决策和自动决策。

针对实际问题,利用决策支持能力,通过人机交互,达到辅助决策的系统称为决策支持系统。

5.3.1 查询与报表

查询和报表是数据仓库的最基本、使用得最多的决策支持方式。通过查询和报表使决策者了解"目前发生了什么"。

1. 查询

数据仓库提供的查询环境的特点如下。

(1) 能向用户提供查询的初始化、公式表示和结果显示等功能。

(2) 由元数据来引导查询过程。

(3) 用户能够轻松地浏览数据结构。

(4) 信息是用户自己主动索取的,而不是数据仓库强加给他们的。

(5) 查询环境必须要灵活地适应不同类型的用户。

查询服务具体体现如下。

① 查询定义。确保数据仓库用户能够容易地将商业需求转换成适当的查询语句。

② 查询简化。让数据和查询公式的复杂性对用户透明。让用户能够简单地查看数据的结构和属性,使组合表格和结构简单易用。

③ 查询重建。有些简单的查询也能导致高强度的数据检索和操作,因此要使用户输入的查询进行分解并重新塑造,使其能更高效地工作。

④ 导航的简单性。用户能够使用元数据在数据仓库中浏览数据,并能容易地用商业术语而不是技术术语来导航。

⑤ 查询执行。使用户能够在没有任何IT人员的帮助下提高并执行查询。

⑥ 结果显示。能够以各种方法显示查询结果。

⑦ 对聚集的了解。查询过程机制必须知道聚集的事实表,并且在必要的时候能够将查询重新定义到聚集表格上,以加快检索速度。

2. 报表

大部分查询均要以报表形式输出。数据仓库构建的报表环境如下。

(1) 预格式化报表。提供这些报表清晰的描述说明,使用户能够容易地浏览格式化报表库中的报表并选择他们需要的报表。

(2) 参数驱动的预定义报表。与预格式化的报表相比,参数驱动的预定义报表给了用户更多的灵活性。用户必须有能力来设置他们自己的参数,用预定义格式创建报表。

(3) 简单的报表开发。当用户除了与格式化报表或预定义报表外还需要新的报表时,他们必须能够轻松地利用报表语言撰写工具来开发他们自己的报表。

(4) 公布和订阅。数据仓库设置选项让用户公布他们自己创建的报表,并允许其他用户订阅或者接收这些报表的备份。

(5) 传递选项。提供各种选项诸如群发、电子邮件、网页和自动传真等让用户传递报表,允许用户选择他们自己的方法来接收报表。

(6) 多数据操作选项。用户可以请求获得计算出来的指标,通过交换行和列变量来实现结果的旋转,在结果中增加小计和最后的总计,以及改变结果的排列顺序等操作。

(7) 多种展现方式选项。提供多种类型的选项,包括图表、表格、柱形格式、字体、风格、大小和地图等。

5.3.2 多维分析与原因分析

多维分析与原因分析能让决策者了解"为什么会发生"。

1. 多维分析

多维分析是数据仓库的重要的决策支持手段。数据仓库的中心数据是以多维数据存储的。通过多维分析将获得在各种不同维度下的实际商业活动值(如销售量等),特别是它们的变化值和差值,达到辅助决策的效果。例如,通过多维分析得到如下信息:今年以来,公司的哪些产品量是最有利润的?最有利润的产品是不是和去年一样的?公司今年这个季度的运营和去年相比情况如何?哪些类别的客户是最忠诚的?

这些问题的答案是典型的基于分析的面向决策的信息。决策分析往往是事先不可知的。例如,一个经理可能会以查询品牌利润按地区的分布情况来开始他的分析活动。每一个利润的数值指的是,在指定时间内,某个品牌所有产品在该地区的所有地方销售利润的平均值。每一个利润数值都可能是由成千上万的原始数据汇聚而成的。

这些分析都是建立在多维数据分析之上进行的。

2. 原因分析

查找问题出现的原因是一项很重要的决策支持任务,一般通过多维数据分析的钻取操作来完成。例如,某公司从分析报表中得知最近几个月来整个企业的利润在急速下滑,为此系统分析员利用数据仓库的原因分析的决策支持手段,通过人机交互找出该企业利润下滑的原因。具体步骤如下。

(1) 查询整个公司最近 3 个月来各个月份的销售额和利润,通过检索数据仓库中的数据显示销售额正常,但利润下降。

(2) 通过多维数据的切块,查询全世界各个区域每个月的销售额和利润,显示欧洲地区销售额下降，利润急剧下降，其他地区正常。

(3) 通过对多维数据的钻取，查询欧洲各国销售额和利润，显示一些国家利润率上升，一些国家持平，欧盟国家利润率急剧下降。

(4) 通过对多维数据的钻取，查询欧盟国家中的直接和间接成本，得到欧盟国家的直接成本没有问题，但间接成本提高了。

(5) 通过钻取查看详细数据，查询间接成本的详细情况，得出企业征收了额外附加税，使利润下降。

通过以上的原因分析，得到企业利润下滑的真正原因是欧盟国家征收了额外附加税。

在数据仓库中，在宏观数据中发现的问题，通过向下钻取操作，查看下层大量详细的多维数据，才能发现问题出现的原因。针对具体问题，通过数据仓库的原因分析，找出问题发生的原因的过程，这是一个典型的数据仓库决策支持系统简例。

5.3.3 预测未来

预测未来使决策者了解“将要发生什么”。

数据仓库中存放了大量的历史数据，从历史数据中找出变化规律，将可以用来预测未来。在进行预测的时候需要用到一些预测模型。最常用的预测方法是采用回归模型，包括线性回归或非线性回归。利用历史数据建立回归方程，该方程代表了沿时间变化的发展规律。预测时，代入预测的时间到回归方程中去就能得到预测值。一般的预测模型有多元回归模型、三次平滑预测模型、生长曲线预测模型等。

除用预测模型外，采用聚类模型或分类模型也能达到一定的预测效果。

聚类模型是对没有类的大量实例，利用距离的远近(如欧式距离和海明距离等)，把大量的实例聚成不同的类，如 k-means 聚类算法和神经网络的 Kohonen 算法等。把实例聚完类后，对新的例子，仍用距离大小来判别它属于哪个类。

对于分类模型，它是对已经有了类别后，分别对各个不同类进行类特征的描述，如决策树方法、神经网络的 BP 模型等。分类模型是通过对各类实例的学习后，得到各类的判别知识(即决策树、神经网络的网络权数值等)，利用这些知识可以对新例判别它属性哪个类别。

5.3.4 实时决策

数据仓库的第 4 种决策支持是企业需要准确了解“正在发生什么”，从而需要建立动态数据仓库(实时数据仓库)，用于支持战术型决策，即实时决策。有效地解决当前的实际问题。前面介绍的 3 种决策支持的数据仓库都以支持企业内部战略性决策为重点，帮助企业制定发展战略。数据仓库对战略性的决策支持是为企业长期决策提供必需的信息，包括市场划分、产品(类别)管理战略、获利性分析、预测和其他信息。战术性决策支持的重点则在企业外部，支持的是执行公司业务的员工。第 4 种决策支持侧重在战术性。

数据仓库的“实时决策”是指为现场提供信息实时支持决策，如能及时跟踪包裹发运的日程安排及路径选择等。

动态数据仓库能够逐项产品、逐个店铺、逐秒地做出最佳决策支持。

若要实现数据仓库的决策支持能力，作为决策基础的信息就必须保持随时更新。这就是说，为了使数据仓库的决策功能真正服务日常业务，就必须连续不断获取数据并将其填充到数据仓库中。战略决策可使用按月或周更新的数据，而以这种频率更新的数据是无法支持战术决策的。此外，查询响应时间必须以秒为单位来衡量，才能满足作业现场的决策需要。

与传统的数据仓库一样，最佳的动态数据仓库是跨越企业职能和部门界限的。它既可为战术决策也可为战略决策提供资源支持。动态数据仓库是为支持企业级业务目标而设计的。与传统的数据仓库相比，它更加深入到企业内部，能将企业的多种渠道，包括网络、呼叫中心和其他客户联络点连为一体。它还意味着通过网络，在企业各个角落配置决策人员。

动态数据仓库的主要功能是缩短重要业务决策及其实施之间的时间。重要的是将动态数据仓库所做的数据分析，转换成可操作的决策，这样才能将数据仓库的价值最大化。动态数据仓库的主导思想是提高业务决策的速度和准确性，其目标是达到近乎实时决策，生成最大价值。

5.3.5 自动决策

数据仓库的第 5 种决策支持是由事件触发，利用动态数据库自动决策，达到“希望发生什么”。

动态数据仓库在决策支持领域中的角色越重要，企业实现决策自动化的积极性就越高。在人工操作效果不明显时，为了寻求决策的有效性和连续性，企业就会趋向于采取自动决策的方式。在电子商务模式中，面对客户与网站的互动，企业只能选择自动决策。网站中或 ATM 系统所采用的交互式客户关系管理(CRM)是一个个性化产品供应、定价和内容发送的优化客户关系的决策过程。这一复杂的过程在无人介入的情况下自动发生，响应时间以秒或毫秒计。

随着技术的进步，越来越多的决策由事件触发，自动发生。例如，零售业正面临电子货架标签的技术突破。该技术的出现废除了原先沿用已久的手工更换的老式聚酯薄膜标签。电子标签可以通过计算机远程控制，改变标价，无须任何手工操作。电子货架标签技术结合动态数据仓库，可以帮助企业按照自己的意愿，实现复杂的价格管理自动化；对于库存过大的季节性货物，这两项技术会自动实施复杂的降价策略，以便以最低的损耗售出最多的存货。降价决策在手工定价时代是一种非常复杂的操作，往往代价高昂，超过了企业的承受能力。带有促销信息和动态定价功能的电子货架标签，为价格管理带来了一个全新的世界。而且，动态数据仓库还允许用户采用事件触发和复杂决策支持功能，以最佳方案，逐件货品、逐家店铺、随时做出决策。

5.4 数据挖掘

从数据库中发现知识(Knowledge Discovery in Database，KDD)是从 20 世纪 80 年代末开始的。KDD 一词是在 1989 年 8 月于美国底特律市召开的第一届 KDD 国际学术会议上正式形成的。KDD 研究的问题有：定性知识和定量知识的发现，知识发现方法以及知识发现的应用等。

1995 年在加拿大召开了第一届知识发现和数据挖掘(Data Mining,DM)国际学术会议。由于把数据库中的“数据”形象地比喻成矿床,“数据挖掘”一词很快流传开来。数据挖掘是知识发现中的核心工作,主要研究发现知识的各种方法和技术。

5.4.1 知识发现和数据挖掘的概念

知识发现(KDD)被认为是从数据中发现有用知识的整个过程。数据挖掘被认为是知识发现过程中的一个特定步骤,它用专门算法从数据中抽取模式(pattern)。

1996 年,Fayyad、Piatetsky-Shapiror 和 Smyth 将 KDD 过程定义为:知识发现是从数据集中识别出有效的、新颖的、潜在有用的,以及最终可理解的模式的高级处理过程。

其中,“数据集”是事实 F(数据库记录)的集合;“模式”是用语言 L 表示的表达式 E,它所描述的数据是集合 F 的一个子集 F_E,它比枚举所有 F_E 中的元素更简单,称 E 为模式;“有效、新颖、潜在有用、可被人理解”表示发现的模式有一定的可信度,应该是新的,将来有实用价值,能被用户所理解。

知识发现过程图如图 5.11 所示。

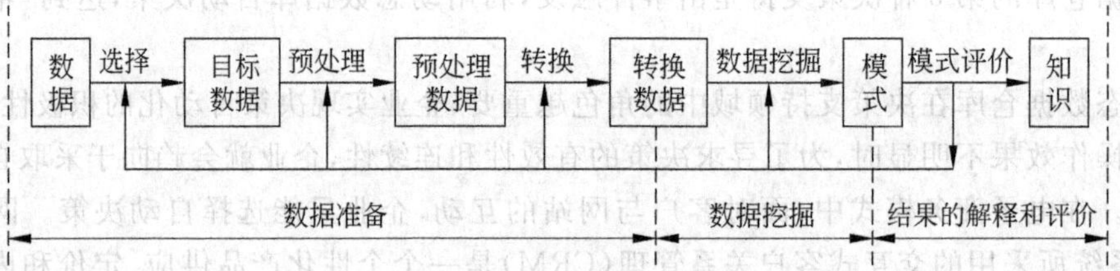

图 5.11 知识发现过程图

知识发现过程可以概括为 3 部分:数据准备(Data Preparation)、数据挖掘(Data Mining)及结果的解释和评估(Interpretation & Evaluation)。

1. 数据准备

数据准备又可分为 3 个子步骤:数据选取(Data Selection)、数据预处理(Data Preprocessing)和数据变换(Data Transformation)。

数据选取的目的是确定发现任务的操作对象,即目标数据(Target Data),是根据用户的需要从原始数据库中抽取的一组数据。

数据预处理一般包括消除噪声、推导计算缺值数据、消除重复记录、完成数据类型转换(如把连续值数据转换为离散型数据,以便于符号归纳,或是把离散型数据转换为连续值型数据,以便于神经网络计算)等。

数据变换的主要目的是消减数据维数或降维(Dimension Reduction),即从初始特征中找出真正有用的特征以减少数据挖掘时要考虑的特征或变量个数。

2. 数据挖掘

数据挖掘阶段首先要确定挖掘的任务或目的,如数据分类、聚类、关联规则发现或序列模式发现等。确定了挖掘任务后,就要决定使用什么样的挖掘算法。选择实现算法有两个考虑因素：一是不同的数据有不同的特点，因此需要用与之相关的算法来挖掘；二是用户或实际运行系统的要求，有的用户可能希望获取描述型的(descriptive)、容易理解的知识(采用规则表示的挖掘方法显然要好于神经网络之类的方法)，而有的用户只是希望获取预测准确度尽可能高的预测型(predictive)知识。选择了挖掘算法后，就可以实施数据挖掘操作，获取有用的模式。

3. 结果的解释和评价

数据挖掘阶段发现出来的模式，经过评价，可能存在冗余或无关的模式，这时需要将其剔除；也有可能模式不满足用户要求，这时则需要回退到发现过程的前面阶段，如重新选取数据、采用新的数据变换方法、设定新的参数值，甚至换一种挖掘算法等。另外，知识发现由于最终是面向人类用户的，因此可能要对发现的模式进行可视化，或者把结果转换为用户易懂的另一种表示，如把分类决策树转换为 if …then…规则。

数据挖掘仅仅是整个过程中的一个步骤。数据挖掘质量的好坏有两个影响要素：一是所采用的数据挖掘技术的有效性，二是用于挖掘的数据质量和数量(数据量的大小)。如果选择了错误的数据或不适当的属性，或对数据进行了不适当的转换，则挖掘的结果是不会好的。

整个挖掘过程是一个不断反馈的过程。例如，用户在挖掘途中发现选择的数据不太好，或使用的挖掘技术产生不了期望的结果。这时，用户需要重复先前的过程，甚至从头重新开始。

可视化技术在数据挖掘的各个阶段都发挥着重要的作用。特别是在数据准备阶段，用户可能要使用散点图、直方图等统计可视化技术来显示有关数据，以期对数据有一个初步的了解，从而为更好地选取数据打下基础。在挖掘阶段，用户则要使用与领域问题有关的可视化工具。在表示结果阶段，则可能要用到可视化技术以使得发现的知识更易于理解。

5.4.2 数据挖掘的方法和技术

数据挖掘方法是由人工智能、机器学习的方法发展而来，结合传统的统计分析方法、模糊数学方法以及科学计算可视化技术，以数据库为研究对象，形成了数据挖掘方法和技术。数据挖掘方法和技术可以分为以下六大类。

1. 归纳学习方法

归纳学习方法是目前重点研究的方向，研究成果较多。从采用的技术上看，分为两大类：信息论方法(这也是常说的决策树方法)和集合论方法。每类方法又包含多个具体方法。

1) 信息论方法

信息论方法(决策树方法)是利用信息论的原理建立决策树。由于该方法最后获得的知识表示形式是决策树，故一般文献中称它为决策树方法。该类方法的实用效果好，影响较大。

信息论方法中较有特色的方法包括以下几种。

(1) ID3、C4.5 等方法。

Quiulan 研制的 ID3 方法是利用信息论中互信息(信息增益)寻找数据库中具有最大信

息量的属性字段，建立决策树的一个结点，再根据该字段的不同取值建立树的分支，再由每个分支的数据子集重复建树的下层结点和分支的过程，这样就建立了决策树。这种方法对数据库越大效果越好。ID3 方法在国际上影响很大。Quiulan 后来在 ID3 方法的基础上开发了 C4.5 方法，提高了识别效果。

(2) IBLE 方法。

本书作者领导的课题组研制了 IBLE 方法，是利用信息论中的信道容量，寻找数据库中信息量从大到小的多个属性字段的取值建立决策规则树的一个结点，根据该结点中指定的各属性取值的权值之和与两个阈值比较，建立左、中、右 3 个分支，在各分支子集中重复建树结点和分支的过程，这就建立了决策规则树。IBLE 方法比 ID3 方法在识别率上提高了10 个百分点。

2) 集合论方法

集合论方法是开展较早的方法。近年来，由于粗糙集理论的发展使集合论方法得到了迅速发展。这类方法中包括：覆盖正例排斥反例方法(AQ 系列方法)、粗糙集(Rough Set)方法、关联规则挖掘方法和概念树方法。

(1) 粗糙集(Rough Set)方法。

在数据库中将行元素(记录)看成对象，列元素看成属性(分为条件属性和决策属性)。等价关系 R 定义为不同对象在某个(或几个)属性上取值相同，这些满足等价关系的对象组成的集合称为该等价关系 R 的等价类。条件属性上的等价类 E 与决策属性上的等价类 Y 之间的关系有 3 种情况。

① 下近似：Y 包含 E。

② 上近似：Y 和 E 的交非空。

③ 无关：Y 和 E 的交为空。

对下近似建立确定性规则，对上近似建立不确定性规则(含可信度)，无关情况不存在规则。

(2) 关联规则挖掘。

关联规则挖掘是在交易事务数据库中，挖掘出不同项(商品)集的关联关系，即发现哪些商品频繁地被顾客同时购买。

关联规则挖掘是在事务数据库 D 中寻找那些不同项集(如 A 和 B 两个商品)同时出现的概率(即 $P(A\cup B)$)大于最小支持度(min_sup)，且在包含一个项集(如 A)的所在事务中，同时也包含另一个项集(如 B)的条件概率(即 $P(B|A)$)大于最小置信度(min_conf)时，则存在关联规则(即 $A\rightarrow B$)。

(3) 覆盖正例排斥反例方法。

它是利用覆盖所有正例，排斥所有反例的思想来寻找规则。比较典型的有 Michalski 的 AQ11 方法，洪家荣改进的 AQ15 方法以及洪家荣的 AE5 方法。

AQ 系列的核心算法是在正例集中任选一个种子，它到反例集中逐个比较，对字段取值构成的选择子相容则舍去，相斥则保留。按此思想循环所有正例种子，将得到正例集的规则(选择子的合取式)。

AE 系列方法是在扩张矩阵中寻找覆盖正例排斥反例的字段值的公共路(规则)。

(4) 概念树方法。

数据库中属性字段的层次结构称为概念树(本体概念树)。如“城市”概念树的最下层是具体市名或县名(如长沙、南京等),它的直接上层是省名(湖南、江苏等),省名的直接上层是国家行政区(华南、华东等),再上层是国名(中国等)。

利用概念树提升的方法可以大大浓缩数据库中的记录。对多个属性字段的概念树提升,将得到高度概括的知识基表,再将它转换成规则。

2. 仿生物技术

仿生物技术典型的方法是神经网络方法和遗传算法。这两类方法已经形成了独立的研究体系。它们在数据挖掘中也发挥了巨大的作用,可将它们归并为仿生物技术类。

1) 神经网络方法

它模拟人脑神经元结构,以 MP 模型和 Hebb 学习规则为基础,建立了三大类多种神经网络模型。

(1) 前馈式网络。

它以感知机、BP 反向传播模型、函数型网络为代表。此类网络可用于预测、模式识别等方面。

(2) 反馈式网络。

它以 Hopfield 的离散模型和连续模型为代表,分别用于联想记忆和优化计算。

(3) 自组织网络。

它以 ART 模型、Kohonen 模型为代表,用于聚类。

神经网络的知识体现在网络连接的权值上,是一个分布式矩阵结构。神经网络的学习体现在神经网络权值的计算上(包括反复迭代或者是累加计算)。

2) 遗传算法

这是模拟生物进化过程的算法。它由 3 个基本算子组成。

(1) 繁殖(选择)。从一个旧种群(父代)选择出生命力强的个体产生新种群(后代)的过程。

(2) 交叉(重组)。选择两个不同个体(染色体)的部分(基因)进行交换,形成新个体。

(3) 变异(突变)。对某些个体的某些基因进行变异(1 变 0,0 变 1)。

这种遗传算法起到产生优良后代的作用。这些后代需要满足适应值(问题的解),经过若干代的遗传,将得到满足要求的后代(问题的解)。遗传算法已在优化计算和分类机器学习方面发挥了显著的效果。

3. 公式发现

在工程和科学数据库(由实验数据组成)中对若干数据项(变量)进行一定的数学运算,求得相应的数学公式。下面介绍两种公式发现系统。

1) 物理定律发现系统 BACON

BACON 发现系统完成了物理学中大量定律的重新发现。它的基本思想是对数据项进行初等数学运算(加、减、乘、除等)形成组合数据项,若它的值为常数项,就得到了组合数据项等于常数的公式,该系统有 5 个版本,分别为 BACON.1～BACON.5。

2）经验公式发现系统 FDD

本书作者研制了 FDD 发现系统。它的基本思想是对两个数据项交替取初等函数后与另一数据项的线性组合若为直线时，就找到了数据项（变量）的初等函数的线性组合公式。该系统所发现的公式就比 BACON 系统发现的公式更宽些，该系统有 3 个版本，分别为 FDD.1～FDD.3。

4. 统计分析方法

统计分析是通过对总体中的样本数据进行分析得出描述和推断该总体信息和知识的方法，这些信息和知识揭示了总体中的内部规律。它是一门独立学科，也作为数据挖掘的一大类方法。有以下几种统计分析方法。

1）常用统计

在大量数据中求最大值、最小值、总和、平均值等。

2）相关分析

通过求变量间的相关系数来确定变量间的相关程度。

3）回归分析

建立回归方程（线性或非线性）以表示变量间的数量关系，再利用回归方程进行预测。

4）假设检验

在总体存在某些不确定情况时，为了推断总体的某些性质，提出关于总体的某些假设，对此假设利用置信区间来检验，即将任何落在置信区间之外的假设判断为“拒绝”，任何落在置信区间之内的假设判断为“接受”。

5）聚类分析

将样品或变量进行聚类的方法。具体方法是把样品中每一个样品看成是 m 维空间的一个点，聚类是把“距离”较近的点归为同一类，而将“距离”较远的点归为不同的类。

6）判别分析

建立一个或多个判别函数，并确定一个判别标准。对未知对象利用判别函数将它划归某一个类别。

5. 模糊数学方法

模糊性是客观的存在，当系统的复杂性越高，其精确化能力便越低，这就意味着模糊性越强。这是 Zadeh 总结出的互克性原理。

利用模糊集合理论进行数据挖掘有如下方法：模糊模式识别、模糊聚类、模糊分类和模糊关联规则等。

6. 可视化技术

可视化技术是一种图形显示技术。例如，把数据库中多维数据变成多种图形，这对于揭示数据中的内在本质以及分布规律起到很强的作用。对数据挖掘过程可视化，并进行人机交互可提高数据挖掘的效果。

D. A. Keim 将数据挖掘可视化定义为：数据挖掘可视化是指寻找和分析数据库，以找到潜在的有用信息的过程。

可视化方法有以下几种。

1）提取几何图元

这是可视化系统的主要部分，由不同类型的数据（点、线）构造成表面或体模型。它是构造、仿真、分析数据分布模型的有效手段。

2）绘制

这是利用计算机图形学中的成果，进行图像生成、消隐、光照效应及绘制。

3）显示和演放

为了取得有效的显示效果，这一部件将提供图片组合、文件标准、着色、旋转、放大、存储等功能。

可视化绘制（render）方法就是把隐藏于大容量计算数据集中的物理信息转化为有组织结构表示的视觉信号集合，如空间几何形状、颜色、亮度等。目前常用的可视化绘制方法有几何法、彩色法、多媒体法和光学法。

5.4.3 数据挖掘的知识表示

数据挖掘各种方法获得的知识的表示形式，目前主要有6种：规则、决策树、知识基（浓缩数据）、网络权值、公式和案例。

1. 规则

规则知识由前提条件和结论两部分组成。前提条件由属性的取值的合取（与∧）和析取（或∨）组合而成，结论由决策属性的取值或者类别组成。

用一个简单例子进行说明，如两类人群的9个元组（记录）如表5.10所示。

表5.10 两类人数据示例

类别	身高	头发	眼睛	类别	身高	头发	眼睛
第一类人	矮	金色	蓝色	第二类人	高	金色	黑色
	高	红色	蓝色		矮	黑色	蓝色
	高	金色	蓝色		高	黑色	蓝色
	矮	金色	灰色		高	黑色	灰色
					矮	金色	黑色

利用数据挖掘方法，将能得到如下规则知识：

if（发色＝金色∨红色）∧（眼睛＝蓝色∨灰色）then　第一类人

if（发色＝黑色）∨（眼睛＝黑色）then　第二类人

即凡是具有金色或红色的头发，并且同时具有蓝色或灰色眼睛的人属于第一类人；凡是具有黑色头发或黑色眼睛的人属于第二类人。

2. 决策树

数据挖掘的信息论方法所获得的知识一般表示为决策树。

如ID3方法的决策树是由信息量最大的属性作为根结点，它的各个取值为分支，对各个分支所划分的数据元组(记录)子集，重复建树过程，扩展决策树，最后得到相同类别的子集，以该类别作为叶结点。

例如，上例的人群数据库，按ID3方法得到的决策树如图5.12所示。

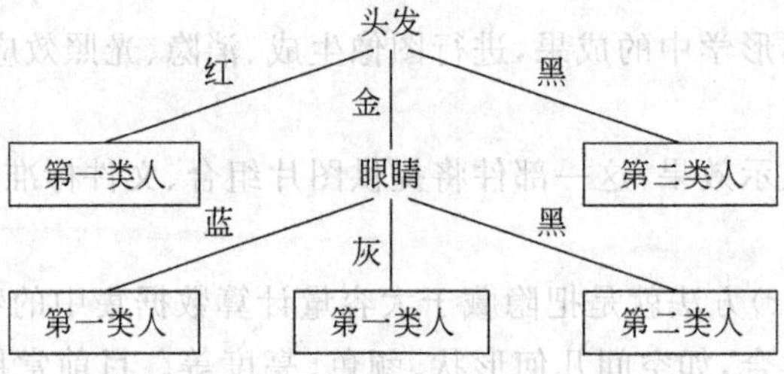

图5.12 决策树

3. 知识基

数据挖掘方法能计算出数据库中属性的重要程度，对于不重要的属性可以删除。对数据库中的元组(记录)能按一定的原则合并。这样，通过数据挖掘的方法能大大压缩数据库的元组和字段项，最后得到浓缩数据，称为知识基。它是原数据库的精华，很容易转换成规则知识。

例如，上例的人群数据库，通过计算可以得出身高是不重要的字段，删除它后，再合并相同数据元组，得到浓缩数据，如表5.11所示。

表5.11 知识基(浓缩数据)

类别	头发	眼睛	类别	头发	眼睛
第一类人	金色	蓝色	第二类人	金色	黑色
第一类人	红色	蓝色	第二类人	黑色	蓝色
第一类人	金色	灰色	第二类人	黑色	灰色

4. 网络权值

神经网络方法经过对训练样本的学习后，所得到的知识是网络连接权值和结点的阈值，一般表示为矩阵和向量。例如，异或问题的网络权值和阈值分别如图5.13所示。

5. 公式

在科学和工程数据库中，一般存放的是大量实验数据(数值)。它们中蕴含着一定的规律性，通过公式发现算法，可以找出各种变量间的相互关系，用公式表示。

例如，太阳系行星运动数据中包含行星运动周期(旋转一周所需时间，天)，以及它与太阳的距离(围绕太阳旋转的椭圆轨道的长半轴，百万千米)，数据如表5.12所示。

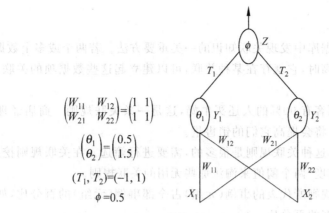

$$\begin{pmatrix} W_{11} & W_{12} \\ W_{21} & W_{22} \end{pmatrix}=\begin{pmatrix} 1 & 1 \\ 1 & 1 \end{pmatrix}$$

$$\begin{pmatrix} \theta_1 \\ \theta_2 \end{pmatrix}=\begin{pmatrix} 0.5 \\ 1.5 \end{pmatrix}$$

$$(T_1, T_2)=(-1, 1)$$

$$\phi=0.5$$

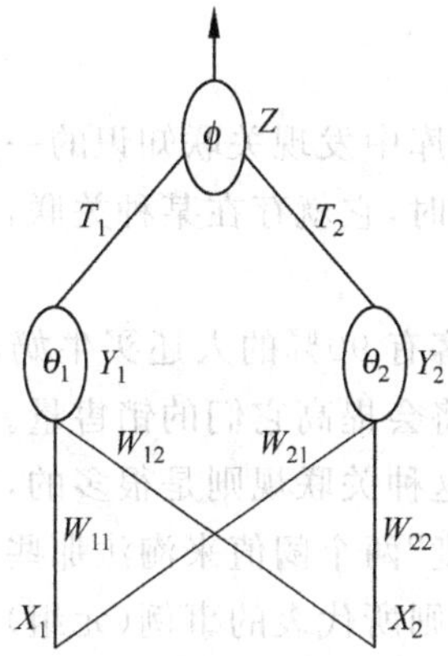

图 5.13　神经网络结构和权值

表 5.12　太阳系行星数据

参数	水星	金星	地球	火星	木星	土星
周期 p	88	225	365	687	4343.5	10 767.5
距离 d	58	108	149	228	778	1430

通过物理定律发现系统 BACON 和我们研制的经验公式发现系统 FDD 均可以得到开普勒第三定律：$d^3/p^2=25$。

6. 案例

案例是人们经历过的一次完整的事件。当人们为解决一个新问题时，总是先回顾自己以前处理过的类似事件(案例)。利用以前案例中解决问题的方法或者处理的结果，作为参考并进行适当地修改，以解决当前新问题。利用这种思想建立起基于案例的推理(Case Based Reasoning，CBR)。CBR 的基础是案例库，在案例库中存放了大量的成功或失败的案例。CBR 利用相似检索技术，对新问题到案例库中搜索相似案例，再经过对旧案例的修改来解决新问题。

可见，案例是解决新问题的一种知识。案例知识一般表示为三元组：

＜问题描述，解描述，效果描述＞

(1) 问题描述：待求解问题及周围世界或环境的所有特征的描述。

(2) 解描述：对问题求解方案的描述。

(3) 效果描述：描述解决方案后的结果情况，是失败还是成功。

5.5　数据挖掘的决策支持

5.5.1　数据挖掘的决策支持分类

数据挖掘的决策支持分类有 6 种：关联分析、时序模式、聚类、分类、偏差检测和预测。

1. 关联分析

关联分析是从数据库中发现关联知识的一类重要方法。若两个或多个数据项的取值之间重复出现且概率很高时，它就存在某种关联，可以建立起这些数据项的关联规则知识，为决策服务。

例如，买面包的顾客有90%的人还买牛奶，这是一条关联规则。商店经理决定将面包和牛奶放在一起销售，将会提高它们的销售量。

在大型数据库中，这种关联规则是很多的，需要进行筛选。在关联规则挖掘方法中，一般用"支持度"和"可信度"两个阈值来淘汰那些无用的关联规则。

"支持度"表示该规则所代表的事例(元组)占全部事例(元组)的百分比，如买面包又买牛奶的顾客占全部顾客的百分比。

"可信度"表示该规则所代表事例占满足前提条件事例的百分比，如买面包又买牛奶的顾客占买面包顾客中的90%。

关联分析的数据挖掘方法主要是关联规则挖掘方法。

2. 时序模式

通过时间序列搜索出重复发生概率较高的模式。这里强调时间序列的影响。例如，在所有购买了激光打印机的人中，半年后40%的人再购买新硒鼓，60%的人用旧硒鼓装碳粉；在所有购买了彩色电视机的人中，有60%的人再购买VCD产品。

在时序模式中，需要找出在某个最小时间内出现比率一直高于某一最小百分比(阈值)的规则。这些规则是商店制订进货计划的依据。

时序模式中，一个有重要影响的方法是"相似时序"。用"相似时序"的方法，要按时间顺序查看时间事件数据库，从中找出另一个或多个相似的时序事件。例如，在零售市场上，找到另一个有相似销售的部门，在股市中找到有相似波动的股票。

3. 聚类

数据库中的数据可以划分为一系列有意义的子集，即类。在同一类别中，个体之间的距离较小，而不同类别上的个体之间的距离偏大。聚类增强了人们对客观现实的认识，即通过聚类建立宏观概念。例如，鸡、鸭、鹅等都属于家禽。

聚类能有效地帮助人们认识客观事物，鉴别事物。聚类方法包括统计分析方法、机器学习方法、神经网络方法等。

在统计分析方法中，聚类分析是基于距离的聚类，如欧氏距离、海明距离等。这种聚类分析方法是一种基于全局比较的聚类，它需要考查所有的个体才能决定类的划分。

在机器学习方法中，聚类是无导师的学习。在这里距离是根据概念的描述来确定的，故聚类也称为概念聚类，当聚类对象动态增加时，概念聚类则称为概念形成。

在神经网络中，自组织神经网络方法用于聚类，如ART模型、Kohonen模型等，这是一种无监督学习方法。当给定距离阈值后，各样本按阈值进行聚类。

4. 分类

分类是数据挖掘中应用得最多的决策支持技术。分类是在聚类的基础上，对已找出的各个类别获取它的概念描述，它代表了这类数据的整体信息，即该类的内涵描述。一般用规则或决策树模式表示。该模式能把数据库中的元组映射到给定类别中的某一个。分类技术能鉴别和预测新事物的类别和种类。

一个类的内涵描述分为：特征描述和辨别性描述。

特征描述是对类中对象的共同特征的描述，辨别性描述是对两个或多个类之间的区别的描述。特征描述允许不同类中具有共同特征，而辨别性描述对不同类不能有相同特征。辨别性描述用得更多。

分类是利用训练样本集（已知数据库元组和类别所组成的样本）通过有关算法求出各类别的分类知识，这些分类知识可用来鉴别和预测新事物。

建立分类决策树知识的方法，典型的有 ID3、C4.5、IBLE 等方法。建立分类规则知识的方法，典型的有 AQ 方法、粗糙集方法、遗传分类器等。

目前，分类方法的研究成果较多，判别方法的好坏，可从 3 个方面进行：预测准确度（对非样本数据的判别准确度）、计算复杂度（方法实现时对时间和空间的复杂度）和模式的简洁度（在同样效果情况下，希望决策树小或规则少）。

在数据库中，往往存在噪声数据（错误数据）、缺损值、疏密不均匀等问题。它们对分类算法获取的知识将产生坏的影响。

5. 偏差检测

数据库中的数据存在很多异常情况，从数据分析中发现这些异常情况也是很重要的，以引起人们对它更多的注意。当找出出现偏差的事物，就可以帮助人们去分析出现偏差的原因。例如，偏差检测可以帮助人们去分析不合格产品的出现原因。

偏差包括很多有用的知识，如分类中的反常实例、模式的例外、观察结果对模型预测的偏差和量值随时间的变化。

偏差检测的基本方法是寻找观察结果与参照之间的差别。观察常常是某一个域值或多个域值的汇总。参照是给定模型的预测、外界提供的标准或另一个观察。

6. 预测

预测是利用历史数据找出变化规律，建立模型，并用此模型来预测未来数据的种类、特征等。这是一种很重要的决策支持手段。

典型的方法是回归分析，即利用大量的历史数据，以时间为变量建立线性或非线性回归方程。预测时，只要输入任意的时间值，通过回归方程就可求出该时间的状态。

近年来发展起来的神经网络方法，如 BP 模型，它实现了非线性样本的学习，能进行非线性函数的判别。

分类也能进行预测，但分类一般用于离散数值。回归预测用于连续数值。神经网络方法预测既可用于连续数值，也可用于离散数值。

5.5.2 决策树的挖掘及其应用

1. 决策树概念

决策树是用样本的属性作为结点,用属性的取值作为分支的树结构。它是利用信息论原理对大量样本的属性进行分析和归纳而产生的。决策树的根结点是所有样本中信息量最大的属性。树的中间结点是以该结点为根的子树所包含的样本子集中信息量最大的属性。决策树的叶结点是样本的类别值。

决策树用于对新样本的分类,即通过决策树对新样本属性值的测试,从树的根结点开始,按照样本属性的取值,逐渐沿着决策树向下,直到树的叶结点,该叶结点表示的类别就是新样本的类别。决策树方法是数据挖掘中非常有效的分类方法。

决策树是一种知识表示形式,它是对所有样本数据的高度概括,即决策树能准确地识别所有样本的类别,也能有效地识别新样本的类别。

决策树的概念最早出现在 CLS(Concept Learning System)中,影响最大的是 J. R. Quinlan 于 1986 年提出的 ID3 方法,他提出用信息增益(即信息论中的互信息)来选择属性作为决策树的结点。由于决策树的建树算法思想简单,识别样本效率高的特点,使 ID3 方法成为当时机器学习领域中最有影响的方法之一。后来,不少学者提出了改进 ID3 的方法,比较有影响的是 ID4、ID5 方法。J. R. Quinlan 于 1993 年提出了改进 ID3 的 C4.5 方法,C4.5 方法是用信息增益率来选择属性作为决策树的结点,这样建立的决策树识别样本的效率更提高了。C4.5 方法还增加了剪枝、连续属性的离散化、产生规则等功能。它使决策树方法再一次得到了提高。

从 ID3 方法到 C4.5 方法,决策树的结点均由单个属性构成,缺少不同属性的关系。我们在研究信息论以后,于 1991 年提出了基于信道容量的 IBLE 方法,于 1994 年提出了基于归一化互信息的 IBLE-R 方法。这两种方法建立的是决策规则树。树的结点由多个属性组成。这样,在树的结点中体现了多个属性的相互关系。由于信道容量是互信息的最大值,它不随样本数的改变而改变,从而使 IBLE 方法在样本识别效率上,比 ID3 方法提高了 10 个百分点。IBLE-R 方法在 IBLE 方法的基础上增加了产生规则的功能。

决策树方法 ID3 和 C4.5 以及决策规则树方法 IBLE 和 IBLE-R 的理论基础都是信息论。

2. ID3 方法

1) ID3 的基本思想

J. R. Quinlan 的 ID3(Interative Dicremiser Versions 3)的工作过程是,首先找出最有判别力(信息增益(Information Gain))的属性,按属性的取值不同把数据分成多个子集,每个子集又选择最有判别力的属性进行划分,一直进行到所有子集仅包含同一类型的数据为止。最后得到一棵决策树,可以用它来对新的实例进行分类。

在一实体世界中,每个实体用多个属性来描述。每个属性限于在一个离散集中取互斥的值。例如,设实体是某天气候现象,分类任务是关于气候的类型,属性如下。

天气,取值为晴、多云、雨。

气温，取值为冷、适中、热。

湿度，取值为高、正常。

风，取值为有风、无风。

某天气候现象的描述如下。

天气：多云。气温：冷。湿度：正常。风：无风。

它属于哪类气候呢？要解决这个问题，需要用某个原则来判定，这个原则来自于大量的实际例子，从例子中总结出原则，有了原则就可以判定任何一天的气候了。

每个实体在世界中属于不同的类别，为简单起见，假定仅有两个类别，分别为P、N。在这种两个类别的归纳任务中，P类和N类的实体分别称为概念的正例和反例。将一些已知的正例和反例放在一起便得到训练集。

表5.13给出一个训练集。由ID3算法得出一棵正确分类训练集中每个实体的决策树，如图5.14所示。

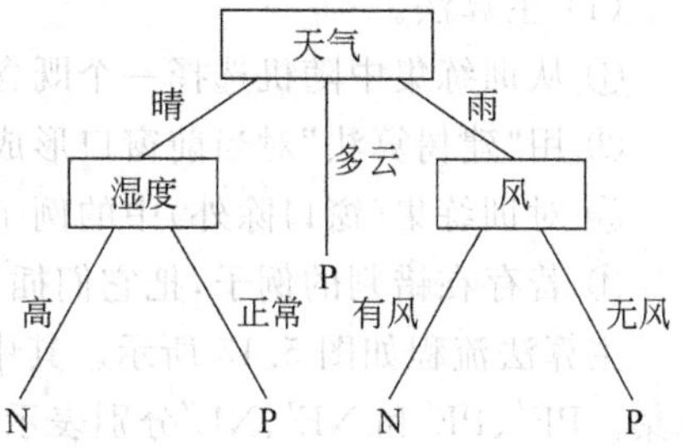

图5.14 ID3决策树

表5.13 气候训练集

序号	属性				类别
	天气	气温	湿度	风	
1	晴	热	高	无风	N
2	晴	热	高	有风	N
3	多云	热	高	无风	P
4	雨	适中	高	无风	P
5	雨	冷	正常	无风	P
6	雨	冷	正常	有风	N
7	多云	冷	正常	有风	P
8	晴	适中	高	无风	N
9	晴	冷	正常	无风	P
10	雨	适中	正常	无风	P
11	晴	适中	正常	有风	P
12	多云	适中	高	有风	P
13	多云	热	正常	无风	P
14	雨	适中	高	有风	N

决策树叶子为类别名，即P或者N。其他结点由实体的属性组成，每个属性的不同取值对应一分支。若要对一实体分类，从树根开始进行测试，按属性的取值分支向下进入下层

结点，对该结点进行测试，过程一直进行到叶结点，实体被判为属于该叶结点所标记的类别。现用图 5.14 来判断本例，得该实体的类别为 P 类。ID3 就是要从表 5.13 的训练集构造出如图 5.14 所示的决策树。

实际上，能正确分类训练集的决策树不止一棵。Quinlan 的 ID3 算法能得出结点最少的决策树。

2）ID3 算法

（1）主算法。

① 从训练集中随机选择一个既含正例又含反例的子集（称为“窗口”）。

② 用“建树算法”对当前窗口形成一棵决策树。

③ 对训练集（窗口除外）中的例子用所得决策树进行类别判定，找出错判的例子。

④ 若存在错判的例子，把它们插入窗口，转②，否则结束。

主算法流程如图 5.15 所示。其中，PE、NE 分别表示正例集和反例集，它们共同组成训练集。PE′、PE″和 NE′、NE″分别表示正例集和反例集的子集。

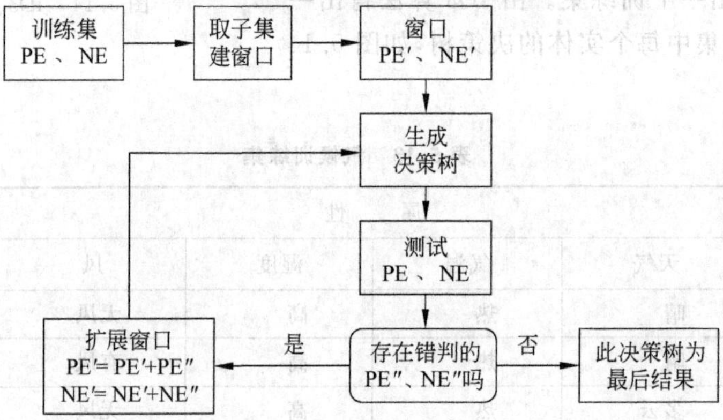

图 5.15　ID3 主算法流程

主算法中每迭代循环一次，生成的决策树将会不相同。

（2）建树算法。

① 对当前例子集合，计算各属性的互信息。

② 选择互信息最大的属性 A_k。

③ 把在属性 A_k 的取值相同的例子归于同一子集，A_k 取几个值就得几个子集。

④ 对既含正例又含反例的子集，递归调用建树算法。

⑤ 若子集仅含正例或反例，对应分支标上 P 或 N，返回调用处。

3. ID3 方法应用实例

对于气候分类问题进行以下具体计算。

1）信息熵的计算

信息熵：

$$H(U)=-\sum_{i}P(u_i)\log_2 P(u_i)$$

类别 u_i 出现的概率：

$$P(u_i)=\frac{|u_i|}{|S|}$$

$|S|$ 表示例子集 S 的总数，$|u_i|$ 表示类别 u_i 的例子数。

对 9 个正例 u_1 和 5 个反例 u_2 有

$$P(u_1) = 9/14 \quad P(u_2) = 5/14$$

$$H(U) = (9/14)\log_2(14/9) + (5/14)\log_2(14/5) = 0.94(\text{bit})$$

2）条件熵计算

条件熵：

$$H(U/V) = -\sum_j P(v_j)\sum_i P(u_i/v_j)\log_2 P(u_i/v_j)$$

属性 A_1 取值 v_j 时，类别 u_i 的条件概率：

$$P(u_i/v_j)=\frac{|u_i|}{|v_j|}$$

A_1 = 天气的取值：

$$v_1 = 晴，\quad v_2 = 多云，\quad v_3 = 雨$$

在 A_1 处取值“晴”的例子 5 个，取值“多云”的例子 4 个，取值“雨”的例子 5 个，故

$$P(v_1) = 5/14 \quad P(v_2) = 4/14 \quad P(v_3) = 5/14$$

在取值为“晴”的 5 个例子中有 2 个正例、3 个反例，故

$$P(u_1/v_1) = 2/5, \quad P(u_2/v_1) = 3/5$$

同理有

$$P(u_1/v_2) = 4/4, \quad P(u_2/v_2) = 0$$

$$P(u_1/v_3) = 2/5, \quad P(u_2/v_3) = 3/5$$

$$\begin{aligned}H(U/V) &= (5/14)((2/5)\log_2(5/2) + (3/5)\log_2(5/3)) \\ &\quad + (4/14)((4/4)\log_2(4/4) + 0) \\ &\quad + (5/14)((2/5)\log_2(5/2) + (3/5)\log_2(5/3)) \\ &= 0.694(\text{bit})\end{aligned}$$

3）互信息计算

对 A_1 = 天气，有

$$I(天气) = H(U) - H(U \mid V) = 0.94 - 0.694 = 0.246(\text{bit})$$

类似可得：

$$I(气温) = 0.029(\text{bit})$$

$$I(湿度) = 0.151(\text{bit})$$

$$I(风) = 0.048(\text{bit})$$

4）建决策树的树根和分支

ID3 算法将选择互信息最大的属性“天气”作为树根，在 14 个例子中对“天气”的 3 个取值进行分支，3 个分支对应 3 个子集，分别是

$$F_1 = \{1,2,8,9,11\}, \quad F_2 = \{3,7,12,13\}, \quad F_3 = \{4,5,6,10,14\}$$

其中，F_2 中的例子全属于 P 类，因此对应分支标记为 P，其余两个子集既含有正例又含有反

例，将递归调用建树算法。

5）递归建树

分别对 F_1 和 F_3 子集利用 ID3 算法，在每个子集中对各属性(仍为 4 个属性)求互信息。

(1) F_1 中的“天气”全取“晴”值，则 $H(U)=H(U|V)$，有 $I(U|V)=0$，在余下 3 个属性中求出“湿度”互信息最大，以它为该分支的根结点，再向下分支。“湿度”取“高”的例子全为 N 类，该分支标记 N。取值“正常”的例子全为 P 类，该分支标记 P。

(2) 在 F_3 中，对 4 个属性求互信息，得到“风”属性互信息最大，则以它为该分支根结点。再向下分支，“风”取“有风”时全为 N 类，该分支标记 N；取“无风”时全为 P 类，该分支标记 P。

这样就得到图 5.14 所示的决策树。

4. C4.5 方法

ID3 算法在数据挖掘中占有非常重要的地位。但是，在应用中，ID3 算法不能够处理连续属性、计算信息增益时偏向于选择取值较多的属性等不足。C4.5 是在 ID3 基础上发展起来的决策树生成算法，由 J. R. Quinlan 在 1993 年提出。C4.5 克服了 ID3 在应用中存在的不足，主要体现在以下几个方面。

(1) 用信息增益率来选择属性，它克服了用“信息增益”选择属性时偏向选择取值多的属性的不足。

(2) 在树构造过程中或者构造完成之后，进行剪枝。

(3) 能够完成对连续属性的离散化处理。

(4) 能够完成对于不完整数据的处理，如未知的属性值。

(5) C4.5 采用的知识表示形式仍为决策树，并最终可以形成产生式规则。

设 T 为数据集，类别集合为 $\{C_1, C_2, \cdots, C_k\}$，选择一个属性 V 把 T 分为多个子集。设 V 有互不重合的 n 个取值 $\{v_1, v_2, \cdots, v_n\}$，则 T 被分为 n 个子集 $T_1, T_2, \cdots, T_n$，这里，T_i 中的所有实例的取值均为 v_i。

令：$|T|$ 为数据集 T 的例子数，$|T_i|$ 为 $V=v_i$ 的例子数，$|C_j|=\text{freq}(C_j, T)$，为 C_j 类的例子数，$|C_{jv}|$ 是 $V=v_i$ 例子中，具有 C_j 类别的例子数。

则有：

① 类别 C_j 的发生概率：$p(C_j)=|C_j|/|T|=\text{freq}(C_j, T)/|T|$。

② 属性 $V=v_i$ 的发生概率：$p(v_i)=|T_i|/|T|$。

③ 属性 $V=v_i$ 的例子中，具有类别 C_j 的条件概率：$p(C_j|v_i)=|C_{jv}|/|T_i|$。

Quinlan 在 ID3 中使用信息论中的信息增益(gain)来选择属性，而 C4.5 采用属性的信息增益率(gain ratio)来选择属性。

以下公式中的 $H(C)$、$H(C/V)$、$I(C, V)$、$H(V)$ 是信息论中的写法，而 info(T)、info$_V$(T)、gain(V)、split_info(V)、gain_ratio 是 Quinlan 的写法。在此统一起来。

1）类别的信息熵

$$H(C)=-\sum_j p(C_j)\log_2(p(C_j))$$

$$=-\sum_j \frac{|C_j|}{T}\log_2\left(\frac{|C_j|}{|T|}\right)$$

$$= -\sum_{j=1}^{k} \frac{\mathrm{freq}(C_j, T)}{|T|} \times \log_2\left(\frac{\mathrm{freq}(C_j, T)}{|T|}\right) = \mathrm{info}(T)$$

2）类别条件熵

按照属性 V 把集合 T 分割，分割后的类别条件熵为

$$H(C \mid V) = -\sum_j p(v_j) \sum_i p(C_j \mid v_i) \log_2 p(C_j \mid v_i)$$

$$= -\sum_j \frac{|T_j|}{|T|} \sum_i \frac{|C_j^v|}{T_i} \log_2 \frac{|C_j^v|}{T_i}$$

$$= \sum_{i=1}^{n} \frac{|T_i|}{|T|} \times \mathrm{info}(T_i) = \mathrm{info}_V(T)$$

3）信息增益，即互信息

$$I(C,V) = H(C) - H(C \mid V) = \mathrm{info}(T) - \mathrm{info}_V(T) = \mathrm{gain}(V)$$

4）属性 V 的信息熵

$$H(V) = -\sum_i p(v_i) \log_2(p(v_i))$$

$$= -\sum_{i=1}^{n} \frac{|T_i|}{|T|} \times \log_2\left(\frac{|T_i|}{|T|}\right)$$

$$= \mathrm{split\_info}(V)$$

5）信息增益率

$$\mathrm{gain\_ratio} = I(C,V)/H(V) = \mathrm{gain}(V)/\mathrm{split\_info}(V)$$

C4.5 对 ID3 改进是用信息增益率来选择属性。

理论和实验表明，采用“信息增益率”(C4.5 方法)比采用“信息增益”(ID3 方法)更好，主要是克服了 ID3 方法选择偏向取值多的属性。

关于 C4.5 中的对连续属性的处理、对决策树的剪枝、不完整数据的处理、产生式规则的形成等方法在此省略。

5.5.3 关联规则及应用

关联规则(Association Rule)挖掘是发现大量数据库中项集之间的关联关系。随着大量数据的增加和存储，许多人士对于从数据库中挖掘关联规则越来越感兴趣。从大量商业事务中发现有趣的关联关系，可以帮助许多商业决策的制定，如分类设计、交叉购物等。

目前，关联规则挖掘已经成为数据挖掘领域重要的研究方向。关联规则模式属于描述型模式，发现关联规则的算法属于无监督学习的方法。

Agrawal 等人于 1993 年首先提出了挖掘顾客交易数据库中项集间的关联规则问题，以后诸多的研究人员对关联规则的挖掘问题进行了大量的研究。他们的工作包括对原有的算法进行优化，如引入随机采样、并行的思想等，以提高算法挖掘规则的效率，以及对关联规则的应用进行推广。

现已有独立于 Agrawal 的频繁集方法的工作，以克服频繁集方法的一些缺陷，探索挖掘关联规则的新方法。同时随着联机分析处理技术的成熟和应用，将联机分析处理和关联规则结合也成了一个重要的方向。也有一些工作注重于对挖掘到的模式的价值进行评估，

他们提出的模型建议了一些值得考虑的研究方向。

1. 关联规则的挖掘原理

关联规则是发现交易数据库中不同商品(项)之间的联系,找出顾客购买行为模式,如购买了某一商品对购买其他商品的影响。发现这样的规则可以应用于商品货架设计、货存安排以及根据购买模式对用户进行分类。现实中,这样的例子很多。最典型的例如超级市场利用前端收款机收集存储了大量的售货数据,这些数据是一条条的购买事务记录,每条记录存储了事务处理时间,顾客购买的物品、物品的数量及金额等。这些数据中常常隐含形式如下的关联规则:

在购买铁锤的顾客当中,有70%的人同时购买了铁钉。

这些关联规则很有价值,商场管理人员可以根据这些关联规则更好地规划商场,如把铁锤和铁钉这样的商品摆放在一起,从而促进销售。

有些数据不像售货数据那样很容易就能看出一个事务是许多物品的集合,但稍微转换一下思考角度,仍然可以像售货数据一样处理。例如人寿保险,一份保单就是一个事务。保险公司在接受保险前,往往需要记录投保人详尽的信息,有时还要到医院做身体检查。保单上记录有投保人的年龄、性别、健康状况、工作单位、工作地址、工资水平等。

这些投保人的个人信息就可以看作事务中的物品。通过分析这些数据,可以得到类似以下这样的关联规则:

年龄在40岁以上,工作在A区的投保人当中,有45%的人曾经向保险公司索赔过。在这条规则中,"年龄在40岁以上"是物品甲,"工作在A区"是物品乙,"向保险公司索赔过"则是物品丙。可以看出来,A区可能污染比较严重,环境比较差,导致工作在该区的人健康状况不好,索赔率也相对比较高。

1) 基本原理

设 $I=\{i_1,i_2,\cdots,i_m\}$ 是项(item)的集合。记 D 为事务(transaction)的集合(事务数据库),事务 T 是项的集合,并且 $T\subseteq I$。对每一个事务有唯一的标识,如事务号,记做TID。设 A 是 I 中一个项集,如果 $A\subseteq T$,那么称事务 T 包含 A。

定义1:关联规则是形如 $A\rightarrow B$ 的蕴含式,这里 $A\subset I, B\subset I$,并且 $A\cap B=\varnothing$。

定义2:规则的支持度。规则 $A\rightarrow B$ 在数据库 D 中具有支持度 S,表示 S 是 D 中事务同时包含 A 和 B 的百分比,它是概率 $P(AB)$,即

$$S(A\rightarrow B)=P(AB)=\frac{|AB|}{|D|} \tag{5.1}$$

其中,$|D|$ 表示事务数据库 D 的个数,$|AB|$ 表示 A、B 两个项集同时发生的事务个数。

定义3:规则的可信度。规则 $A\rightarrow B$ 具有可信度 C,表示 C 在包含 A 项集的同时也包含 B 项集,相对于包含 A 项集的百分比,这是条件概率 $P(B|A)$,即

$$C(A\rightarrow B)=P(B\mid A)=\frac{|AB|}{|A|} \tag{5.2}$$

其中,$|A|$ 表示数据库中包含项集 A 的事务个数。

定义4:阈值。为了在事务数据库中找出有用的关联规则,需要由用户确定两个阈值:

最小支持度(min_sup)和最小可信度(min_conf)。

定义 5：项的集合称为项集(itemset)，包含 k 个项的项集称为 k-项集。如果项集满足最小支持度，则它称为频繁项集(frequent itemset)。

定义 6：关联规则。同时满足最小支持度(min_sup)和最小可信度(min_conf)的规则称为关联规则，即 $S(A\rightarrow B)>\text{min\_sup}$ 且 $C(A\rightarrow B)>\text{min\_conf}$ 成立时，规则 $A\rightarrow B$ 称为关联规则，也可以称为强关联规则。

2) 关联规则挖掘过程

关联规则的挖掘一般分为两个过程。

(1) 找出所有的频繁项集。根据定义，这些项集的支持度应该满足最小支持度。

(2) 由频繁项集产生关联规则。根据定义，这些规则必须满足最小支持度和最小可信度。

在这两步中，第(2)步是在第(1)步的基础上进行的，工作量非常小。挖掘关联规则的总体性能由第(1)步决定。

3) 关联规则的兴趣度

关联规则主要是考虑同时购买商品的事务的相关性。对于不购买商品的事务与购买商品的事务的关系的研究，需要引入兴趣度概念。

先通过一个具体的例子来说明不购买商品与购买商品的关系。设 $I=$(咖啡，牛奶)，交易集为 D，经过对 D 的分析，得到如表 5.14 所示的表格。

表 5.14 交易集的分析

	买咖啡	不买咖啡	合计
买牛奶	20	5	25
不买牛奶	70	5	75
合计	90	10	100

由表格可以了解到如果设定 min_sup＝0.2，min_conf＝0.6，按照现有的挖掘算法就可以得到如下关联规则

$$\text{买牛奶}\rightarrow\text{买咖啡}\quad s=0.2\quad c=0.8 \tag{5.3}$$

即 80％的人买了牛奶就会买咖啡。这一点从逻辑上是完全合理正确的。

但从表中同时也可以毫不费神地得到结论：90％的人肯定会买咖啡。换句话说，买牛奶这个事件对于买咖啡这个事件的刺激作用(80％)并没有想象中的(90％)那么大。反而是规则

$$\text{买咖啡}\rightarrow\text{不买牛奶}\quad s=0.7\quad c=0.78 \tag{5.4}$$

的支持度和可信度分别为 0.7 和 0.78，更具有商业销售的指导意义。

通过上面这个例子可以发现，目前基于支持度-可信度的关联规则的评估体系存在着问题；同时，现有的挖掘算法只能挖掘出类似于式(5.3)的规则，而对于类似于式(5.4)的带有类似于“不买牛奶”之类的负属性项的规则却无能为力，而这种知识往往具有更重要的价值。国内外围绕这个问题展开了许多研究。引入兴趣度概念，分析项集 A 与项集 B 的关系程度。

定义 7：兴趣度。

$$I(A\rightarrow B)=\frac{P(AB)}{P(A)P(B)} \tag{5.5}$$

公式(5.5)反映了项集 A 与项集 B 的相关程度。若

$$I(A\rightarrow B)=1,\quad \text{即}\quad P(AB)=P(A)P(B)$$

表示项集 A 出现和项集 B 是相互独立的。若

$$I(A \to B) < 1$$

表示 A 出现和 B 出现是负相关的。若

$$I(A \to B) > 1$$

表示 A 出现和 B 出现是正相关的。意味着 A 的出现蕴含 B 的出现。

在兴趣度的使用中，一条规则的兴趣度越大于1说明人们对这条规则越感兴趣（即其实际利用价值越大）；一条规则的兴趣度越小于1说明人们对这条规则的反面规则越感兴趣（即其反面规则的实际利用价值越大）；显然，兴趣度 I 不小于0。

下面从兴趣度的角度来看一下前面那个牛奶与咖啡的例子。首先列出所有可能的规则描述及其对应的支持度、可信度和兴趣度，如表5.15所示。

表5.15　所有可能的关联规则

序号	关联规则	s	c	I
1	买牛奶→买咖啡	0.2	0.8	0.89
2	买咖啡→买牛奶	0.2	0.22	0.89
3	买牛奶→不买咖啡	0.05	0.2	2
4	不买咖啡→买牛奶	0.05	0.5	2
5	不买牛奶→买咖啡	0.7	0.93	1.037
6	买咖啡→不买牛奶	0.7	0.78	1.037
7	不买牛奶→不买咖啡	0.05	0.067	0.67
8	不买咖啡→不买牛奶	0.05	0.2	0.87

在此只考虑第1、2、3、6共4条规则。由于 $I_1, I_2 < 1$，所以在实际中它的价值不大；$I_3, I_6 > 1$，都可以列入进一步考虑的范围。

式(5.5)等价于：

$$I(A \to B) = \frac{P(AB)}{P(A)P(B)} = \frac{P(B \mid A)}{P(B)} \tag{5.6}$$

式(5.6)，有人称为作用度(Lift)，表示关联规则 $A \to B$ 的"提升"。如果作用度（兴趣度）不大于1，则此关联规则就没有意义了。

概括地说，可信度是对关联规则准确度的衡量；支持度是对关联规则重要性的衡量。支持度说明了这条规则在所有事务中有多大的代表性，显然支持度越大，关联规则越重要。有些关联规则可信度虽然很高，但支持度却很低，说明该关联规则实用的机会很小，因此也不重要。

兴趣度（作用度）描述了项集 A 对项集 B 的影响力的大小。兴趣度（作用度）越大，说明项集 B 受项集 A 的影响越大。

2. Apriori 算法基本思想

Agrawal 等人于1993年首先提出了挖掘顾客交易数据库中项集间的关联规则问题，设计了基于频繁集理论的 Apriori 算法。以后诸多的研究人员对关联规则的挖掘问题进行了大量的研究。他们的工作包括对原有的算法进行优化，如引入随机采样、并行的思想等，以

提高算法挖掘规则的效率；提出各种变体，如泛化的关联规则、周期关联规则等，对关联规则的应用进行推广。

Apriori 是挖掘关联规则的一个重要方法。这是一个基于两阶段频繁集思想的方法，将关联规则挖掘算法的设计分解为两个子问题。

(1) 找到所有支持度大于最小支持度的项集，这些项集称为频繁集(frequent itemset)。

(2) 使用第(1)步找到的频繁集产生期望的规则。

Apriori 使用一种称为逐层搜索的迭代方法，“k-项集”用于探索“$k+1$-项集”。首先，找出频繁“1-项集”的集合，该集合记做 L_1。L_1 用于找频繁“2-项集”的集合 L_2，而 L_2 用于找 L_3，如此下去，直到不能找到“k-项集”。找每个 L_k 需要一次数据库扫描。

1) Apriori 的性质

性质：频繁项集的所有非空子集都必须是频繁的。

该性质表明，如果项集 B 不满足最小支持度阈值 min_sup，则 B 不是频繁的，即 $P(B)<$ min_sup。如果项 A 添加到 B，则结果项集(即 $B\cup A$)不可能比 B 更频繁出现。因此，$B\cup A$ 也不是频繁的，即 $P(B\cup A)<$min_sup。

Apriori 性质可用于压缩搜索空间。

2) “k-项集”产生“$k+1$-项集”

设 k-项集为 L_k，$k+1$-项集为 L_{k+1}，产生 L_{k+1} 的候选集为 C_{k+1}。有公式

$$C_{k+1} = L_k \times L_k = \{X \cup Y, X, Y \in L_k, \mid XY \mid = k+1\}$$

C_1 是 1-项集的集合，取自所有事务中的单项元素。

如

$$L_1 = \{\{A\},\{B\}\}$$

$$C_2 = \{A\} \cup \{B\} = \{A,B\}, \quad 且 \mid AB \mid = 2$$

$$L_2 = \{\{A,B\},\{A,C\}\}$$

$$C_3 = \{A,B\} \cup \{A,C\} = \{A,B,C\}, \quad 且 \mid ABC \mid = 3$$

对于表 5.16 所示示例事务数据库产生频繁项集。

表 5.16　示例事务数据库

事务 ID	事务的项目集	事务 ID	事务的项目集	事务 ID	事务的项目集
T_1	A,B,E	T_4	A,B,D	T_7	A,C
T_2	B,D	T_5	A,C	T_8	A,B,C,E
T_3	B,C	T_6	B,C	T_9	A,B,C

3) 产生关联规则

由频繁项集产生关联规则的工作相对简单一点。根据前面提到的置信度的定义，关联规则的产生如下。

(1) 对于每个频繁项集 L，产生 L 的所有非空子集。

(2) 对于 L 的每个非空子集 S，如果 $|L|/|S|\geqslant$min_conf，则输出规则“$S\rightarrow L-S$”。

注：$L-S$ 表示在项集 L 中除去 S 子集的项集。$|L|$ 和 $|S|$ 表示项集 L 和 S 的支持度

计数。

由于规则由频繁项目集产生，每个规则都自动满足最小支持度。

在表5.17所示事务数据库中，有频繁项集 $L=\{A,B,E\}$，可以由 L 产生哪些关联规则？L 的非空子集 S 有 $\{A, B\}$、$\{A, E\}$、$\{B, E\}$、$\{A\}$、$\{B\}$、$\{E\}$。可得到关联规则如下：

$$A \wedge B \rightarrow E \quad \text{confidence}=2/4=50\%$$
$$A \wedge E \rightarrow B \quad \text{confidence}=2/2=100\%$$
$$B \wedge E \rightarrow A \quad \text{confidence}=2/2=100\%$$
$$A \rightarrow B \wedge E \quad \text{confidence}=2/6=33\%$$
$$B \rightarrow A \wedge E \quad \text{confidence}=2/7=29\%$$
$$E \rightarrow A \wedge B \quad \text{confidence}=2/2=100\%$$

假设最小可信度为60%，则最终输出的关联规则为

$$A \wedge E \rightarrow B \quad 100\%$$
$$B \wedge E \rightarrow A \quad 100\%$$
$$E \rightarrow A \wedge B \quad 100\%$$

以上事务数据库中还存在频繁项集 $\{A,B,C\}$，同样可得其他关联规则。

5.6 数据仓库型决策支持系统

数据仓库整合了企业的各种信息来源，能确保一致与正确详细的数据。它是一个庞大的数据资源。要将数据转换成商业智能，就需要利用数据仓库来建立决策支持系统。

数据仓库型决策支持系统是针对实际问题，利用分析工具或者编制程序，采用一种或多种组合的决策支持能力，如随机查询、灵活的报表、预测模型等，对数据仓库中的数据进行多维分析，从而掌握企业的经营现状，找出现状的原因，并预测未来的发展趋势，弥补经验和直觉的不足，协助企业制定决策增强竞争优势。

根据NCR公司的企业政策制定调查，发现企业的决策危机日益严重。虽然有更多的数据，但是也有更多的决策，同时决策也更加复杂化。

调查中有98%的管理者说数据一直在增加中，随着数据每年2～3倍的增长，他们会被数据“淹没”。有75%的管理者表示他们每天所做的决策比以往多。有52%的决策更为复杂，这其中有83%的人说他们必须针对每一决策去咨询3个或更多的信息来源。

只有建立基于数据仓库的决策支持系统，才能适应这种发展趋势，在适当的时间获得正确的信息，并快速地将这些信息转换成正确的决策。

NCR公司总裁M. Hard列举了3个不同性质公司决策失败的案例。

(1) 霸菱银行，英国最老的银行之一(成立于1762年)，在1995年因为在新加坡分公司一位员工有29 000美元的错误，在伦敦的管理层，并不清楚在新加坡所发生的状况，由于在决策上历经一连串错误的决策，不到3年，银行倒闭了。分析原因，霸菱银行缺乏企业单一整合的观点，缺乏可用详细的数据，显然在每日、每周甚至于每年的基准上，缺乏适当的检查点或事业监督。

(2) F. W. Woolworth于1879年在美洲开了第一家店，118年来它提供了优惠价格的

产品，培养了广大的客户忠诚度。它一直是人们采购商品的地方，可买到任何东西。但是，它忽略了人口统计的改变与人们搬住郊区的趋势，未实时随市场的改变而调整，最终被崭新的零售业如 Wal-Mart 与 Target 等公司击败。

(3) 美国环球航空(TWA)1920 年开始航空邮递时代，在 1930 年，它在现代技术进展上领先，曾横贯大陆与大西洋。但是，后来它缺乏信息科技的基础建设来应付新的竞争环境，在多处还停留在 30 年前技术的基础建设上，在倒闭前一年，终于了解必须结合来自多个系统的财务、市场与销售数据，以适应市场快速改变且作出精确的反应，但一切都为时过晚。

从以上的 3 个公司的教训可以得出，建立基于数据仓库的决策支持系统也许可以避免失败的命运。

5.6.1 数据仓库型决策支持系统的原理和结构

1. 数据仓库型决策支持系统的原理

20 世纪 90 年代中期，国外兴起了 3 项决策支持新技术，即数据仓库、联机分析处理和数据挖掘。数据仓库是在数据库的基础上发展起来的。数据库用于管理业务，而数据仓库用于决策分析。联机分析处理把数据的组织由二维平面结构扩充到多维空间结构，并提出了多维数据分析方法。数据挖掘则是在人工智能机器学习中发展起来的，它是从数据库中发现知识(KDD)过程的核心。数据仓库、联机分析处理、数据挖掘的结合创立了决策支持系统的新方向。

1) 数据仓库的决策支持

数据仓库是为辅助决策而建立的，数据仓库中有大量的轻度综合数据和高度综合数据。这些数据为决策者提供了综合信息，即反映企业或部门的宏观状况。数据仓库保存有大量历史数据，这些数据通过预测模型计算可以得到预测信息。

5.3 节详细讨论了数据仓库的决策支持，它主要包括：查询与报表，多维分析与原因分析，预测未来，实时决策和自动决策等。其中多维分析与原因分析就是利用了联机分析处理的功能。预测未来是利用了数据挖掘的功能。

从如图 5.7 所示的数据仓库系统结构图中可以看到，联机分析处理和数据挖掘是数据仓库的前端分析工具。数据仓库只有充分利用联机分析处理和数据挖掘两个工具才能发挥更大的决策支持。

2) 联机分析处理的决策支持

5.2.3 节详细讨论了联机分析处理的决策支持，它主要包括切片和切块、向下钻取和向上钻取、旋转等。

联机分析处理的决策支持主要是对多维数据，从多个不同的视角去分析数据。切片和切块是通过各个维中不同维成员之间的差距，用来发现问题。向下钻取是对发现的问题去找出它的原因。向上钻取是向上查看数据的综合和聚集，获得宏观的情况。旋转是转一个角度去分析数据。利用广义的联机分析处理方法可以得到更多的有用信息。

3) 数据挖掘的决策支持

5.5.1 节详细讨论了数据挖掘的决策支持，它主要包括关联分析、时序模式、聚类、分类、公式发现、偏差检测、预测。

关联分析是挖掘关联规则，获取数据项之间的相关知识，例如，关联规则挖掘的 Apriori 算法，获取关联规则知识；聚类是把没有类的数据，按距离大小聚成多个类，以便建立对数据的宏观的概念；分类是在已经有了类的基础上，对各个类找出类的特征描述，以便利用分类知识对新例进行分类，例如，ID3 方法获得的决策树知识和 IBLE 方法获得的决策规则树知识；公式发现是在数值数据库中，找出数据项之间的数学公式，得出数据中的规律性；预测是需要利用历史数据建立回归方程式，来预测未来的情况。

4）数据仓库、联机分析处理、数据挖掘的结合

数据仓库、联机分析处理、数据挖掘 3 项新技术，各自都具有决策支持的能力。把它们组合起来，相互补充，将可以发挥更大的决策支持效果。把数据仓库、联机分析处理、数据挖掘 3 项新技术结合起来形成的决策支持系统称为基于数据仓库的决策支持系统。

基于数据仓库的决策支持系统是以数据仓库为基础，充分利用数据资源，发挥联机分析处理的多维数据分析能力和数据挖掘获取知识的能力，以决策支持系统的方式，为决策者提供快速和有效的辅助决策信息和知识。

2. 数据仓库型决策支持系统的结构

数据仓库中增加联机分析处理和数据挖掘等分析工具，能更大地提高辅助决策能力。数据仓库和联机分析处理及数据挖掘结合的决策支持系统，即 DW＋OLAP＋DM 的决策支持系统是以数据仓库为基础的，称为数据仓库型新决策支持系统。它完全不同于基于模型库和知识库的传统的智能决策支持系统，其结构图如图 5.16 所示。

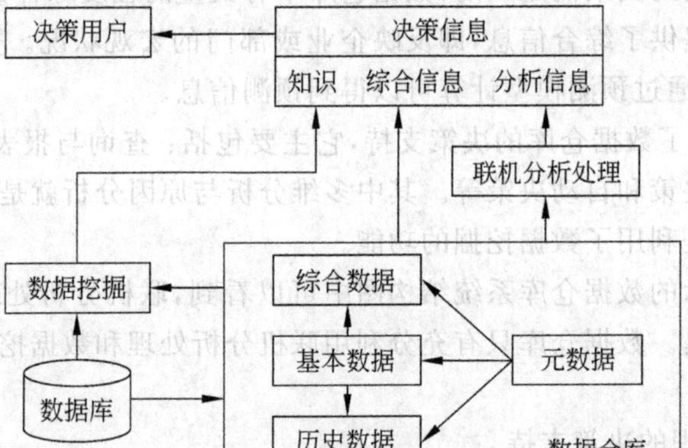

图 5.16　数据仓库型新决策支持系统结构

数据仓库型决策支持系统的特点是从数据中获取辅助决策的信息和知识。而这些数据是企业或部门已经发生过的事件的记录。可以说数据仓库型决策支持系统是发现已发生过的事件中的规律，从而指导今后将采取的行动。

5.6.2　数据仓库型决策支持系统简例

下面以航空公司数据仓库型决策支持系统为例进行说明。

1. 航空公司数据仓库系统的功能

航空公司数据仓库功能模块有以下几个。

市场分析：分析国内、国际、地区航线上的各项生产指标。

航班分析：分析某个特定市场上所有航班的生产情况。

班期分析：分析某个特定市场上各班期的旅客、货运分布情况。

时段分析：分析一段时间范围内每天不同时段的流量分布。

效益分析：分析航线、航班的效益。

机型分析：分析不同种机型对客座率等关键指标的影响。

因素分析：分析某个关键指标发生变化后对其他指标的影响程度。

2. 数据仓库系统的决策支持

利用数据仓库系统提供的决策支持如下。

(1) 一段时间内某特定市场占有率、同期比较、增长趋势。

(2) 各条航线的收益分析。

(3) 计划完成情况。

(4) 流量、流向分析。

(5) 航线上各项生产指标变化趋势的分析。

(6) 航线上按班期分析、汇总各项趋势。

(7) 航线上按航班时刻分析各项指标。

(8) 航线上不同航班性质的比较。

(9) 航线上运力投入结构的比较。

(10) 分机型的航线运输统计。

(11) 飞机利用率统计。

(12) 城市对流量、流向对比。

(13) 航向分机型收益比较。

(14) 航班计划评估。

(15) 航线上不同机型的舱位利用情况。

3. 决策支持系统简例

通过查询北京到各地区的航空市场情况，发现西南地区总周转量出现了最大负增长量。该决策支持系统简例就是完成对此问题进行多维分析和原因分析，找出问题出现原因。

具体步骤如下。

(1) 查询：全国各地区的航空总周转量并比较去年同期状况。

从数据仓库的综合数据中，按地区切片查询，查出北京到国内各地区航空周转量并与去年同期比较增长量，制成直方图进行显示，如图 5.17 所示。

从图 5.17 中看到从北京到国内各地区的总周转量以及与去年同期的比较情况，发现“北京—西南地区”出现的负增长最大，其次是东北地区。

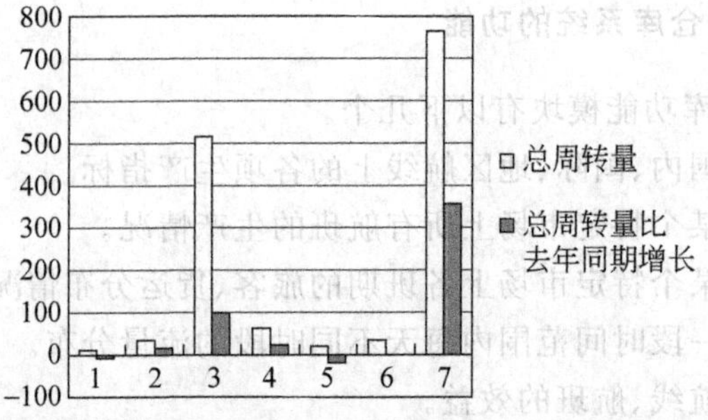

1为东北地区； 2为华北地区； 3为华东地区； 4为西北地区；
5为西南地区； 6为新疆地区； 7为中南地区

图 5.17　全国各地区航空周转量与去年对比状况

(2) 查询：全国各地区客运周转量以及和去年同期相比较。

从数据仓库的总周转量数据中向下钻取到客运周转量并与去年同期比较增长量，制成直方图显示，如图 5.18 所示。

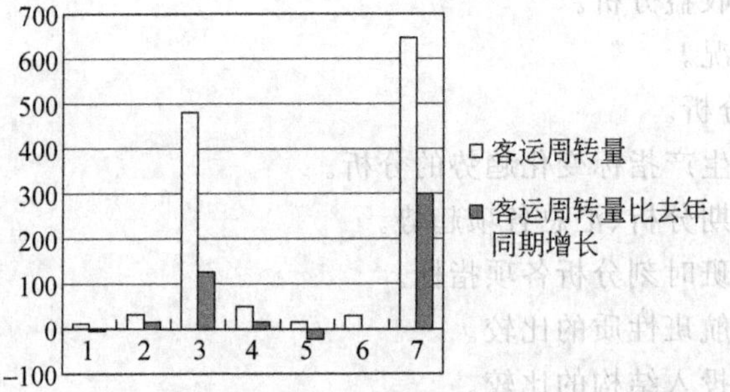

图 5.18　全国各地区航空客运周转量及与去年同期比较

从图 5.18 中看到客运周转量及与去年同期比较，西南地区负增长在全国是最大的，其次是东北地区。

(3) 查询：全国各地区航空货运周转量及其同期比较。

从数据仓库的总周转量数据中向下钻取到货运周转量并与去年同期比较增长量，制成直方图显示，如图 5.19 所示。

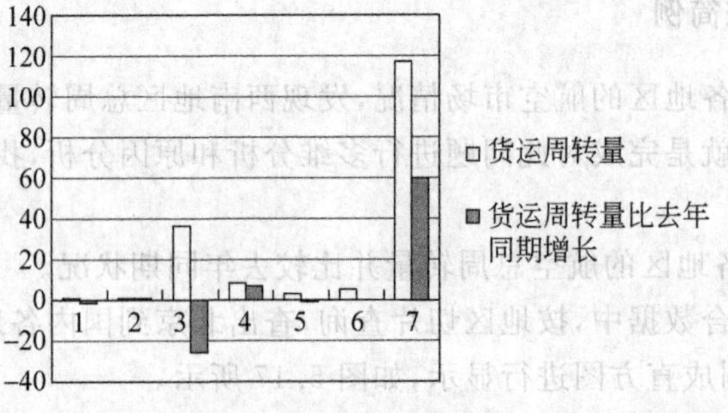

图 5.19　北京到国内各地区货运周转量及与去年同期比较

从图 5.19 中看到货运周转量及与去年同期比较，华东地区负增长在全国是最大的，西南地区也有负增长。

(4) 查询：全国各地区客运、货运、总周转量及其去年同期比较的具体数据。

从数据仓库综合数据中进行切片操作，直接取数据制成表格显示，如表 5.17 所示。

表 5.17 客运、货运、总周转量及与去年同期比较

地区	客运周转量	对比去年增长量	货运周转量	对比去年增长量	总周转量	对比去年增长量
东北地区	11.86	−5.1	1.29	−1.5	13.15	−6.6
华北地区	34.88	15.03	1.11	0.75	36	15.78
华东地区	479.30	126.52	36.16	−25.59	515.46	100.93
西北地区	51.60	18.05	9.0	7.2	60.6	25.25
西南地区	15.43	−19.35	3.29	−0.56	18.72	−19.91
新疆地区	29.02	0	5.85	0	34.87	0
中南地区	643.43	295.86	116.85	60.70	760.28	356.56

从表 5.18 中，可以看出航空客运、货运、总周转量以及与去年同期比较的具体数据。西南地区总周转量的负增长主要是客运负增长为主体。

(5) 查询：西南地区昆明、重庆两地航空总周转量以及与去年同期比较。

从数据仓库总周转量向下钻取到西南地区昆明、重庆两地的总周转量以及与去年同期的比较，制成直方图显示，如图 5.20 所示。

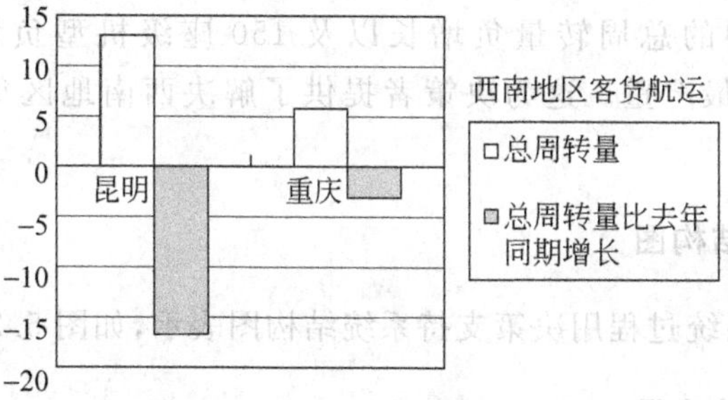

图 5.20 西南地区昆明、重庆两地航空总周转量及与去年同期比较

从图 5.20 中看出，西南地区航空总周转量下降最多的是昆明航线。

(6) 查询：昆明航线按不同机型显示各自的总周转量并比较去年同期情况。

从数据仓库中西南地区昆明总周转量的数据向下钻取，取出按机型维的各自机型的总周转量以及比较去年同期增长量，用柱形图显示，如图 5.21 所示。

从图 5.21 中可以看出昆明航线中 200～300 座级机型(D)负增长最大，其次是 150 座级机型(A)也有较大的负增长，而 200 座级(B)以及 300 座级以上机型(C)保持同去年相同航运水平。

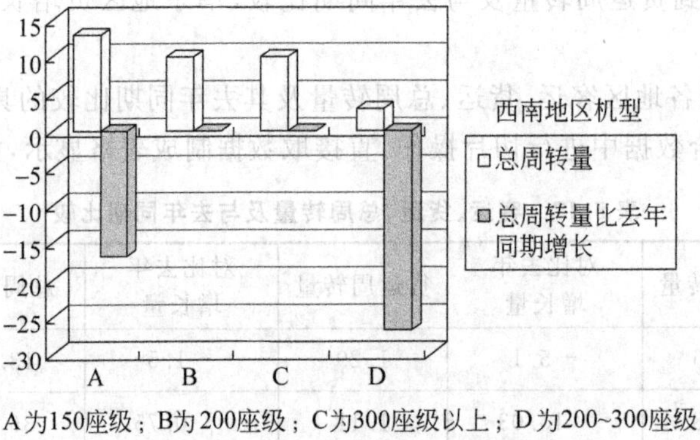

图 5.21　昆明航线各机型总周转量以及与去年同期比较的柱形图

(7) 查询：昆明航线按不同机型的周转量并比较去年同期的具体数据。

从数据仓库中对昆明航线进行切片操作，直接取数据制成表格显示，如表 5.18 所示。

表 5.18　昆明航线各机型总周转量以及与去年同期比较的数据

级别	总周转量	对比去年增长量	级别	总周转量	对比去年增长量
150 座级	12.99	－16.83	300 座级以上	10.07	0
200 座级	10.07	0	200～300 座级	2.91	－26.9

从表 5.18 中可以看出，不同机型的总周转量以及对比去年同期增长的具体数据。

以上决策支持系统过程完成了对航空公司全国各地区总周转量对比去年同期出现负增长量最大的西南地区，经过多维分析和原因分析，找出其原因发生在昆明航线上，主要是 200～300 座级机型的总周转量负增长以及 150 座级机型负增长量造成的。其中，200～300 座级负增长最严重。这为决策者提供了解决西南地区负增长问题辅助决策的信息。

4. 决策支持系统结构图

将以上决策支持系统过程用决策支持系统结构图表示，如图 5.22 所示。

5. 决策支持系统的应用

以上决策支持系统只是找出西南地区航运负增长问题是由于在昆明航线上 200～300 座级以及 150 座级机型的负增长所直接造成的。还可以通过昆明航线上航班时间以及其他方面进行原因分析，找出其他原因，为决策者提供更多的辅助决策信息。

同样，可以从国内各地区航空市场状况中对比去年同期增长显著的中南地区，找出总周转量大幅提高的原因。

从正反两方面来进行多维分析和原因分析，将可以得到更多的辅助决策信息，减少负增长，增大正增长，提高更大利润。

进行多方面分析的大型决策支持系统，将可以发挥更大的辅助决策效果。

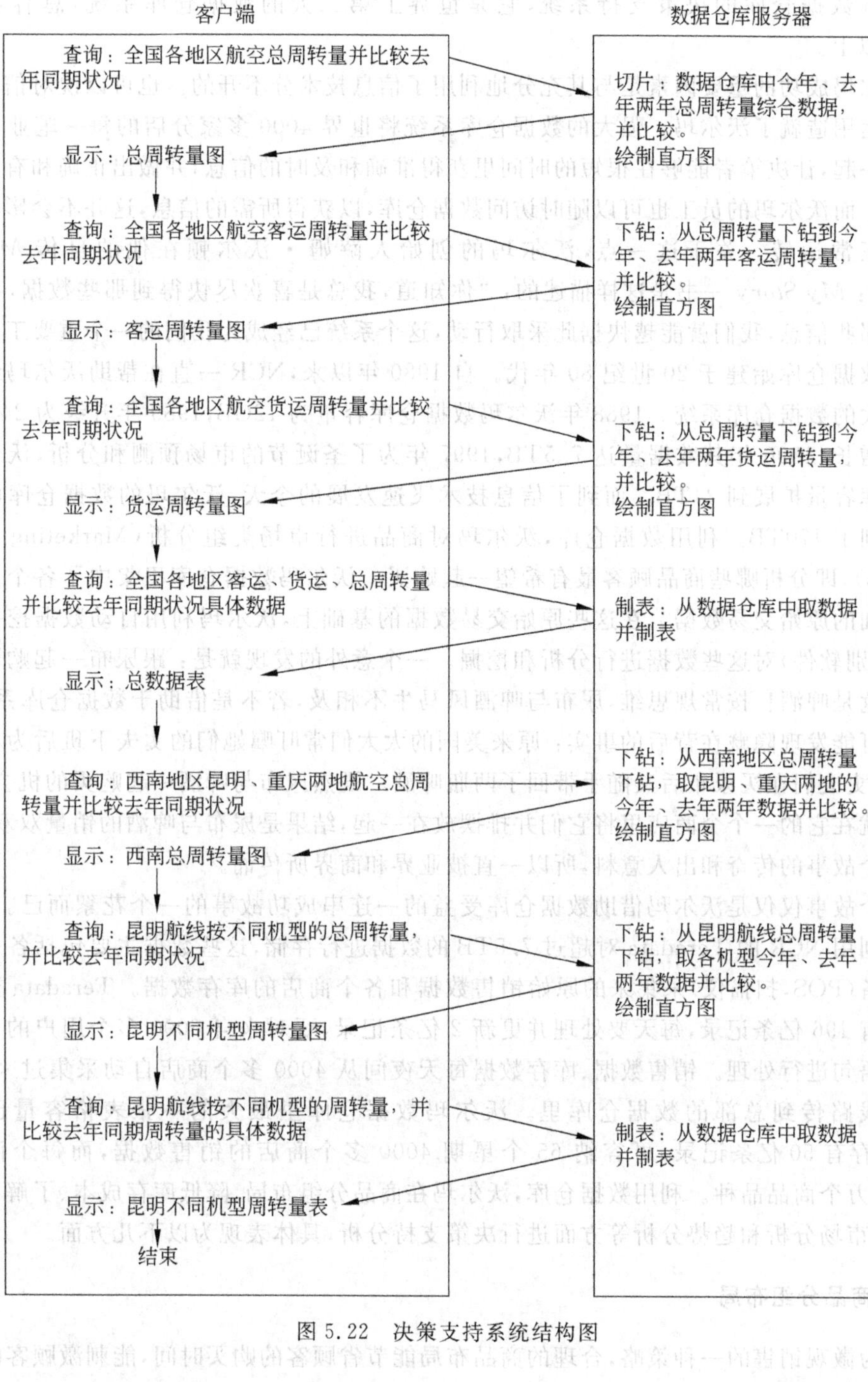
客户端
数据仓库服务器
查询：全国各地区航空总周转量并比较去年同期状况
切片：数据仓库中今年、去年两年总周转量综合数据，并比较。
绘制直方图
显示：总周转量图
查询：全国各地区航空客运周转量并比较去年同期状况
下钻：从总周转量下钻到今年、去年两年客运周转量，并比较。
绘制直方图
显示：客运周转量图
查询：全国各地区航空货运周转量并比较去年同期状况
下钻：从总周转量下钻到今年、去年两年货运周转量，并比较。
绘制直方图
显示：货运周转量图
查询：全国各地区客运、货运、总周转量并比较去年同期状况具体数据
制表：从数据仓库中取数据并制表
显示：总数据表
查询：西南地区昆明、重庆两地航空总周转量并比较去年同期状况
下钻：从西南地区总周转量下钻，取昆明、重庆两地的今年、去年两年数据并比较。
绘制直方图
显示：西南总周转量图
查询：昆明航线按不同机型的总周转量，并比较去年同期状况
下钻：从昆明航线总周转量下钻，取各机型今年、去年两年数据并比较。
绘制直方图
显示：昆明不同机型周转量图
查询：昆明航线按不同机型的周转量，并比较去年同期周转量的具体数据
制表：从数据仓库中取数据并制表
显示：昆明不同机型周转量表
结束

图 5.22　决策支持系统结构图

5.6.3　数据仓库型决策支持系统实例

美国的沃尔玛(Wal-Mart)是世界最大的零售商，2002 年 4 月，该公司跃居《财富》500 强企业排行第一。在全球拥有 4000 多家分店和连锁店。Wal-Mart 建立了基于 NCR

Teradata 数据仓库的决策支持系统，它是世界上第二大的数据仓库系统，总容量达到170TB以上。

沃尔玛成功的重要因素是与其充分地利用了信息技术分不开的。也可以说对信息技术的成功运用造就了沃尔玛。强大的数据仓库系统将世界4000多家分店的每一笔业务数据汇总到一起，让决策者能够在很短的时间里获得准确和及时的信息，并做出正确和有效的经营决策。而沃尔玛的员工也可以随时访问数据仓库，以获得所需的信息，这并不会影响数据仓库的正常运转。关于这一点，沃尔玛的创始人萨姆·沃尔顿在他的自传 *Made in America*：*My Story* 一书是这样描述的："你知道，我总是喜欢尽快得到那些数据，我们越快得到那些信息，我们就能越快据此采取行动，这个系统已经成为我们的一个重要工具。"沃尔玛的数据仓库始建于20世纪80年代。自1980年以来，NCR一直在帮助沃尔玛经营世界上最大的数据仓库系统。1988年沃尔玛数据仓库容量为12GB，1989年升级为24GB，以后逐年增长，1996年其数据量达7.5TB，1997年为了圣诞节的市场预测和分析，沃尔玛将数据仓库容量扩展到24TB。而到了信息技术飞速发展的今天，沃尔玛的数据仓库已经惊人地达到了170TB。利用数据仓库，沃尔玛对商品进行市场类组分析(Marketing Basket Analysis)，即分析哪些商品顾客最有希望一起购买。沃尔玛数据仓库里集中了各个商店一年多详细的原始交易数据。在这些原始交易数据的基础上，沃尔玛利用自动数据挖掘工具(模式识别软件)对这些数据进行分析和挖掘。一个意外的发现就是：跟尿布一起购买最多的商品竟是啤酒！按常规思维，尿布与啤酒风马牛不相及，若不是借助于数据仓库系统，商家绝不可能发现隐藏在背后的事实：原来美国的太太们常叮嘱她们的丈夫下班后为小孩买尿布，而丈夫们在买尿布后又随手带回了两瓶啤酒。既然尿布与啤酒一起购买的机会最多，沃尔玛就在它的一个个商店里将它们并排摆放在一起，结果是尿布与啤酒的销量双双增长。由于这个故事的传奇和出人意料，所以一直被业界和商界所传诵。

这个故事仅仅是沃尔玛借助数据仓库受益的一连串成功故事的一个花絮而已。如今，沃尔玛利用NCR的Teradata对超过7.5TB的数据进行存储，这些数据主要包括各个商店前端设备(POS，扫描仪)采集来的原始销售数据和各个商店的库存数据。Teradata数据仓库里存有196亿条记录，每天要处理并更新2亿条记录，要对来自6000多个用户的48 000条查询语句进行处理。销售数据、库存数据每天夜间从4000多个商店自动采集过来，并通过卫星线路传到总部的数据仓库里。沃尔玛数据仓库里最大的一张表格容量已超过300GB，存有50亿条记录，可容纳65个星期4000多个商店的销售数据，而每个商店有5万～8万个商品品种。利用数据仓库，沃尔玛在商品分组布局、降低库存成本、了解销售全局、进行市场分析和趋势分析等方面进行决策支持分析，具体表现为以下几方面。

1. 商品分组布局

作为微观销售的一种策略，合理的商品布局能节省顾客的购买时间，能刺激顾客的购买欲望。沃尔玛利用市场类组分析(MBA)，分析顾客的购买习惯，掌握不同商品一起购买的概率，甚至考虑购买者在商店里所穿行的路线、购买时间和地点，从而确定商品的最佳布局。

2. 降低库存成本

加快资金周转，降低库存成本是所有零售商面临的一个重要问题。沃尔玛通过数据仓库系统，将成千上万种商品的销售数据和库存数据集中起来，通过数据分析，以决定对各个商店各类货物进行增减，确保正确的库存。数十年来，沃尔玛的经营哲学是"代销"供应商的商品，也就是说，在顾客付款之前，供应商是不会拿到它的货款的。NCR 的 Teradata 数据仓库使他们的工作更具成效。数据仓库强大的决策支持系统每周要处理 25 000 个复杂查询，其中很大一部分来自供应商，库存信息和商品销售预测信息通过电子数据交换(EDI)直接送到供应商那里。数据仓库系统不仅使沃尔玛省去了商业中介，还把定期补充库存的担子转嫁到供应商身上。1996 年，沃尔玛开始通过 Web 站点销售商品，商品都是从供应商处直接订货。Web 站点销售相当成功，在其投入运营的第一个周末就卖出了一百多万件商品。

3. 了解销售全局

各个商店在传送数据之前，先对数据进行如下分组：商品种类、销售数量、商店地点、价格和日期等。通过这些分类信息，沃尔玛能对每个商店的情况有个细致的了解。在最后一家商店关门后一个半小时，沃尔玛已确切知道当天的运营和财政情况。凭借对瞬间信息的随时捕捉，沃尔玛对销售的每一点增长、库存货物百分比的每点上升和通过削价而提高的每一份销售额都了如指掌。

4. 市场分析

沃尔玛利用数据挖掘工具和统计模型对数据仓库的数据仔细研究，以分析顾客的购买习惯、广告成功率和其他战略性的信息。沃尔玛每周六的高级会议上要对世界范围内销售量最大的 15 种商品进行分析，然后确保在准确的时间、合适的地点有所需要的库存。

5. 趋势分析

沃尔玛利用数据仓库对商品品种和库存的趋势进行分析，以选定需要补充的商品，研究顾客购买趋势，分析季节性购买模式，确定降价商品，并对其数量和运作做出反应。为了能够预测出季节性销售量，它要检索数据仓库拥有 100 000 种商品一年多来的销售数据，并在此基础上作分析和知识挖掘。

萨姆·沃尔顿在他的自传中写到："我能顷刻之间把信息提取出来，而且是所有的数据。我能拿出我想要的任何东西，并确切地讲出我们卖了多少。"这感觉就像在信息的海洋里，"轻舟已过万重山"。他还写到："我想我们总是知道那些信息赋予你一定的力量，而我们能在计算机内取出这些数据的程度会使我们具有强大的竞争优势。"

沃尔玛神奇的增长在很大部分也可以归功于成功地建立了基于 NCR Teradata 的数据仓库系统。数据仓库改变了沃尔玛，而沃尔玛改变了零售业。在它的影响下，世界顶尖零售企业 Sears、Kmart、JCPenney、No. 1GermanRetailer、日本西武、三越等先后建立了数据仓库系统。沃尔玛的成功给人以启示：唯有站在信息巨人的肩头，才能掌握无限，创造辉煌。

习 题 5

1. 数据库中的数据和数据仓库中的数据，在辅助决策上有什么不同？

2. 为什么辅助决策需要更多的数据？

3. 数据仓库中的综合数据辅助决的作用是什么？

4. 数据仓库结构图、数据仓库系统结构图和数据仓库的运行结构图各代表什么意义？

5. 达到数据仓库5种决策支持能力，对数据仓库的要求是什么？

6. 如何理解知识发现和数据挖掘的不同和关系？

7. 说明归纳学习方法的信息论方法和集合论方法的原理的不同点，各有哪些方法？

8. 数据挖掘的仿生物技术有哪几种？各方法的含义是什么？

9. 规则知识与决策树知识和知识基是等价的吗？

10. 人类社会的知识表示是什么？为什么要研究计算机中的知识表示？人工智能的知识表示与数据挖掘的知识表示各有哪些？

11. 聚类与分类有什么不同？

12. 人工智能的机器学习与数据挖掘有什么关系？

13. 数据库中的数据挖掘与数据仓库中的数据挖掘有什么相同和不同？

14. 数据仓库型决策支持系统的结构是什么？如何提高决策支持能力？

15. 数据仓库型决策支持系统和智能决策支持系统有什么不同？

16. 数据仓库型决策支持系统简例说明，若通过层次粒度数据来建一个本体概念树，并利用深度优先搜索技术，在高层切片中发现的问题，通过钻取到详细数据层找出原因，这样是否更能发挥决策支持的效果？

第6章 综合决策支持系统与网络型决策支持系统

6.1 智能决策支持系统与数据仓库型决策支持系统的开发技术

6.1.1 从基本决策支持系统到智能决策支持系统

1980年,Sprague提出了决策支持系统三部件结构,即对话部件(人机交互系统)、数据部件(数据库和数据库管理系统)和模型部件(模型库和模型库管理系统)。该结构表明决策支持系统通过人机交互,利用模型资源和数据资源,充分发挥模型的辅助决策作用,解决实际决策问题。该结构明确了决策支持系统的组成,也反映了决策支持系统的关键技术,即模型库管理系统、部件的接口和系统的综合集成。该结构形式为决策支持系统的发展起到了奠基的作用。

该决策支持系统没有明确"组合多模型与数据库结合形成决策问题方案"来辅助决策,故应该在"人机交互系统"部件中强调问题综合与交互系统的内容,即针对实际决策问题的处理过程,综合模型和数据资源,与人机交互形成综合部件,即问题综合与人机交互系统。综合部件和模型部件、数据部件三部件构成决策支持系统的基本结构。该系统称为基本决策支持系统,其结构如图6.1所示。

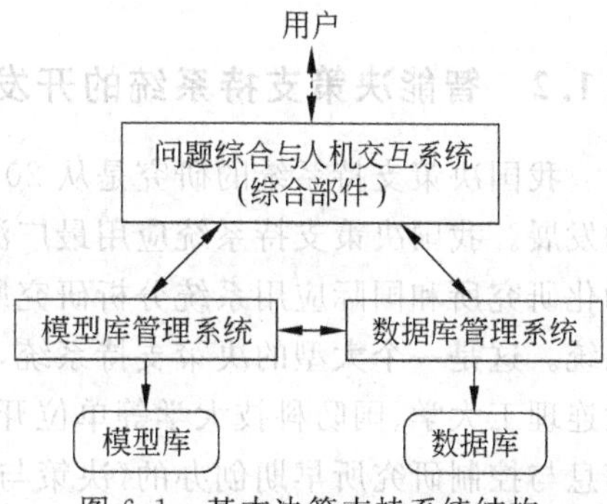

图6.1 基本决策支持系统结构

决策支持系统主要是以模型库系统为主体,通过模型定量分析进行辅助决策。模型库中的模型以数学模型为主体,管理科学与运筹学中的大量数学模型已经为辅助决策发挥了重要作用。模型库中的模型已经由数学模型扩大到数据处理模型、图形模型等多种模型形式,可以概括为广义模型。决策支持系统的本质是将多个广义模型有机地组合起来,通过对数据库中的数据进行处理,从而形成实际的决策问题方案。决策支持系统的辅助决策能力从管理科学、运筹学的单模型辅助决策发展到多模型组合形成解决方案,使辅助决策能力上了一个新台阶。决策支持系统是新型的辅助决策手段。

20世纪90年代初,明确了决策支持系统与专家系统结合起来,形成了智能决策支持系统,也称为传统决策支持系统。它是由4部件组成,即综合部件、模型部件、知识部件和数据部件,通过综合部件将其他3部件有机结合起来形成实际问题的决策支持系统,其结构如图6.2所示。

智能决策支持系统充分发挥了专家系统以知识推理形式解决定性分析问题的特点,又发挥了决策支持系统以模型计算为核心的解决定量分析问题的特点，充分做到定性分析和定量分析的有机结合，使得解决问题的能力和范围得到一个大的发展。智能决策支持系统是决策支持系统发展的一个新阶段。

20 世纪 90 年代中期出现了数据仓库、联机分析处理和数据挖掘新技术，DW＋OLAP＋DM 逐渐形成新决策支持系统概念，为此将智能决策支持系统称为传统决策支持系统。

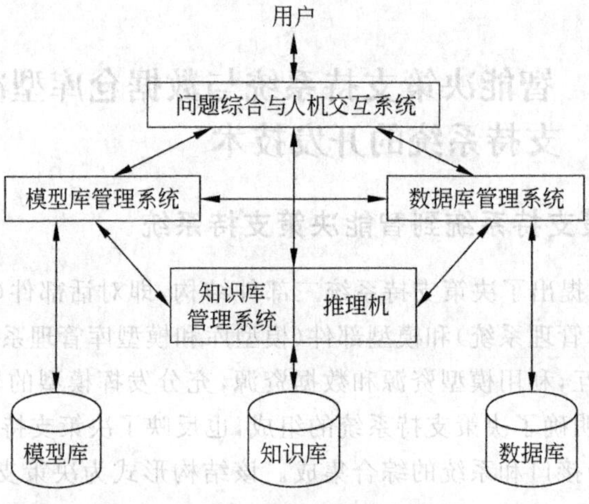

图 6.2　智能决策支持系统结构

6.1.2　智能决策支持系统的开发技术

我国决策支持系统的研究是从 20 世纪 80 年代中期开始的，稍迟后国外决策支持系统的发展。我国决策支持系统应用最广泛的领域是区域发展规划。大连理工大学、山西省自动化研究所和国际应用系统分析研究所(IIASA)合作完成了山西省整体发展规划决策支持系统。这是一个大型的决策支持系统，也是在我国起步较早、影响较大的一个系统。随后，大连理工大学、国防科技大学等单位开发了多个区域发展规划的决策支持系统。天津大学信息与控制研究所早期创办的《决策与决策支持系统》刊物(《管理科学学报》前身)，对我国决策支持系统的发展起到了很大的推动作用。

本书作者领导的课题组于 1989 年在国内较早地研制完成了“决策支持系统开发工具 GFKD-DSS”，自行研制了一套决策支持系统语言体系，包括以下内容。

(1) 决策支持系统核心语言。它集成了数值计算、数据库存取、模型调用、人机交互等功能，是自含式语言体系，用来编制实际决策问题的综合控制程序。

(2) 模型库管理语言。它实现了模型字典库管理和模型文件库管理。

(3) 接口语言。它是综合部件和模型部件对数据库中数据存取的接口语言(当时市场上没有接口软件，这里是本书作者自行研制的 Pascal 语言对 dBASEⅢ数据库的接口)。

本书作者用 GFKD-DSS 工具和自己研制的 Prolog 产生器 P3 开发了南京林业大学的大型“松毛虫智能预测系统”。

南京大学徐洁磐教授领导的课题组于 1993 年研制了决策支持系统生成器 NDSSG。它提供了 3 种语言供用户建立应用系统：①专用的构模语言(SML)，具有将数据、方法构造成模型的能力；②专用的 NDSSG 生成器管理语言 NDSSGML；③扩充 C 语言。他们利用该生成器开发了物资供应计划决策支持系统(MSPDSS)。

20 世纪 90 年代初,我国不少单位在智能决策支持系统的研制中也取得了显著的成绩。例如,南京大学徐洁磐课题组于 1993 年研制的智能决策支持系统生成器 NCIDSSG;本书作者于 1995 年完成的分布式多媒体智能决策支持系统平台 DM-IDSSP;中国科学院计算技术研究所于 1996 年完成的智能决策系统开发平台 IDSDP 等都是典型代表。

本书作者还于 1999 年研制出基于客户机/服务器的决策支持系统快速开发平台 CS-DSSP。该平台是在 Internet 上由客户端、广义模型服务器、数据库服务器 3 部分组成,构成 3 层客户机/服务器结构形式,客户端提供了可视化系统生成工具,广义模型服务器中包括模型库、算法库、知识库、方案库、实例库 5 个库,并实现了统一的管理和运行,数据库服务器采用 SQL Server 软件。CS-DSSP 平台的可视化系统生成工具能够快速地生成应用系统的框架流程,既能够可视化运行应用系统,又可快速改变系统方案。CS-DSSP 平台为开发实际问题的决策支持系统提供了快速开发环境。

我国在智能决策支持系统方面虽然取得了一些成绩,但是总体发展缓慢,到目前为止还没有模型库系统商品软件和决策支持系统工具商品软件。

开发一个实际的智能决策支持系统需要解决以下关键技术。

(1) 模型库系统的设计和实现。它包括模型库的组织结构、模型库管理系统的功能、模型库语言等方面的设计和实现。

(2) 部件接口。各部件之间的联系通过接口来完成,部件接口包括对数据部件的数据的存取,对模型部件的模型的调用和运行,以及对知识部件的知识完成推理。

(3) 系统综合集成。根据实际决策问题的要求,通过集成语言完成对各部件的有机综合,形成一个完整的系统。

模型库系统是一个新概念和新技术,它不同于数据库系统。数据库系统有成熟的理论和产品;模型库系统没有统一的理论和产品,研制者需要自己设计和开发。这样,就不可避免地阻碍了决策支持系统的发展。

决策支持系统需要通过综合部件对数据、模型、知识 3 个决策资源分别建立 3 个部件进行有机集成。目前,计算机语言的支持能力有限,数值计算语言如 FORTRAN、Pascal、C 等需要通过接口语言(如 ODBC、ADO 等)对数据库进行操作;数据库语言(如 FoxPro、Oracle、Sybase 等)的数值计算能力薄弱。而决策支持系统既要求数值计算又要求数据库操作。这个问题为决策支持系统的发展带来一定的障碍。

真正开发出来的决策支持系统(上面介绍的研究成果)都是自行解决上述困难(自行设计和实现模型库系统,自己研制实现模型、知识、数据资源进行集成的综合语言)研制出来的,这需要付出较大的代价。这是决策支持系统发展缓慢的主要原因。

6.1.3 数据仓库的关键技术

数据仓库环境中的数据处理可以概括为装入和访问两个过程。

(1) 装入。

数据被从大量数据库中集成、转换和装入到数据仓库中去。数据一旦被装入,通常是不更新的。

(2) 访问。

数据被装入到了数据仓库后，将被访问和分析。

1. 管理大量数据

对于数据仓库而言，最重要的技术就是能够管理大量的数据。

传统数据库环境和数据仓库环境的一个重要的区别在于，数据仓库中有更多的数据量，而且比一般的数据库环境中要多得多。数据仓库中的数据量是10GB或100GB级的，而一个通用的数据库管理系统通常所管理的数据是1MB级的。数据仓库要管理大量的数据，包括历史数据、细节和汇总数据、元数据。

管理大量数据的方法有很多种，如寻址、索引、数据的外延、有效的溢出管理等。管理大量的数据要具备两方面的能力：管理大量数据的能力和高效管理数据的能力。任何声称支持数据仓库的技术都应满足能力与效率的要求。

数据仓库开发者建造数据仓库时，需要能够满足处理大量数据的需求。

2. 数据的高效装入和数据压缩

1) 装入数据

数据仓库的一个重要的技术就是能够高效地装入数据。

装入数据的方法有很多种，如通过一个语言接口一次一条地记录，或者使用一个程序一次全都装入。另外，在装入数据的同时，也要高效地装入索引。

2) 数据压缩

数据仓库的成功之处就在于能够管理大量的数据。达到这一目的的关键技术是数据压缩。当数据能够被压缩时，它便能存储在很小的空间中。这与数据仓库的环境有关，因为数据在插入到数据仓库中后，是很少被更新的。数据仓库中数据的稳定性减少了空间管理问题，这些问题是在更新紧密压缩的数据时发生的。

3. 高效索引

数据仓库的灵魂就在于灵活性和对数据的不可预测的访问。这一点也就是要求能够对数据进行快速和方便地访问。数据仓库中的数据如果不能被方便和有效地检索，那么建立数据仓库这项工作就不是成功的。

数据仓库技术不仅必须能够方便地支持新索引的创建和装入，而且要能够高效地访问这些索引。

有多种方法能够高效地访问索引，如位索引、多级索引、将部分或全部索引装入内存。

4. 数据质量与数据清洗

数据质量是数据仓库的成功关键。数据质量包括数据的许多特征，其中有遵守企业规则的符合性、确认数值的合法性、完备性(尤其是针对必需字段的完备性)、时间性以及完整性。数据应该是易懂、不冲突和不冗余的。

1) 数据质量的表现形式

(1) 字段中的虚假值。在输入数据时，有时会将字母P和O等，误输入成数字9和0。

(2) 数据值缺失。这在客户数据中经常出现。

(3) 不一致的值。不同的源系统代码表示不一致，如有的代码表示为A(Auto)、H(Home)、F(Flood)；有的表示为1、2、3；有的表示为AU、HO、FL等。

(4) 违反常规的不正确值。如一年工作的天数，加上假日、病假天数超过365天。

(5) 一个字段有多种用途。一个字段同一数据在不同部门可能有不同的含义。

(6) 标法不唯一。例如，销售系统与库存系统的产品代码不一致。

这些错误数据被称为“脏数据”。

2) 数据被“脏数据”污染所产生的原因

(1) 系统转换。由于系统升级，在文件转换过程中，会对数据产生污染。系统转换和迁移是数据污染的重要原因。查找数据污染需要了解每一次源系统所经过的转换过程。

(2) 数据老化。在源系统中有很多旧系统时，旧的值随着时间的变化会失去它的含义和意义，逐渐形成数据污染。

(3) 复杂的系统集成。数据不一致会产生数据污染。数据仓库的源系统种类越多，出现污染数据的可能性越大。

(4) 初始数据输入不完整。在初始数据输入时，没有完全输入所有的字段，将导致数据值缺失；对必须输入的字段，随便输入一些通用数据，都将产生数据污染。

(5) 输入错误。错误的数据输入也是数据污染的一个主要来源。

(6) 欺诈。有些人为了欺诈，千方百计地往系统中输入错误的数据。特别是涉及金额或产品数量的字段。

(7) 缺乏相关政策。如果公司对数据质量没有明确的相关政策，那么数据质量就不可能得到保证。

3) 休眠数据的处理

休眠数据是那些存在于数据仓库中的、当前并不使用、将来也很少或者根本就不会使用的数据。在开始运作的第一年内，数据仓库很小并且其中全部的或者接近全部的数据都被使用，即数据仓库中几乎没有休眠数据。第2年，数据仓库开始增长，休眠数据开始出现，但是它只代表数据仓库中的小部分数据。在这个时候，休眠数据并没有造成真正的问题。第3年，休眠数据成为数据仓库中的一个很大部分。第4年，数据仓库已经非常大。在这个时候，休眠数据量是非常沉重的，并且休眠数据已成为了数据仓库中占非常大比重的一类数据。这些数据中的绝大部分并不会使用。

对休眠数据需要进行适时删除，才能提高数据质量。

4) 数据清洗

为了保证数据质量必须进行数据清洗，否则会导致数据仓库的失败。清洗数据仓库中所有数据的成本是相当高的。在现实世界中，绝对的高质量数据是不现实的，不能期望100%的数据是高质量的。清洗数据采用“面向目标”的原则，先确定要使用哪些数据，然后确定目标是什么。清洗数据要明确如下问题。

(1) 需要清洗哪些数据。清洗哪些数据是根据数据仓库要回答用户的问题类型,找出回答问题所需要的数据。权衡每部分数据的价值,并估计对数据清洗后对用户分析会造成什么影响。通常只清洗那些重要的数据,而忽略那些不重要的数据。

(2) 在什么地方清洗。数据的错误来自源系统,因此数据在被存储进数据仓库之前就应该进行清洗。数据抽取过程中被抽取的数据一般进入缓存区域,数据装载过程从缓存区域进入数据仓库中。

在缓存区域中清洗数据相对容易。

(3) 怎么清洗。清洗源系统中的数据,必须找到适合源系统的字段和格式的清洗工具。现在已有很多完成各种数据清洗功能的工具软件可以采用。对于特殊的数据污染则要专门编制程序来完成数据清洗。

对于要净化的数据元素分为 3 个优先级类型:高优先级、中优先级和低优先级。对高优先级的数据要达到 100%的数据质量等级。中优先级的数据越准确越好,对这类数据,要在数据修正的成本和坏数据可能造成的影响之间进行平衡。低优先级的数据可以在有时间和需要的时候进行清洗。

(4) 建立一个数据质量框架。数据质量框架包括:定义质量指标参数和基准;选择那些有较大影响力的数据元素,确定优先级;对有较大影响力的数据元素制订清洗计划,并执行数据清洗;再为较小影响的数据元素制订清洗计划,并执行数据清洗。

5. 多维数据库和数据仓库

数据仓库的有效技术是多维数据库(超立方体)。多维数据库提供了多种方法对数据进行切片、分割,动态地考查汇总数据和细节数据的关系。多维数据库不仅提供了灵活性,还可以对终端用户进行管理,这些非常适合决策支持系统环境。

数据要定期从数据仓库中导入到多维数据库中去。数据仓库和多维数据库的区别有以下几点。

(1) 数据仓库有大量的数据;多维数据库中的数据至少要少一个数量级。

(2) 数据仓库只适合于少量的灵活访问;而多维数据库适合大量的非预知的数据的访问和分析。

(3) 数据仓库内存储了很长时间范围内的数据,一般为 5~10 年;多维数据库中存储着比较短时间范围内的数据。

(4) 数据仓库允许分析人员以受限的形式访问数据,而多维数据库允许自由地访问。

多维数据库和数据仓库有着互补的关系。数据仓库为非常细节的数据提供了基础,而这在多维数据库中通常是不能看到的。数据仓库能容纳非常详细的数据,这些数据在导入多维数据库时被轻度综合了,导入多维数据库后,数据还会被进一步地汇总。在这种模式下,多维数据库可以包含除了非常细节以外的所有数据。使用多维数据库的分析者可以一种灵活和高效的方式来对多维数据库中所有不同层次的数据进行钻取。如果需要,分析者还可以向下钻取到数据仓库。通过这种方式将数据仓库和多维数据库结合。

数据仓库和多维数据库还有一个方面是互补的。多维数据库存放中等时间长度的数据,依应用的不同为 12~15 个月。而数据仓库存放数据的时间跨度要大得多,一般为 5~

10年。考虑到这一点,数据仓库就成为多维数据库分析者进行研究的源泉。多维数据库分析者乐于知道,如果需要,有大量的数据是可用的,但在不需要时就用不着在他们的环境中花费存储所有这些数据的代价。

不同的多维数据库有不同的特色。一些多维数据库建立在关系模型上,而一些多维数据库建立在能优化"切片和切块"数据的基础上。在这里,数据可以被认为存储在多维立方体内。

多维数据库是一种技术,而数据仓库是一种体系结构的基础。这两者之间存在着互补和共生的关系。

6. 数据仓库开发的困难

数据仓库由于其数据量大(具有 GB 级到 TB 级的数据),数据包括近期、综合、历史等多个层次,还包括元数据,致使数据的存储和管理复杂。数据仓库的应用包括快速查询、多维分析及数据挖掘等多种类型。这样,数据仓库需要一个具有海量存储的硬件平台和一个能进行并行处理的大型数据库系统。

大型数据库厂商 NCR 公司提供的数据仓库硬件平台是具有海量并行处理能力的 WordMark 系列服务器,数据仓库软件是 Teradata 数据库系统,能处理 GB 级到 TB 级的数据,具有很强的并行处理能力和扩展能力。

Oracle、IBM、SAS、Microsoft 等公司也都推出了各自的数据仓库商品,它们为开发数据仓库提供了强有力的工具。这些工具极大地推动了数据仓库的发展。但是,开发数据仓库仍存在着很多困难,主要反映在数据的质量和错误的认识观念上面。它们构成了开发数据仓库的障碍。

开发数据仓库的典型错误包括以下几方面。

1) 数据质量的问题

有些数据仓库之所以失败,就是因为数据质量有问题,没有能"在短时间内以低成本"交付已承诺的"干净、集成、历史性数据"。由于这些不一致性和数据质量问题,用户常常不信任他们的报表,也不信任产生这些报表的基础数据。这种不信任逼迫用户去验证结果,这常常需要付出昂贵的代价,并造成进度的耽搁。这种不信任还可能导致决策得不到制定,或导致制定不严肃的决策。

2) 没有理解数据的价值

没有认识到数据的价值,就不会有效地访问数据和挖掘数据中的信息和知识。数据必须共享,才能充分发挥它的价值。那些垄断数据的做法,只可能埋没数据的作用,直接影响数据仓库的开发。数据的一致性是数据共享的基础。数据对于不同的人,由于定义的不一致和时间的不一致,就会造成数据的不一致,这会造成对数据理解的不一致和报表的不一致,从而丧失人们对数据的信任,更谈不上辅助决策。

3) 未能理解数据仓库的概念

不了解数据仓库的含义,它所能解决的业务问题和它的用途,必然导致数据仓库开发的失败。

数据仓库中的数据不是用大量现行系统中的数据堆积而成的,而是将现行管理系统中的大量数据按决策主题重新组织,通过集成而形成的。数据仓库包含大量的随时间变化的数据,而不进行实时更新,即不像现行管理系统对数据进行实时更新,只保留当前准确的数据。在数据仓库中元数据很重要。元数据能够让用户了解数据仓库中有什么数据,它们是如何组织的,对这些数据可以如何使用。

只有充分理解数据仓库的概念,才能充分发挥数据仓库的作用。

4) 尚未清楚了解用户将如何使用数据仓库之前,便贸然开发数据仓库

一个典型的错误观点是:"只要你建好(数据仓库)了,他们就会用。"这种盲目自信地建造数据仓库,用户未参加界定对数据仓库的需求,必然导致数据仓库的失败。

数据仓库的建造必须要有用户代表参加。用户代表懂得数据仓库中需要有哪些数据和如何使用数据仓库来改善他们的决策过程。

5) 对数据仓库规模的估计模糊

数据仓库规模包括数据量、用户数量、常规查询所耗费的资源、并发查询数目、对 CPU 的要求等。

数据仓库中的数据量依赖于数据的主题(顾客、产品、风险管理、收支等)的划分,以及用户人数。数据太多时,将会使数据存储和加载过程耗资巨大,还会造成数据得不到充分利用或根本无人使用。

6) 忽视了数据仓库的系统结构和数据仓库的开发方法

数据仓库的系统结构具有 3 个层次:数据获取、数据存储和分析工具。这个系统结构是建造数据仓库的图纸。

数据仓库的生命周期(DWLC)不同于系统生命周期(SDLC)。数据仓库的生命周期包括分析与设计、数据获取、决策支持、维护与评估 4 个阶段。

数据仓库的设计应该采用数据驱动方法,即以数据为基础(尽可能地利用已有的数据、代码等,而不是从无到有),进行从面向应用到面向分析需求的转变,按决策主题存取数据和分析数据,并逐步提高决策支持效果的方法。

数据仓库的开发只有克服了以上错误观念,才能真正发挥它的作用并使其得到发展。

6.2 综合决策支持系统

6.2.1 智能决策支持系统与数据仓库型决策支持系统的特点比较

1. 智能决策支持系统的特点

虽然决策支持系统发展较缓慢,但是对推动我国的"管理科学与工程"学科发展起了很大的推动作用。目前,决策支持系统在我国的各行业中已经广泛开展起来。

智能决策支持系统具有以下特点。

1) 用模型的组合形成方案辅助决策

模型是客观事物的抽象,代表了事物的结构和规律。用模型辅助决策实质上是按事物的规律去进行处理。这种用科学方法辅助决策比用经验进行决策前进了一大步。

智能决策支持系统中使用的数学模型,特别是优化模型,为智能决策支持系统的辅助决

策提供了帮助。它在历史上发挥了重要作用，在今后的发展中也将发挥重要作用。

多模型的组合形成解决问题的方案，扩大了辅助决策的能力。多模型的组合形成方案的实现是靠数据或数据处理来完成模型间的连接。多模型的组合使模型的范围由数学模型扩展为数据处理模型等。决策支持系统的模型库和数据库的综合，实现了多模型组合形成方案辅助决策。方案的制订以及方案计算结果的评价都需要人来完成。人机交互的手段丰富了多模型组合辅助决策的效果，也为人控制多模型的组合形成方案提供了支持手段。

决策支持系统是以解决问题方案的形式辅助决策，比运筹学用单模型辅助决策的方式上升了一个台阶。

2）用知识推理进行定性分析

将知识推理的专家系统加入到决策支持系统中，可使辅助决策的能力再一次得到提升。多模型组合实质上完成的是定量辅助决策（以数学模型和数据处理模型为主体），而知识推理的专家系统主要用于定性分析。因此，将专家系统结合到决策支持系统中形成智能决策支持系统，其实质是实现了定量分析和定性分析相结合的辅助决策方式。

2. 数据仓库型决策支持系统的特点

数据仓库、联机分析处理、数据挖掘3个概念都是20世纪90年代初被提出的。数据仓库型决策支持系统到20世纪90年代中期已在国外形成。我国是在1996年正式引入这种新决策支持系统概念的。由于新决策支持系统的基础是数据仓库，所涉及的相关技术包括数据库、人工智能的机器学习，故引起了多方面学者的关注，很快在我国兴起了研究热潮。新决策支持系统以一种新面貌出现在人们面前。

数据仓库型决策支持系统具有以下特点。

1）数据仓库和联机分析处理的数据组织方式是多维数据

数据库的数据是二维平面结构形式（如关系数据库），而数据仓库的数据组织已经把它扩展为空间的多维结构形式。这样，数据仓库就集中了更多的数据，便于用户从大量数据中提取各自的辅助决策数据和信息。

2）数据仓库是为决策分析服务的

数据仓库的数据不是大量数据库的堆积，而是按决策主题重新组织的。这与数据库数据为事务处理有本质差别。数据仓库中的数据包含基本数据、历史数据、综合数据和元数据。这样，数据仓库中的数据可以提供综合信息和时间趋势分析信息等辅助决策信息。

3）联机分析处理提供多维分析手段

联机分析处理所提供的多维分析手段有切片、切块、旋转、上下钻取等多种形式，便于用户从不同角度提取所需要的数据和信息。

4）数据挖掘是从数据中挖掘出隐藏知识

人们形象地将大量数据视为矿藏，而把数据挖掘喻为从矿藏中挖掘出金子（知识）。这个诱人的研究方向始于人工智能的机器学习。20世纪80年代末人们首先提出从数据库中发现知识这一概念，1996年正式把挖掘知识的各种方法和技术称为数据挖掘。它是知识发现的一个步骤，现在已经引起多方学者的关注。

6.2.2 数据仓库与数学模型

数据仓库强调以数据为驱动，即以数据为基础，将传统数据库系统的数据，进行从面向应用的需求转变到数据仓库的面向分析的需求，向用户提供更准确和更有用的决策信息，但是数据仓库未明确提出利用模型的问题。

实际上，从数据仓库的结构图中可以看出，要完成从当前基本数据层中的数据汇总到轻度综合数据，再从轻度综合数据汇总到高度综合数据，是需要通过汇总模型来完成的。另外，数据仓库从历史数据中得到预测信息，这是需要通过预测模型来完成的。可见，数据仓库要达到辅助决策的目标仍需要模型。不过，数据仓库中使用模型是固定和单一的，相对于数据仓库中的数据来说是次要的。

随着数据仓库技术的发展和广泛应用，数据仓库在逐步增加各种模型以提高辅助决策效果。

以客户为中心的银行数据仓库为实现为每一位客户提供个性化服务，需要知道客户的人数、客户与银行业务往来的情况、客户的基本分类，了解客户的基本需求等业务情况。在此基础上进行深入分析。

1. 建立分销渠道的分析

通过客户、渠道、产品或服务三者之间的关系，了解客户的购买行为、客户和渠道对业务收入的贡献，哪些客户比较喜好由什么渠道在何时和银行打交道，目前分销渠道的服务能力如何，需要增加哪些分销渠道才能达到预期的服务水平。为此，银行需要建立客户购买倾向模型和渠道喜好模型等。

2. 建立客户的利润评测模型

通过该模型能了解每一位客户对银行的总利润贡献度，银行可以依客户的利润贡献度安排合适的分销渠道提供服务和销售，知道哪些有利润的客户需要留住，采用什么方法留住客户，交叉销售改善客户的利润贡献度，哪些客户应该争取，完成怎样的个性化服务。另外，银行可以模拟和预测新产品对银行的利润贡献度，或者新政策对银行将产生什么样的财务影响，或者客户流失或留住对银行的整体利润影响。

3. 建立客户关系(信用)优化模型

银行通过与客户的每一笔交易，知道客户需要什么产品或服务。例如，定期存款是希望退休养老使用，申请信用卡是需要现金消费，询问放贷利息是需要住房贷款等，这些都是银行提供产品或服务最好的时机。银行需要将账号每天发生的交易明细，以实时或定时方式加载到数据仓库中，校对客户行为的变化。当有上述变化时，通过模型计算，主动地与客户沟通并进行交叉销售，以达到留住客户和增加利润的目的。

4. 建立风险评估模型

模拟风险和利润间的关系，建立风险评估的数学模型，在满足高利润、低风险客户需求的前提下，达到银行收益的最大化。

银行通过以上模型实现的以客户为中心的数据仓库决策支持系统，才能真正实现个性化服务，提高银行竞争优势。

例如，在上海证券交易所这家全球最大的散户证券交易所，其交易最高峰时每秒钟就有1万笔以上的订单。针对上市公司报送的财务报表，他们开发了一个"财务预警模型"。用这个模型，通过分析上市公司各种财务报表之间的钩稽关系，可以判断出该上市公司报送的数据是否真实可靠。如果初步判断报表是真实的，通过进一步的数据挖掘，还可以分析该上市公司的财务状况存在哪些问题，并通过直观图形化的方式反馈给监管部门。他们还针对交易型开放式指数基金(ETF)专门开发了一个"套利模型"，能够根据不同业务部门的要求，按照不同类别(如账户、投资者类型、交易所会员)进行汇总分析。经过数据仓库项目的深度开发使上海证券交易所数据仓库的容量有14TB，在整个亚太地区金融行业中排名第二。

在数据仓库系统中增加数学模型来提高辅助决策效果，将是今后的发展趋势。

6.2.3 综合决策支持系统原理、结构和定义

数据仓库和联机分析处理新技术为决策支持系统开辟了新途径。数据仓库与联机分析处理都是利用数据资源辅助决策，在数据仓库中能获取综合信息和预测信息，在联机分析处理中进行多维数据分析，获取切片信息(了解现状、寻找差距)或钻取信息(深入详细数据寻找问题原因)。在数据仓库和联机分析处理中都没有明确利用模型资源和知识资源来辅助决策。

20世纪90年代中期，从人工智能的机器学习中发展起来的数据挖掘是从数据库、数据仓库中挖掘有用的知识。知识的形式有产生式规则、决策树、知识基、公式等。数据挖掘的方法和技术有决策树方法、神经网络方法、覆盖正例排斥反例方法、粗糙集方法、概念树方法、遗传算法、公式发现、统计分析方法、模糊学方法、可视化技术等。从数据挖掘中获取的知识不同于专家系统中的知识。专家系统中的知识是专家的领域知识和经验知识，还包括常识。数据挖掘中获取的知识实质上代表了数据库中数据之间的关系规律。

数据仓库能够实现对决策主题数据的存储和综合，联机分析处理实现多维数据分析，数据挖掘能挖掘数据库和数据仓库中的知识。DW+OLAP+DM形成的新决策支持系统利用数据资源辅助决策。数据中蕴含大量信息和知识，通过数据仓库的综合和趋势分析，通过联机分析处理的多维数据分析了解现状和各种变化趋势，支持决策者制定政策和策略。从数据挖掘中获取的知识主要是关联知识和分类知识。新决策支持系统主要针对商场、银行、顾客、销售等获取企业内部和外部的信息。

传统决策支持系统以模型库和知识库为基础，充分发挥模型资源的辅助决策作用和知识资源的辅助决策作用。特别是数学模型的辅助决策作用已在管理科学和运筹学中充分显现出来。决策支持系统是以实现多模型的组合与大量数据的存取形成解决问题的方案，能更充分地发挥模型资源和知识资源相互结合的辅助决策作用。其中，数学模型的优化模型辅助决策的效果很明显；专家系统中的知识推理具有较强的智能性。可见，传统决策支持系

统辅助决策的能力是很强的。

传统决策支持系统利用模型资源和知识资源，区别于新决策支持系统利用数据资源获取信息和知识辅助决策。这两者是完全不同的辅助决策方式，两者不可能相互代替，更应该相互结合。通过结合充分发挥数据、模型、知识这 3 种不同的决策资源，获取企业或组织的内部和外部相互补充的信息和知识，才能为决策者提供更全面、更广泛和更有效的辅助决策信息和知识。

把数据仓库、联机分析处理、数据挖掘、模型库、数据库、知识库结合起来形成的决策支持系统，即将传统决策支持系统和新决策支持系统结合起来的决策支持系统是更高级形式的决策支持系统，称为综合决策支持系统。综合决策支持系统既发挥了传统决策支持系统和新决策支持系统的辅助决策优势，又发挥了它们之间的相互补充的效果，因此可实现更有效的辅助决策。

综合决策支持系统结构如图 6.3 所示。

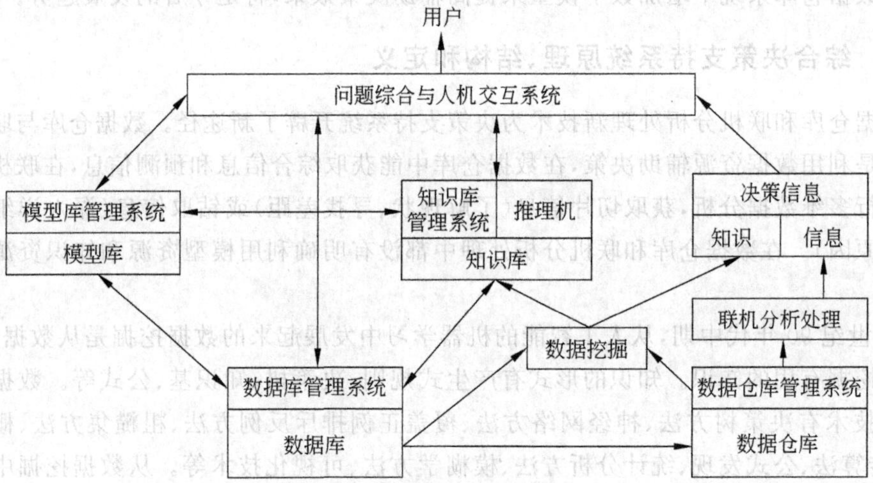

图 6.3　综合决策支持系统结构

综合决策支持系统的体系结构包括 3 个主体。

第一个主体是模型库系统和数据库系统的结合，它是决策支持系统的基础，为决策问题提供定量分析(模型计算)的辅助决策信息。

第二个主体是数据仓库、联机分析处理，它从数据仓库中提取综合数据和信息，这些数据和信息反映了大量数据的内在本质。

第三个主体是知识库与推理机和数据挖掘的结合。数据挖掘从数据库和数据仓库挖掘知识，它将丰富知识库中的知识。知识库和推理机形成的专家系统辅助决策方式不同于数据挖掘中获取知识的辅助决策方式，它们都是利用知识资源达到定型分析辅助决策。

综合决策支持系统体系结构的 3 个主体既可以相互补充，又可以相互结合。根据实际问题的规模和复杂程度来决定是采用单个主体辅助决策还是采用 2 个或是 3 个主体的相互结合辅助决策。

1. 传统决策支持系统

利用第一个主体(模型库和数据库结合)的辅助决策系统是最早的决策支持系统。

2. 智能决策支持系统

利用第一个主体和第三个主体(专家系统和数据挖掘)相结合的辅助决策系统就是智能决策支持系统。

3. 新决策支持系统

利用第二个主体(数据仓库和联机分析处理)和第三个主体中的数据挖掘形成了新决策支持系统。在联机分析处理中增加模型库,特别是数学模型(如优化模型等)将能够提高辅助决策能力,这是新决策支持系统正在发展的方向。

4. 综合决策支持系统

将3个主体结合起来,即利用“问题综合与交互系统”部件集成3个主体,这样形成的综合决策支持系统,是一种更高形式的辅助决策系统,辅助决策能力将上一个大台阶。

综合决策支持系统是今后发展的方向。

5. 决策支持系统的发展与综合定义

决策支持系统的发展体现了决策支持系统本质的演变:决策支持系统初期是利用模型资源(模型库)和数据资源(数据库)支持决策,到智能决策支持系统利用知识资源(知识库)和模型资源(模型库)结合支持决策,再到基于数据仓库的决策支持系统利用数据资源(数据仓库)支持决策。

这样,决策支持系统的综合定义为:决策支持系统是针对决策问题,利用决策资源(数据、模型、知识等)进行组合和集成,建立多个解决方案,通过方案的模型计算、知识推理和多维数据分析,并通过方案的修改或综合,逐步逼近解决决策问题的系统。

6.3 网络型决策支持系统

由于Internet的普及,网络环境的决策支持系统将以新的结构形式出现。决策支持系统的决策资源——数据资源、模型资源、知识资源——将作为共享资源,以服务器的形式在网络上提供并发共享服务,为决策支持系统开辟一条新路。

6.3.1 客户机/服务器结构与数据库服务器

一般的数据库系统运行在一台计算机上,不与其他计算机系统交互的单用户系统,它包括一个CPU和1～2个磁盘,以及仅支持一个用户的操作系统。

多用户系统有多个CPU和多个磁盘、多个主存储器,并且有一个多用户操作系统,它为大量的用户服务,这些用户通过终端或客户机与系统相连。这样的系统通称为服务器系统。

计算机联网可以使得某些服务在服务器系统上执行，而另一些任务在客户机系统上执行，这种工作任务的划分，形成了客户机/服务器系统。

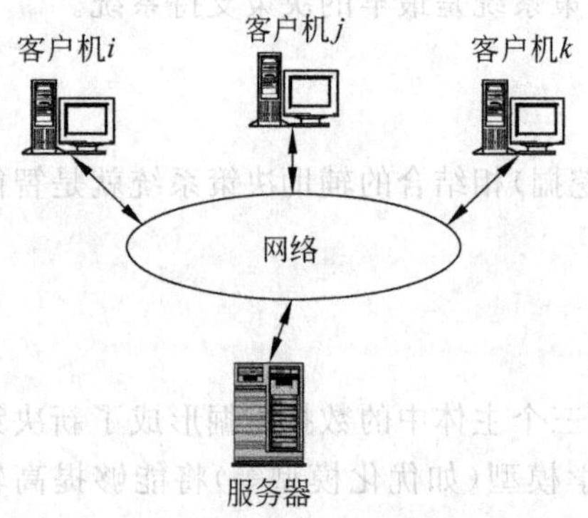

图 6.4 客户机/服务器系统结构

客户机/服务器（Client/Server，C/S）由服务器提供应用服务，多台客户机进行连接，如图 6.4 所示。

客户端软件一般由应用程序及相应的数据库连接程序组成。服务器端软件一般是某种数据库系统。

当前的实际应用中，多数服务器就是一台数据库服务器（如 SQL Server、DB2、Oracle 等数据库），而客户端就是用 C++ 编写的客户软件，通过 ODBC 或 ADO 同数据库服务器通信，组成一个应用系统。

1. 客户机/服务器的处理模型

客户机/服务器早期主要出现在局域网（LAN）中，有 3 种处理模型。

1）共享设备

在共享设备的 LAN 处理环境中，多台计算机连接到一个共享设备——服务器——上共享某些公共资源，即硬磁盘上的文件或打印机，分别称为文件服务器和打印机服务器。这种方式除打印机和文件功能被要求服务器处理外，所有其他工作都由计算机完成。

这种共享设备处理模型是多用户系统。

2）客户机/服务器

客户机/服务器处理模型是共享设备处理的一种自然扩充。在这种模型中应用被划分成两部分，分别在客户端和服务器端完成。在服务器端完成的不再是诸如文件服务和打印服务这些简单功能。典型的是数据管理服务（数据库服务器）。在服务器端完成的是公用的数据管理功能。

应用处理是由客户发起的，并由客户端控制，服务器提供服务，由两者合作完成。

3）同级到同级的处理

在典型的局域网数据库客户机/服务器处理服务中，客户机和服务器之间是加以区分的。而在同级到同级之间，所有参与处理的计算机系统（处理单元）是同等的。只有当它们提出请求或提供服务时才扮演不同的角色——客户机或服务器，即它们都可以向对方提出请求或向对方提供服务，甚至在一次应用处理中一台计算机可以既是客户机又是服务器。同级到同级的处理模型如图 6.5 所示。

2. 客户机/服务器体系结构

客户机/服务器体系结构如图 6.6 所示。

1）客户机/服务器网络环境

客户机/服务器网络环境包括各种网络硬件、网络软件和通信协议。

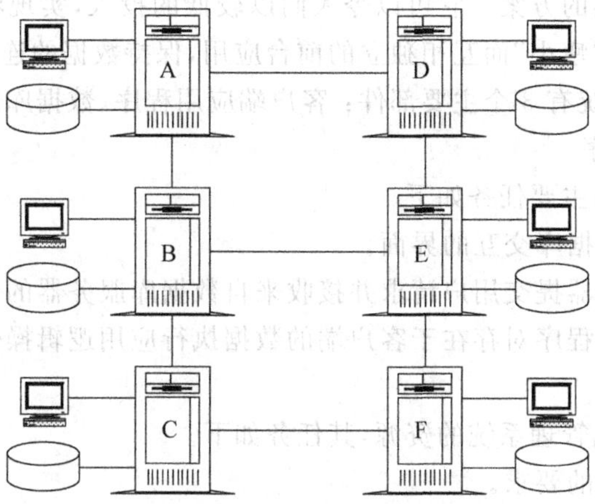

图 6.5 同级到同级的处理模型

图 6.6 客户机/服务器体系结构

2) 中间件

中间件是在一个分布式计算机环境中将分开的系统各部分集成在一起的"胶合剂"。从体系结构上讲,中间件是客户机/服务器体系结构的一层,驻留在客户机/服务器之间。它支持多个通信和数据访问协议,支持对各种异构系统的连接和互操作,把分布在客户机和服务器端的应用集成在一起。

例如,数据库中间件完成客户机和服务器之间的 SQL 交互作用,解决分布式计算机环境中各种数据模型的数据库之间、不同 DBMS 之间的互连和互操作。

3. 客户机/服务器结构的数据库服务器

客户机/服务器体系结构由两部分组成,即客户应用程序和数据库服务器程序。两者可分别称为前台程序与后台程序。一旦服务器程序被启动,就随时等待响应客户程序发来的请求;客户程序运行在用户自己的计算机上。当需要对数据库中的数据进行任何操作时,客户程序就自动地寻找服务器程序,并向其发出请求,服务器程序根据预定的规则做出应答,送回结果。

在典型的客户机/服务器数据库应用中,数据的存储管理功能,是由服务器程序独立进行的,并且通常把那些不同的前台应用,在服务器程序中集中实现,例如访问者的权限,编号不准重复、客户建立的规则等。前台程序无须过问(通常也无法干涉)这背后的过程,就可以完成自己的一切工作。在客户机/服务器架构的应用中,前台程序可以变得非常"瘦小",麻烦的事情都交给了服务器和网络。在客户机/服务器体系下,将易变的部分(应用和应用规则)和相对稳定的部分(数据和基本属性、结构)分离,这正是客户机/服务器结构数据库服务器的典型模式。

从原理和经验上看,客户机/服务器结构是目前技术条件下,能较好适应不确定和变化的需求环境的比较现实的方案。它可以令人们以较低的投入,实现将易变与稳定的要素分离,快速地增添和替换"瘦小"而互相独立的前台应用,保持数据的连续性和继承性。

客户机/服务器系统有3个主要部件:客户端应用程序、数据库服务器和网络。

1）客户端应用程序

客户端应用程序的主要任务如下。

(1) 提供用户与数据库交互的界面。

(2) 向数据库服务器提交用户请求并接收来自数据库服务器的信息。

(3) 利用客户应用程序对存在于客户端的数据执行应用逻辑操作的要求。

2）数据库服务器

服务器负责有效地管理系统的资源,其任务如下。

(1) 数据库安全性的要求。

(2) 数据库访问并发性的控制。

(3) 数据库前端的客户应用程序的全局数据完整性规则。

(4) 数据库的备份与恢复。

3）网络

网络通信软件的主要作用是,完成数据库服务器和客户应用程序之间的数据传输。

4. 浏览器/服务器结构

在当前 Internet/Intranet 领域,浏览器/服务器(Browser/Server,B/S)结构是非常流行的客户机/服务器结构,如图6.7所示。

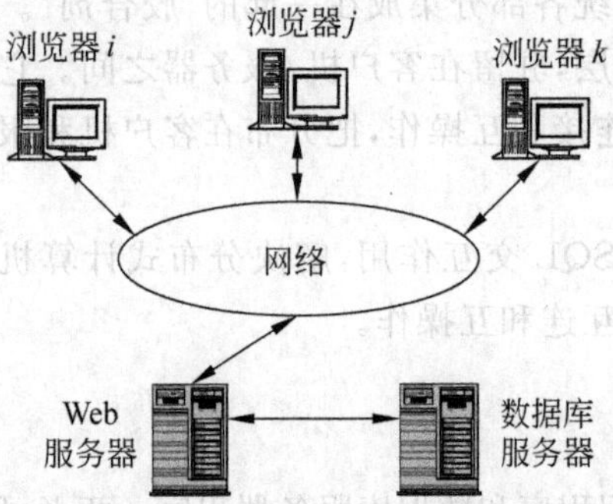

图 6.7 浏览器/服务器结构

Web浏览器是在计算机屏幕上生成基于超媒体的菜单,作为访问Web的图形界面。菜单由含有超文本链接的图片、标题和文本组成,能使用户链入包含文本文档、图形、声音文件的因特网资源。当选择从一个文档转移到另一个文档时,用户可能在因特网上的计算机之间跳来跳去,但用户却无须知道这些,因为Web处理了所有的链接。Web浏览器只利用鼠标单击某个强调的词语或某个图形按钮,用户就会毫不费力地迅速访问到世界各地的计算机。

浏览器同Web服务器之间的通信采用HTTP(超文本传输协议,Web用户用于检索文档的一组规则),其通信原理如下:浏览器在用户要求下,和Web服务器进行连接,Web服务器马上与数据库服务器通信,在数据库服务器中存取数据,数据库服务器将数据传给Web服务器,Web服务器再把数据转发给浏览器,浏览器接收到返回的数据后,马上断开连接。由于连接时间很短,Web服务器可以共享系统资源,为更多用户提供服务,达到支持成千上万个用户。

浏览器/服务器结构对用户的技术要求比较低,对前端机的配置要求也较低,而且界面丰富,客户端维护量小,程序分发简单,更新维护方便。它容易进行跨平台布置,容易在局域网与广域网之间进行协调,尤其适宜信息发布类应用。但是,浏览器/服务器结构在客户端对大量数据进行深层次分析、汇总、批量输入输出、批量更改的工作中出现困难，尤其更难实现图形图像等复杂应用，对于需要与本地资源(如调用本地磁盘上的文件或其他应用程序等)，进行交互性的操作上极不方便，浏览器/服务器难以适用于基于流程类的工作，而客户机/服务器更适用于流程类的工作。

客户机/服务器和浏览器/服务器各有优缺点，发展趋势是走向浏览器/服务器结构。

6.3.2 网络型决策支持系统的原理

客户机/服务器网络是基于服务器的网络，共享数据全部集中存放在服务器上，为客户机提供数据服务。数据既可为管理业务服务，也可为辅助决策服务。辅助决策的重要资源是模型资源。大量的数学模型、数据处理模型、人机交互的多媒体模型在决策支持系统中以模型库的形式进行存储和提供服务，类似于数据库服务器建立模型库服务器(或称模型服务器)，这是建立网络型决策支持系统的基础。决策支持系统的综合部件(即问题综合与人机交互系统)由网络上的客户机来完成。

1. 网络型决策支持系统的基本结构

模型服务器是对用户提供各种模型服务。由于模型是一个运行程序，它需要在数据的支持下完成模型的运算，这些模型需要调用数据库服务器存取数据，在模型服务器内完成模型运算。这些模型服务器相对于数据库服务器来说是客户机。当模型运算出结果后为用户提供辅助决策信息时，它起到服务器的作用。这种关系形成了3层客户机/服务器结构。

作为综合部件的客户机，既要利用模型服务器中的模型提供服务，也要利用数据库服务器中的数据提供服务。这种在网络环境下形成的决策支持系统结构，既具有客户/模型/数据3层客户机/服务器结构，也有客户/数据两层客户机/服务器结构，这种组合是一种三角的客户机/服务器结构形式，如图6.8所示。

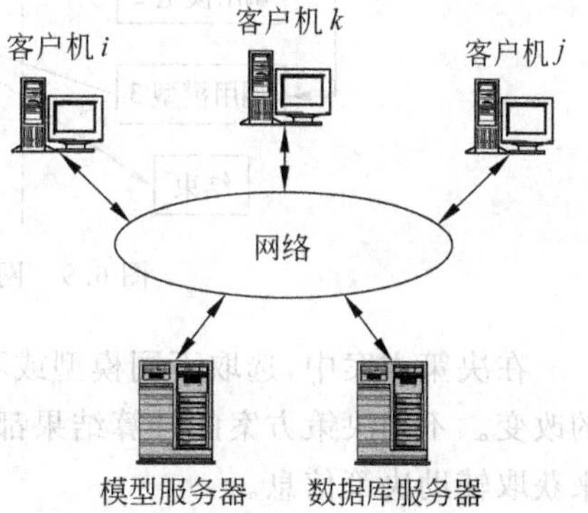

图6.8 网络型决策支持系统的基本结构

从网络型决策支持系统基本结构图中可见，它是基本决策支持系统(见图6.1)三部件结构的3个部件分别在网络上以客户机和服务器形式出现而形成的决策支持系统。

模型库系统在网络环境下是模型服务器，它同数据库系统在网络环境下是数据库服务器类似，模型服务器也可以为多个不同的客户机同时提供服务。作为决策资源的模型资源与数据资源在网络环境下，可为多个不同的客户机同时提供服务，形成多个不同的决策支持系统。决策资源的共享性在网络环境下得到了很大的提高。

数据库服务器是在单用户的数据库系统(数据库管理系统数据库)的基础上增加网络通信、通信协议、并发控制以及安全机制等服务器功能而形成的。

模型服务器同样是在模型库系统(模型库管理系统和模型库)的基础上，增加网络通信、通信协议、并发控制以及安全机制等服务器功能而形成的。

从模型库系统发展成模型服务器是一个质的变化,它使模型这种决策资源在网络上提供远程服务和多用户并发服务。

模型服务器和数据库服务器同客户机组合而形成的网络型决策支持系统是单机决策支持系统的质的提高,形成了远程的并发决策支持系统。

2. 网络型决策支持系统的运行方式

决策支持系统是建立在多模型的组合与数据库存取基础上的决策方案,通过对不同方案计算结果的比较获得辅助决策信息。

模型服务器中的模型与数据库服务器中的数据都是共享的决策资源。网络型决策支持系统是根据不同的决策问题,在客户机上完成系统控制程序,通过网络通信,实现对模型服务器中多模型的组合和数据服务器中数据库的存取,集成为决策支持系统方案。网络型决策支持系统的运行方式如图 6.9 所示。

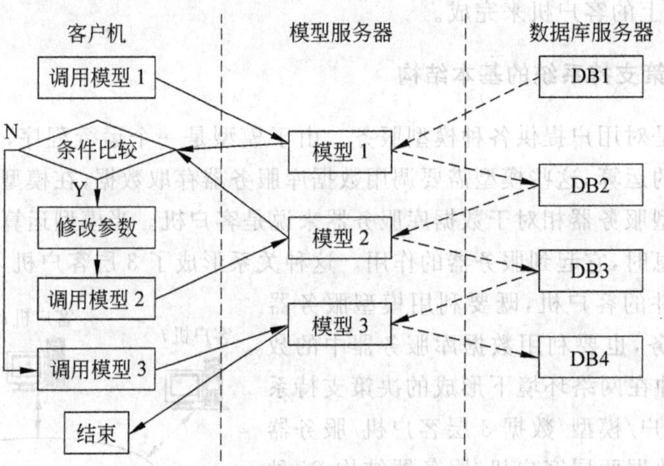

图 6.9 网络型决策支持系统的运行方式

在决策方案中,选取不同模型或不同数据,或对模型的不同组合方式,都是对决策方案的改变。不同决策方案的计算结果都将不同。决策支持系统需要对不同决策方案进行对比来获取辅助决策信息。

网络型决策支持系统是通过客户机上的系统控制程序的改变来完成决策方案的改变。

3. 客户机与模型服务器的通信协议

客户机与模型服务器的通信需要双方遵守共同的协议来完成相互之间的协调运行。客户机要调用模型服务器中某模型的运行,需要写成命令语言由网络通信传给模型服务器,服务器在接收到该命令后,执行该命令完成模型的运行,先要返回给客户机,说明模型运行是否正常结束。当在模型运行正常结束,还有计算结果时,再通过协议,客户机接受模型计算结果数据。其通信协议如图 6.10 所示。

客户机和模型服务器之间只有双方均按通信协议的要求进行通信,才能有效实现客户机对模型服务器中模型的调用运行。

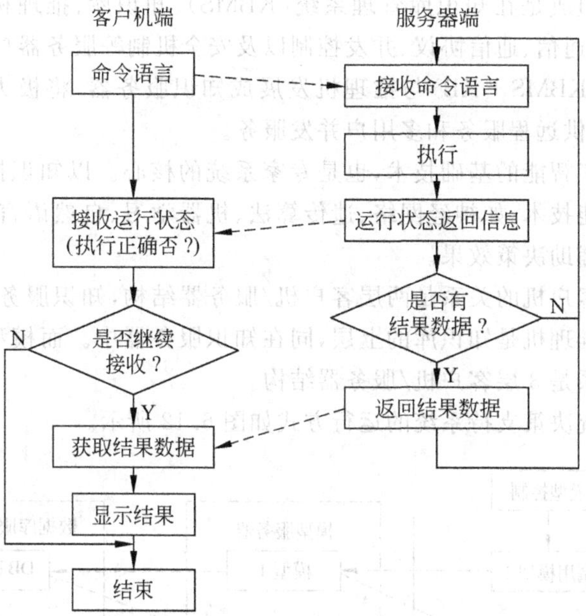

图 6.10　客户机和模型服务器的通信协议

目前，研究网络型决策支持系统还不多，随着网络技术的不断成熟以及 Internet 的普及，网络型决策支持系统将会成为发展方向。

6.3.3　网络型决策支持系统体系

综合决策支持系统是由传统决策支持系统和新决策支持系统综合而成的。网络型综合决策支持系统是由网络型传统决策支持系统和网络型新决策支持系统综合组成的。这三者共同构成了网络型决策支持系统体系，统称为网络型决策支持系统。

1. 网络型传统决策支持系统

传统决策支持系统除模型库系统外，知识库系统和推理机也是重要的组成部分。知识同模型一样，既是重要的决策资源，也是共享资源。在网络上建立知识服务器提供知识服务，发挥同模型服务器一样的辅助决策作用。只是不同于模型，知识以定性方式通过推理起到辅助决策作用。而模型，特别是数学模型与数据处理模型是以定量方式通过数值计算起到辅助决策作用的。它们结合形成智能决策支持系统，也称传统决策支持系统。在网络上以模型服务器和知识服务器作为共享决策资源，在客户机上按用户的决策问题需求，组合模型计算和知识推理形成的网络型传统决策支持系统。其结构图如图 6.11 所示。

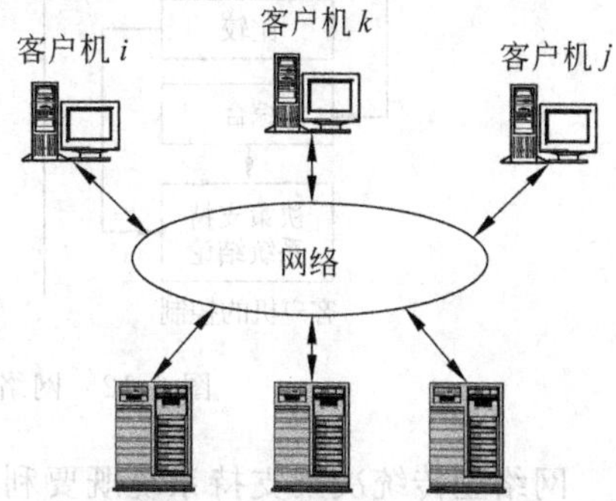

图 6.11　网络型传统决策支持系统

知识服务器的组成是在知识库管理系统(KBMS)、知识库、推理机(Inference Engine)的基础上,增加网络通信、通信协议、并发控制以及安全机制等服务器功能而形成的。

以知识库系统(KBMS+KB)与推理机发展成知识服务器,将极大地提高知识的共享性,使之在网络上提供远程服务和多用户并发服务。

知识推理是人工智能的基础技术,也是专家系统的核心。以知识推理为核心的知识服务器在增加共享智能技术,如神经网络、遗传算法、机器学习、自然语言理解等后,将进一步提高知识服务器的辅助决策效果。

知识服务器与客户机的关系是两层客户机/服务器结构,知识服务器中知识库是主体,知识库管理系统与推理机是知识库的上层,同在知识服务器中。而模型服务器同数据库服务器与客户机的关系是3层客户机/服务器结构。

网络环境的传统决策支持系统的运行方式如图6.12所示。

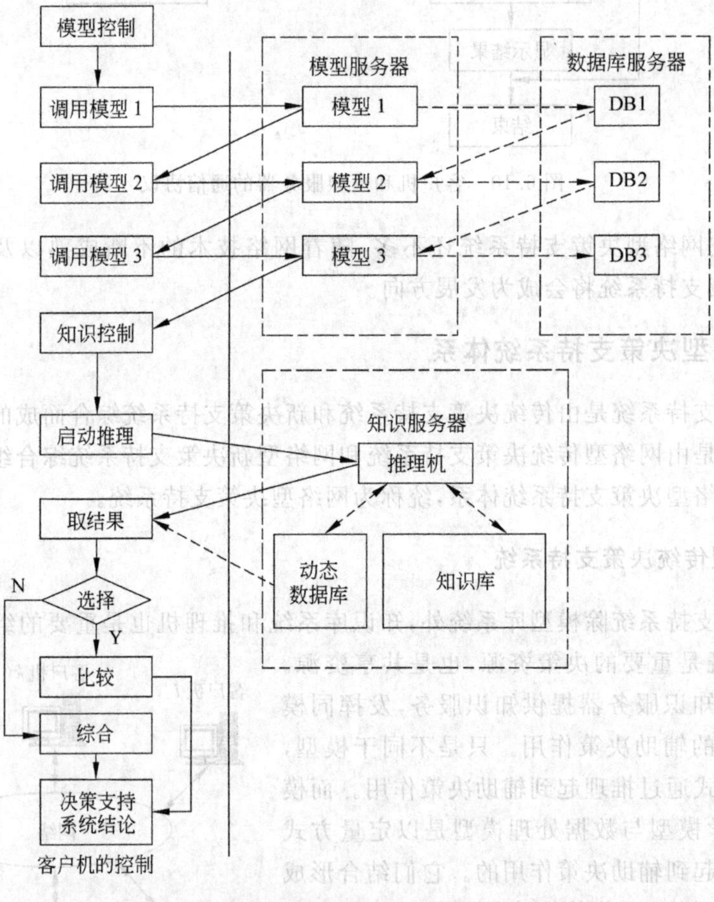

图6.12 网络型传统决策支持系统的运行方式

网络型传统决策支持系统既要利用模型服务器中的模型的数值计算,也要利用知识服务器的知识推理,两者不同方式的处理结果的统一,可以采用比较的形式取两者中的更合适者,也可以采用综合的形式得到相互补充的结论。客户机的控制对模型服务器采用了3层客户机/服务器调用。

2. 网络型新决策支持系统

数据仓库是比数据库更具有决策价值的决策资源，由于它具有更大的共享性，一般都建立在网络环境上。数据仓库以服务器形式提供服务。对于数据仓库一般使用(信息使用者)两层客户机/服务器结构。

利用数据仓库服务器建立决策支持系统时，需要利用联机分析处理和数据挖掘工具获得更深层次的辅助决策信息。将联机分析处理和数据挖掘工具以服务器形式独立于数据仓库服务器之外，更便于实现决策支持系统，这是一种3层客户机/服务器结构形式，如图6.13所示。

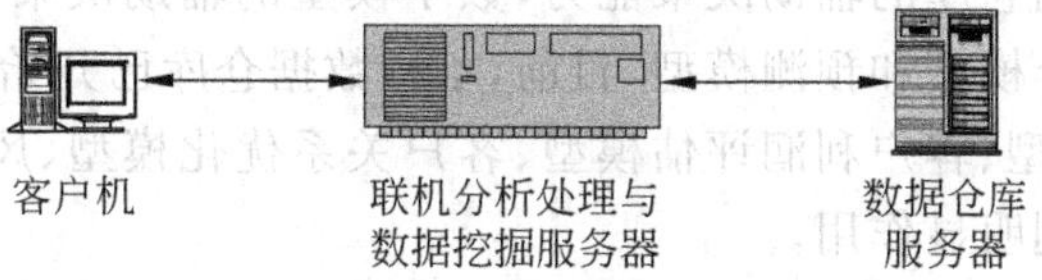

图6.13 网络型新决策支持系统结构

在3层客户机/服务器结构形式中，联机分析处理或数据挖掘进行分析时，都要从数据仓库服务器中提取大量的数据到联机分析处理与数据挖掘服务器中形成临时仓库，将分析结果获得的信息通过客户机提供给用户。客户机的工作是根据用户的决策需求，形成操纵联机分析处理工具还是操纵数据挖掘工具的命令语言或控制程序，在网络上传递这些命令或程序到联机分析处理与数据挖掘服务器中进行分析。

3. 网络型综合决策支持系统

网络环境的传统决策支持系统涉及模型服务器、知识服务器和数据库服务器3个服务器，客户机完成它们三者的综合集成。网络型新决策支持系统涉及数据仓库服务器和联机分析处理与数据挖掘服务器，客户机完成这三者的综合集成。网络型综合决策支持系统将是以上两者的再一次综合集成，其网络结构如图6.14所示。

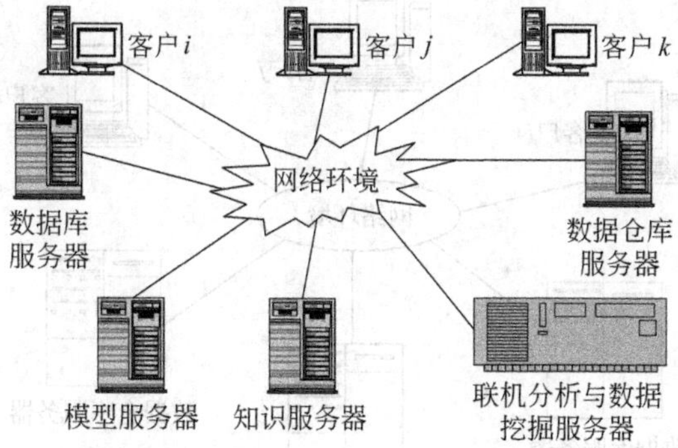

图6.14 网络型综合决策支持系统结构

由图6.14可知，该结构由三大部分组成。

(1) 客户机-模型服务器-数据库服务器部分。这是基本的决策支持系统结构——以模型辅助决策的网络形式。

(2) 客户机-知识服务器部分。这是智能技术辅助决策的结构——以知识辅助决策的网络形式。

(3) 客户机-联机分析与数据挖掘服务器-数据仓库服务器部分。这是以数据仓库为基础的新决策支持系统结构——通过联机分析处理与数据挖掘进行决策分析的辅助决策网络形式。

以上 3 部分既可独立存在,也可组合存在。组合形式有以下几种。

(1) 知识服务器与模型服务器的组合。这种组合是智能决策支持系统在网络环境下的形式,知识提供定性推理和模型提供定量计算的结合达到定性和定量相结合形式。

(2) 模型服务器与联机分析和数据挖掘服务器的组合。这是网络型新决策支持系统的自然发展。要提高数据仓库的辅助决策能力,数学模型的辅助决策能力是不可忽视的。在数据仓库中已存在综合模型和预测模型,目前,不少数据仓库已开始对客户提供个性化服务模型,包括销售渠道模型、客户利润评估模型、客户关系优化模型、风险评估模型等,在提高辅助决策效果方面起到明显作用。

(3) 知识服务器与数据挖掘服务器结合。知识推理与数据挖掘都属于人工智能领域,知识推理一般是指对专家知识的推理,这种知识来源于领域知识(书本知识)和个人经验知识。而数据挖掘获取的知识是从数据中获取的关联知识。这两类知识是相互补充的,它们的结合是很自然的。

利用知识进行推理在知识服务器中可直接完成,因为知识库和推理机均在知识服务器中,它与客户机构成两层客户机/服务器结构。

数据挖掘服务器中包括多种类型的数据挖掘方法,它需要对数据库服务器中的数据进行挖掘,或者对数据仓库服务器中的数据进行挖掘。这样,它同客户机与数据库服务器或数据仓库服务器就构成 3 层客户机/服务器结构。

(4) 建立统一的决策资源服务器。模型、知识、联机分析处理与数据挖掘均是决策资源,可以把它们有机地结合起来放在统一的服务器中,即决策资源服务器。而数据库服务器和数据仓库服务器由于数据量太多,不宜与以上决策资源合并,仍单独地自成体系。这时,基于决策资源的综合决策支持系统的结构形式如图 6.15 所示。

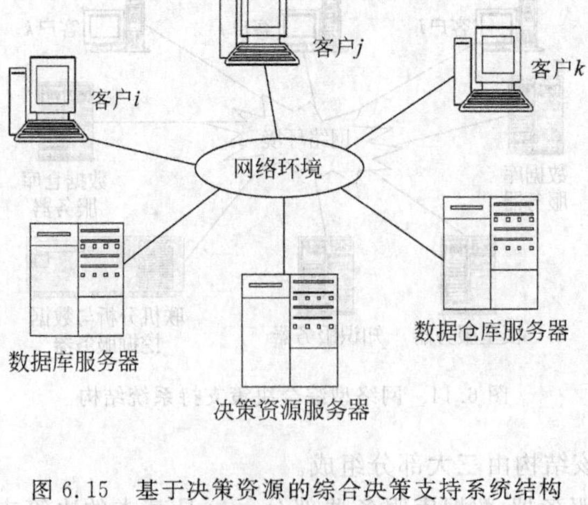

图 6.15 基于决策资源的综合决策支持系统结构

综合决策支持系统是决策支持系统的发展方向，而网络型综合决策支持系统是综合决策支持系统的网络结构形式，这是必然的发展趋势。

习 题 6

1. 从决策支持系统的发展过程说明辅助决策方式的变化。

2. 说明传统决策支持系统的关键技术和开发的困难。

3. 说明开发数据仓库的困难。

4. 新决策支持系统与商务智能是什么关系?

5. 新决策支持系统能代替传统决策支持系统吗?

6. 说明在数据仓库中利用数学模型提高辅助决策的实例。

7. 通过对综合决策支持系统的研究，如何理解决策支持系统的定义?

8. 利用数据挖掘获取的规则知识与专家系统中的规则知识有什么不同?

9. 通过物资分配调拨决策支持系统实例与数据仓库型决策支持系统简例的比较分析，说明两类决策支持系统的不同之处。

10. 说明数据库系统与数据库服务器的区别。

11. 说明网络型决策支持系统是如何提高决策资源的共享性和决策支持系统的并发性的。

第7章 云计算和大数据的决策支持

云计算是在分布式处理、并行计算、网格计算等技术的基础上发展起来的，它使软件、硬件都以服务的形式在云计算环境中提供给用户。云计算也成为了IT技术的第三次革命。云计算为决策支持系统的开发和应用提供了强有力的技术支持。

大数据时代的来临，主要是互联网上数据的急剧增长的形势下，联合国在2012年发布了大数据政务白皮书、奥巴马政府于2012年发布了《大数据研究和发展计划》等的推动下，逐步形成了共识。大数据为国家、企业以及个人的决策，提供了更广泛的数据支持。

7.1 云计算的决策支持

7.1.1 云计算的兴起

1. 信息技术的发展过程

信息技术（Information Technology，IT）是指支撑信息的产生、处理、存储、交换及传播的技术。第一次IT革命是个人计算机的出现；第二次IT革命是互联网技术的广泛应用；第三次IT革命是云计算。

20世纪80年代初出现的个人计算机（Personal Computer，PC）改变了人类的工作方式，使信息的产生和处理速度大大加快。特别是Wintel（微软公司和英特尔两公司）联盟的形成，提高了个人计算机的普及速度，计算机开始进入千家万户。以PC为核心的第一次IT革命主要解决信息的本地处理问题，计算和存储主要在本地发生，人们的多数活动围绕PC来完成，但是信息的分享和交换主要以光盘、软盘等存储介质为载体，信息交互效率很低。20世纪90年代出现的互联网使信息的交换变得非常便捷，改变了信息传播、娱乐、商业交易、工作、沟通甚至政府和军队的运作方式，这导致了以互联网为核心的第二次IT革命的发生。互联网的发展经历了Web 1.0时代（由网站编辑产生内容，用户单向获取信息）、Web 2.0时代（由用户产生内容，信息双向互动），目前正在进入Web 3.0时代（互联网成为数字中枢，形成多维信息交互和语义网），信息量爆炸式地增长。

第二次IT革命的初始阶段以C/S（Client/Server，客户端/服务器）模式来实现本地PC和远端服务器的数据信息交互，如早期的文件传输、电子邮件、新闻组编等应用。随着超文本标记语言（HTML）的出现，人们开始更多地通过浏览器来获取和分享信息，即B/S（Browser/Server，浏览器/服务器）模式。

Web 2.0在Web 1.0（用户通过浏览器获取信息）的基础上，增加了用户的交互作用。用户既是网站内容的浏览者，也是网站内容的制造者。普通人也可以参与信息的制造和传播。例如，博客网站（BLOG：个人发布想法、并与他人交流）和WiKi（维基百科全书，面向社群的协作式写作）就是典型的用户创造内容。由于网络更加人性化，用户规模不断扩大，互联网数据量出现了爆炸式增长。以满足海量数据的存储和处理需求，Google 这样的搜索公司应运而生。

Google 公司为大众提供搜索引擎服务。两位创始人拉里 · 佩奇（Larry Page）和谢尔盖 · 布林（Sergey Brin），在创业初期由于经费少，只好购买淘汰的主板、过期的 CPU、便宜的小容量硬盘，还有廉价电源等最便宜的器件来建服务器。但是这种廉价组装的服务器很容易坏，不稳定。他们决定靠编写完善的容灾软件系统来克服这些毛病，用网络把成百上千的服务器连接起来，通过软件系统的一整套新型运算模式来实现高性能运算，组成一个非常可靠的系统来提供 IT 基础支撑服务。不值钱的硬件设施，在容灾软件的支持下，能够支持快速的大规模的网页搜索服务，这就是“云计算”的最早模式。

例如，有个学生自己开发了个“飞机大战”的游戏软件，因为他没有钱购买很多硬件来支持这个软件的应用，他把这个软件放在“云”里，对这个软件的管理就由 Google 公司来负责了。任何人都可以通过网络进入“云”里玩这个游戏了。最开始的时候，玩这个游戏的人很少，但是大家很快就发现这个游戏很有意思，于是越来越多的人都玩起了“飞机大战”，虽然玩家越来越多，但是软件一点都没有影响游戏中飞机飞行的速度和放炸弹的精确度。这就得归功于 Google App Engine 的扩展能力了。

为了收集全球范围内不断增加的数据量，Google 构建了全球规模最大的数据中心以统一管理和调度庞大的分布式资源。在此过程中，分布式技术逐渐成熟，更多的应用可以基于这些技术来提供，人们通过浏览器不再仅从某些服务器上获得数据和应用能力，而可以从由几千甚至几万台服务器组成的庞大集群上获得数据和应用能力，也就是从 B/S 走向 B/C（Cloud，庞大的服务器集群），即所谓的“云计算”。

另外，传统的用户终端也开始分化，除了 PC、笔记本电脑继续发展外，开始出现上平板电脑、智能手机等更“瘦小”、更便携、可以随时随地接入网络的终端，同时，PC、笔记本电脑也从传统的以桌面应用为中心逐渐发展为以浏览器为中心，总的趋势是终端多样化、操作系统瘦小化、浏览器中心化、网络无线化、存储处理网络化。随着终端需要处理的数据越来越多，以及浏览器逐步成为信息交换中心，需要把更多的数据存储和计算能力迁移到网络上，更多的软件 Web 化，后端的服务器开始演变为“云”（大规模分布式数据中心/服务器农场）。云计算技术使后端服务器能够以较低的成本实现规模化扩展；满足海量数据的存储和并发处理需求。

云计算是利用远处的数据中心，通过互联网向客户提供软件、存储、计算能力和其他服务，这种方式能让企业更快开始使用新程序，但成本比安装在客户自身的数据中心的传统方式要低得多。云计算的方式就是将分散的各企业的数据中心，变成租用云计算环境中的集中式的数据中心。这样各企业就不再去关心投资软、硬件建设，只需关心自身的业务处理过程了。

云计算开创了一种全新的商业模式。使软件和硬件都隐没于云端，云端的供应商们拥有诸多计算机来替你进行庞大的信息处理。今后用户只需购买服务，如计算能力的服务、软件功能的服务、存储服务等，云端会把用户的服务请求或计算结果通过互联网提供给你。

由于云计算带来的第三次 IT 革命，将彻底改变人们获取信息、软件甚至硬件资源能力的方式，它既是互联网发展的更高阶段，也意味着人类将进入一个崭新的IT时代，移动互联网、物联网等互联网的新形态都将依赖云计算的发展。

在互联网发展的过程中，计算架构也发生了巨大的变化，从C/S阶段，到后来的B/S阶段，目前正在进入B/C(Browser/Cloud，浏览器/云)阶段，浏览器的功能越来越强大，服务器也逐渐演进到大规模、分布式的服务器集群。

2. 云计算的含义

云计算 ＝ 因特网上的资源(云)＋ 分散的信息处理(计算)

“云”指互联网上提供服务的资源池。也就是说，不是构建一两台机器的问题，而是要构建一定规模的集群，并且对该集群统一管理，形成“资源池”，才能满足云计算的需求。云计算是通过互联网来使用的，它的特征如下。

① 使用模式：可随时随地接入互联网的终端，即时申请/注册，即时使用。

② 业务模式：自助服务(用户不需要专业的支持就能使用)，可定制，按需使用。

③ 商业模式：免费或按使用付费。

资源池需要具备以下几个特征。

(1) 统一管理和调度：不论资源的规模和地理位置如何，所有资源都是通过网络由统一的管理节点进行管理、调度和监控。这种统一管理能充分实现资源的共享和调度，以及资源的最大化利用和最优化配置。

(2) 较大的规模：基于互联网来提供云计算业务，就需要具备一定的规模才有可能满足基本的业务可用性。较大规模有两大好处，一是可以承载尽可能多的系统和应用，实现更高的共享性和资源利用率，二是可以支撑海量数据存储和处理需求，满足互联网应用的数据爆炸性增长需要。当然，规模越大，对管理的要求也就越高。

(3) 良好的可扩展性：互联网的业务特征要求云计算的资源池能实现简单和高速扩展，以便在用户快速增长的情况下可以迅速满足需要。

(4) 良好的可伸缩性：当用户当前使用的计算能力不足时，可以很快申请获得更多的资源，这是用户按需使用的前提。通过实现资源虚拟化，能够提供较高的可伸缩性。

(5) 即时提供：这种“即时”是相比传统IT的获取时间而言的。而且，由于在互联网上提供云计算服务时都是以接口方式提供计算和存储能力的，因此，云计算运营商应具有非常强大的批量提供能力。例如，以前要购买、安装、配置1000台PC服务器可能需要几周甚至更长的时间，但通过云计算模式，只需要几小时甚至几分钟。

(6) 更低的成本：这是支持互联网商业模式的关键。更低的成本源于两个方面，一方面是硬件成本的降低及资源利用率的提高、开源软件的应用和自主开发能力的增强，另一方面是运营模式的变革、节能减排技术的引入以及销售成本的降低。

简单地说，云计算是指基于互联网将规模化资源池的计算、存储、开发平台和软件能力提供给用户，实现低成本、快速和灵活的IT服务。

3. 云计算的技术基础

支持云计算的两种基础技术是：将服务器“虚拟化”、将大量的信息“分散处理”。

云计算的虚拟化简单理解是，把忙闲不均的计算机各种资源（硬件、软件、网络等）重新组织（虚拟化）以后，再分配给用户，既满足每个用户对资源的要求（用户不再过问资源在何处），又充分地解决了计算机各资源的均衡使用问题。

虚拟化与分布式分散处理都是通过对资源的"整合"来实现对资源的最大利用，但虚拟化整合的目的是"承载"尽量多的"应用"，而分布式整合的目的是"支持"更大的"应用"。因此，虚拟化是一种"分裂"思想，也就是将服务器"分裂"为多台"虚拟机"来调度和利用；而分布式是一种"聚合"思想，即"聚合"大量分散处理的服务器节点的资源能力，服务于超大规模的计算和存储任务。

(1) 服务器的虚拟化。对于云计算来说，要同时处理来自多个用户的处理请求，就有必要增加响应请求的处理能力，因此，就需要很多的服务器。以前是增设服务器的做法，这会使数据中心的维护和运行花费大量的经费。想要解决这个难题，就需要在一台服务器上实现多台理论上（虚拟化）的服务器，这样的虚拟技术对于云计算是不可或缺的。

云计算服务器中，在响应各种各样用户必要的处理时，资源能够分配开来进行处理。这也是有了虚拟化技术后，才能得以实现的。在云计算服务器应用的场合中，服务器所响应的业务量、用户数目、数据量等达到一定限度时，在服务器A上运行的处理可以转移到其他虚拟化的服务器上，如服务器B、C上。

(2) 信息分散处理。原来在一台服务器上要花费大量时间的大规模处理任务，对于云计算来说，会被分散到很多个服务器上共同进行处理，最后将各个服务器返回的结果进行统一，并返回给提出处理请求的最原始的用户。

在数据中心存储的物理服务器和大量虚拟服务器，它们共同将用户的请求进行分散处理。这样一来，对于经由网络来进行信息处理的云计算来说，数据中心将变成一个巨大的计算机进行利用，由此虚拟化与分散处理技术就变得不可或缺。

(3) 通过Web Service的方式，提供软、硬件的调用接口。它彻底解决以往由于开发语言差异、部署平台差异、通信协议差异和数据表示差异所带来的高代价的系统集成问题。从而使每个企业都可以更专注于自己的核心业务，促进专业化分工和整个生产效率的提升，使整个产业的分工不断细化，不断创造新的机会。

(4) 云计算在数据存储、数据管理、编程模式等方面具有自身独特的技术，说明如下。

① 海量数据分布存储技术。云计算系统由大量服务器组成，同时为大量用户服务，因此云计算系统采用分布式存储的方式存储数据，用冗余存储的方式保证数据的可靠性。云计算系统中广泛使用的数据存储系统是Google的GFS（Google File System）。它运行于廉价的普通硬件上，但可以提供容错功能。它可以给大量的用户提供总体性能较高的服务。

② 海量数据管理技术。云计算需要对分布的、海量的数据进行处理、分析，因此，数据管理技术必须能够高效地管理大量的数据。云计算系统中的数据管理技术主要是Google的BT（Big Table）数据管理技术和Hadoop数据管理模块HBase。BT是一个大型的分布式数据库，与传统的关系数据库不同，它把所有数据都作为对象来处理，形成一个巨大的表格，用来分布存储大规模结构化数据。

③ 并行编程模式。云计算大部分采用MapReduce编程模式。MapReduce是Google

公司开发的一种简化的分布式编程模型和高效的任务调度模型，用于大规模数据集（大于1TB）的并行运算。严格的编程模型使云计算环境下的编程十分简单。MapReduce模式的思想是将要执行的问题分解处理成Map函数和Reduce函数，先通过Map程序将数据切割成不相关的区块，分配给大量计算机处理，达到分布式运算的效果，再通过Reduce程序将结果汇总输出。

总体来说，云计算是在虚拟化、分布式计算（分散处理）、并行计算、网格计算、Web Service技术等已有技术的基础上，针对信息化新需求进行了重构、优化、整合，通过业界的共同实践和努力，并伴随着宽带网络的普及，开始改变现有的IT产业格局。

云计算是技术、商业模式、运营组织架构3个要素共同发展驱动的结果，这3个因素缺一不可。云计算的出现，使得IT产业可以变成流水线的生产方式，基础的IT资源按需使用（存储、计算、网络等可看作信息产业的能源设施）。

从本质上说，云计算不仅是科学技术的创新，同时也是商业模式的创新。

7.1.2 云计算的IT服务

云计算的典型特征是IT服务化，也就是将传统的IT产品通过互联网以服务的形式交付给用户，对应于传统IT中的"硬件""平台"和"（应用）软件"，云计算中有IaaS、PaaS和SaaS 3种服务。Amazon、Google、Salesforce公司分别在IaaS、PaaS和SaaS 3个领域占据主导地位。

1. IaaS

消费者通过Internet可以从完善的计算机基础设施获得服务。IaaS（Infrastructure-as-a-Service，基础设施即服务）通过网络向用户提供计算机（物理机和虚拟机）、存储空间、网络连接、负载均衡和防火墙等基本硬件资源；用户在此基础上部署和运行各种软件，包括操作系统和应用程序。

IaaS服务表面上看起来和普通的网站一样，也可以通过浏览器访问。给用户一个IP地址和访问服务器的密钥，让用户通过互联网直接控制和使用这台服务器。这个过程往往只需要几分钟，省去了用户采购、配置服务器，进行服务器托管、上架及分配IP地址等一系列烦琐的过程，使服务器的运行维护工作量大大减少，这是一个典型的IaaS应用场景。

当然，IaaS提供给用户的服务器不是真正的物理服务器，而是虚拟服务器，称为虚拟机。虚拟机其实是通过软件模拟出来的，但是对用户来说，它所表现出来的行为却与物理服务器一模一样，因此用户完全可以把它当作一台普通的服务器。

亚马逊（Amazon. corn）是美国最大的电子商务公司。Amazon云计算服务的雏形，称为Amazon Web Services（AWS）。它是利用Web Services接口调用IT资源，后来形成了知名的EC2、S3等基础设施服务。Amazon的云计算服务包括计算服务、存储服务、数据库服务、内容分发服务、消息服务、监控服务、网络服务等。

2. PaaS

PaaS（Platform-as-a-Service，平台即服务）平台一般为开发者提供操作系统、多种编程语言、数据库管理系统和 Web 服务器，用户在此平台上部署和运行自己的应用。用户不能管理和控制底层的基础设施，只能控制自己部署的应用。

PaaS 市场上，目前主流厂商有 Google(App Engine)公司、微软(Azure Platform)公司、Salesforce(Force. Com)公司。其中，Salesforce 的 Force. Com 推出较早，主要局限于围绕 CRM 生态系统企业的应用开发。而 Google 公司的 App Engine 影响最大，因为 Google 公司的庞大基础设施，在互联网业界的影响力以及众多 Google 公司服务能力，同时 Google 公司的 App Engine 还向开发者提供免费额度而闻名。

App Engine 的主要特点如下。

(1) 支持多种开发语言，如支持通用的 Java，以便开发人员以最低的代价转移到 App Engine 上(包括代码的移植)。

(2) 支持企业级开发功能，面向企业开发人员自行开发企业应用。App Engine 目前支持标准 SQL 数据库的数据管理功能，同时支持面向企业的应用管理和集成功能，有利于企业内部开发者利用该平台开发和集成企业级应用。

对于大量的小型开发厂商和个人开发者来说，App Engine 就是一个"免费"的应用托管平台，很多人将之前的应用"移植"到 App Engine 上。Google 公司开放给外部开发者的一般都是 REST 或 Web Services 接口。

相比 IaaS 而言，PaaS 对服务提供商的要求更高，不仅要求服务提供商在开发者中具有很强的影响力，而且要非常熟悉应用，尤其是互联网应用的开发特性，能够将自己的优势服务集成到开发语言中，增强开发平台的吸引力，使得开发者在开发各类互联网应用时能够事半功倍。这就是目前在 PaaS 领域 Google 和微软独占鳌头的主要原因，这两个巨头都具备这两项能力。

3. SaaS

它是一种通过 Internet 提供软件的模式，用户无须购买软件，而是向提供商租用基于 Web 的软件，来管理企业经营活动。

云提供商在云端安装和运行应用软件，云用户通过云客户端(通常是 Web 浏览器)使用软件。云用户不能管理应用软件运行的基础设施和平台，只能使用提供的应用程序。

SaaS(Software-as-a-Service，软件即服务)比 IaaS 和 PaaS 的发展更早，其技术基础更为成熟。例如，Web Services、SOA 等相关技术可以重用，许多现有的软件组件和应用框架也可用于开发 SaaS 应用程序。

在 SaaS 领域，已经涌现了大批业界知名的企业，也推出了若干深受欢迎的应用服务，如 Salesforce 公司的 CRM、Google 办公、Zoho 办公、IBM 公司的 Lotus Live、微软公司的 Office 365、思科公司的 Webex 等。

Salesforce 公司是业界最早开始实践 SaaS 概念的云计算服务提供商，也是目前最为成功的 SaaS 服务提供商。

1) Salesforce CRM

Salesforce 公司是第一个尝试将 CRM 搬到互联网上并向用户提供服务的企业，目前已经成为全球领先的 CRM SaaS 服务提供商，在全球有超过 4 万家企业和超过 100 万名注册用户。Salesforce CRM 服务对于中小型企业来说具有很强的吸引力，使它们完全节省了初期的软、硬件投资，直接通过互联网门户订购就可以立即使用并马上开展业务。经过十多年的发展，CRM 服务的功能已经非常完善，能够满足各类用户的需要，包括很多自定义选项，通过 Customforce 进行了灵活的个性化设计。

2）Google Apps

Google Apps 最早只是零散的“互联网应用”，如 Gmail、Calendar 等早期的主流应用。随着云计算概念的提出，Google 公司将系列应用打包成 Google Apps，包括邮件服务、日历服务、文档服务、视频会议、博客等，面向企业用户进行推广，基于多租户概念让众多的企业用户既实现一定的定制化（如企业域名、存储空间），又可以共享 Google 公司强大的基础设施能力。

7.1.3 云计算的决策支持

随着云计算的发展，云计算提供的服务范围逐步扩大，在云计算环境下开发决策支持系统将会变得越来越容易，这主要是云计算环境中提供的决策资源（数据、模型、知识等）的丰富，组合决策资源形成决策支持系统方案变得容易。

利用云计算进行实时决策的实例是，2016 年夏天，中国中南地区大范围的洪水泛滥，抗洪指挥部利用国家抗洪救灾云计算系统，在最短时间内掌握灾情信息，为行动决策提供科学依据。例如，7 月 8 日武汉工商学院被洪水围成“孤岛”，3000 余名师生被困。抗洪指挥部启动无人机定点飞行系统，针对洪水造成的漫水区域的水深、地形等数据，仅仅用几分钟时间及时将信息传至云计算系统，进行实时分析，通过人机交互，完成了一套有效的解救方案。指挥救援官兵利用冲锋舟一鼓作气，将 3000 余名师生全都顺利转移到安全地带。

开发云计算的决策支持系统（Cloud-DSS）有两种途径。

（1）在云计算的 SaaS 中，若有解决问题的决策资源（数据、模型、知识等）时，在云计算的环境下的客户端编制决策问题的总控程序，调用 SaaS 中的决策资源，既可以开发网络型智能决策支持系统，也可以开发基于数据仓库的决策支持系统，而且更有利开发两种决策支持系统结合的综合决策支持系统。云计算为开发决策支持系统提供了极其丰富的资源。

（2）在云计算的 SaaS 中，若没有解决问题的决策资源（数据、模型、知识等）时，就只能利用 PaaS 的工具（编程语言等）自行开发所需的决策支持系统。

云计算环境的决策支持系统是典型的基于数据仓库的决策支持系统，也称为商务智能。Google 文件系统（GFS）结合 MapReduce 编程模型提供了一个可靠的、可扩展的分布式数据存储、处理平台。Google 公司开展了基于 MapReduce 的数据挖掘项目，斯坦福大学的学者也基于 MapReduce 开发了一些数据挖掘算法，并实现了一个开源系统 Mahout。

这里以电信领域为例，说明基于云计算平台的商务智能系统解决方案。

1. 云计算方案

考虑电信运营商的商务智能系统的典型特征应包括海量数据、复杂处理、高扩展性等要求，具体来讲主要考虑以下几点。

(1) 海量数据需求：电信运营商的经营分析系统、网管系统等数据量巨大，拥有世界上最大的数据仓库，需要低成本、高可靠的IT存储支持。

(2) 复杂处理需求：电信运营商的经营分析系统、网管系统需要对数据进行统计、分析、处理等复杂操作。

(3) 高扩展性需求：随着用户规模的升级，要求IT系统具有良好的扩展性，减少扩容压力。

云计算具有高性能、低成本、可扩展及高灵活性的特点，给海量的数据存储及处理提供了IT基础支撑平台。商业智能应用系统数据访问特征主要为一次写和多次读，尤其针对经过抽取、转换、装载(ETL)处理之后的分析和挖掘。由云计算平台作为电信运营商的商业智能系统的IT支撑平台，可有效利用云计算数据中心解决以上需求。

2. 基于云计算的并行数据挖掘系统

基于云计算的并行数据挖掘系统需包含三层，由上到下包括业务应用层、并行数据挖掘平台层和底层的云计算平台层。各层次应包含如下功能。

(1) 业务应用层。实现电信类的业务应用，以供市场部门制定营销策略，如社会交往圈分析、网络流量分析、家庭客户识别、业务关联分析等。

(2) 并行数据挖掘平台层。包括：①数据装载和导出；②数据管理；③并行数据处理；④并行数据挖掘算法；⑤结果展示。

(3) 云计算平台层。包括：①分布式文件系统(DFS)：提供分布式数据文件存储，数据操作接口等文件操作；②并行程序开发和设计环境(MapReduce)：提供并行开发程序运行环境，内部实现并行任务调度功能；③海量结构化存储系统(BigTable)：提供海量数据的结构化存储，支持部分SQL语句。

3. 试验情况

1) 试验结果令人震惊

(1) 性能评估。采用16节点规模进行对比，云计算的并行数据处理性能与传统的小型机系统相比，增加约12～60倍，并行数据挖掘算法性能增加约10～50倍。实际上云计算是采用了256节点规模对TB级数据进行了存储、处理和挖掘。

(2) 扩展性评估。采用32节点、64节点和128节点规模对并行数据处理和并行数据挖掘算法的扩展性进行试验。试验结果表明，并行数据处理具有优秀的扩展能力，并行数据挖掘算法具有良好的扩展能力，其加速比随节点数量增长，接近线性。

(3) 正确性评估。正确性满足应用需求。

2) 云计算的优势凸显

(1) 数据处理量巨大。以较高性能支持TB级数据的数据处理和数据挖掘。而在经典商用数据挖掘工具中，仅能支持1GB数据的挖掘，采用云计算架构后数据处理量达到商用数据挖掘工具的1000倍。

(2) 数据响应时间极短。该原型系统的数据分析、挖掘均为并行化实现，其性能远远优于商用数据挖掘工具。处理1.2TB数据的数据处理响应时间在40分钟级，GB级数据的数据挖掘响应时间是传统 SPSS 工具的 10 倍，可以在有效的时间内处理海量数据。

(3) 加速比良好。随着平台节点个数的增加，并行数据挖掘系统的加速比较好。其中，数据处理接近线性加速比，可以得出结论：基于云计算的数据挖掘算法具有良好的加速比。

(4) 成本优势明显。廉价 PC 集群及开源系统可降低 IT 平台的处理及存储成本。PC＋云计算平台＋开源 Linux 成本在 1 万元/节点；小型机的成本在 100 万元左右。

(5) 可定制。因为基于云计算的原型系统采用插件式的算法封装，可以灵活地扩展更多并行数据处理、并行数据挖掘算法等功能模块，根据业务目标对算法进行修改、调整，灵活可定制。而商用数据挖掘工具除了支持少量参数之外，其数据挖掘算法和数据处理均为黑盒子，用户不知道其内部细节，也无从优化。

3) 试验结论

该并行数据挖掘平台只是基于云计算平台对商务智能支持的一次试验，验证了商务智能关键技术具有商用数据挖掘工具不可替代的功能，如海量数据分析处理能力及高性能等。云计算平台为商务智能系统提供了一个高可用的 IT 支撑，提供了对海量数据的分析、挖掘能力，使得商务智能系统有了更广阔的探索舞台。不久的将来，云计算平台可以辅助商务智能更上一层楼。

7.2 大数据的决策支持

7.2.1 大数据时代的来临

2012 年，“大数据”(Big Data)一词是个热门词汇。联合国在 2012 年发布了大数据政务白皮书，指出大数据对于联合国和各国政府来说是一个历史性的机遇，人们如今可以使用极为丰富的数据资源，来对社会经济进行前所未有的实时分析，帮助政府更好地响应社会和经济运行。奥巴马政府也发布了《大数据研究和发展计划》，从国家战略层面提出要收集庞大而复杂的数字资料，并从中获得知识和洞见，以提升决策能力。美军应对大数据的基本策略，是不断提高“从数据到决策的能力”，实现由数据优势向决策优势的转化。

“大数据”在商业、经济及其他领域中，决策将日益基于数据和分析，而非基于经验和直觉。大数据的主要来源是：社交网络数据；遥测数据；传感器数据；监控通信数据；全球定位系统(GPS)的时间数据与位置数据；网络上的文本数据(电子邮件、短信、微博等)。这些数据来源都是信息化过程(数字设备的进步(如传感器、GPS 和手机等))以及数据的多元化(各种渠道)形成的。

王俊(英国《自然》杂志 2012 年评出的对世界科学影响最大的十大年度人物之一，2012—2013 年“影响世界华人大奖”获得者)说：生命本身是数字化的，基因传代的过程是数字化的过程，弄懂基因系列，通过基因排序知道哪个基因出了问题，对症下药。他领导的全球最大基因测序机构，每天产出的数据排名世界第一，他说医学健康产业未来就是大数据产业。

人类从 2010 年到 2012 年的 3 年信息数据总量超过以往 400 年。现在数据量已经从

TB(1024GB=1TB)级别跃升到PB、EB乃至ZB级别。

可以简单概括地认为

大数据=海量数据+复杂类型数据

大数据具有4个基本特征：一是数据量巨大。有资料证实，到目前为止。人类生产的所有印刷材料的数据量为200PB。二是数据类型多样。现在的数据类型不仅是文本形式，更多的是图片、视频、音频、地理位置信息等多类型的数据，个性化数据占绝对多数。三是处理速度快，时效性要求高。从各种类型的数据中快速获得有价值的信息。四是价值密度低。以视频为例，一小时的视频，在不间断的监控过程中，可能有用的数据仅仅只有一两秒。概括大数据用4个V表示为：海量数据(Volume)、数据多样性(Variety)、处理速度快(Velocity)、价值密度低(Value)。

大数据的本质使人们可以从大量的信息(数据的含义)中学习到少量信息中无法获取的东西。人们将利用越来越多的数据来理解事情和做出决策。

大数据将带来的变化如下。

(1) 从掌握局部数据变为掌握全部数据。

(2) 从纯净数据变为凌乱数据，我们可能会发现生活的许多层面是随机的，而不是确定的。

(3) 从探求因果关系到掌握事物的相关关系。以前总是试图了解世界运转方式背后的深层原因，转变为弄清现象之间的联系，以便利用这些信息来解决问题。

数据是现实世界的记录，数据反映了现实世界的现状(大数据时代"数据"不是简单的符号，也包含它的含义，这就是"信息"的概念了)。数据中包含着自然界的规律，也包含着人类社会的人的行为。在数据中找出这些自然规律和人的特定行为，用于决策将会取得显著的效果。

大数据主要是回答"是什么"、而不是直接回答"为什么"的问题。通常有这样的回答就足够了。如何分析这些数据？如何利用这些数据来改变业务？数据的威力体现在如何处理这些数据上。

大数据也存在着缺陷，在大数据中有大量的真实数据，但也存在假数据(人造数据)，还存在遗漏数据。这会使数据分析造成错误或偏差，从而造成决策的错误或偏差。这是值得注意的问题。

大数据带来新一轮信息化革命。大数据时代，即将带来新的思维变革、商业变革和管理变革。未来，数据将会像土地、石油和资本一样，成为经济运行中的根本性资源。

人类社会发展的核心驱动力，已由"动力驱动"转变为"数据驱动"；经济活动重点，已从"材料"的使用转移到"大数据"的使用。2013年已成为了"大数据元年"。

7.2.2 从数据到决策的大数据时代

1. 利用即时数据的决策

大数据时代一个显著的特点是利用即时数据的决策。

国际商用机器公司(IBM)认为，"数据"值钱的地方主要在于时效。对于片刻便能定输赢的华尔街，这一时效至关重要。华尔街的敛财高手们却正在挖掘这些互联网的"数据财富"，先人一步用其预判市场走势，而且取得了不俗的收益。他们利用数据都在干什么？①华尔街根据民众情绪抛售股票；②对冲基金依据购物网站的顾客评论，分析企业产品销售状况；③银行根据求职网站的岗位数量，推断就业率；④搜集并分析上市企业声明，从中寻找破产的蛛丝马迹；⑤分析全球范围内流感等病疫的传播状况；⑥依据选民的微博，实时分析选民对总统竞选人的喜好。

即时数据的有效决策大致归纳为：跟着当前潮流走，或者跟着新趋势走，或者不满足于现状逆着潮流走，或者从差距中找商机，或者从搜索信息中做决策等。

1）跟着潮流走

跟着潮流走的典型实例："德温特资本市场"公司首席执行官保罗·霍廷每天的工作之一，就是利用计算机程序分析全球3亿～4亿微博账户的留言，进而判断民众情绪，再以1到50进行打分。根据打分结果，霍廷再决定如何处理手中数以百万美元计的股票。霍廷的判断原则很简单：如果所有人似乎都高兴，那就买入；如果大家的焦虑情绪上升，那就抛售。这一招收效果显著，当年第一季度，霍廷的公司获得了7%的收益率。

2）逆着潮流走

2013年6月9日，美国国家安全局承包商、29岁的爱德华·斯诺登，披露了美国国家安全局一项代号为"棱镜"的计划的细节。斯诺登说："国家安全局打造了一个系统可截获几乎所有信息。有了这种能力，该机构可自动收集绝大多数人的通信内容。如果我想查看你的电子邮件或你妻子的电话，我只需使用截获功能。你的电子邮件、密码、电话记录和信用卡信息就都在我手上了。"斯诺登对《卫报》记者说："我不想生活在一个我的一言一行都被记录在案的世界里。我不愿支持这种事，也不愿生活在这样的控制下。"

2010年，驻守伊拉克的22岁陆军情报分析员布拉德利·曼宁，向维基揭秘网发送了几十万份机密文件后，写信给一位黑客朋友说："我希望人们看到真相，因为如果不知情，公众就不可能做出明智的决定。"

3）跟着新观念走

跟着新观念走的典型实例：IBM公司抛弃了个人计算机PC（这是他们公司的首创），成功转向了软件和服务，而这次将远离服务与咨询，更多地专注于大数据分析软件而带来的全新业务增长点。IBM公司执行总裁罗睿兰认为，"数据将成为一切行业当中决定胜负的根本因素，最终数据将成为人类至关重要的自然资源。"

在个人决定前途时的选择，跟着新观念走的实例：某大学信息科学技术学院某副院长说，他在完成学业以后，选择个人今后发展方向时，看到作者在《计算机世界报》上，首次向国内介绍"数据挖掘（当时称'数据开采'）"新技术后，决定今后就选择"数据挖掘"作为方向，从而形成了他的人生新轨迹。

4）互联网络上搜索获取知识

在互联网络上进行知识搜索，即"知识在于搜索"形成了当今获取知识的新趋势。它是"知识在于学习"和"知识在于积累"的传统模式的新发展。这也造就了Google、百度等搜索公司的辉煌成就。

决策和创新的基础，首先是在自己希望有所建树的领域里，利用"知识在于学习"和"知识在于积累”的方法，在人的大脑中打下坚实的事实性知识基础。在进行决策和创新时，需要在网络上利用“知识在于搜索”，得到相关知识和最新的知识，在我们的头脑中进行融合和再创造，进行决策。

“知识在于搜索”能解决信息不对称现象。“信息不对称”现象普遍存在于社会，特别在市场经济活动中，各类人员对有关信息的了解存在很大的差异。掌握信息多的人处于有利的地位，而信息贫乏的人，则处于不利的地位(信息不对称理论是由三位美国经济学家——乔·阿克尔洛夫、迈·斯彭斯和约·斯蒂格利茨提出的，从而获得2001年诺贝尔经济学奖)。

例如，在识别流感疫情时，谷歌公司比疾病控制和预防中心更有效掌握疫情，由于谷歌公司利用监测无数个搜索词(比如“最好的咳嗽药”)并加入详细地址的追踪，从而有效掌握疫情区域。

搜索当前信息后做决策，已经成为即时决策的新趋势。

5) 开源软件和维基百科激发了人们的创造热情

开源软件是在开源网站上交流，相互之间激发出的创新热情！利用自己的智慧，在别人的研究基础上，增加更有用的或更有效果的功能，共同开发出免费的软件。

维基百科也是任何人都可以编辑任何条目，在互联网上共同撰写百科全书。

6) 制造假信息和病毒数据

制造虚假信息进行恐吓，让受骗者做愚蠢的决策，送钱或银行账号及密码给骗子。这些受骗者都是严重的信息缺乏者。

制造病毒数据，破坏网络系统或者是个人计算机。各国之间的隐形战争就是制造病毒破坏对方的网络系统。

7) 大数据时代的小数据

什么是小数据？小数据就是个体化的数据，是人们每个个体的数字化信息。人们爱说，大数据将改变当代医学，譬如基因组学、蛋白质组学、代谢组学等。不过由个人数字跟踪驱动的小数据，也将有可能为个人医疗带来变革。特别是当可穿戴设备更成熟后，移动技术将可以连续、安全、私人地收集并分析你的数据，这可能包括你的工作、购物、睡觉、吃饭、锻炼和通信，追踪这些数据将得到一幅只属于你的健康自画像。

药物说明书上会有一个用药指导，但那个数值是基于大量病人的海量数据统计分析得来的，它适不适合此时此刻的你呢？于是，你就需要了解关于你自己的小数据。所以，对许多患者用同一个治疗方法是不可能成功的。个性化或者说层次式的药物治疗是要按照特定患者的条件开出药方——不是“对症下药”，而是“对人下药”。这些个性化的治疗都需要记录和分析个人行为随时间变化的规律。这就是小数据的意义。

从大数据中得到规律，再用小数据去匹配个人。这使得大数据时代的小数据能改变人生。

8) 网络丰富了个人生活

个人上网可以在自己喜欢的网站或微信上阅读信息；下载音乐、电影；和友人通信、交谈等，极大地丰富了个人的生活。个人想从事学术研究或者商业活动，都可以在网络上找到自己所需要的信息。个人已经享受到了大数据时代好处，大数据时代也支持个人决策。

大数据时代突出了即时决策！既支持领导者的决策，也使个人决策有了信息支持。可以说，大数据时代也开创了个人决策的信息支持。

支持领导者的决策，利用的是粗粒度数据。支持个人决策是利用的是细粒度数据！他们都是利用数据之间的对比来发现问题并做出决策。

2. 利用统计方法的辅助决策

分析数据离不开统计。在统计学中用总量、平均数、百分比、比率等数值，建立起对大数据的概括认识。用同类单位的比较或者用自己的历史数据比较，来发现问题和找出差距，为辅助决策提供依据。

在统计和对比中得出结论的实例有：国外统计公司 2013 年 2 月分析中国的情况。

中国的国土面积仅占世界总面积的 6.6%，但其公路的长度却占世界总长度的 60.7%。中国的人均土地面积比世界平均水平少 70.4%，农业用地少 60%，森林面积少 78.5%，淡水资源少 72%。

尽管中国的煤炭产量和人均煤炭消耗量比世界其他国家和地区高出 290%，但其已探明的煤炭储量却比世界平均水平低 35.8%。中国已探明的天然气储量比世界平均水平低 93.6%，天然气产量低 86.9%，天然气消耗量低 85.1%。

在解释这些数据和反常现象时得出结论是，中国下一轮城市化的速度“在公共福利方面的支出将增加，而在实体产业方面的投入将减少”。

这个例子说明，统计数据以及指标的对比是决策的依据。

统计语言学成功地实现了计算机上的自然语言处理。自然语言属于上下文有关文法，一个单词有多个解释，对于比较复杂的句子，用语法规则来理解遇到了困难（基于规则的自然语言处理）。以前花了很大的代价一直在用语法规则进行自然语言处理，但进展不大。

利用统计语言模型有效地解决了自然语言处理，即：一个句子 s（它由一串特定顺序排列的词 w_1、w_2、…、w_n 组成）是否合理，就看它的可能性（概率 $P(s)$）大小。统计语言模型给出了计算概率 $P(s)$ 的公式为

$$P(s)=P(w_1\ w_2\cdots w_n)=P(w_1)\cdot P(w_2\mid w_1)\cdot P(w_3\mid w_2)\cdots P(w_n\mid w_{n-1})$$

公式中反映了单词的上下文关系，如 w_2 与 w_1 之间的条件概率等，故用这种方法有效地判断了句子 s 的合理性。

统计学还有很多方法用于数据分析达到辅助决策效果。如回归分析是研究一个变量与其他多个变量之间的关系，建立回归方程；假设检验是根据样本对关于总体所提出的假设做出是接受还是拒绝该假设的判断；聚类分析是将样品或变量进行聚类的方法；主成分分析是把多个变量化为少数的几个综合变量等。

3. 从数据中归纳出数学模型

自然科学发展的最重要方法是从数据中归纳出规律，用数学模型（公式或方程）这种数量形式描述。例如，牛顿的运动三大定律、牛顿的万有引力定律、开普勒的行星运动三大定律、麦克斯韦的电磁方程组、爱因斯坦质能方程、纳维-斯托克流体力学方程、薛定谔量子方程等。下面具体用 3 个典型例子说明。

1）开普勒的行星运动三大定律的发现过程

天文学家开普勒是利用老师第谷一生观察的天文数据，用了一生来归纳总结出行星运动的三大定律。

开普勒先从火星的观测数据中找出它的运动规律，试探着把它用一条曲线表示出来。开始他按传统观念，认为行星做匀速圆周运动。为此，他采用传统的偏心圆轨道方程来试探计算。但是经过反复推算发现，不能算出同第谷的观测相符的结果。经过大约 70 次试探后，他找到的最佳方案还差 8 弧分。

开普勒深信老师第谷的数据是精确可靠的，自己的计算没有问题，这个 8 分差异不应该有。开普勒开始大胆设想，火星可能不是做圆周运动。他改用各种不同的几何曲线方程来表示火星的运动轨迹，经过多年的艰苦计算，终于发现了火星沿椭圆轨道绕太阳运行，太阳处于焦点之一的位置这一规律。开普勒又研究了第谷观察的数据中其他几个行星的运动，证明它们的运动轨道都是椭圆，这就推翻了天体必然做匀速圆周运动的传统偏见，得到行星运动的第一定律（椭圆轨道定律）。

当时的天文学还不知道行星与太阳之间的实际距离，只知道各个行星距离的比例，而各行星公转的周期是大家所熟悉的。

经过了 9 年的苦战，开普勒终于得出了行星公转周期的平方与它距太阳的距离的立方成正比的结论（p^2/d^3 = 常数）。这就是著名的开普勒行星运动第三定律。这 3 个定律是开普勒的科学思辨和第谷的精确观测数据相结合的产物。

2）微软的世界杯预测模型

微软的世界杯模型成功地预测出 2014 年 7 月世界杯最后阶段的比赛结果。德国在世界杯赛中战胜阿根廷，这不仅仅是德国国家队的胜利，也是微软大数据团队的胜利。在世界杯淘汰赛阶段，微软正确预测了赛事最后几轮每场比赛的结果，包括预测德国将最终获胜。

微软的经济学家、世界杯模型的设计者戴维·罗思柴尔德说："我设计世界杯模型的方法与设计其他事件的模型相同。诀窍就是在预测中去除主观性，让数据说话。"罗思柴尔德掌握了有关球员和球队表现的足够信息，这让他可以适当校准模型并调整对接下来比赛的预测。其他世界杯模型仍固定于赛前数据，但罗思柴尔德的模型随着每场比赛不断更新。在这个时代，数据分析能力终于开始赶上数据收集能力。分析师不仅有比以往更多的信息可用于构建模型，也拥有在短时间内通过计算将信息转化为相关数据的技术。罗思柴尔德回忆说："几年前，我得等每场比赛结束以后才能获取所有数据。现在，数据是自动实时发送的，这让我们的模型能获得更好的调整且更准确。"

3）欧拉常数和公式以及陈文伟常数和公式的发现

斯坦福大学教授德福林说：联系、结合在一起的事物比相互分开的事物更为重要、更有价值，也更加绚丽多姿。

欧拉在研究调和级数与 $\ln n$ 之间，在 n 越大时，它们之间的差接近一个常数，最后他在求证它们之间的差的极限后，他得到了如下公式和值，该数称为欧拉常数

$$\gamma = \lim_{n\to\infty}\left(\sum_{k=1}^{n}\frac{1}{k} - \ln n\right)$$

欧拉在研究虚数 $i(\sqrt{-1})$ 的用途时发现，正弦函数 $\sin x$ 和余弦函数 $\cos x$ 以及指数函数 e^x

的密级数公式，三者之间存在关系：$e^{ix}=\cos x+i\sin x$。

当 x 取 π 值时，就得到有名的欧拉公式：$e^{i\pi}+1=0$。

欧拉公式把3个毫不相关的数（自然对数的底e、圆周率 π、虚数i）联系在一起。

陈文伟研究了调和级数公式：

$$\sum_{k=1}^{n}\frac{1}{k}=\gamma+\ln n+\frac{1}{2n}-\sum_{k=2}^{\infty}\frac{A_k}{n(n+1)\cdots(n+k-1)}$$

$$A_k=\frac{1}{k}\int_0^1 x(1-x)(2-x)\cdots(k-1-x)\mathrm{d}x$$

令尾项为

$$\varepsilon_n=\sum_{k=2}^{\infty}\frac{A_k}{n(n+1)\cdots(n+k-1)}$$

尾项 ε_n 的级数和收敛为一个常数，定义常数为 μ，它的计算公式为

$$\mu=\sum_{n=1}^{\infty}\left(\gamma+\ln n+\frac{1}{2n}-\sum_{k=1}^{n}\frac{1}{k}\right)$$

它的值为 $\mu=0.13033070075390631147707\cdots$，这是一个新常数。

陈文伟再利用阿贝尔求和公式：

$$\sum_{k=1}^{n}a_k b_k=\sum_{k=1}^{n-1}S_k\Delta b_k+S_n b_n$$

中，令 $a_k=\frac{1}{k}$，$b_k=k$。

证明了自然对数的底e、圆周率 π 和新常数 θ 三者存在一个新公式：$\pi=1/2e^{\theta}$。其中

$$\theta=1+\gamma+2\mu=1.83787706640934548356065\cdots$$

以上两个公式均把两个著名常数 π 和e紧密联系起来。它们都是精美的形式化公式。欧拉公式表明了 π 和e之间的虚数关系，而陈文伟公式表明了 π 和e之间的实数关系。

自然界中，电和磁、质量和能量、圆周率 π 和自然对数的底e，它们都是不同的概念，把它们联系起来既开阔了人们的视野，也开辟了科学的新天地。可以说，包含不同概念的简洁公式反映了科学的本质，也体现了自然之美。

4）计算机上利用数据归纳出数学模型的方法是数据挖掘的公式发现

典型的方法有：Pat Langley研制的BACON系统；陈文伟研制的FDD系统。

4. 从数据中获取知识

在计算机中，知识属于定性的，一般表示为规则形式。从数据中获取知识主要是利用数据挖掘技术。典型的数据挖掘方法大的分类有属性约简方法、信息论挖掘方法、集合论挖掘方法、Web挖掘、流数据挖掘等。

定性知识一般比定量知识更宏观一些。但定量知识如数学模型，它比定性知识更精确一些。本书5.4节中进行了说明。

7.2.3 大数据的决策支持方式

在《中国人工智能学会通讯》的论文中阐述了对于大数据主要是做三件事：对信息的理

解、对用户的理解、对关系的理解。

第一，对信息的理解。你发的每一张图片、每一个新闻、每一个广告，这些都是信息，你对这个信息的理解是大数据重要的领域。例如，中国的航班晚点非常多，相比之下美国航班准点情况好很多。由于美国会公布每个航空公司、每一班航空过去一年的晚点率和平均晚点时间，这样客户通过航空大数据，在购买机票的时候就很自然会选择准点率高的航班，从而通过市场手段牵引各航空公司努力提升准点率。这个简单的对信息理解的方法比任何管理手段都直接和有效。

第二，对用户的理解。每个人的基本特征、上网习惯等，都是对用户的理解。企业的目标是获得利润，只有服务好客户，才能获得利润。大数据的使用能够使企业的经营对象从客户的粗略归纳（就是所谓的"客户群"）还原成一个个活生生的客户，这样经营就有针对性，对客户的服务就更好，投资效率就更高。

第三，对关系的理解。将信息之间进行各种关联才有决策依据。获取信息并将信息进行关联的原始动力来自于生存压力，我们必须寻找到有利于生存的信号。例如，不少互联网企业没有工厂，却能与生产厂商和销售商建立关系，作为中间商善用数据，获取巨额利润。

到了大数据时代，除了为高层领导者提供决策支持外，更多的是面向基层的个人决策提供支持。高层领导者和个人所需要的数据是不一样的，高层领导者所需要的数据是利用大数据，经过综合成粗（大）粒度数据，而个人所需要的数据是细（小）粒度数据。不同的决策者虽然使用不同粒度数据，但都是通过对数据的相关性和数据对比来发现问题。

所有的决策者要解决的根本问题是搜集和掌握全面的信息，这就是说要实现信息平衡（信息对称），使你掌握的信息真实地反映现实的情况，不存在信息的缺失或不对称。要做到信息平衡，就需要去实地调研，在网络时代就是上网搜索信息，真正做到信息平衡是很难的，追求信息平衡应该是目标。谁掌握的信息越接近信息平衡，谁的决策就越准确。大数据时代为实现信息平衡提供了基础。

在海量信息时代，数量并不意味着价值。虽然数据的绝对量有望是新知识的来源，但对于我们的挑战是利用这些信息做出更明智的决策。

对于数据的利用，必须知道它的上下文背景，但上下文并不总是与数据一起呈现。这就需要人在逻辑上将它们整合在一起，这要和人的需求建立起关联。数据的收集必须与你想达到的目标相关。

大数据的决策支持方式概括如下。

(1) 采用商务智能（基于数据仓库的决策支持系统）和智能决策支持系统为领导者提供决策支持。在云计算环境中，存在大量的数据仓库群、数据库群，也存在各种类型的知识资源和模型资源，利用这些资源建立各种类型的决策支持系统，以决策问题方案的形式支持领导者的决策。

(2) 各类网站、数字图书馆、微博、微信等为组织和个人提供了网络查询或网络交互的平台，组织和个人能利用网络获取所需的信息和知识，达到有效地支持领导决策和个人决策。

(3) 大数据为即时决策提供了强有力的支持。大数据涉及的范围很宽，即时数据的传播很快，这为即时决策提供了基础。

(4) 从大数据中挖掘各类知识，能有效地利用知识辅助决策。数据挖掘技术是大数据分析的一个重要的手段。

(5) 从大数据中归纳出数学模型，这是学者们采用的定量分析方法。数学模型能有效地反映社会现象或者是自然界的规律，它的影响更深远。历届诺贝尔经济学奖的获得者中，不少是建立经济学的数学模型，有效地解析了社会中重大的经济学现象。值得说明的是，建立数学模型往往要忽略一些次要因素。

(6) 在大数据中寻求相互关系成为分析数据的首要任务。人们的大多数决策是利用相互关系来完成的。寻求原因关系需要更广泛的数据或者粒度更细的数据，再经过深入的分析来完成，这种决策需求相对较少，成为次要任务。大数据的关联分析是支持决策的重要手段。

(7) 在大数据的小数据中，利用关联关系，能找到支持个人决策的信息。

大数据的决策支持面是很宽的。大数据对各类人员都会带来有效的决策支持。

7.3 从事物相关中决策与创新

7.3.1 寻找相关事物

从事物中找出它们之间的相关性，将有利于人们的决策和创新。在人们的思维中存在很多体现关联性的词汇如下。

(1) 实验：通过实验去找物体或事物之间的关联性，这是物体或事物间的碰撞关系。自然科学和社会科学的进步都是通过实验来完成的。自然科学中物理与化学的定律都是通过实验得到的。例如，太阳光通过三棱镜分解出七色光。这是太阳光与三棱镜之间的关系。

(2) 思考：头脑中思索两事物的关联性。这是事物间的虚拟关系。最后还是要实践来验证它。例如，开普勒天体运行定律是他经过思考，想用偏心圆轨道方程来归纳他的老师第谷对火星的观测数据，计算表明能算出近似的结果。他并不满意，再经过思考，改用椭圆方程，终于计算成功。这是数据与方程的关系(方程代表了全部数据)。苏东坡在任杭州长官时，对于如何处理西湖中的淤泥时，经过思考，决定把淤泥堆集成一条贯通南北的长堤，既便利来往游客，又增添了西湖景色，一举两得。思考的效果把淤泥变成了长堤，把脏泥变成了美景。

(3) 联想：由某人、某事、某物而想起其他有关的人、事、物。这种相关的人事物之间的联想有很强的关联性，它会引起人们很大的兴趣和关注。例如，我国古代科学家宋应星在《论气·气势篇》书中，说到：以石击水，水以波动方式传播开，联想到击鼓的声音在空气中的传播，也会是以波动方式传播开。19世纪，英国的托马斯·扬，将光和声音进行类比，在类比中引进了波长概念，解释了光和声音的干涉现象，确认了光和声音的波动说。

(4) 勤奋：认真用心地做事，这是人的心态与做事的关系。常言道：勤能补拙。华罗庚说：聪明出于勤奋，天才在于积累。爱迪生说过，发明是百分之一的聪明加百分之九十九的勤奋。他发明的电灯是试验过几千种物质，做了几万次实验才成功的。这是人对待做事的关系。

(5) 机遇：个人能力与社会需求完美结合的结果。这是能力与需求的关系。例如，韩信在项羽手下不被重用，而在刘邦手下封为大将军，他帮助刘邦建立了汉朝。

机遇往往能改变一个人的前途命运。国学大师季羡林在《谈人生》的书中写道：一个人一辈子做事、读书，不管是干什么，其中都有“机遇”的成分。如果“机遇”不垂青，我至今还恐怕是一个识字不多的贫农。

(6) 交流(谈话、讨论)：对事物不同看法(信息)的相互交流。这是不同人之间的信息交流关系。通过交流可能产生共识并解除分歧。与别人交流有助于自己的思想的提高。三国时期，周瑜和孔明的交流，确定了用火攻的方法来破曹操水军的大船，火攻要借助东南风，当时时值冬季，主要是北风，曹操才敢把大船连接起来，适合北方士兵不懂水性，孔明通过调研，知道有几天会刮东南风，正好借助风和火的自然力量，帮助周瑜以少胜多，击败强大的曹操。

(7) 比较：通过两事物的比较，发现问题。这是事物之间的对比关系。比较是确定事物之间相同点和相异点的思维方法，它为客观全面地认识事物提供了一条重要途径。例如，“不怕不识货，只怕货比货”就是比较的结果。

(8) 进化：物种在适应了新环境后的变化。这是物种与环境的关系。达尔文到世界各地去考察，用了20多年，得出“适者生存、用进废退”的理论，写出了生物进化的《物种起源》一书。

(9) 发现：发现了一种新事物，或者感觉到事物发生了变化。这是一种差异关系。例如，人们原以为电子是自然界不可分割的组成构件，但新发现的“量子自旋液态”能够使电子分裂成更小的碎片。由电子分裂成的粒子名叫“马约拉纳费米子”，可用于制造量子计算机。

(10) 兴趣：对事物的变化，引起了关注。这是人关注事物的关系。例如，成功人士，都是从兴趣开始。例如，哥伦布从小对航海有浓厚兴趣，是他首先横渡大西洋，发现新大陆，成为大航海家。

(11) 综合：把有某些相同或相似特征的事物归为一类。这是将部分组合成整体的综合关系。例如，在数据仓库中有轻度综合和高度综合两个不同的数据层，就是分别为领导人和最高领导人的需求服务的。

(12) 分解：为解决复杂问题，往往要把问题分解成若干子问题，分别求解。这是整体分解为部分的关系。例如，一部机器都是由很多零件组合而成，必须先生产零件，最后才能组装成机器。

(13) 阅读(学习)：有目的阅读能改变人生。对世界上最成功人士进行的随机抽样调查发现，他们具备一个共同的特质：热爱阅读。阅读是继续学习、增强同情心、提高创造力以及自我放松的最简单方法。书籍可以改变人们思考与生活的方式。阅读和运用你读到的东西完全是两码事。如果不带目的地阅读，那么阅读过程中迸发出的灵感很容易就会忘记。人的记忆基本上由3种要素构成：印象、联系和重复。

① 阅读中留下的印象。当留下的印象愈深刻，记住这样东西的可能性就愈高(这是无知与有知的关系)。

② 联系以前的记忆。在阅读中看到新思想时，会把它与熟悉的记忆联系起来，引起同

感或反差，激发思考(这是书中内容与自己的记忆之间的关系)。

③ 重复访问。如果不对已经读过的材料进行回顾，记起这些知识以及运用这些知识的几率将是相当低的(这是以前的记忆与现在阅读之间的关系)。阅读是学习的重要方面。学习是接收前人的信息与知识的过程。这是知识传授关系。《论语》中说，学而不思则罔，即学习不思考就会迷惘(这是学习与思考的关系)。华罗庚说过，书会越读越薄，意思是通过思考去理解书中的核心内容、中心思想以及事物的规律性，书自然就变薄了(这是全书的知识与归纳总结的知识的关系)。学习的目的在于应用，周恩来说过：为中华崛起而读书。就是要用书中讲的真理去改造世界(这是书中知识与实践的关系)。

还有很多关联性的词汇，说明在人们生活中存在着大量的关联性，它帮助人们大量的常规决策。社会过程和科学研究充满了不确定性。社会的发展是在不断试错，在寻找相关性的过程中前进的。

一个典型的实例是，香港某集团(中间商)旗下没有工厂，却能与7500多家生产厂商合作，为世界知名品牌和销售商生产超过80亿美元的服饰和其他产品，创造出超过120亿美元的市值。这家企业作为中间商是靠建立了自己在生产厂商与销售商之间的三角关系来强化价值链的效率而获得竞争力，也收获了巨大的利润。

7.3.2 科学发现中的相关性

我们从大量科学发现的实例中，可以归结出通过事物的相关性，创造新知识。事物的相关性中包含了多种不同的关联关系。现把几种典型的关联关系，通过实例进行说明。

1. 零和关系

零和关系是两者之间生死存亡斗争的关系。下面用青霉素的发现来说明。

亚历山大·弗莱明曾从病人的脓中提取葡萄球菌，放在盛有果子冻的玻璃器皿中培养，繁殖出金黄色葡萄球菌——他称为“金妖精”，“金妖精”会使人患骨髓炎、引起食物中毒，很难对付。弗莱明培养它，就是为了找到能杀死它的方法。经过一个暑假，他看到玻璃器皿里有一个地方粘上绿色的霉，开始向器皿四周蔓延，他惊叫起来。弗莱明发现了一个奇特的现象：在青绿色霉花的周围出现一圈空白——原来生长旺盛的“金妖精”不见了！他兴奋地迅速从培养器皿中刮出一点霉菌，小心翼翼地放在显微镜下观察。他终于发现这种能杀死“金妖精”的青绿色霉菌是青霉菌。

弗莱明把过滤过的培养液滴到“金妖精”中去。奇迹出现了——几小时之内“金妖精”全部死亡。他又把培养液稀释1/2，1/4…直到1/800，分别滴到“金妖精”中。结果，他发现“金妖精”们全部“死光光”。他还发现，青绿色霉花还能杀灭白喉菌、炭疽菌、链球菌和肺炎球菌等。青霉菌具有高强而广泛的杀菌作用被类似的实验证实了。弗莱明对它取名“青霉素”，在1929年提交了论文《青霉素——它的实际应用》。

后来，弗莱明制取了少量青霉素结晶，请医生临床试用于人体，但多次遭到拒绝。就这样，青霉素被打入冷宫。被打入冷宫还有另一个重要原因，就是提取青霉素太困难了。

青霉素和葡萄球菌或白喉菌或炭疽菌等是生与死的零和关系。

2. 扶植关系

一个事物帮助另一个事物发展，称两者之间是扶植关系。下面用青霉素的培养物的发现例子进行说明。

沃尔特·弗洛里和鲍里斯·钱恩在查寻资料时，发现了10年前弗莱明的论文《青霉素——它的实际应用》。1941年2月，弗洛里等终于从发霉的肉汤里，提取出了一小撮比黄金还贵重的青霉素。1941年5月，为一个受葡萄球菌严重感染、被认为已无法医治的15岁少年挽回了生命。这个少年成为第一个被青霉素救活的人。但是，当他们把它介绍给医生的时候，却得到"不!"的回答。

他们来到美国，终于找到最爱吃玉米的832绿霉菌种，而美国正好是玉米生产大国。这样，大批量生产的青霉素终于在世界各地的大医院成功用于临床。1944年6月，青霉素在英美联军的诺曼底登陆作战中挽救了无数伤员。

如果没有弗洛里和钱恩在检索资料中的偶然发现，青霉素不可能在弗莱明发现14年之后大放异彩。他们三人在青霉素大量投产的1945年，荣获诺贝尔医学和生理学奖。玉米对大批量生产青霉素是扶植关系。

后来，英国分析化学家马丁和英国生物化学家赛恩其，发明了分离复杂化学物质的技术——"分配色层分析法"，用这种方法就能顺利提炼青霉素。两人因此荣获1952年诺贝尔化学奖。分配色层分析法对大批量生产青霉素也是扶植关系。

3. 化学关系

两个物体在一起发生了化学变化，称它们之间的关系是化学关系。用下面用碘和溴的发现进行说明。

一只猫把装浓硫酸的瓶子碰倒了，浓硫酸正好倒在装有海草灰提取硝石后的剩液瓶中。在这一偶然事件中，一个奇怪的现象发生了：瓶中冉冉腾起一股淡淡的紫色蒸气，慢慢充满房间，使他闻到一股刺鼻的臭味，而且蒸气接触冷物体的时候不呈液态，而是呈固态黑色结晶。库尔特瓦立即进一步研究剩液。他把剩液水分蒸发，结果得到一种紫黑色的晶体。在1814年，盖·吕萨克把它命名为碘(Iodine，意为"紫色")。

硫酸和硝石之间起了化学作用，产生新物质"碘"，硫酸和硝石之间是化学关系。

法国青年化学家巴拉尔用海藻提取碘。他先将海藻烧成灰，用热水浸泡，再往里通入氯气，其中的碘就被还原出来。1826年的一天，巴拉尔偶然发现，在剩余的残渣底部，有一层褐色的沉淀，散发出一股刺鼻的臭味。这一奇怪的现象引起了巴拉尔的注意。他经过深入的研究后确定，这是一种新元素——溴(Bromos，意为"恶臭")。他为此写出《海藻中的新元素》这一论文，发表在刊物《理化会志》上。

碘和氯之间起了化学作用，产生新物质"溴"，碘和氯之间是化学关系。

4. 物理关系

两个物体在一起，虽然各自不发生任何质的变化，但相互间在物理上出现了新现象，称它们之间关系是物理关系。下面用微生物的发现例子来说明。

荷兰科学家安东尼·万·列文虎克是磨制显微镜的实践者，他把显微镜的放大倍数提高到270倍以上。1675年9月的一天，列文虎克把花园水池中雨水的一个“清洁”水滴放在显微镜下观察，他大吃一惊：各种各样“非常小的动物”在水中不停地扭动。这就是列文虎克偶然发现的“微生物世界”，水滴内是一个完全意想不到富有生命的“小人国”。他还观察到几乎任何地方都有这种小动物，在污水中、在肠道中……。为此，列文虎克撰写了关于微生物的最早专著——《列文虎克发现的自然界的秘密》。他还描述了细菌的3种类型：杆菌(Bacilli)、球菌(Cocci)和螺旋菌(Spirilla)。

微生物的发现，是列文虎克对人类的又一重大贡献。对后来的生物学的发展产生了巨大的影响。在《历史上最有影响的100人》一书中，列文虎克排在第39位。显微镜在列文虎克之前几十年就诞生了，但是这几十年内别人并没有做出相同或类似的发现。

显微镜和雨水或食物等之间关系是物理关系。

5. 类比法

类比是人们知识发现的重要方法。下面用威尔逊发明云室的例子来说明。

1894的一天，威尔逊登上了涅维斯山进行气象观测，他登上山顶之后，偶然看到太阳照耀在山顶的云雾层上，产生了一个光环——所谓的“佛光”。这使他觉得很奇怪：如果没有阳光，看不到光环；如果没有云雾，只有阳光，也看不到光环。为什么“看不见”的阳光会在云雾中形成“看得见”的光环呢？经过分析，他得知，这是由于“看不见”的光遇上云雾这些微粒的缘故。他由此联想：在原子物理中，一些小的微粒看不见，如果遇上云雾这些微粒不就可以看得见么？这给他研制云室以极大的启迪。

威尔逊终于1911年在云室的照片中找到了α射线粒子的径迹，宣告云室(云雾室)正式诞生。它的工作原理是，云室内储有清洁的空气、饱和的水及酒精蒸汽，将云室里的活塞迅速下拉的时候，室内气体体积骤胀而温度降低，此时室内的蒸汽由饱和变为过饱和，这时有射线粒子(如α、β、γ粒子)从中经过，就使气体分子电离而形成以这些离子为核心的雾迹。这一雾迹，就是粒子运动的轨迹。这样，“看不见”的粒子运动的轨迹就“看得见”了。因为发明了云室这一探测微观粒子的重要仪器，威尔逊荣获1927年诺贝尔物理学奖。

佛光产生的现象和云室中看见粒子轨迹现象是通过类比方法得到的。

6. 其他的关联关系

有很多关联关系，如归纳法、演绎法、和(and)关系、或(or)关系、蕴含(→)关系等，都是创造新知识的有效方法。

在人工智能的机器学习及数据挖掘中，对于分类问题，基本上是采用归纳方法，即从大量数据中归纳(多个相同的关联)出少量的知识。知识一般用蕴含(→)关系(即规则)表示，即“条件→结论”形式。条件中各属性之间是and(和)关系，而各条知识之间是or(或)关系。

在人工智能的专家系统中，是采用演绎(条件关联)方法，即利用大量知识来解决个别的实际问题。

“从关联关系中创造新知识”是值得我们认真研究的。还有很多其他的关联关系，值得去研究。

7.3.3 从矛盾中决策和创新

从自然科学到社会科学到处都存在着矛盾，人们就是在发现矛盾、解决矛盾、制造矛盾、利用矛盾中，逐步提高自己的论识，不断创新，推动了社会的进步。本文归纳了一下从矛盾中决策和创新的实例，以此来启迪出人们决策和创新思维。

1. 发现矛盾的决策和创新

自然科学的进步，很重要的方面在于发现矛盾。例如，天体的运转、生物的进化、化学元素的发现等。这里用两个例子进行说明。

1）微生物学和免疫学的诞生

人们很早就在日常生活中，发现做好的饭菜和奶制品等放久会变酸的现象，这个矛盾问题促使了路易·巴斯德投入这一问题的研究，他将一份鲜奶和一份变酸的奶，从中取出少量放到显微镜下观察，在两个样本中发现同一种微小的生物(乳酸菌)。区别在于所含细菌数目不同，鲜奶中的乳酸菌数量明显少于酸牛奶。巴斯德又对新酿造的酒和放置一段时间已变酸的酒进行类似的实验，在两种酒中也发现同样的生物(酵母菌)，而且前者所含细菌少于后者。他经过分析、研究，最终确认牛奶和酒变酸都是因为细菌数量的增加和活动的加强所致。巴斯德把这类极小的生物称为“微生物”。1857 年，巴斯德关于微生物的《关于乳酸多酵的论文》正式发表。此文标志着微生物学诞生。

1863 年，巴斯德发明防止葡萄酒变酸的高温密闭灭菌法，后来称之为“巴斯德灭菌法”。进入 19 世纪 70 年代以后，达内恩医师受巴斯德灭菌法的启发，发明了碘酒消毒法。

巴斯德更大的贡献在于免疫学的研究。他在这方面进行大量探索，最值得一提的是其培育的狂犬病疫苗。1880 年，巴斯德收集了一名狂犬病患者的唾液，将其兑水后注射到一只健康的兔子身上。一天以后，兔子死去，他再把这只兔子的唾液接种给另外一只健康兔，它也很快死去。巴斯德在显微镜下观察死兔的体液，发现一种新的微生物，初步确认是这种病菌(其实是病毒)导致狂犬病，于是对这类病菌用低温(0℃～12℃)的方法减毒，后又用干燥的方法再次加以减毒。过了一段时间后，经实验发现其毒性已不能使动物致病，可以用来免疫。1885 年 6 月，巴斯德第一次使用减毒疫苗治愈了一名患狂犬病的男孩。从此狂犬疫苗进入实用阶段。它的原理是，病菌侵入人体就会使人产生抗体，那么要是让失去毒性的病菌进入人体，使之产生抗体以杀灭后来侵入的有毒病菌，就可以达到免疫效果。

2）无理数的提出

古希腊毕达哥拉斯学派重视研究数的理论称著(约公元前 470 年前后)，他说“万物皆数”。这里的数仅指整数和分数。毕氏学派有一个善于独立思考的青年希帕斯(Hippaus)，他发现若正方形边长为 1 时，他的对角线长$\sqrt{2}$不是一个整数，也非分数，而是一个新数。希帕斯这一发现犹如晴天霹雳，动摇了毕氏学派“万物皆数”的哲学基础。这一消息不胫而走，他“违反”了教规，结果被投入大海葬身鱼腹。

数$\sqrt{2}$引发了历史上第一次数学危机，后来人们把它称为无理数，区别于有理数。把有理数和无理数包容起来，统称为实数。解决了这次的数学危机，才使数学能进一步发展。

2. 解决矛盾的决策和创新

解决矛盾的典型是可拓学的创立和决策支持系统的成熟。

1）解决矛盾的可拓学

我国学者蔡文、杨春燕为解决矛盾问题，经过了30多年的不懈努力，创立了可拓学。可拓学是一套完整的解决矛盾的创新理论和方法，它包括可拓论、可拓创新方法、矛盾问题的求解方法和可拓工程方法与技术。可拓学解决矛盾采用4个步骤：①基元表示；②特征拓展；③可拓变换；④优选评估。

2）利用计算机辅助决策的决策支持系统

大到国家、小到个人随时都在做决策。决策就是为解决矛盾。20世纪80年代开始了决策支持系统的研究。决策支持系统是按决策问题的需要，利用数据、模型和知识等决策资源，组合形成解决问题的多个方案，通过计算获得辅助决策的依据，达到支持科学决策的计算机程序系统。

经过30多年国内外学者的不懈努力，决策支持系统的发展经历了4个发展阶段：①基本决策支持系统（DSS，模型、数据、综合三部件组成的系统）；②智能决策支持系统（IDSS，知识、模型、数据、综合四部件组成的系统）；③基于数据仓库的决策支持系统（DW-DSS，以数据仓库为基础，结合联机分析处理和数据挖掘的决策支持系统）；④网络型决策支持系统（Net-DSS，在因特网上利用网上的决策资源组合成解决问题的方案辅助决策）。

大数据时代的来临，从数据到决策形成了时代特点。云计算也为大数据的存储与分析提供了技术支持，决策支持系统迎来了新的发展机遇。

3. 制造矛盾的决策和创新

制造矛盾也是创新的重要方法，这里用数学中两个例子和军事中典型实例进行说明。

1）非欧几何的提出

最早建立的比较严格的几何体系是欧几里得的几何。在欧氏几何中第5公设是，“给定一条直线 l 和不在直线上的一点 P 时，过点 P 作和直线 l 平行的直线 m 有且只有一条”。该公设不直观、难于验证。

罗巴切夫斯基提出了与欧几里得第五公设相反的矛盾断言：通过直线外一点，可以引不止一条而至少是两条直线平行于已知直线，由此推导下去，他得到一系列前后一贯的命题，形成了与欧氏几何完全不同的另外一种新几何系统，称罗巴切夫斯基非欧几何。

非欧几何与欧氏几何是相矛盾的。当时受到嘲笑，非欧几何在创立后的三四十年的时间内完全被学术界忽视。后来，数学家波尔约和高斯都给出了非欧氏几何的相同结论。

后来，黎曼建立了空间的曲率概念，黎曼指出：如果设曲率为 α，当 $\alpha=0$ 时，这个空间的模型便是欧几里得几何（抛物几何）；当 $\alpha>0$ 时，得到罗巴切夫斯基几何（双曲几何，罗氏非欧几何）；而对于 $\alpha<0$ 时，则是黎曼几何（双重椭圆几何，另一种非欧几何学）。

实际上，普通球面的几何就是黎曼非欧几何。可是，黎曼非欧几何与罗氏非欧几何在空间曲率上是相反的。黎曼几何把非欧几何又向前推进了一步。

这里说明了从制造矛盾中创新了新理论。黎曼几何为爱因斯坦相对论原理的建立提出了数学基础。

2）数理逻辑的归结原理

归结原理是使用反证法来证明结论语句的正确性。具体做法是，把要证明的结论语句取为"非"，和已知正确的语句放在一起，进行归结，当导出矛盾时，就证明了结论语句是正确的。

利用命题逻辑公式的归结原理进行说明。先要把逻辑表达式化成合取范式、前束范式，再化成子句。一个子句定义为由文字的析取组成的公式。对公理集 F、命题 S 的归结：①把 F 的所有命题转换成子句型；②把否定 S 的结果(取"非")转换成子句型；③重复下述归结过程，直到找出一个矛盾为止。

(1) 挑选两个子句，称之为母子句。其中一个母子句含 L，另一个母子句含 $\sim L$。

(2) 对这两个母子句进行归结，结果子句称为归结式。从归结式中删除 L 和 $\sim L$，得到剩下的文字的析取式。反复对子句集进行归结。

(3) 若出现归结式为空子句，表明矛盾已发生。这时，就证明了命题 S 是正确的。

3）军事中制造对方将相之间的矛盾，削弱其战斗力

历史上三国的赤壁之战中，周瑜利用蒋干盗书，无中生有，制造曹操和水军都督蔡瑁及张充之间的矛盾，杀了两个水军都督，从而削弱曹操水军的力量。

楚汉之争中，刘邦派陈平制造假象，离间项羽与范增、钟离昧，从而铲除项羽的谋臣和武将。

北周名将韦孝宽屡次败于北齐名将斛律光，他知道斛律光与权臣祖珽不睦，就制造斛律光篡位谣言，编成儿歌，在北齐传唱。祖珽听到后觉得这是个陷害斛律光的好机会，在儿歌中又加了两句，使童谣让人不寒而栗。他挑唆北齐皇帝高纬对斛律光产生猜疑，最后除掉了斛律光。高纬自毁长城，周武帝得知斛律光被害，灭了北齐。

历史上，这种制造敌人内部矛盾，比用武力来消灭敌人效果更好。

4. 利用矛盾的决策和创新

利用矛盾也是创新的方法，这里用数学、棋类和兵棋推演 3 个例子进行说明。

1）数的进化是利用和包容矛盾来创造新数

(1) 自然数与零(0)是矛盾的，正数与负数是矛盾的。

自然数(正数)是有值的数，零(0)是无值的数，正好相反。正数与负数也是相反的。

三者虽然是相互矛盾的，但它们都是需要的，我们采用包容法，保留它们的矛盾，利用它们建立新的数，称为整数。即：正数＋0＋负数＝ 整数。

(2) 有理数与无理数是矛盾的。

把它们也包容共存起来，利用它们建立新的数即实数。即：有理数＋无理数＝实数。

(3) 实数与虚数是矛盾的。

把实数与虚数包容共存起来，利用它们建立新的数即复数。即：实数＋虚数＝复数。

这样，数的进化过程表述为

自然数→整数→有理数→无理数→实数→虚数→复数

可以看出，利用矛盾来创造新数，推动了数学的发展。

在数的进化过程中，零(0)和虚数($\sqrt{-1}$)发挥了重要的作用。虽然零(0)是无值的数，但作为一个数可以参与运算，它又是数轴上的起点和分界点，充分表现了它在数中作用。虚数($\sqrt{-1}$)是一个不存在的数，不被人看好。但在德国数学家高斯创立虚数的图解法后，虚数的意义才逐渐明确。复数可以表示力、位移、速度等向量，有了实际意义，才为人们广泛承认。

2）象棋与围棋的发明就是利用矛盾的创新

象棋与围棋都是要制对方于死地。这些棋类是利用游戏的形式，激发人们的对抗思维，既带来乐趣，又帮助人思考。对于指挥员来说，围棋能帮助他对战场的态势做出灵活的战术。

象棋与围棋的发明，很受人们的喜爱，它是模拟敌我双方的博弈，既是游戏，又启发人思考。这是利用矛盾的重大创新。

3）军事中的兵棋推演

兵棋推演是充分运用统计学、概率论、博弈论等科学方法，对战争全过程进行仿真、模拟与推演，并按照兵棋规则研究和掌控战争局势，其创新与发展历来为古今兵家所重视。

20世纪末以来，随着信息技术的进步，使用具有计算快速、数据统计精准的计算机系统进行推演成为兵棋推演的主要发展方向。计算机兵棋推演必须将作战部队的体制编制、武器系统、战术作为等进行十分精确的评估，并将其逐一量化，换算成参数输入计算机数据库中；推演由作战指挥中心、作战演训中心及各作战执行单位指挥所执行，运用复杂的战区仿真系统，输入作战各方的各类参数，连续数小时乃至数月模拟实战环境和作战进程，实施重大战备议题的推演。

2002年12月，卡塔尔多哈郊外的大漠深处，美军利用计算机兵棋系统举行“内窥03”演习，推演“打击伊拉克”作战预案。谁也没想到，随后美军现实中进攻伊拉克并取得胜利的行动，居然和兵棋推演的结果几乎完全一致。

我国国防大学兵棋研发团队研制的计算机兵棋系统，编写了代码上千万行，先后设计了数百类军事规则模型，收集整理了1000余万条作战数据。2011年6月，他们研制的兵棋系统受邀参加济南军区演习。这是兵棋系统首次在部队实战化运用。演习中，来自司令员、军长、旅长等各级指挥员的认可表扬，效果出人意料的好！据统计，该系统在北京、济南等战区实战运用3年时间里，实现了从“能用”到“好用”“管用”的跨越。

5. 小结

“矛盾”是决策和创新的重要来源，这里主要是从自然科学和军事中，研究从矛盾中决策和创新。在现实世界中，各国为了自身的利益，使国与国之间存在各种矛盾，特别是超级大国为了保全自身的霸权地位，在世界各地挑起事端，制造社会矛盾，加剧紧张局势，从中谋利。这些都值得我们深入的研究。

习 题 7

1. 云计算为IT技术带来哪些变化？

2. 如何理解用廉价的CPU、硬盘、电源等元件，利用网络组装成服务器，能完成高性能运算？

3. 如何理解云计算的3种IT服务：IaaS、PaaS、SaaS？

4. 大数据时代的来临会带来哪些变化？

5. 如何理解大数据的决策支持？

6. 通过成功者的例子，说明在即时决策中是如何利用信息优势的。

7. 你认为数据分析方法有哪些？

8. 利用关联关系分析那些战争中以少胜多的实例的原因。

9. 查看历史找出相关信息改变历史进程的典型实例。

10. 数据的关联分析与原因分析有什么区别和联系？

11. 大数据时代的决策支持系统和目前研究的决策支持系统有什么相同和不同之处？

第8章　决策支持系统开发的计算思维

8.1　软件的计算思维

8.1.1　计算思维的概念

1. 计算思维的兴起

计算思维(Computational Thinking)是2006年3月,美国卡内基·梅隆大学计算机科学系主任周以真教授在美国计算机权威期刊 *Communications of the ACM* 杂志上给出的。定义为,计算思维是运用计算机科学的基础概念进行问题求解、系统设计,以及人类行为理解等涵盖计算机科学之广度的一系列思维活动。

陈国良院士提倡计算思维用于计算机基础教育。现在"计算思维"成为热门词汇,有关论文与书籍出了不少。在此,我从软件进化规律的角度来讨论"计算思维"。

"思维"是人脑对事物的认识过程。通过思维使人的认识从感性到理性。一般是通过分析、判断和推理来认知事物的本质和真相。

"科学思维"是对自然的本质、运行规律的探索、发现的认知过程。"科学"是对未知世界的客观规律的探索和发现。

"数学思维"是利用数学的观点(对数学符号、公式进行推演),去思考问题和解决问题。

"工程思维"是利用各种资源进行规划、统筹,去完成一个工程项目的思维活动。"工程"是一个实践活动,需要一步一步去完成具体的项目。

计算思维吸取了问题解决所采用的一般数学思维方法,工程思维方法,以及人类的一般科学思维方法。计算思维是建立在计算过程的能力和限制之上的,不管这些过程是由人还是由机器执行的。现在,计算思维逐渐发展到脱离计算机,作为人的一种新思维方式,有人称为广义计算思维。

计算思维的规律能帮助人更好地编制计算机程序,使计算机做更复杂的工作。

2. 软件的计算思维

软件的主体是程序。程序设计是用计算机语言来表达人们要完成的数据处理工作。由于计算机语言受硬件限制,人们编制程序时就要按计算机语言的要求,改变人的常规思维方式,建立起计算思维,利用计算思维来指导编写程序。

采用二进制并把程序存入计算机中,这是冯·诺依曼的两大贡献。

1) 二进制程序(目标程序)

人们在利用计算器或者算盘进行计算时,是直接输入数据进行运算操作的,并给出结果。例如,68+73−56=85,数字和运算符是输入的,其操作过程(计算步骤)是在人的头脑中，能否把操作过程(程序)存储在机器中，让机器来自动执行这个操作过程(程序)呢?

冯·诺依曼设计的程序是，十进制的数用二进制的数代替进行运算。把所需运算的数据(包括已知数(68、73、56)和未知数(后算出的85))，都放入指定的存储器中，即每个数给定一个存储单元。

计算步骤即程序，用一系列指令组成。每条指令由操作码和数据地址码组成，表示该操作码对数据地址码中的数据进行运行操作。

最早的机器语言程序就是由一串机器指令组成。操作码表示对数据运算和对程序控制的动作。地址码表示数据存放的地址或程序指令的存放地址。它们均用二进制数据表示，书写时用八进制或十六进制(可以直接转换成二进制)。

例如:

操作码: 02	加法	数据地址码: 1001	x
05	取数	1002	y
06	送数	1003	空

完成 $x+y$ 的计算程序为

3001	05	1001	取 x
3002	02	1002	加 y
3003	06	1003	送结果

其中，3001～3003 是存储程序的地址。

这里的程序完全用操作码和地址码表示，并都用二进制存入计算机中(程序存入计算机中)。这样的程序使操作(运算)不直接和数据发生关系，只和它的存储地址发生关系，程序变得简单了，这样程序很规范，又便于存储。

程序中只有指令和地址，这样程序和数据就分开了，这是一种间接关系。这种间接操作把运算的复杂性隐藏起来了(运算的复杂性体现在对不同类型的数据操作，在程序中用一条一条的指令分别对每一数据进行操作，程序就变得比较长了)。这样，程序把复杂的运算也解决了。

存储程序有一个很大的好处是，当存储数据的地址中放好了数据后，计算机就能按程序指令的顺序自动运行。这是计算机之前发明的用于计算的机器(如计算器和算盘等)都做不到的。这是冯·诺依曼的很大的贡献！计算机称为存储程序的计算机，原因在此。

总结一下机器语言程序的特点：①在数据地址码中只放数据，不放运算符。运算符都在操作码中，即运算和数据是分开的；②指令中的操作码是对数据的地址进行操作，而不是直接对数据的操作。这是一种间接操作；③计算机在数据存储好后，能自动运行存储的程序。

2) 计算思维的硬件基础

计算思维是使计算过程适应计算机要求，冯·诺依曼提出了计算机体系结构，如图 8.1 所示。注意：冯·诺依曼是个数学家，不是搞硬件的。他思考的是，机器如何来实现他设计的程序。

这个体系结构完全是为了实现程序的运行。现在计算机已发展了70多年，该体系结构一直没有改变。

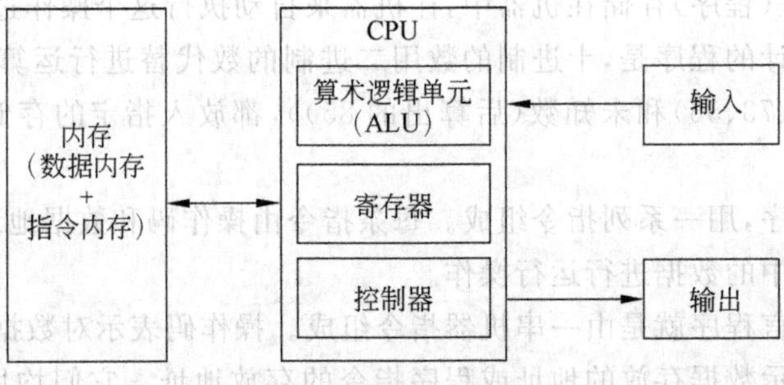

图 8.1　计算机体系结构

计算机内存中既存储“数据”,还存储“指令(程序)”。这里的指令表示是程序,它包括指令地址和数据地址,程序与数据是分开的。

把运算和数据分开,这是不符合数学思维的。数学思维中的方程,是把运算(符号表示)和数据(已知数和未知数)紧密结合在一起的。

例 1,线代数方程组的表示。

数学思维中线代数方程组的表示形式如下:

$$\begin{aligned} a_{11}x_1 + a_{12}x_2 + \cdots + a_{1n}x_n &= b_1 \\ a_{21}x_1 + a_{22}x_2 + \cdots + a_{2n}x_n &= b_2 \\ &\vdots \\ a_{n1}x_1 + a_{n2}x_2 + \cdots + a_{nn}x_n &= b_n \end{aligned}$$

数学思维在解方程时,直接在方程式上进行求解。

在计算机中是不列出以上方程组的,而是用数组形式表示出方程的系数和变量,即计算思维的表示形式如下:

$$\begin{bmatrix} a_{11} & a_{12} & \cdots & a_{1n} \\ a_{21} & a_{21} & \cdots & a_{2n} \\ \vdots & \vdots & \vdots & \vdots \\ a_{n1} & a_{n2} & \cdots & a_{nn} \end{bmatrix}, \quad \begin{bmatrix} x_1 \\ x_2 \\ \vdots \\ x_n \end{bmatrix}, \quad \begin{bmatrix} b_1 \\ b_2 \\ \vdots \\ b_n \end{bmatrix}$$

它们可以存放在计算机中不同的地方,这便利于同类数据集中存储,方程求解体现在程序的指令操作中。解方程时只对 3 个数组进行处理,最后得出 x_i 值。线代数方程组的高斯主元素消去法是通过数组的行、列指针对系数数组进行消元,把它变成单位矩阵后,b_i'就是 x_i 的解,即:

$$\begin{bmatrix} 1 & 0 & \cdots & 0 \\ 0 & 1 & \cdots & 0 \\ \vdots & \vdots & \vdots & \vdots \\ 0 & 0 & \cdots & 1 \end{bmatrix}, \quad \begin{bmatrix} x_1 \\ x_2 \\ \vdots \\ x_n \end{bmatrix}, \quad \begin{bmatrix} b_1' \\ b_2' \\ \vdots \\ b_n' \end{bmatrix}$$

计算机程序靠“指针”,在数组中找到指定的数,靠“缓冲单元”存放最大元素,用它来除同行系数 a_{ij} 和 b_i。这种计算思维方式(利用指针 i 和 j,通过循环,找到数组中所要的元素;利用“缓冲单元”存储运算中出现的中间数据)是不同于数学思维解方程的。

例 2,运输问题的表上作业法中的位势方程的表示。

数学思维中位势方程为

$$c_i + d_j = D_{ij}$$

具体实例如下(其中未知数为 c_i、d_j):

$c_2 + d_2 = 2$　$c_3 + d_3 = 4$　$c_2 + d_4 = 6$　$c_1 + d_4 = 7$　$c_3 + d_4 = 8$　$c_3 + d_1 = 9$

在计算机中也是不列出以上方程组的,而是用数组形式表示出方程变量的行列位置(i,j)和已知值,表示形式如下(说明:第 1 列表示第 1 个位势方程,即 $i=2$ 的未知数 c_2 和 $j=2$ 的未知数 d_2 两数相加等于 $D_{ij}=2$,共 6 列表示 6 个方程)。

i	2	3	2	1	3	3	c_i
j	2	3	4	4	4	1	d_i
D_{ij}	2	4	6	7	8	9	

c_i	0		
ct(i)	1	0	0

d_j				
dt(j)	0	0	0	0

方程的求解过程在数学思维中是随机进行的。因为,只有在方程中有一个未知数求出,另一个未知数未求出时,方程才能求解,利用此方程求出未求出另一个未知数。方程中两个未知数都未求出(此方程不能求解),或者两个未知数都求出的方程(此方程不必求解),就跳过此方程。

在计算思维中,无法直接进行这种随机选方程的求解,必须采用间接求解方法。首先,对未知数 c_i、d_j 增加标记位,即 ct(i)和 dt(j),对已求出的变量记为 1,对未求出的变量记为 0。上面实例中,有 6 个方程 7 个未知数,是一组无穷解。为此,假设 $c_1=0$,标志位 ct(1)=1。

求解方程时,在方程表中按列的顺序检查各方程的标记,符合要求时对此方程求解,不符合要求时跳过此方程,多次循环就可以解出所有方程。这就是利用间接求解方法解决随机选方程的求解(后面再讨论)。

在高级语言中编制程序时,虽然不要求指定数据地址,但是,程序是先把所有数据,按"数据结构"要求列出:变量、数组、文件等(放在程序的开头)。再用高级语言的语句写程序。语句是对数据的操作。通过编译程序把高级语言程序又变回到二进制程序!

"数据结构"这门课,是计算机程序设计对数据存储方式,新提出的需求说明!如:数据有类型的不同;同类数据集中存放就有数组(一维、二维)的问题;运算的中间数据就有,队列与堆栈的区别;中间数据缓冲区的设计等。

数据结构的设计好坏,直接影响计算机程序设计的优劣!

8.1.2 软件进化中的计算思维

计算机软件的进化主要经历了:①数值计算的进化;②数据存储的进化等;③计算机程序的进化等。

1. 数值计算的进化

数值计算的进化体现在从“算术运算”到“微积分运算”再到“解方程”的发展过程。

数值计算能力的进化概括为(注：→表示进化，←表示回归)：

$$+\rightarrow\pm\times\div\rightarrow\text{初等函数}\rightarrow\text{微积分}\rightarrow\text{解方程}$$

即“＋”运算是数值运算的根本。

1）算术运算

算术运算包括＋、－、×、÷。在计算机中它们都要回归到加(＋)运算上来，具体做法如下。

(1) 加(＋)是最基本的运算。

(2) 减(－)是利用减数的补数(求反加 1)，变减为加(减一个数变成了加一个负数)。

① 原码。数值的二进制。

② 反码。二进制的各位取反(0 变 1，1 变 0)。

③ 补码。反码的最低位上加 1。

(3) 乘(×)是把乘变成累加，如 5×3＝5＋5＋5，即 5 加 3 次。

(4) 除(÷)是把除变成累减的次数，如 6÷3 为 6－3－3＝0，减了 2 次，即商为 2。

2）初等函数和复合函数

初等函数的定义不是加减乘除，为了让计算机计算，需要利用初等函数的幂级数公式来计算，即回归到加减乘除运算。如：三角函数和指数函数的幂级数公式为

$$\sin x=\frac{x}{1!}-\frac{x^3}{3!}+\frac{x^5}{5!}-\frac{x^7}{7!}+\cdots\quad \mathrm{e}^x=1+\frac{x}{1!}+\frac{x^2}{2!}+\frac{x^3}{3!}+\cdots$$

级数取足够多的项就能满足误差精度。复合函数求解时，是采取两次套用幂级数公式来计算的。

3）微积分运算

微分和积分的定义也不是算术运算，是极限运算。为了让计算机进行数值计算，需要取消极限。

(1) 微分运算的差分化：

$$f'(x)=\lim_{\Delta x\to 0}\frac{f(x)-f(x_0)}{x-x_0}\quad\text{变换成}\quad f'(x)\approx\frac{f(x)-f(x_0)}{x-x_0}$$

即，导数的极限运算变成近似的差分求商，也就是回到了加、减、乘、除运算。

(2) 积分运算的求和运算：

$$\int_a^b f(x)\mathrm{d}x=\lim_{\Delta x\to 0}\sum_{k=1}^{n}f(x_k)\Delta x\quad\text{变成}\quad\int_a^b f(x)\mathrm{d}x\approx\sum_{k=1}^{n}f(x_k)\Delta x$$

即，积分的极限运算变成近似的求和运算，也回到了加减乘除运算。取 Δx 尽量小，就能满足误差精度。

(3) 二阶导数的差分方程：

$$\frac{\mathrm{d}^2 f(x)}{\mathrm{d}x^2}=\frac{\mathrm{d}}{\mathrm{d}x}\left(\frac{\mathrm{d}f(x)}{\mathrm{d}x}\right)\approx\frac{f(x_2)-2f(x_1)+f(x_0)}{\Delta x^2}$$

一阶和二阶导数的结点关系如图 8.2 所示。

高阶导数类似处理。

(4) 偏微分方程的差分方程：

$$\frac{\partial u}{\partial y}+\frac{\partial^2 u}{\partial x^2}\approx\frac{u_j^{n+1}-u_j^n}{\Delta y}+\frac{u_{j+1}^n-2u_j^n+u_{j-1}^n}{\Delta x^2}$$

说明：n 表示 y 方向的增长，j 表示 x 方向的增长。偏导数结点关系如图 8.3 所示。

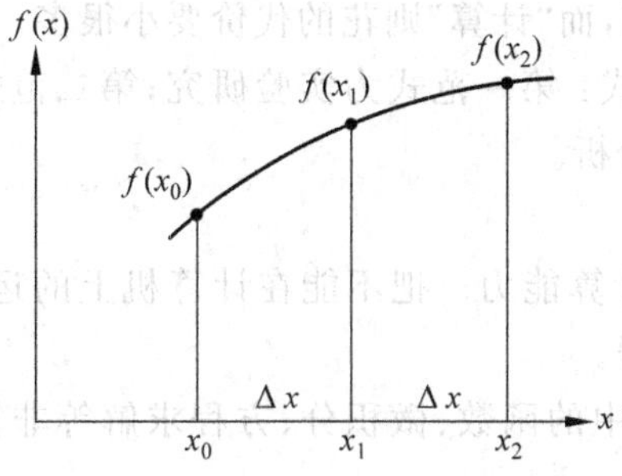

图 8.2　一阶和二阶导数的结点关系

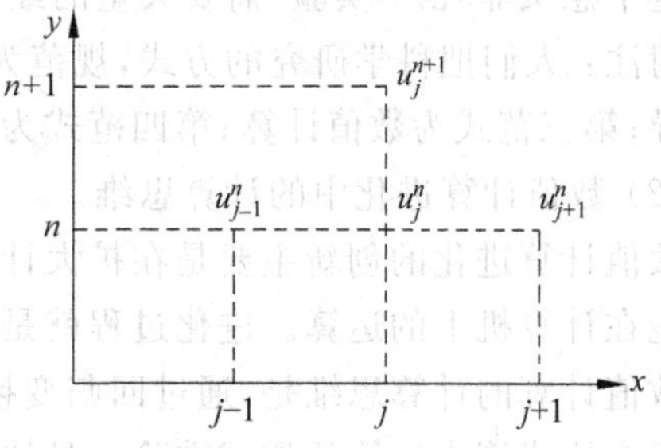

图 8.3　偏导数结点关系

偏微分方程边值问题的求解一般是在一个区域内进行，区域中的点是未知数，区域边界点是已知数。偏微分方程差分化后，经过整理就变成了以区域中点的未知数形成的线代数方程组。

偏微分方程的求解就变成了线代数方程组的求解(加、减、乘、除)。

例如，汽轮机转子的网络划分如图 8.4 所示。

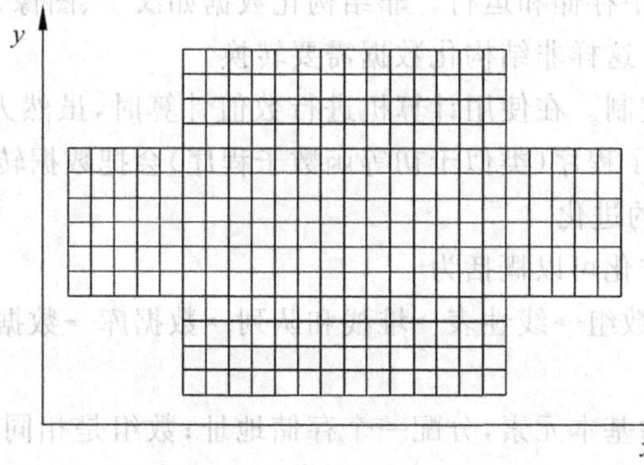

图 8.4　汽轮机转子的网络划分

传统的数学分析方法(解析求解—表达式推演，得到的解是表达式)只能解决少数的较简单的和典型的微分方程的求解。微分方程的数值计算方法，无论是常系数还是变系数，是线性还是非线性，都能得到解决。解决的手段是差分方法(加、减、乘、除)，让计算机来完成。

4) 数值计算进化小结

(1) 数值计算进化的创新。

现代数学在解方程时，经常有求不出解析解的矛盾问题。在求解方法上，把求解析解变换成求数值解，就不存在不能求解的问题。这种计算方法的改变用创新变换表示为

T_1(现代数学的解析求解)＝计算数学的数值求解

例如，微分方程的求解，无论是常系数还是变系数，是线性还是非线性，用数值求解方法，它们都能求出解。

计算机进行数值求解是数学史上一次最大的一次进化过程。

数值计算使数学真正走向实用化！科学家对自然现象推出的微分方程，通过数值计算，用于实际问题，达到了：用“计算”代替“实验”。

这个意义非凡。“实验”需要大量的经费和时间，而“计算”则花的代价要小很多。

附注：人们把科学研究的方式，规范为4个范式：第一范式为实验研究；第二范式为理论推导；第三范式为数值计算；第四范式为大数据分析。

(2) 数值计算进化中的计算思维。

数值计算进化的创新主要是在扩大计算机的计算能力。把不能在计算机上的运算，变换成能在计算机上的运算。进化过程就是创新过程。

数值计算的计算思维是，通过回归变换把数学中的函数、微积分、方程求解等非算术运算都要变换成算术运算的加减乘除。具体表示为

$$T_R(\text{非算术运算的数学计算})=\text{加减乘除运算}$$

加、减、乘、除运算又回归到加法运算。在计算机硬件中，用加法器来完成加法运算。这是一种逆向的回归变换，化繁杂为简单、化困难为容易，使计算机能够有效地计算。

2. 数据存储的进化

数据有结构化和非结构化两种。结构化数据即十进制数据，需要将十进制转换成二进制数据，就可以在计算机中存储和运行。非结构化数据如汉字、图像、声音、视频等其本身是不能在计算机中存储的。这样非结构化数据需要转换。

计算机只能采用二进制。在使用计算机进行数值计算时，虽然人们输入的数是十进制数，但在计算机内有一个子程序(类似于初等函数子程序)会把数据转换成二进制。

1) 结构化数据存储的进化

结构化数据存储的进化可以概括为

变量→数组→线性表→堆栈和队列→数据库→数据仓库

(1) 变量→线性表。

变量是计算公式中的基本元素，分配一个存储地址；数组是相同类型的一维、二维数据集合，存储地址是连续的；线性表是不同类型数据的集中存储。如学生表中含姓名、性别、年龄等不同类型的数据集合。

(2) 堆栈和队列。

它们是用于特殊运算，暂时存放的数组或线性表。堆栈是对进栈的数据采用后进先出的处理方式，如对急诊病人的处理，后来的先看病。队列是对进队的数据采用先进先出的处理方式，如对一般病人的处理。按排队先后顺序看病。

(3) 数据库。

通过数据库管理系统管理的数据文件。数据库管理系统(数据库语言)的主要功能如下。

① 建立数据库。描述数据库的结构并输入数据。

② 管理数据库。控制数据库系统的运行；进行数据的检索、插入、删除和修改的操作。

③ 维护数据库。修改、更新数据库;恢复故障的数据库。

④ 数据通信。完成数据的传输。

⑤ 数据安全。设置一些限制,保证数据的安全。

数据库的数据存储量大小不一,一般在 100MB 左右。

(4) 数据仓库。

数据仓库是大量数据库(二维)集成为多维数据的集合,由数据库形成数据仓库的示意图如图 8.5 所示。

数据仓库的结构分为多个层次,包括当前基本数据层、历史数据层、轻度综合数据层、高度综合数据层、元数据。数据仓库结构如图 8.6 所示。

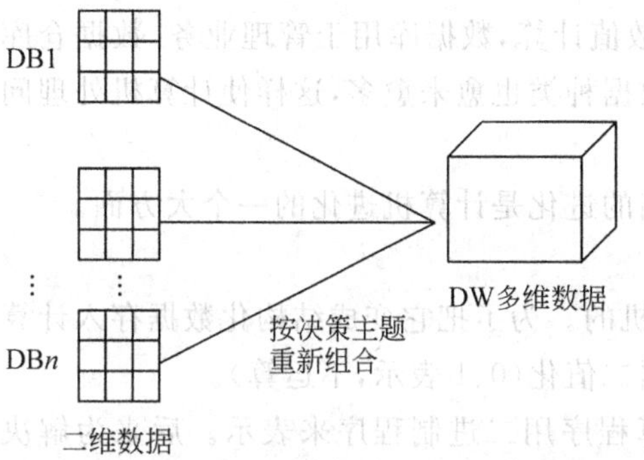

图 8.5　数据库形成数据仓库

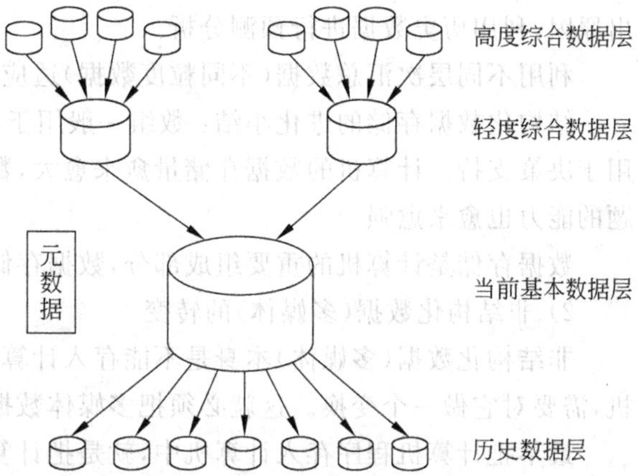

图 8.6　数据仓库结构

数据仓库的数据存储量一般在 10GB 左右,它相当于数据库的数据存储量的 100 倍。大型数据仓库的数据存储量达到了 TB(1000GB)级。这种数量级的数据存储,只有在计算机发展到今天的水平,存储量飞速的剧增才能实现。

(5) 数据库与数据仓库的比较。

数据库用于管理业务(商务计算),一般只存储当前的现状数据。数据库的特点如下。

① 不同的业务(人事、财务、设备等)需要建立不同的数据库。

② 随时间、业务的变化随时修改数据。

③ 数据库是共享的数据。

由于数据库的出现,使计算机走向了社会。现在,社会中的各行各业已经离不开数据库了。数据库已成为各行各业现代化管理的基础设施。

数据仓库用于决策支持。决策需要大量的数据。由于数据仓库中存储了当前数据、历史数据和汇总数据。辅助决策的方式主要如下。

① 历史数据用于预测。

② 从汇总数据的比较(不同角度)中发现问题。

③ 从详细数据中找出原因。

数据库与数据仓库的对比表如表 8.1 所示。

表 8.1 数据库与数据仓库中的数据对比

数据库中的数据	数据仓库中的数据
数据量小	数据量大
代表当前的数据	代表过去的数据
可更新的	不更新
一次操作数据量小	一次操作数据量大
支持管理	支持决策

数据仓库的决策支持体现在：利用汇总数据的比较来发现问题；利用多维数据分析找出原因；利用历史数据进行预测分析。

利用不同层次汇总数据（不同粒度数据）适应不同层次管理人员的决策支持。

结构化数据存储的进化小结：数组一般用于数值计算，数据库用于管理业务，数据仓库用于决策支持。计算机的数据存储量愈来愈大，数据种类也愈来愈多，这样使计算机处理问题的能力也愈来愈强。

数据存储是计算机的重要组成部分，数据存储的进化是计算机进化的一个大方面。

2）非结构化数据（多媒体）的转变

非结构化数据（多媒体）本身是不能存入计算机的。为了把它变成结构化数据存入计算机，需要对它做一个变换。这就必须把多媒体数据二值化（0、1 表示，不运算）。

最早把计算机程序存入计算机中，就是把计算程序用二进制程序来表示。后来为解决汉字和多媒体如何存入计算机的矛盾问题，再次采用了用二值数据表示汉字和多媒体，这是计算机的大进化，使计算机进入了多媒体时代。

（1）汉字表示。

① 英文字母、数字、标点符号等用 ASCII 码值表示。

如 A 的码值 65，数字 0 的码值 48。

② 汉字编码。

一个汉字用 4 位十进制数字编码，前两位是区号，后两位是位号。一个汉字在计算机中的内码占两个字节，第一个字节（8 位二进制数）用于区号，第二个字节用于位号。

汉字的形状是方块体的多笔画的字，采用了二值数据的点阵形式来表示。这使计算机就能存储汉字，并能处理汉字。这使计算机的处理能力上升了一步。

（2）图像的表示。

图像看成点（像素）的集合，每个像素的颜色用 3B（24 位二进制数）表示。任何颜色由红、绿、蓝三色混合而成，三色各占 1B，一个字节中各位的 0 或 1 的不同表示，构成了不同的颜色浓度。一幅图像在计算机中表示为一个长度惊人的 0、1（二值数据）串。图像用点阵数据表示，使计算机就能存储图像，并能处理图像。从而使计算机进入了多媒体时代。

（3）视频的表示。

视频是连续播放一系列图像。每幅图像称为帧。每秒播出帧的数目在 24～30 幅图像时，就是像电影一样的视频。

由于视频数据量太大，一般采取 MPEG 压缩技术，相邻帧只记录前面帧的变化部分。不记录前面帧的重复部分，就可以节省大量的存储空间。

3）非结构化数据进化的回归变换

非结构化数据存入计算机是一个矛盾问题。只有通过二值化才能变成结构化数据存入计算机。非结构化数据进化过程概括为

二进制程序→汉字的二值化→图像、声音、视频的二值化

非结构化数据进化的回归变换表示为

$$T_R(\text{多媒体数据})=\text{二值数据}$$

这种变换也是逆向回归变换。解决了多媒体数据存入计算机的矛盾问题，使计算机进入多媒体时代。其进化过程用创新变换表示为

$$T_I(\text{黑白计算机时代})=\text{多媒体计算机时代}$$

这种变换是正向变换。

4）数据存储进化的计算思维

结构化数据（十进制）的进化从变量到数组，到文件，到数据库，到数据仓库。它的进化特点是数据量愈来愈大，数据类型也更多。但是，它们都要回归到二进制数据在计算机中运行。

非结构化数据（程序、汉字、多媒体等）在用了二值数据（0，1）表示后，才能在计算机中存储。多媒体数据的应用，使计算机从黑白计算机进化到了多媒体计算机，极大地丰富了计算机的应用范围，也使计算机处理问题的能力更强。

数据是计算机解决实际问题的基础。在计算机中，数据和程序是分开来存储的。程序中的运算只跟数据的地址打交道，这是计算思维的重要特点！数据存储是计算机的重要组成部分，数据存储的进化是计算机进化的一个大方面。

3. 计算机程序的进化

计算机程序的进化可以概括为

二进制程序→汇编程序→高级语言程序→程序生成

1）二进制程序

二进制程序也称为机器语言程序，可直接在计算机上运行，目前称为目标程序。

我国 20 世纪 60 年代的第一台计算机（电子管）103 型（仿苏联的 M3），以及后来的 104、109 型等多台计算机，提供的都是机器语言（二进制）。

2）汇编程序

汇编程序是将二进制（或八进制、十六进制）程序中的数字用字母符号（助记符）代替。使用汇编程序简化了繁琐的数字。

上例程序的汇编程序为

```
LDA  x      取 x
ADD  y      加 y
STA  r      送结果
```

汇编程序便利书写，虽然程序中书写是变量 x、y，但是，汇编程序运行时还是要返回到二

进制程序。程序中的变量仍然要用它的地址单元来表示。这时，变量的地址单元是由机器的解释程序来分配的。它不同于人编制的二进制程序，其变量的地址单元是程序员分配的。

汇编程序通过解释程序返回到二进制程序。

3）高级语言程序及编译

（1）高级语言程序。

高级语言程序是用接近自然语言和数学语言编写的程序。它接近人们的习惯，便利非专业人员编写。高级语言程序种类很多，完成数值计算的高级语言有 C、ADA 等；完成数据库操作的高级语言有 FoxPro、Oracle、Sybas 等；完成知识推理的高级语言有 Prolog、Lisp 等。高级语言程序需要先对所有的数据元素（变量、数组等）都要指定清楚，便利编译程序分配地址单元，即高级语言程序仍然是对数据的间接操作。

（2）高级语言的程序结构。

高级语言的程序结构归纳为 3 种基本结构的组合，这 3 种基本结构是顺序、选择、循环。任何复杂的程序都是这 3 个基本结构的嵌套组合，这种程序设计思想称为结构化程序设计。它使程序的运算能力提高了一大步。其进化过程表示为

顺序结构、选择结构、循环结构 → 任何复杂的程序

这种程序结构保证了程序的正确性。这在"程序设计方法学"中给出了正确性的证明。它克服了 20 世纪 60 年代的软件危机（程序长了（成千上万条）以后（由于程序中间存在不规律的跳转）很难编译成功）。

（3）高级语言程序的编译。

高级语言程序同样要返回到二进制程序，这就要利用编译程序。

编译程序包括词法分析、语法分析、代码生成。它的技术原理相同于人工智能中的专家系统，即利用文法（知识）对程序中的语句进行归约（反向推理）或推导（正向推理），既要检查语句是否符合文法，又要将语句编译成中间语言或机器语言。

计算机程序的本质还是二进制程序。转换过程如下：

源程序→（编译程序）→二进制程序（目标程序）

用回归变换表示为：T_R（源程序）＝二进制程序

（4）表达式的数学思维与计算思维的差异。

表达式的数学思维要求，计算时要按照符号优先级规定：先乘除，后加减，括号优先。

程序的计算思维，不能按此规定进行，因为不能用顺序结构、选择结构、循环结构的方式编制出程序来。

表达式的计算思维是，采用了波兰逻辑学家 J. Lukasiewicz 1951 年提出的逻辑运算无括号的记法：①前缀表达式——波兰式；②后缀表达式——逆波兰式。

它将人们习惯的中缀表达式变成后缀表达的逆波兰式，逆波兰式把表达式中的括号去掉了，把加减乘除的优先级别变成了前后顺序关系，这就适合计算机的顺序处理。例如：

u＊v＋p/q→uv＊pq/＋

a＊(b＋c)→abc＋＊

在《编译程序》书中，将中缀表达式变成后缀表达的逆波兰式，占了很大的篇幅。一般采用递归子程序的方法或者利用一个符号栈来完成这种转变。

表达式的数学思维与计算思维相去甚远！把数学思维的表达式变成计算思维的表达式，是编译程序中最复杂的部分。

4）计算机程序进化小结

计算机程序的进化主要是从二进制程序到高级语言程序。高级语言的效果体现在如下几个方面。

（1）高级语言便利了程序的编写。

（2）高级语言的功能更强了，高级语言的程序结构采用顺序结构、选择结构、循环结构作为基本结构，既规范了计算机程序的设计思想，又保证了程序的正确性。

（3）将很多标准的程序段（如初等函数子程序等），通过连接程序直接嵌入到用户程序中，极大地简化了编程度的烦琐工作，也扩充了计算机的应用范围。

（4）高级语言的应用促进了新语言的出现：面向对象语言、数据库语言、网络编程语言以及第四代语言（程序生成）等陆续出现。

计算机程序的进化采用了回归变换，具体表示为

T_{R1}（对数据的操作）＝对数据的地址操作

T_{R2}（高级语言程序）＝二进制程序

T_{R3}（任何复杂的程序）＝顺序、选择、循环的嵌套组合

T_{R4}（中缀表达式）＝逆波兰式

这些回归变换也是化繁为简、化难为易的逆向变换。计算机程序的原理仍然很简单，但其功能却大大提高了。从本质来说就是，把数学思维变为计算思维。

4. 间接计算法

在计算思维中，采用间接计算法是一种很有效的思维方法。它能把数学思维中，那种随机跳转的求解过程变成计算思维的“顺序＋循环”的求解过程；也能把复杂的计算，分解开来处理。

1）二进制程序采用了间接计算法

机器语言程序有两个重要特点：①在地址码中只放数据，不放运算符。运算符都在操作码中，即运算和数据是分开的；②操作码中的指令是对变量的地址进行操作，而不是直接对变量的操作。这是一种间接操作。间接操作的好处如下。

（1）对于不同数据的相同操作，只需要把不同数据放入相同地址单元中，程序不用变化。间接操作为程序的通用性带来了好处。它区别于人对变量的直接操作。

（2）在运算时如果遇到函数计算，程序可以转到专门计算此函数的程序中去，计算出结果以后再转回来。这是程序中，指令对数据地址操作的好处。

（3）编程序时，不要求先把数据都准备好后再编程序，但要求把数据的存放地址都分配好后，就可以编程序。在高级语言中，程序是先描述数据，再编写语句。编译程序就是先分配数据的存放地址，再翻译语句成二进制程序。

2）方程组的随机求解问题的间接求解法

运输问题的表上作业法中的位势方程的求解过程属于随机求解（8.1.1 节中例 2 把位势方程的表示已经说明了）。

求解方程时，必须采用间接求解方法。求解时，在方程表中顺序检查各未知数 c_i、d_j 的

标记位，即 ct(i)和 dt(j)，符合要求时对此方程求解，不符合要求时跳过此方程。多次循环就可以解出所有方程。

运输问题的表上作业法在求出基本解(非零解)后，用线性表(含四行)表示：非零解 X_{ij}、行号 i、列号 j、距离元素 D_{ij}。设某个运输问题(3 个供量单位(行)和 4 个销量单位(列))的基本解的线性表如下：

X_{ij}	20	30	5	25	5	15
i	2	3	2	1	3	3
j	2	3	4	4	4	1
D_{ij}	2	4	6	7	8	9

位势方程($c_i+d_j=D_{ij}$)放在解线性表中，并设计两个求解表——c 表和 d 表，其中 ct 和 dt 表示标志位，0 表示未求出，1 表示已求出。

c_i	0		
ct(i)	1	0	0

d_j				
dt(j)	0	0	0	0

对于该实例，位势方程具体为

$$c_2+d_2=2;\quad c_3+d_3=4;\quad c_2+d_4=6;\quad c_1+d_4=7;\quad c_3+d_4=8;\quad c_3+d_1=9$$

给定一个解，为此设 $c_1=0$(未知数减少一个)，其他解就能唯一求出。人的求解过程是先计算第 4 个方程，求出 d_4；再计算第 5 个方程，求出 c_3；再计算第 2 个方程，求出 d_3；…。可见，位势方程的求解，实际上是随机求解过程。当解位置变化时(解调整后)，方程未知数的组合也发生变化。

由于求解 c_i、d_j 时不知道 c_i、d_j 中哪个已求出，哪一个未求出，为此对 c_i、d_j 的存储单元再增加表示是否被求出的标志位，即设计两个线性表：c 表和 d 表，由于 $c_1=0$ 是一开始就给定，故对应的 ct=1 表示 c 已求出。

求解 c_i 和 d_j 时，利用运输问题解线性表，在各个解的位置上，通过行数和列数分别到 c 表和 d 表中找对应的标志位，计算

$$\text{cd}=\text{ct}(i)+\text{dt}(j)=\begin{cases}0 & \text{表示 } c_i\text{、}d_j\text{ 两者均未求出}\\ 1 & \text{表示 } c_i\text{、}d_j\text{ 中有一个求出，另一个未求出}\\ 2 & \text{表示 } c_i\text{、}d_j\text{ 两者均都求出}\end{cases}$$

现在，我们从解线性表中由前到后循环，一个一个地检查。对 cd 值为 0 或 2 时均不做 c_i 和 d_j 的求解。当 cd 值为 1 时说明 c_i 和 d_j 中有一个已知，一个未知。在这种情况我们再判别 ct(i)还是 dt(j)为 1，利用已知 c_i(或 d_j)和 D_{ij} 求 d_j(或 c_i)，并把结果写入 c 表(或 d 表)中去，并将标志位置 1。

对解线性表循环一遍以后，再检查 c_i 和 d_j 是否都已求出，用判别条件

$$\sum_{i=1}^{3}\mathrm{ct}(i)=I \quad 且 \quad \sum_{j=1}^{4}\mathrm{dt}(j)=J$$

检查，当有一者不成立时，说明 c_i 和 d_j 并未全求出，再从前到后搜索线性表，按上面办法循环一次，经过几次循环，直到满足判别条件。

最后的 c 表和 d 表分别如下：

c_i	0	−1	1
ct(i)	1	1	1

d_j	8	3	3	7
dt(j)	1	1	1	1

总结这种程序设计方法可知，当解发生变化时，只是解表中的元素发生变化。整个程序照样可以把 c_i 和 d_j 都求出来。位势方程的改变，对程序毫无影响。可见这种程序设计通用性大，且能迅速求出位势值来。

以上的求解过程是，把数学问题由人的随机求解，化成了程序的计算思维！这种计算思维是采用了间接求解方法，即先对标志位进行计算和判别，满足要求时解位势方程，不满足要求时跳过此位势方程。概括为：用“顺序＋循环”来代替人的随机跳转求解方程。

8.2 决策支持系统开发的计算思维

8.2.1 决策支持系统开发过程的计算思维

传统决策支持系统由综合部件、模型部件、知识部件、数据部件四大部分组成。综合部件需要完成对模型部件、知识部件和数据部件的控制、调用和运行，并完成人机交互功能。模型部件主要由模型库和模型库管理系统组成。模型分为数学模型(建立数学结构，以数值计算为特征的模型)，数据处理模型(用数据库语言对数据进行投影、旋转、连接等处理的模型)，图形、报表等形象模型(对用户能直观形象显示，增强实用的模型)，以及其他模型。模型库包括方法模型(目前解决特定问题已成熟的标准方法)和组合模型(由多个模型组合而成，能解决更复杂的实际问题)。模型库管理系统实现对模型的管理和模型的运行。对模型的管理又包括对模型字典库的管理和对模型文件的管理，这些都是由模型的特点而形成的。知识部件主要由知识库、知识库管理系统和推理机三者组成。知识库中知识的表示形式主要是产生式规则、谓词、框架、语义网络等，知识库管理系统完成对知识的增加、删除、修改、查询、浏览等功能。知识推理是利用知识库中的知识在推理机中进行推理，达到定性解决实际问题的能力。数据部件主要是数据库和数据库管理系统，它是管理信息系统的核心，同样，它也是决策支持系统的重要组成部分。它以数据的形式为辅助决策起一定的作用。但是，它更多的是为模型提供数据，提供的数据除完成数值计算以外，还要帮助完成模型间数据转换功能，从而扩大了多模型组合形成解决方案的功能，增强决策效果。

决策支持系统开发的计算思维，是围绕着决策支持系统的特点和组成而进行的。决策支持系统开发的主要步骤如下。

(1) 决策支持系统分析,包括确定实际决策问题目标,对系统分析论证。

(2) 决策支持系统初步设计,包括把决策问题分解成多个子问题以及它们的综合。

(3) 决策支持系统详细设计,包括各个子问题的详细设计(数据设计、模型设计和知识设计)和综合设计。数据设计包括数据文件设计和数据库设计;模型设计包括模型算法设计、模型库设计以及模型库管理系统的设计;知识设计包括知识表示设计、推理机设计和知识库管理系统的设计。综合设计包括对各个子问题的综合控制设计。

(4) 各部件编制程序,包括建立数据库和数据库管理系统;编制模型程序、建立模型库、模型库管理系统;建立知识库、编制推理机程序以及完成知识库管理系统;编制综合控制程序(总控程序),由总控程序控制模型的运行和组合,对知识的推理,对数据库数据的存取、计算等处理,并设置人机交互等。

(5) 四部件集成为决策支持系统,包括解决部件接口问题,由总控程序的运行实现对模型部件、知识部件和数据部件的集成,形成决策支持系统。

决策支持系统的开发流程如图 8.7 所示。

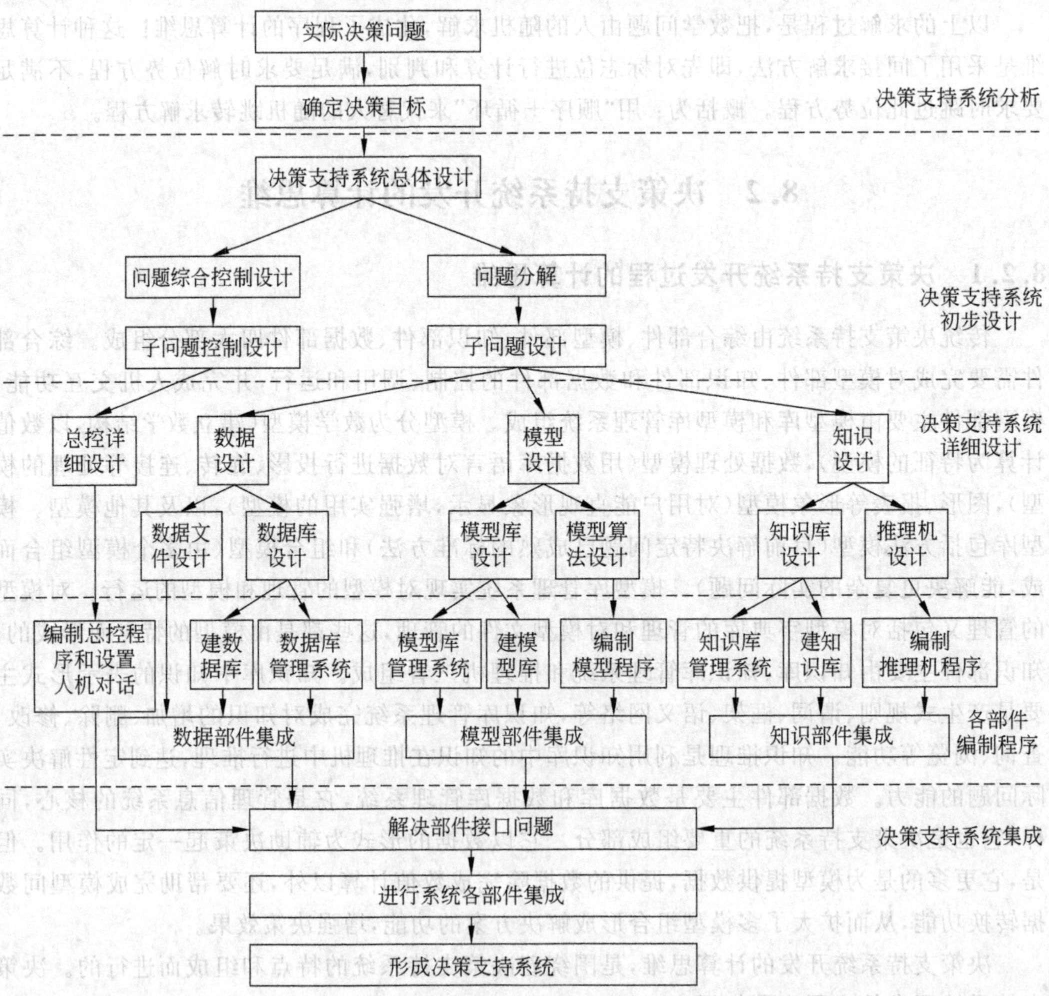

图 8.7 决策支持系统的开发流程

1. 决策支持系统分析

对于实际决策问题,进行科学决策的重要一步就是确定决策目标。目标是指在一定的环境和条件下,在预测的基础上所要追求达到的结果。目标代表了方向和预期的结果,目标一旦错误,实际决策问题可能导致失败。目标有 4 个特点:①可计量的,能代表一定水平;②规定其时间限制;③能确定其责任;④具有发展的方向性。有了明确的决策目标,才能有效地开发决策支持系统来达到这个目标。

在系统分析中还需要对整个问题的现状进行深入了解,掌握它的来龙去脉、它的有效性和存在的问题。在此基础上,对建立新系统的可行性进行论证。对于建立新系统,提出总的设想、途径和措施。在系统分析的基础上提出系统分析报告。

2. 决策支持系统的初步设计

决策支持系统初步设计是完成系统总体设计,进行问题分解和问题综合。

对于一个复杂的决策问题,总目标比较大,我们要对问题进行分解,分解成多个子问题并进行功能分析。在系统分解的同时,对各子问题之间的关系以及它们之间的处理顺序进行问题综合设计。

对各子问题要充分利用决策资源,先进行模型设计,首先要考虑是建立新模型还是选用已有的模型,对于某些新问题,在选用现有的已成功的模型都不能加以解决的情况下,就要重新建立模型。建立新模型是一项比较复杂的工作,具有一定的创造性。

对于选用已有的成功的模型,是采用单模型还是采用多模型的组合,这需要根据实际问题而定,对于数量化比较明确的决策问题,可以采用定量的数学模型。对于数量化不明确的决策问题,应该采用知识设计,选定知识表示形式,进行知识获取,建立知识库并完成知识库管理系统(选用有关工具或自行编制程序)。

对于比较简单的决策问题可以采用定量模型或定性知识推理来加以解决。对于复杂的决策问题需要把定量模型计算和定性知识推理结合起来,同时要设计好问题综合控制。

对各子问题还要进行数据设计,主要考虑两方面。

(1) 数据提供辅助决策的要求。例如,综合数据或者对比数据等给决策者建立一种总的概念或某个特定要求的数据。

(2) 为模型计算提供所需要的数据。这需要和模型设计一起结合起来考虑,特别是多模型的组合,模型之间的联系一般是通过数据的传递来完成的,即一个模型的输出数据是另一个模型的输入数据。

3. 决策支持系统详细设计

各子问题的详细设计,具体是对数据进行详细设计和对模型的详细设计以及对知识的详细设计,问题综合的详细设计需要对决策支持系统总体流程进行详细设计。

对数据的设计,包括数据文件设计和数据库的设计。若数据量小,而且通用性要求不高,为便于模型程序的直接存取,一般设计成数据文件形式。对数据量大,且通用性较强的,为便于对数据的统一管理,设计成数据库形式。目前,通常采用关系数据结构形式。

对模型的详细设计包括模型算法设计和模型库的设计,模型库不同于数据库。模型库由模型程序文件组成。模型程序文件包括源程序文件和目标程序文件。为便于对模型的说明,可以增加模型数据说明文件(对模型的变量数据以及输入输出数据进行说明)和模型说明文件(对模型的功能、模型的数学方程以及解法进行说明)。对于模型的这些文件如何组织和存储是模型库设计的主要任务。对于数学模型一般是以数学方程的形式表示。如何在计算机上实现,需要对模型方程提出算法设计,算法设计必须设计好它的数据结构(如栈、队列、链表、矩阵、文件等数据结构形式)和方程求解算法(数值计算方法)。计算机算法涉及计算误差、收敛性以及计算复杂性等有关问题。当模型在设计了有效的算法后,才能利用计算机语言编制计算机程序,在计算机上实现。

对知识的详细设计包括确定知识表示形式,知识获取一般由知识工程师从领域专家那里获取。知识获取是比较困难的过程,一般采用启发式知识获取工具,从目标开始按知识树的结构,由“结论”向下获取“条件”,逐层向下直到知识树的叶结点。尽量得到多棵知识树,从而完成全部知识获取。对知识的推理机实际上是对推理树的深度优先搜索。

4. 各部件编制程序

在编制程序阶段,对决策支持系统四大部件要进行不同的处理。

1) 数据部件的处理

数据部件中的数据库管理系统,一般选用已成熟的软件产品,在选定数据库管理系统以后,针对具体的实际问题,需要建立数据库。建立数据库一般包括建数据库结构和输入实际数据。对数据部件的集成主要体现在实际数据库和数据库管理系统的统一。利用数据库管理系统提供的语言,建立有关数据库查询、修改等数据处理程序。

2) 模型部件的处理

模型部件中编制程序的重点是模型库管理系统。模型库管理系统现在没有成熟的软件,需要自行设计并进行程序开发。模型库的组织和存储,一般由模型字典和模型文件组成。模型库管理系统就是对模型字典和模型文件的有效管理。它是对模型的建立、查询、维护和运用等功能进行集中管理和控制的系统。

开发模型库管理系统时,首先设计模型库的结构;再设计模型库管理语言,由该语言来实现模型库管理系统的各种功能。模型库管理语言的作用类似于数据库管理语言,但是模型库语言的工作比数据库语言更复杂,它要实现对模型文件和模型字典的统一管理和处理。模型主要以计算机程序形式完成模型的计算,利用计算机语言(如 C、Pascal、FORTRAN 等语言)对模型的算法编制程序。模型部件的集成,主要体现在模型库和模型库管理系统的统一。

3) 知识部件的处理

知识部件需要建立知识库、编制推理机程序和开发知识库管理系统。在知识获取以后,按照知识规范表示形式,建立知识库。知识库中除领域知识以外还需要增加元知识,帮助推理机从目标开始搜索到叶结点,向用户提问。对多知识树还需进行元知识的推理。推理机的原理是在知识树中进行深度优先搜索,实际编程序时需要建一个规则栈,利用进栈、退栈的方法完成知识树的深度优先搜索。知识库管理系统类似于数据库管理系统,可以自行设计和完成。

4) 综合部件处理

编制决策支持系统总控程序是按总控详细流程图,选用合适的计算机语言,或者自行设计决策支持系统语言来编制程序。作为决策支持系统总控程序的计算机语言，需要有数值计算能力、数据处理能力、模型调用能力、知识推理调用能力等多种能力。目前的计算机语言还不具备这样多种综合能力，但可以利用像C、Pascal这样的语言作为宿主语言增加在决策支持系统中欠缺的功能(如数据处理以及模型调用和知识推理调用等)。要使总控程序能有效地编制完成，可以采用自行设计决策支持系统语言来完成决策支持系统总控的作用。

5. 决策支持系统的集成

决策支持系统的四部件集成，首先要解决四部件之间的接口问题，然后对四部件进行集成，最后形成决策支持系统。

1）接口问题

最基本的接口问题是模型对数据库中数据的存取接口。模型程序一般是由数值计算语言如C、Pascal、FORTRAN等来编制程序，它不具备对数据库的操作功能。数据库语言等适合数据处理而不适合数值计算，故它不便用来编制有大量数值计算的模型程序。数值语言编制的模型程序所使用的数据通常是自带数据文件的形式。在决策支持系统中要求数据有通用性(即多个模型共同使用)，数据放入模型程序的自带数据文件中就不合适了。应该把所有数据都放入数据库中，便于数据的统一管理。在这种要求下，就需要解决模型和数据库的接口问题，也就是说，数值计算语言具有对数据库操作的能力。

第二个接口问题是总控程序对数据库的接口问题，总控程序有时需要直接对数据库中的数据进行存取操作，这个接口和模型与数据的接口处理方法相同。

第三个接口问题是总控程序对模型的调用，根据总控程序的需要，随时要调用模型库中某些模型的程序运行。由于模型库的存储组织结构形式，实际上总控对模型程序的调用需通过模型字典作桥梁，再调用模型执行程序文件。如图8.8所示，这相当于总控程序调用模型模块的运行。决策支持系统控制权交给模型目标程序，当模型程序执行完后，又返回到决策支持系统总控程序，控制权又回到决策支持系统总控程序。目前计算机语言的发展一般都具有这种调用模型程序的功能，不过，在调用过程中，涉及模型程序的大小，在内存中运行是否放得下，模型程序的运行又涉及所使用数据的大小，对于大型矩阵的运算，需要采取一定的措施来保证在给定的内存中大型模型的运行以及大型矩阵数据的运算。

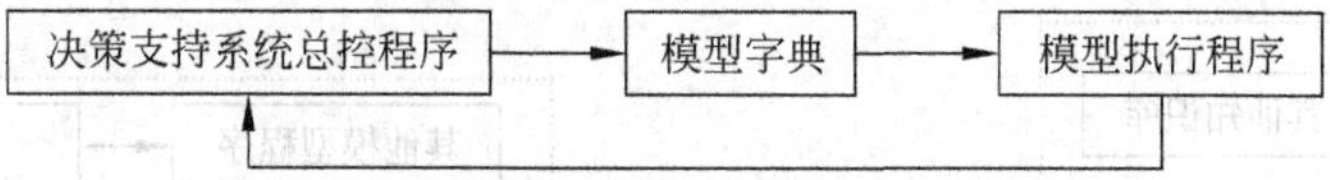

图8.8　决策支持系统总控程序调用模型程序的运行过程

第四个接口问题是总控程序对知识推理的接口，知识推理部件是单独编制程序的，当知识推理部件采用的语言和总控程序采用的语言一致时，就可以直接调用。若采用的是不一样的语言，就存在两种语言的接口问题。如知识部件采用市场中的工具，它的语言往往与总控程序语言是不一样的。没有解决好这个接口问题，此知识工具就无法调用。

2）集成问题

四部件的集成就是把4个部件有机地结合起来，按决策支持系统的总体要求，四部件有条不紊地运行。在解决了四部件之间的接口后，如何有机集成？这主要反映在决策支持系统的总控程序上，它是集成四部件有机运行的核心。决策支持系统总控程序是由决策支持系统语言来完成的，即决策支持系统语言是一种集成语言，它必须具备几个基本功能：人机交互能力、数值计算能力、数据处理能力、模型调用能力、知识推理调用能力。目前各类计算机中还未配备这种多功能的决策支持系统语言。

自行设计决策支持系统语言，将针对这几种能力集成为一体，将能有效地完成决策支持系统的集成。这样工作量比较大，要设计一套决策支持系统语言，就需要有一套完整的编译程序，把它的源程序编译成目标程序，让计算机运行。虽然这种途径工作量较大，但这是一种有效地完成决策支持系统的途径；还有一种途径是利用目前的计算机语言，比较好的语言有 C++、Pascal 等语言，它们的人机交互能力、数值计算能力、模型调用能力、知识推理调用能力都比较强，唯一缺乏的是数据处理能力，这需要在以 C++和 Pascal 语言为宿主语言的基础上，增加对数据库操作的能力，利用 ODBC 和 ADO 等接口程序。提高到决策支持系统集成语言的水平上，才能完成决策支持系统总控程序的需要，形成决策支持系统。

3）利用决策支持系统集成语言编制决策支持系统总控程序

模型库系统（模型库和模型库管理系统）、知识库系统（知识库、推理机和知识库管理系统）、数据库系统（数据库和数据库管理系统）和决策支持系统总控程序都建成后，就可以进行联合调试和运行。在调试中发现问题并给予解决，最终形成有机整体的决策支持系统。

6. 决策支持系统设计讨论

决策支持系统设计是决策支持系统开发的关键。决策支持系统设计主要是决策支持系统总体结构设计，它包括运行结构设计和管理结构设计。运行结构是对实际决策问题用决策支持系统原理设计的程序结构。按程序结构直接可编制成计算机程序，它的运行结果就是实际决策问题的答案。管理结构是完成模型库管理、知识库管理和数据库的管理，达到多模型的共享、知识共享和大量数据的共享。

运行结构的关键是综合部件。综合部件的程序形式要求达到集成模型部件的模型程序、知识部件的知识推理和数据部件的大量数据库的数据存取。统一用总控程序来完成。

决策支持系统总体结构如图 8.9 所示。

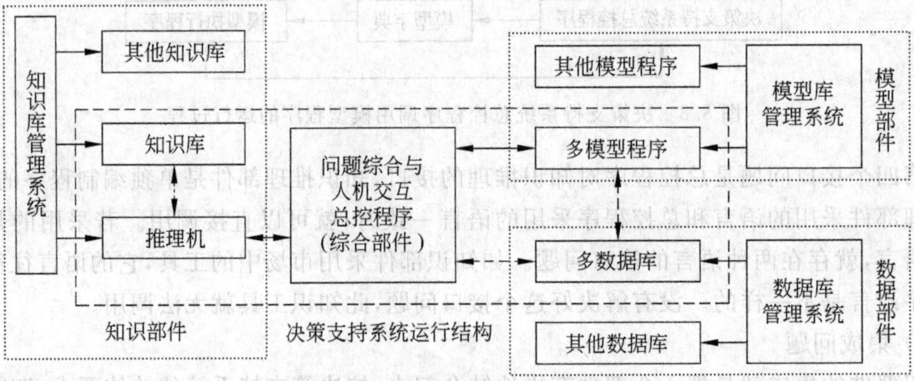

图 8.9　决策支持系统总体结构

在决策支持系统运行结构中，最关键的是总控程序的设计，其次是模型程序的设计和推理机的设计。在决策支持系统管理结构中最困难的是模型库管理系统和知识库管理系统的设计。数据库管理系统可以借用已成熟的数据库软件。知识库管理系统有时也可借用相应的知识工程工具。在此重点讨论决策支持系统运行结构设计。

1）总控程序的设计

(1) 对每个模型的控制运行。在模型运行前，需要由总控程序将它所需要的数据输入到指定的数据处理文件或数据库中，并将模型所输出数据文件或数据库也准备好。按照总控流程的步骤要求控制模型的运行。

(2) 模型间数据的加工。每个模型只完成它自身的工作。对模型间的数据加工只能由总控流程来完成。若数据加工量很大时，可以设计一个数据处理模型放在总控流程之外来进行，以便简化总控流程的工作量。若数据加工量不大时，仍由总控流程自身完成。模型间的数据加工既含数据处理工作又含数值计算工作。这项工作为总控程序的编制带来困难。

(3) 对知识推理的控制。知识推理是推理机对知识库中的知识进行推理，推理到知识树的叶结点时，需要向用户提问，用户根据实际问题的实际情况回答，推理机最后推出该问题的解决意见。

(4) 人机交互设计。为控制模型运行和知识推理中的向用户提问以及显示系统运行情况，需要对中间计算结果或者临时输入少量的数据设计人机交互工作。目前，计算机的交互手段已很先进。图形、图像、声音、视频等多媒体技术丰富了人机的交互方式。窗口、菜单以及鼠标的应用方便了对计算机的操作。

2）模型程序的设计

在模型库中将存放大量成熟的模型程序。但对实际决策问题还需编制有关的模型程序，包括数学模型程序、数据处理模型程序、图形和图像模型程序、报表模型程序。这些模型程序的组合将能完成实际决策问题的需要。

随着模型程序的设计，将设计有关的数据文件和数据库。

由于模型包括的种类较多，各模型所采用的计算机语言可以不同。数学模型用数值计算语言，数据处理模型、报表模型用数据库语言。

3）推理机程序的设计

推理机一般采用逆向推理，这样推理目标明确，为完成知识树的逆向推理，由于知识树并不存在计算机中，需要建立一个规则栈，通过进栈和出栈来完成虚拟知识树的深度优先搜索，最后得出目标的取值。有些问题也采用正向推理，正向推理相对简单一些，但仍然是搜索加匹配的操作。

8.2.2 决策支持系统的实现技术

决策支持系统是在管理信息系统的基础上发展起来的。管理信息系统以数据库为核心，进行数据处理，即进行数据的增加、删除、修改，数据的查询和统计以及报表输出等。管理信息系统以企业内部信息为主体，属于事务处理系统。

管理信息系统在 20 世纪 80 年代中期，由于微型机的大规模推广，管理信息系统的开发已经深入各个领域和大中小型企事业，管理信息系统的成功应用，使计算机走向了社会。在这个基础上，开始兴起对决策支持系统的研究。

1. 建方案技术

建立新模型需要进行创造性思维活动，特别是建立新模型的数学结构(即数学方程)，往往要进行长期艰辛的劳动。

对于大量的复杂问题利用计算机来建模还是有一定的差距的。但是在已知模型的数学结构后，针对实际问题确定模型的参数(确定变量以及求变量系数等)的建模工作，利用计算机来完成还是很有效果的。

决策支持系统所需要的是从已知数学结构的标准模型，去建立实际问题的数学模型，而不是去建模型的数学结构。对决策支持系统而言，建决策问题方案的目的是利用多模型组合去辅助决策，也即利用已成熟的多个模型组合形成方案。而不可能花很多时间和精力去建新模型的数学结构，再花时间去验证该新模型的正确性。除非某决策问题有这种需要去新建模型的数学结构，在证实该模型之后再去使用它。

决策支持系统建方案的主要问题是如何选择多个模型组合形成解决实际问题的方案，也可以认为该方案是解决实际问题的大模型。每个具体的小模型又涉及所需要的数据。多模型的组合表现为用模型资源和数据资源来组合成实际问题方案。模型资源和数据资源是共享决策资源，它像房屋建筑中的砖和瓦，用相同的砖和瓦可以搭建不同样式的房屋。同样，用模型资源和数据资源可以构建不同的方案，用来解决同一实际问题。决策支持系统就是利用模型库(成熟的模型资源)和数据库(数据资源)，通过问题综合来组合多模型和大量数据形成解决实际问题的方案，方案可以是一个或者多个，通过方案的计算和比较，达到辅助决策的作用。

组合多模型的方案是需要决策支持系统设计者的智慧来完成的。

2. 模型库系统

模型不同于数据，对众多的模型组成的模型库也不同于数据库。如何表示模型？如何组织模型库？模型库管理系统的功能要求有哪些？这些问题就成为决策支持系统开发的关键。目前，已经进行了对模型库系统的研究，但还未出现成熟的商品软件，关于模型库系统的统一标准还没有。这样，模型库系统的开发就由研制者自行完成。

1) 模型库

模型种类很多，有数学模型、数据处理模型、智能模型、图形模型、图像模型等。其中，数学模型可以用数学方程形式表达，也可以用算法形式描述；数据处理模型一般用数据处理过程来说明，它们在计算机中均用计算机程序形式表示。而图形模型、图像模型等在计算机中都是以数据文件形式表示。

用计算机程序表示的模型，由于计算机语言种类较多，这样就存在用不同计算机语言编制的程序。程序在计算机中又分源程序和目标程序。用不同语言编制的程序就必须用不同语言的编译程序。这些问题都增加了模型库的复杂性。

一个模型除了源程序和目标程序两个程序文件外，模型还需要输入、输出数据的描述文件(数据描述文件)，通过它找到实际的输入数据和输出数据，才能使模型有效地运行。为了对模型的功能说明，包括模型的方程以及算法的说明，应该建立模型的说明文件，这样，一个模型对应有 4 个文件。

为了对模型文件进行有效管理，应该建立一个字典库来索引和描述对应的模型文件。字典库中的一条记录能表示一个模型的多个模型文件名，通过字典能找到相应的模型文件。字典库也便于对不同类型的模型进行分类。

可见，模型库一般由字典库和文件库两者组成。

2）模型库管理系统

模型库管理系统的功能可以参照数据库管理系统的功能，如库的建立，模型的查询、增加、删除、修改等功能。由于模型比数据复杂，模型库就要比数据库复杂得多，模型库管理系统功能随之复杂。模型库管理系统同样需要设计一套语言来完成模型库的各项管理功能，模型库语言一定比数据库语言要复杂。

模型库管理系统语言体系包括模型库管理语言（MML）、模型运行语言（MRL）和数据库接口语言（DIL）。

（1）模型库管理语言。

模型库管理语言类似于数据库管理语言，可以实现对模型库（字典库和文件库）的管理，主要包括对模型的查询、增加、删除、修改等基本功能。

对模型的管理包括对模型字典库的管理和对模型文件的管理，当字典库采用数据库形式时，对字典库的管理完全与数据库管理相同。由于模型库还包括文件库，这样对模型库的管理就比数据库管理要复杂。需要在对字典库的管理的基础上，再增加对模型文件的管理。

本书作者在研制 GFKD-DSS 决策支持系统开发工具中，对模型库的管理是改造数据库语言，除对字典库（数据库）完成查询、增加、删除和修改功能后，再增加对模型中相对应文件（源程序文件、目标程序文件、数据描述文件、模型说明文件）的查询、增加、删除和修改等功能。例如，当删除一个模型时，先到字典库（数据库）中删除该模型的记录（模型编号、模型名、源程序名、目标程序名、数据描述文件名、模型说明文件名），再删除相应的模型文件（源程序文件、目标程序文件、数据描述文件、模型说明文件）。

当查询一个模型时，主要是先到字典库中查询该模型的记录，通过该记录中的源程序名找到源程序文件，进行源程序的查询；或者通过数据描述文件名找到相应的数据描述文件，进行输入、输出数据实际要求的查询；或者通过模型说明文件名找到模型说明文件，进行模型功能、模型内容的查询。

（2）模型运行语言。

模型运行语言主要是对模型目标程序的运行。一般是先到模型字典库中找到该模型记录，按目标程序名的路径（多级子目录），找到目标程序文件，并启动它。

运行模型时，一定要先准备好该模型所需要的输入、输出数据（包括数据文件或数据库），以及模型到数据库的接口。这样，通过模型的运行，利用输入数据通过计算产生输出数据，并将其送入相应的输出数据文件或输出数据库中。

（3）数据库接口语言。

一般数学模型是用数值计算语言（高级语言）编制的，不具有对数据库操作功能，必须在模型程序中增加数据库的语言，模型才能到数据库中存取数据。

在研制 GFKD-DSS 工具时，市场上还没有数据库接口产品。我们是自行剖析数据库的存储结构后，自行设计数据库接口语言，来完成高级语言对数据库中数据的存取的。

3. 接口技术

在数据库系统、模型库系统和知识库系统建立以后，部件之间的接口技术就是一个关键的技术。决策支持系统由 4 个部件组成，部件之间存在着 4 个接口。

1）模型部件和综合部件存取数据库的接口

模型程序一般采用数值计算语言编制。数值计算语言如 C++ 等不具有数据库操作功能。而数据库语言如微机上的 FoxPro 等，主要进行非数值的数据处理工作，对数组运算等数值计算功能很弱，更不具有指针链表、集合运算、递归运算等功能。故数据库语言不适合于编制数值计算类型的模型程序。

决策支持系统又需要把数值计算和数据处理两者结合起来解决好模型存取数据库的接口，有 ODBC、ADO 等语言。

在决策支持系统中，大多数决策问题都是多模型的组合，各模型之间是通过数据来相连的，即一个模型的输出数据是另一个模型的输入数据。这样每个模型程序自带数据文件就不合适了。决策支持系统中，把所有公用的数据都放入数据库中，这便于数据库共享，又便于数据的统一管理。

综合部件存取数据库接口类似于模型对数据库的接口。

2）综合部件对模型的接口

这个接口体现在综合部件对模型的控制运行以及多模型的组合。按计算机程序形式来组织模型，一般采用顺序结构、选择结构、循环结构以及嵌套组合结构形式来组合模型。

3）综合部件对知识推理的接口

知识部件是推理机对知识库中知识的推理。如果推理机程序采用的语言和综合部件采用的语言不一致，需要解决好这个接口，综合部件才能调用知识部件。

4. 综合部件的集成技术

决策支持系统由综合、模型、知识、数据四部件组成。综合部件如何使其他三部件有机集成为系统又是一个关键技术。它要真正达到控制单模型运行以及多模型的组合运行，控制大量的数据库的存取，控制知识推理，实现 DSS 的系统集成。

综合部件需要利用一种计算机语言，针对具体的决策问题，编制或者自动生成决策问题方案的总控程序，将所需要的模型库、知识库、数据库进行集成，形成一个实际的决策支持系统。

人机交互系统从功能上是完成人机对话功能，即对数据或信息的输入、显示和输出。

人机对话的信息输入、显示和输出，是人机界面问题。目前，计算机的人机界面技术得到很大发展，多窗口技术、菜单技术、多媒体技术（即图形、图像、声音、文字、数据的集成技术）为人机交互提供了更友好的环境。在决策支持系统中人机交互系统中应该充分利用这些新技术。

对实际决策问题，完成组织和控制模型的运行、知识推理和对数据的存取，需要一种计算机集成语言，它具有人机交互、数值计算、数据处理、模型调用、知识推理调用等多种功能的综合。目前，还没有哪一种计算机语言能达到这个要求。可以采取两种途径来进行。

(1) 自行设计这种多功能的集成语言来完成决策支持系统的需要。作者在研制 GFKD-DSS 工具时，就是自行设计集成语言的。

(2) 选用功能较强的计算机语言，如 C、Pascal 等作为宿主语言，增加一些它不足的功能语句，如数据处理功能语句，嵌入到宿主语言中形成一种集成语言。

有了这种综合多功能的集成语言，就能有效地完成决策支持系统部件集成的需要。

8.2.3 数据仓库开发过程的计算思维

新决策支持系统的核心是数据仓库。联机分析处理与数据挖掘已经有不少的工具产品可以利用，数据挖掘可以根据需要自行开发。在此重点讨论数据仓库的开发。

数据仓库的开发主要是围绕数据仓库的功能展开，数据仓库的主要功能包括数据获取、数据存储和决策分析，这 3 个功能模块组成了数据仓库的体系结构。随着决策需求的扩大，数据仓库的数据将迅速增长。这样，数据仓库的开发要适应这种变化，采用螺旋式周期性的开发方法比较合适。

数据仓库的开发过程分为 4 个阶段 12 个具体步骤，如图 8.10 所示。

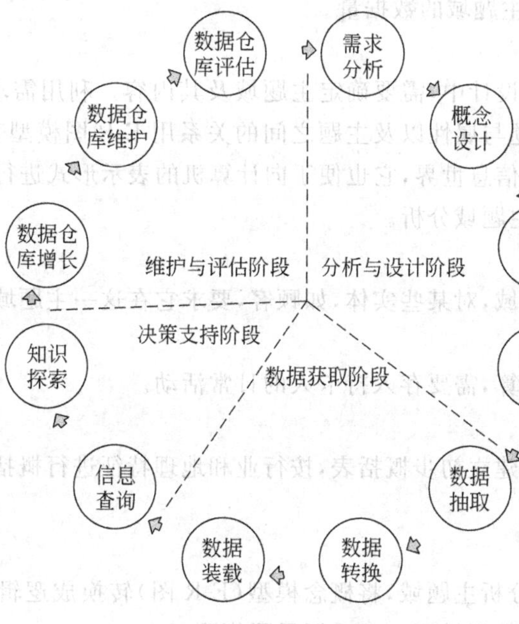

图 8.10 数据仓库开发过程

1. 分析与设计阶段

数据仓库开发需要明确如下问题。

(1) 数据仓库开发的范围多大？这包括数据的范围、技术的作用(要用到新技术吗?)以及时间上的考虑(开发工作需要在多长时间完成?)。

(2) 企业业务方面的驱动因素是什么？要解决的业务问题是什么？

(3) 开发的数据仓库的决策支持能力是什么？

数据仓库开发的分析和设计阶段包括需求分析、概念设计、逻辑设计和物理设计 4 个步骤。

1) 需求分析

数据仓库的需求分析是根据用户的决策支持需求，确定决策主题域，并分析主题域的商业维度，同时分析支持决策的数据来源，以及向决策主题数据的转换；分析整个数据仓库的数据量大小以及数据更新的频率并确定决策分析方法等。

需求分析是设计和实现数据仓库的基础。

例如，银行业数据仓库的需求分析包括如下。

(1) 决策支持需求。在竞争性的市场中，银行决策者认识到，它必须利用其日常活动中包含的大量信息，预测信用卡使用状况和利润率的能力。

(2) 信息需求。对最终用户进行调查以确定哪些信息有助于销售或有助于调整银行的信息政策。

(3) 业务需求。定义销售信息处理，信息的类型和销售渠道。

(4) 用户访问需求。确定用户访问数据仓库所需时间，以及数据访问的偏好。

(5) 选择主题。选择一个主题区——信用卡。

(6) 初始规模。确定主题域的数据量。

2) 概念设计

在数据仓库中的概念设计中，需要确定主题域及其内容。利用需求分析的结果建立概念模型，即对每个决策主题与属性以及主题之间的关系用 E-R 图模型表示出来。E-R 图能有效地将现实世界表示成信息世界，它也便于向计算机的表示形式进行转化。

例如，银行业信用卡主题域分析。

(1) 主题域范围。

确定了“信用卡”主题域，对某些实体，如顾客，要求它在这一主题域发挥作用。

(2) 所需细节水平。

为支持概括和趋势计算，需要存入持卡人的日常活动。

(3) 初步概括表。

对“信用卡”主题需要建立初步概括表，按行业和地理特征进行概括，对概括时段确定为每月。

3) 逻辑设计

在逻辑设计中，需要分析主题域，将概念模型(E-R 图)转换成逻辑模型，即计算机表示的数据模型。数据仓库的数据模型一般采用星形模型。

逻辑设计中还需要进行数据粒度层次的划分，星形模型中事实表、维表的关系模式定义，数据转换中的前后数据的定义。

银行业信用卡主题的逻辑模型是多维表的星形模型，需要将概念模型的 E-R 图转换成星形模型。

4) 物理设计

数据仓库的物理设计是对逻辑设计的数据模型确定物理存储结构和存取方法。数据仓库的星形模型在计算机中仍用关系型数据库存储。

物理设计还需要进行存储容量的估计，确定数据存储的计划，确定索引策略，确定数据存放位置以及确定存储分配。

例如，银行业的物理数据库设计包括如下。

(1) 数据库设计。

对主题中的事实表和维表设计数据库存储结构和存放位置。

(2) 概括表。

按行业代码或按月建立一个概括表。

(3) 索引。

对数据仓库中的数据建立多种索引。

2. 数据获取阶段

数据仓库的数据来源于多个数据源，主要是企业内部数据（用于企业的事务处理，也称为操作型数据）、存档的历史数据、企业的外部数据（本行业的统计数据以及竞争者的市场占有率数据等）。这些数据源可能是在不同的硬件平台上，使用不同的操作系统。源数据是以不同的格式存放在不同的数据库中。

数据仓库需要将这些源数据经过抽取、转换和装载的过程，存储到数据仓库的数据模型中。可以说，数据仓库的数据获取需要经过抽取（Extraction）、转换（Transform）、装载（Load）3 个过程，即 ETL 过程。

经过 ETL 过程，将源系统中的数据，改造成有用的信息存储到数据仓库中。例如，ETL 过程将统一各源系统中数据的变量名称，转换和集成所有产品的销售情况数据，装载到数据仓库的销售事实表和相关维表中。在用户查询时，在事实表中提供销售数量与金额的同时，在产品维度表中提供产品目录，在商店维度中提供商店名单，在时间维度中提供日期。这种查询便于情况对比和决策分析。

ETL 过程在开发数据仓库时，占去 70% 的工作量。

1) 数据抽取

数据抽取工作主要进行数据源的确认，确定数据抽取技术，确认数据抽取频率，按照时间要求抽取数据。

由于源系统的差异性，如计算机平台、操作系统、数据库管理系统、网络协议等的不同造成了抽取数据的困难。

2) 数据转换

数据抽取得到的数据是不能直接存入数据仓库的。数据转换工作包括数据格式的修正、字段的解码、单个字段的分离、信息的合并、变量单位的转化、时间的转化、数据汇总等。

3) 数据装载

经过数据转换的数据装入数据仓库有 3 种类型。

(1) 初始装载：第一次装入数据仓库。

(2) 增量装载：根据定期应用需求装入数据仓库。

(3) 完全刷新：完全删除现有数据，重新装入新的数据。

在数据装载时，一般利用选定的批量装载程序，目的是高效和及时地把数据装载到数据仓库中去。

3. 决策支持阶段

数据仓库的建立就是要达到决策支持的目的。决策支持阶段包括信息查询和决策分析两个步骤。

数据仓库有两类用户：一类是信息查询者，他们是数据仓库的主要用户，用一种可预测的、重复性的方式使用数据仓库，达到他们的常规决策支持要求；另一类是知识探索者（决策支持系统用户），他们是数据仓库的少量用户，用一种完全不可预测的非重复性的方式使用数据仓库，达到他们挖掘未知知识的要求，取得更大决策支持的效果。这两类不同的用户使数据仓库需要具有不同的性能或工具来满足他们的要求。

1）信息查询

信息查询者使用数据仓库能发现目前存在的问题。例如，发现公司正在流失客户。

为适应信息查询者的要求，数据仓库一般采用如下的方法提高信息查询效率。

(1) 创建数据陈列。

对一些分散存放的不同物理位置的数据（如不同月份的数据），创建一个数据陈列，将相关的数据（每月的数据）放在同一个物理位置上。这样可以提高可预测的和有规律数据的查询效果。

(2) 预连接表格。

对于两个或多个表格共享一个公用链或者共同使用的表格，可以将多个表格合并在一个物理表格中，提高数据的访问效率。

(3) 预聚集数据。

利用"滚动概括"结构来组织数据。当数据输入到数据仓库时，以每天为基础存储数据。在一周结束时，以每周为基础存储数据（即累加每天的数据）。月末时，则以每月为基础存储数据。通过这种方式来组织数据，可以极大地减少存储数据所需要的空间并潜在地提高性能。

(4) 聚类数据。

聚类将数据放置在同一地点，这样可以提高对聚类数据的查询。

2）知识探索

知识探索者（决策支持系统用户）使用数据仓库能对发现的问题找出原因。例如，找出流失客户的原因。

知识探索者通常用随意的、非重复的方式来查看大量的数据。为满足探索者对大量数据的需要，一般创建一个单独的探索仓库。这样，既不影响数据仓库的常规用户，又可以采用"标识技术"把数据压缩从而能将其放置在内存中，提高数据分析速度。

知识探索者一般使用一些模型帮助决策分析，如客户分段、欺诈监测、信用分险、客户生存期、渠道响应、推销响应等模型。通过模型的计算来得出一些有价值的商业知识。

知识探索者大量采用数据挖掘工具来获取商业知识。例如，通过数据挖掘得到如下一些知识。

(1) 哪些商品一起销售好？

(2) 哪些商业事务处理可能带有欺诈性？

(3) 高价值客户的共同点是什么？

知识探索者获取的知识为企业领导者提供决策支持，对于保留客户、减少欺诈、提高公司利润具有重要作用。

4. 维护与评估阶段

该阶段包括数据仓库增长、数据仓库维护、数据仓库评估 3 个步骤。

1) 数据仓库增长

数据仓库建立以后，随着用户的不断增加，时间的增长，用户查询需求更多，数据会迅速增长。造成这种增长的原因有：详细数据和汇总数据的增加，历史数据的增加，满足更多用户决策需求的数据的增加等。数据仓库在使用后不断增长已成为数据仓库的特点。

在数据仓库的开发过程中需要适应数据仓库不断增长的现实。

2) 数据仓库维护

数据仓库维护包括适应数据仓库增长的维护和正常系统维护两类。

适应数据仓库增长的维护包括：数据增长的处理，存储空间的处理，数据抽取、数据转换、数据装载(ETL)处理，数据模型的修订，增强决策支持的处理等。其中，数据增长的处理工作有：去掉没有用的历史数据；根据用户使用的情况，取消某些细节数据和无用的汇总数据，增加实用的汇总数据。

存储空间的处理工作主要是对增长的存储设备要有计划。存储成本是软件成本的 4～5 倍。

正常的系统维护工作包括：数据仓库的备份和恢复。由于数据仓库的数据是经过了复杂的清洗和转换过程得到的，它代表企业的丰富历史，它能适应用户信息查询和决策支持。备份数据内容是很必要的。备份数据也为系统恢复提供基础，一旦系统出现灾难，利用备份数据可以很快将数据仓库恢复到正常状态。

3) 数据仓库评估

数据仓库评估包括 3 个方面：系统性能评定，投资回报分析，数据质量评估。

(1) 系统性能评定。

系统性能评定包括如下内容。

① 硬件平台是否能够支持大数据量的工作和多类用户、多种工具的大量需求？

② 软件平台是否是用一个高效的且优化的方式来组织和管理数据？

③ 是否适应系统(数据和处理)的扩展？

(2) 投资回报分析。

投资回报分析包括定量分析和定性分析。

① 定量分析是计算投资回报率(ROI)，即收益与成本的比率。按 IDC(加拿大)公司提供的数据表明：欧美 62 家企业建立的数据仓库 3 年投资回报率平均值为 401%，收回投资的平均时间为 2.3 年。最终用户获得的效益大约占总效益的 50%，信息收集人员和维护人员获得的效益共占总效益的 50%。

IDC 的调查结果表明，对于环境比较复杂的企业，数据仓库是一种有价值的投资。

② 定性分析是分析如下几个方面的效果：企业与客户之间关系状态如何？给客户获得的好处如何？建立企业的合作关系如何？对转瞬即逝的机会快速反应能力如何？管理宏观和微观数据的能力如何？改善管理能力如何？

(3) 数据质量评估。

数据质量是数据仓库成功的关键，只有高质量的数据才能为决策支持提供准确的依据，保证决策的正确性。

数据质量的评估标准如下。

① 数据是准确的。数据必须保证它的准确性，如姓名、地址对营销部门必须正确。

② 数据符合它的类型要求和取值要求。定义了数据字段类型（如字符型、实数型等）后，对该字段的所有数据必须满足类型要求，其取值必须在指定的范围内。如“性别”字段是“字符型”，其取值范围只有“男”或“女”。

③ 数据具有完整性和一致性。数据的完整性体现在对不同的需求都应该获得所需要的数值，不应该有缺失值。数据的一致性体现在相同记录下同一字段的数据在多个不同的源系统中有相同的类型和取值。如产品 ABC 的代码是 1234 在不同的源系统中都应该是一致的。

④ 数据是清晰的且符合商业规则。数据正确的命名可以帮助用户更好地理解数据元素，如果用户不了解它的含义就不可能很好地使用它。数据必须符合商业规则，如销售价格不能低于底价，贷款余额不能是负值。

⑤ 数据保持时效性并不能出现异常。对不同时间要求的数据（如按照月）能按时提供，保持时效性。数据不能出现异常，如客户的通信地址不能是传真号码或者电话号码。

8.3 决策支持系统开发工具与实例的计算思维

8.3.1 网络型决策支持系统快速开发平台 CS-DSSP

1. CS-DSSP 平台结构

网络型决策支持系统快速开发平台（Client/Server-Decision Support System Platform，CS-DSSP）是基于客户/服务器的，由本书作者领导的课题组研制的，用 3 台计算机连成网络，以3 层客户机/服务器结构形成完成的开发平台。

CS-DSSP 的 3 层客户机/服务器的网络结构是客户端交互控制系统、广义模型服务器、数据库服务器各放在一台计算机上。其中广义模型服务器计算机上包括算法库、模型库、知识库、方案库、实例库等，通过统一的库管理系统进行管理。这些库提供各种通用算法、模型、知识以及若干方案和实例，它们是共享资源，是解决实际问题的基础，在这里定义的模型是算法和数据的组合。数据库存放各类实际问题的共享数据。客户端计算机上提供开发实际问题的可视化系统开发工具、对广义模型服务器的操作、对数据库服务器的操作等。

决策支持系统快速开发平台 CS-DSSP 的结构图如图 8.11 所示。

实际问题的决策支持系统是多模型的组合系统，其模型种类除数学模型以外，还包括数

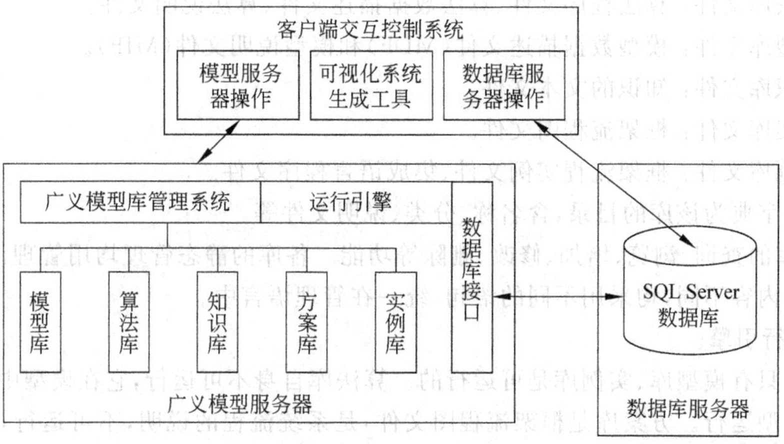

图 8.11　基于客户机/服务器的决策支持系统开发平台 CS-DSSP 的网络结构图

据处理模型、图形图像及多媒体的人机交互模型等，其中数据处理模型和人机交互模型是连接多个数学模型的桥梁。

网络型决策支持系统快速开发平台(CS-DSSP)能快速开发出实际问题的网络型决策支持系统的多个方案，通过这些方案的计算将为决策者提供更多的辅助决策信息。

本书作者领导的课题组利用 CS-DSSP 平台已成功地开发了“全国农业投资空间决策支持系统”实例。

1）客户端交互控制系统

客户端交互控制系统由 3 部分组成。

(1) 可视化系统生成工具。

可视化生成工具用于制作实际问题的系统控制流程。通过各种图标(模块、选择、循环、并行、合并等)能迅速编制应用系统的控制流程，从而形成实际问题的系统方案。这种控制流程可以方便地进行修改，形成实际问题的多种方案。

(2) 模型服务器操作。

从客户端对广义模型服务器中的各库(模型库、算法库、知识库、方案库、实例库)进行各种管理功能和运行操作，如浏览、查询、增加、修改、删除、运行等操作。

(3) 数据库服务器操作。

从客户端对数据库服务器中各数据库进行数据存取操作，如浏览、查询、增加、修改、删除、保存等操作。

2）广义模型服务器

广义模型服务器由模型库、算法库、知识库、方案库、实例库组成。广义模型服务器的功能由以下 3 部分组成：

(1) 各库的统一管理。

各库统一管理主要是静态管理，包括各库的存储、查询、浏览、增加、删除、修改。

① 存储结构。各库的存储结构统一为：文件库＋字典库。

各库的文件包括以下几种。

• 算法库文件：算法程序文件、算法数据描述文件、算法说明文件。

• 模型库文件：模型数据描述文件(MDF)和模型说明文件(MIF)。

• 知识库文件：知识的文本文件。

• 方案库文件：框架流程图文件。

• 实例库文件：框架流程实例文件、集成语言程序文件。

各库的字典为该库的目录，含名称、分类、说明文件等。

② 各库的查询、浏览、增加、修改、删除等功能。各库的静态管理均用管理语言来完成，由于各库的内容不同，均采用不同的语句，统一在管理语言中。

(2) 运行引擎。

各库中只有模型库、实例库是可运行的。算法库自身不可运行，它在模型中连接上数据库后作为模型运行。方案库是框架流程图文件，是系统流程的说明，不可运行，它实例化以后作为实例运行。知识库是推理机的使用资源。

① 模型运行：由于每个模型已将算法程序和数据库连接好，因此通过运行命令来完成模型的运行。

② 实例运行：由于实例是方案(由框架和箭头流向组成)的实例化，通过实例解释程序完成它的运行。

③ 知识推理：知识是在推理机下进行搜索和匹配，完成专家系统的知识推理。

(3) 数据库接口。

模型运行需要存取数据库服务器中的数据，这是需要通过数据库接口来完成的。广义模型服务器的数据库接口统一为 ODBC 商品软件。

3) 基于客户机/服务器的数据库服务器

数据库服务器选用 SQL Server 商品数据库。

2. 应用系统方案框架生成及实例化

CS-DSSP 为用户提供一个生成系统框架流程并对其进行实例化的可视化系统生成工具。

1) 框架流程生成的可视化工具

生成框架流程的图形可视化工具是专为生成实际问题的方案而设计的。一个实际问题的方案由一个框架流程来表示，而框架是由一系列不同类型的图标框组成的流程图。这个流程图实际上体现了决策者解决问题的过程。生成框架的图形界面工具就是为用户提供一个产生框架的交互式的可视化工具，利用它用户可以方便迅速地构筑用于解决不同问题的各种框架。

构成框架的图标主要有以下类型：框架开始、框架结束、模型操作、数据库操作、变量运算及一些流程控制操作。流程控制操作又包括方向键、分支选择、条件循环、并行、结束分支选择。它们的具体表示、存储和操作在此省略。

2) 应用系统方案生成

决策者在利用可视化系统生成工具完成某项具体任务时，一般要经过 3 个作业阶段：方案框架生成、方案框架实例化、实例运行。这些阶段通常来说是顺序进行的，但有时也需根据具体决策任务的需要，灵活地加以调整。其中，系统方案框架生成是解决实际问题的首要任务和基础，它是从概念上对实际应用问题进行的分解。框架流程中的每一个框（图标）都标明了它需要解决的问题，与模型库中的一个模型或一组模型对应。方案框架是进行决策问题进一步实例化的依据，又是保证用户一步步地去完成整个决策过程的向导，给予决策用户一个全局的概念。

实际问题往往是一个很复杂的问题，需要经过对各种方案的反复实践与不断探索，才能取得较好的结果。因此，在DSS中，要解决的问题通常会是一个很大、很复杂的框图。如果先把整个框图都做好，然后再把它一下子全实例化的话，其难度是很大的，有时甚至是不可能的。可视化系统生成工具为用户提供一种由上至下的应用问题解决途径。

方案框架在整个问题解决过程中的作用如下。

（1）方案框架提供给决策用户有关实际问题的宏观上的概念。

（2）方案框架实际上是对应用问题的一种分解，它把一个复杂的问题分解为许多子问题，子问题又可以是一个方案框架。整个问题的求解体现了从上到下、从全局到局部的思想。

在生成应用系统的方案时要把整个问题由全局到局部逐步分解，每个框架既不能够太复杂，使决策用户能够看到问题的关键所在，减少框架的"横向"复杂度，又不能够产生太多的子问题方案框架，减少框架的"纵向"复杂度。

3. 应用系统实例运行

在实例生成以后，便可运行实例得到结果。实例的运行有两种方式：单步调试和自动运行。单步调试指由用户以框架为向导，人为控制流程，对模型逐个进行调试，不断修改模型参数及数据，检查模型的运行结果，直到对结果感到满意为止，再接着调试下一步，直到整个流程结束，用户就得到了整个实例的运行结果。这种运行模式反映了决策者解决问题的实际过程。同时系统也向用户提供了自动运行的模式，在实例生成后，也就是每个图标都实例化后，系统可自动控制流程运行，将实例从头到尾执行一遍，得到应用系统实例的运行结果。两种运行机制可以充分满足用户的应用需求。

方案比较是决策中的一个重要步骤。事实上，所谓的"决策"就是在比较不同方案计算结果的基础上，从诸多方案中选出一个较为满意方案的过程。解决同一个问题，可以有多个不同的概念框架，而同一个概念框架中若选用了不同的模型可生成多个不同的逻辑方案，同一个逻辑方案中若模型采用了不同的参数，又可生成多个不同的实例，因此在运行这些不同的实例时可得到对同一个问题的不同解决方案。系统的单步调试为用户的运行结果的比较以及方案的修改提供了一种简便的方式。

对框架流程的运行是通过框架解释程序来完成的，框架解释程序对框架流程中的每个框和箭头进行解释，控制对应模型的运行、条件判断、流程走向等，从而完成整个框架流程的运行。

4. 广义模型服务器结构和组成

1）广义模型服务器结构

广义模型服务器由六大部分组成。

（1）服务器通信接口。

服务器通信接口除完成与客户端通信连接外，还必须能够适应多个客户端的服务请求。

多通信进程管理多个用户的连接，提供多个请求的通信服务。它一方面监听网络客户连接请求，建立与客户的网络连接；另一方面，与已经连接的客户之间进行数据交换。将客户请求提交给转换器进行处理，将处理结果传送给客户。

多进程通信管理器为每一个用户请求建立连接关系并为之分配请求和处理结果缓冲队列，即每个连接的处理是顺序进入处理服务器的。不同连接之间允许并发操作。

(2) 转换器。

用户提出的请求命令由命令解释程序进行语法检查，只有符合要求的命令才交互执行。用户请求命令有两类：一类是模型管理命令；一类是模型运行命令。命令解释程序根据不同的命令分别送交运行引擎（处理）或模型管理（创建模型、修改模型参数、模型浏览、查询等）。

(3) 运行引擎。

它将执行由转换器提交的运行模型的请求，检索模型库中匹配的模型或算法，并根据请求时提供的数据库项提取数据，驱动模型进行计算，直到处理完成。将处理结果提交给转换器，再由通信接口传送给客户端。

运行引擎解释执行用户提出的请求（描述文本）。处理请求能够并发执行多运行命令（多线程）。

(4) 广义模型库。

广义模型库包括算法库、模型库、知识库、方案库、实例库。它们统一由广义模型管理系统进行管理。

(5) 广义模型库管理系统。

广义模型库管理系统对以上五库完成建库、浏览、查询、增加、删除、修改等。

(6) 数据库接口（Database Interface）。

数据库接口（指派数据库、查询、语义定义）将连接一个或多个数据库。根据模型库中的模型对数据库的请求（SQL），通过数据库接口，从数据库中提取数据交模型处理。它屏蔽了具体数据库的不同特性，管理着不同地点不同类型的数据库系统。

广义模型服务器结构如图 8.12 所示。

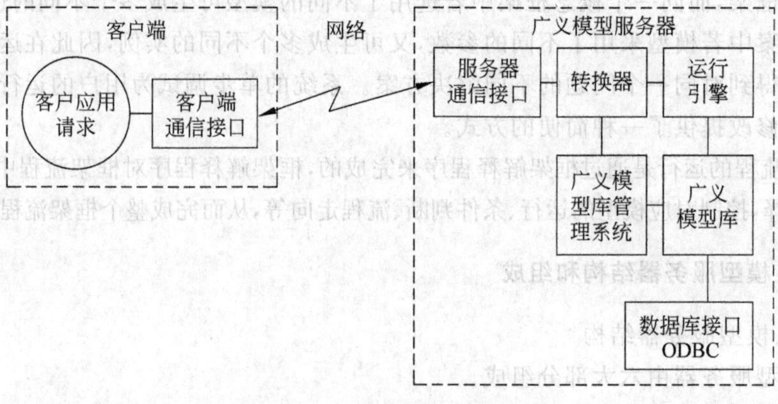

图 8.12　广义模型服务器结构图

2) 广义模型服务器组成

(1) 算法库。

算法库是决策支持系统共享算法的集合。算法库的结构为

算法文件库＋算法字典(数据库)

其中,算法字典记录了算法的名称、类型、编码(模型的身份证号码)以及对应的各种文件等,每个算法在字典库中是一条记录。算法库中的每一个算法的文件为

算法程序文件(*.exe)＋ 算法数据描述文件(MDF)＋算法说明文件(MIF)

每一个算法的算法数据描述文件是算法的输入输出的标准化描述文件,包括各种参数格式、类型的说明等。算法说明文件是算法的说明文件,说明算法的方程、公式以及应用等。

算法是整个广义模型库的基础。在空间决策支持系统中,算法被认为是可执行的二进制文件。这些算法包括数学模型的求解算法、数据处理过程等。广义模型服务器适应不同语言编制的算法。

在空间决策支持系统中,每个算法对应一个统一的编码。编码是算法标准化的重要方面,它把不同的问题类型、算法类型进行规范化,从而使得用户在进行问题求解时选择合适的算法有了可参考的标准和规范。

对于有数据描述文件的算法,它的描述文件是在算法编制时同时产生的。算法与描述文件是一一对应的。

(2) 模型库。

模型库是决策支持系统共享模型(模型＝算法 ＋ 数据)的集合。

模型库的结构为

模型文件库＋模型字典(数据库)

其中,模型字典记录了模型的名称、类别以及对应的算法和各种文件等,每个模型在字典库中是一条记录。模型库中每一个模型的文件为

模型数据描述文件＋模型说明文件

其中,模型数据描述文件是模型连接所需数据的桥梁。

在生成模型时,把对应的算法的数据描述文件完全复制一份,成为模型的数据描述文件的框架。在模型的数据描述文件中,用户指定模型所需要的参数取值、所使用的数据库等,即算法数据描述文件记录模型运行时所需要的数据。可见,算法的数据描述文件与模型的数据描述文件格式相同,但前者是一个空表,后者有具体的数据或连接对应的数据文件。

每个模型还对应一个模型说明文件,这是一个完全说明性的文本文件,用于说明模型所解决的问题、参数的设置、数据库的来源等问题。该模型为客户在选择模型时提供参考。

(3) 知识库。

知识库是解决实际问题的知识的集合。知识库中知识的表示为产生式规则,即“if 条件 then 结论”形式。“条件”是多个事实(变量＝值)的“与”和“或”的连接。结论是事实。

规则中前提与结论中的事实存在不确定性时,用可信度 CF 表示,取值范围：$0 \leqslant CF \leqslant 1$。规则本身也存在不确定性,同样用可信度 CF 表示。

知识库中含大量的规则,由于某事实既可以出现在前提中,也可以出现在结论中,这种

相关的多条规则可以连成一棵知识树，知识的推理就是在知识树中进行深度优先的搜索。具体实现时，是利用规则栈来完成知识推理。这种推理方式是逆向推理。

(4) 方案库。

方案库是实际问题决策支持系统方案的集合。方案表示为一个实际问题的方案框架文件，框架中的每一个步骤(图标)都标明了它需要解决的问题，它与模型库中的一个模型或一组模型或子框架对应。方案框架是进行决策问题进一步细化和实例化的依据，又是保证用户一步步地去完成整个决策的处理过程的向导，给予决策用户一个全局的处理过程概念。

方案框架是对应用问题的处理过程的概括，它又可以分解为许多子问题，子问题又可以是一个方案框架。整个问题的求解体现了从上到下、从全局到局部的细化过程。

一个"主、子"框架链代表了一个决策问题的"主、子"处理过程的描述。它便于随时修改。

(5) 实例库。

实例库是实际问题的决策支持系统实例的集合。实例表示为一个实际问题的实例框架流程文件。应用系统实例生成是在方案框架的基础上进行的。有了概念性的方案框架，对其中的每一个框进行实例化，即选择相应的模型(确定算法)，并与数据库中的数据连接，从而形成可运行的实例，这就是对方案框架进行实例化。实例是可以运行的。直接在框架流程图上进行运行。

5. 决策支持系统开发过程

利用 CS-DSSP 对实际问题的决策支持系统开发过程如下。

1) 问题分解

对一个实际决策问题由开发者进行问题分解，将一个大的实际问题分解成若干子问题，子问题又可以分解成更小的子问题，直到可直接对各个子问题进行模型开发。

2) 选择模型算法

目前，已经有大量成熟的模型算法，它们已存入算法库中。按照实际子问题的性质、规模和目标，在算法库中选择合适的可计算的模型算法。选择的算法可以是单个或多个，这些算法可以是同类的或者相连的。对同类的算法需要进行比较，对相连的算法需要考虑连接方式。

3) 建立数据库

对于各选定的模型算法确定所需要的数据，需要从实际子问题中提取这些数据，当这些数据只是该算法所特有，可将它们以文件的形式存放，如果这些模型数据是多模型算法所共享，就该建立数据库并存入这些数据。

4) 单模型生成

模型是算法和数据的组合。在选定了算法并已建立该算法的数据库后，就可以对单模型进行调试，计算结果不理想时，马上改变算法或参数，直到单模型计算合理时，该模型确定下来，在模型库中建立该模型，即单模型生成需要进行反复的模型调试。

按模型的定义，相同的算法使用不同的数据时，将认为这是不同的模型。这种规定便于对算法和模型的管理和使用。对于模型中数据只是小量的改变或者系列变化时，仍认为是同一个模型。

5）方案生成

在客户端上使用可视化系统生成工具针对实际决策问题的处理过程，制作该系统的框架流程。按系统的层次关系，各子问题的框架流程是子框架流程，它还可以分解成更小的框架流程，而整个问题的框架流程是主框架流程。主框架中的一个框代表了它对应的子框架流程。它们之间是“主、子”关系。这种“主、子”关系结构的框架流程构成了系统方案。

整个系统的主、子框架流程是一种便于用户理解的可视化框架流程图，这种框架流程也便于方案改变时对框架流程的修改。

6）实例生成

对框架流程图中的每个框连接相应的模型，即指定算法库中的算法，并连上该算法所需的输入输出数据（含数据库），该实例化的框架就是可执行的，子框架流程中每个框架都连上模型后，子框架流程就实例化了。

各子框架流程都实例化后，再进行“主、子”框架流程的连接，主框架的实例化是各框连接相应的子框架流程，整个系统的框架流程就实例化了。

在子框架和主框架流程实例化的同时，CS-DSSP 将生成该问题用集成语言构成的控制程序。

实际决策问题本质上是多模型组合的系统，框架流程的实例化就是组合各框架对应的模型并进行有机组合的系统。在多模型组合中，多个数学模型的连接需要增加数据处理模型或者多媒体交互模型。

7）系统运行

CS-DSSP 平台生成的实际问题的决策支持系统运行有两种方式：应用系统框架流程的运行和应用系统集成语言程序的运行。

集成语言程序运行和框架流程运行的效果是相同的。

8）快速改变系统方案

在实际问题求解过程中，要经常修改方案，方案的改变有如下几种方式。

(1) 修改系统框架流程中某个框的模型。

修改模型有两种方式：修改模型的算法和修改模型的数据（参数、文件及数据库等）。

这些修改是通过修改模型数据描述文件中相应的数据来完成的。

(2) 修改系统框架流程中的某个框。

这种修改是对框架的概念修改，利用可视化系统生成工具重新建立新概念框架并进行实例化。

(3) 建立系统的新框架流程。

这是对系统方案的大修改，即重新设计和制作实际系统的框架流程，并对新框架流程进行实例化，形成新方案。

6. CS-DSSP 的决策支持方式

CS-DSSP 开发实际决策支持系统在下面 3 个方面提供决策支持。

1) 单模型的决策支持

对实际问题的子问题建立模型时，是需要进行反复调试的。模型生成首先需要选择合适的算法，再确定参数，建立数据文件和数据库，这样该模型已实例化了，通过运行该模型并对其结果进行分析，在不合理时，需要调整模型，如修改参数、更换算法等，直到该模型的计算结果合理为止。该单模型也起到一定的决策支持作用。

2) 建立多模型组合的决策支持系统

实际问题的决策支持系统是一个多模型组合形成方案的系统，模型之间的连接是通过数据来完成的，故数据库接口和模型的集成技术是建立多模型组合的关键。

多模型组合形成方案辅助决策是决策支持系统的辅助决策方式。它是在方案级上的决策支持。

3) 快速生成和改变决策支持系统方案

CS-DSSP 既可以生成多模型组合形成方案的决策支持系统，又能够快速地改变系统方案。当要改变决策支持系统中的模型、算法和数据时，利用可视化系统生成工具，通过快速修改框架流程，可以形成新方案。在新方案实例化以后，就可以运行新方案，得出新方案的辅助决策信息。这种快速生成和改变决策支持系统方案，起到了多方案决策支持的作用。

CS-DSSP 能够有效地实现以上 3 种决策支持方式。

8.3.2 网络型决策支持系统实例

全国农业投资空间决策支持系统是中国科学院遥感应用研究所阎守邕研究员领导的课题组和本书作者领导的课题组合作在 CS-DSSP 平台上开发的。CS-DSSP 平台由客户端、广义模型服务器和数据库服务器三台计算机连成的网络组成。

农业投资的目的就是要将全国的土地范围分解为一些不同的区域。在区域内部，其自然和社会条件相对一致、差别较小；而不同区域之间，彼此的差异应尽可能明显。在本系统中，农业投资区划分为两级。一级分区以自然条件为基础，根据影响粮食生产的气象因子（气压、湿度、风力、光照、降雨、温度等）将全国分为若干大的一级区。对于每个一级区域，再根据其中各县过去几年的粮食总产水平、变化趋势、稳定程度等参数，进一步分为若干二级区，以区别它们在粮食生产状况上的差异，因地制宜地处理农业投资问题。

在全国农业投资额一定的情况下，如何把它们合理地分配到每个农业投资区划的二级区里去，是一个事关重大的问题。为了确保粮食生产的稳定和提高，本项目采用了如下原则：以往粮食产出多、对全国粮食产量贡献率大的区域，相应给予它们的投资也就多；产出少、贡献率小的区域，给予投资也应少一些。因而，各区域所获投资额与其过去对全国粮食产量的贡献率成正比。

在完成了分区投资分配后，各二级投资区就获得了相应的投资额度。如何合理地使用这些投资额，使它们能够根据各区的不同情况，按一定比例、有效地用于影响粮食生产的关键领域（灌溉面积、化肥等），以获得该区和全国最大的粮食产出。这是一个分区分项分配的问题，其意义十分重大。

在此只给出全国农业投资空间决策支持系统的客户端计算机上的框架流程，并进行说明。广义模型服务器和数据库服务器两台计算机的运行说明在此省略。

1. 框架流程

全国农业投资空间决策支持系统主框架流程如图 8.13 所示。其中包括全国区划、分区分配、分项分配、分省分配与方案比较等几个子问题框架。

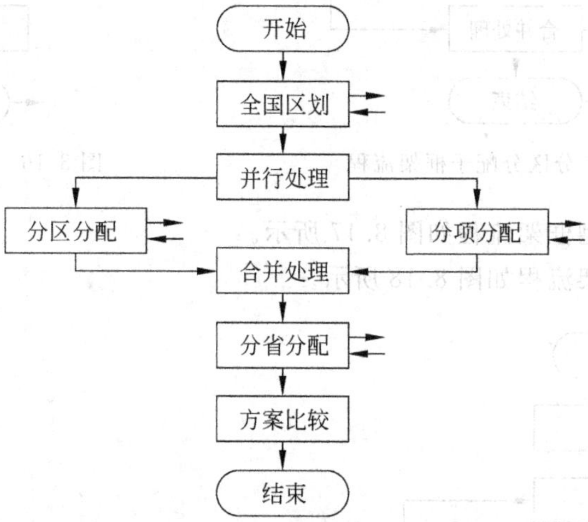

图 8.13　全国农业投资空间决策支持系统主框架流程

对“全国区划”子问题，其框架流程如图 8.14 所示。

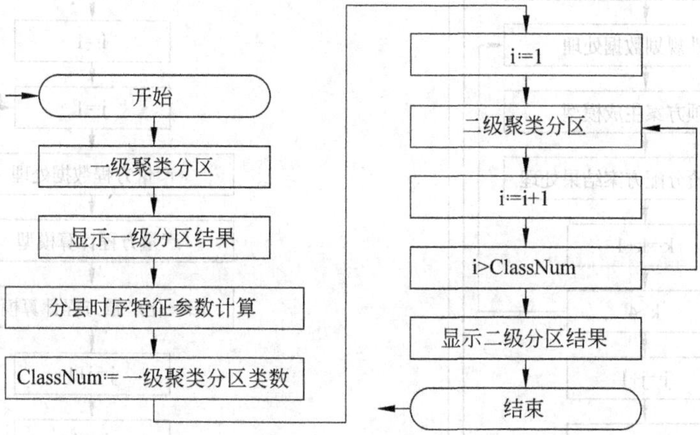

图 8.14　全国区划子问题框架流程

其中，“一级分区”是对全国各县按照自然条件(温度、光照、湿度、风力等因素)进行聚类分区。“二级分区”是在“一级分区”的基础上对全国各县按照粮食产量指标(平均值、年变化趋势等)进行聚类分区。“分县时序特征参数计算”是对全国各县不同年度的粮食产量指标进行计算。

分区分配子框架流程如图 8.15 所示，分项分配子框架流程如图 8.16 所示。

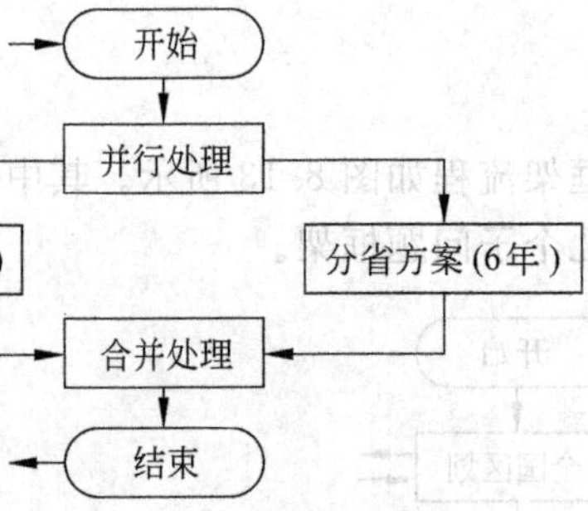

图 8.15　分区分配子框架流程

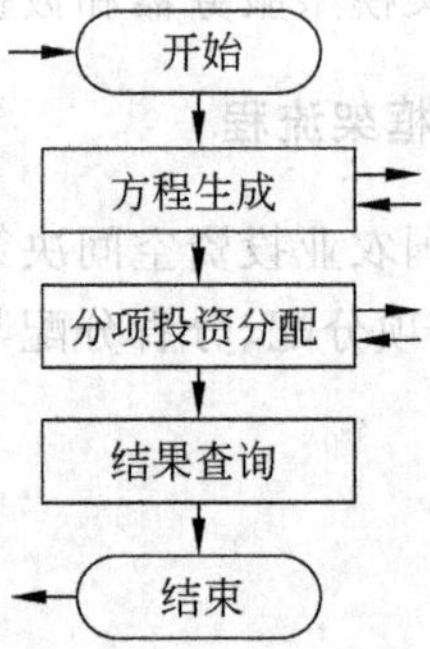

图 8.16　分项分配子框架流程

产量方程计算模型框架流程如图 8.17 所示。

分项投资分配框架流程如图 8.18 所示。

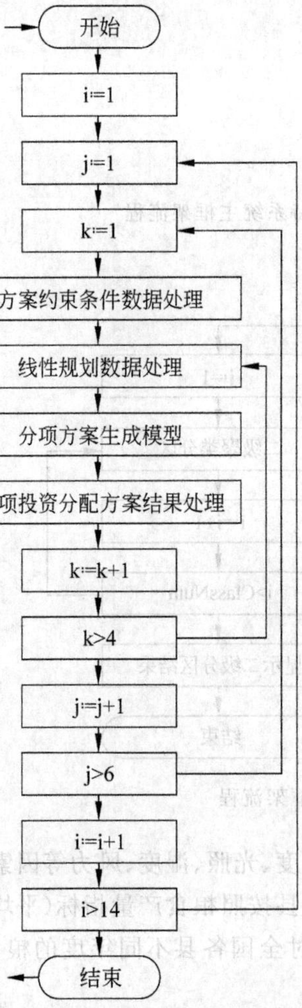

图 8.17　产量方程计算模型框架流程

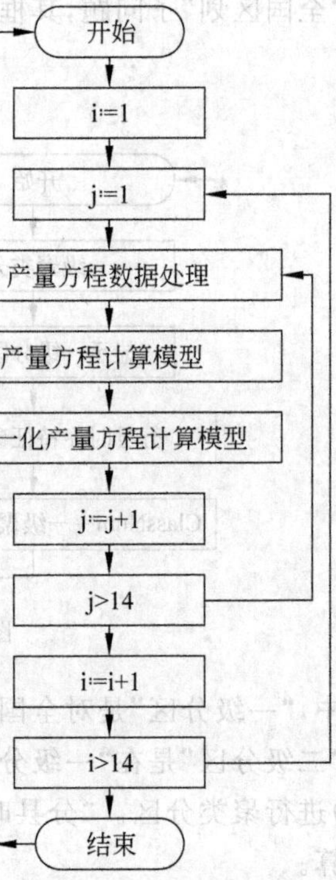

图 8.18　分项投资分配框架流程

2. 系统运行方式

全国农业投资空间决策支持系统的框架流程在客户端计算机上直接显示运行，系统运行到哪个框时，该框用红色表示，系统的运行直接反映在框架流程上。系统从主框架流程转向子框架流程，当运行到要调用的模型程序时，如"一级聚类分区""分县时序特征参数计算""二级聚类分区"等框时，系统由客户端计算机通过网络进入广义模型服务器，由指定的模型进入指定的算法程序，调用相应的数据库服务器中数据到模型服务器中运行，运行结束后，系统控制权返回客户端该框架流程的下一个框，此时该框架变成红色，表明系统已运行到此框。在客户端可以清楚地了解系统运行状态。表现了很强的可视化程度。

决策支持系统由系统的框架流程进行控制，通过网络调用模型服务器计算机中的模型，该模型指定的算法程序通过网络存取指定的数据库服务器计算机中的数据到模型服务器计算机中完成模型的运行，运行结束后返回客户端计算机的框架流程。

3 台计算机按 3 层客户机/服务器网络结构形式，有条不紊地协同完成全国农业投资空间决策支持系统的正常运行。

3. 结果比较

系统生成了 4 种分区投资分配方案。通过比较选出一个适宜的全国农业分区投资方案之后，再把它转换为分省的分区投资方案。这种投资方案可以用一张分省的分区投资分配表和一组投资分布图来表述(数据和图在此省略)。

8.3.3 网络型决策支持系统的分析对比

网络型的决策支持系统相对于单机上的决策支持系统在计算机的环境上发生了巨大的变化，决策支持系统是在网络上多台计算机上相互协调运行。由于环境的变化，决策支持的效果得到了极大地提高。

但要说明一点，决策支持系统在"利用决策资源组成解决问题方案辅助决策"的原理上是没有变化的。

1. 网络型决策支持系统的技术进步

通过"网络型决策支持系统快速开发平台 CS-DSSP"的开发和"全国农业投资空间决策支持系统"实例的开发的说明，可以看到网络型决策支持系统的技术进步在于以下几点。

(1) 在网络环境下，模型库系统和数据库系统上升为模型服务器和数据库服务器(同样，知识库系统将上升为知识服务器)，决策支持系统的综合部件上升为客户端。整个决策支持系统是在计算机网络上运行，客户端与模型服务器、知识服务器以及数据库服务器分离在4 个不同的地方。网络环境下的决策支持系统完全不同于单机上的决策支持系统。

(2) 作为共享资源的模型服务器、知识服务器和数据库服务器，比模型库系统、知识库系统和数据库系统具有更大的共享空间和更灵活的共享方式。模型库系统、知识库系统和数据库系统在单机上只为单个用户或者单个系统服务。模型服务器、知识服务器和数据库服务器在网络上，将向多个用户或多个系统同时提供服务。

(3) 模型服务器、知识服务器和数据库服务器在网络上各自可以有多个，这更便于决策支持系统的开发和扩大决策支持系统的范围。

2. 网络型决策支持系统的决策支持效果的提升

由于网络型决策支持系统的技术进步，使决策支持系统的决策支持效果有了极大的提升。主要表现在如下。

(1) 由于模型服务器、知识服务器和数据库服务器的共享空间的扩大和共享方式的灵活，也很自然地提高了决策支持的效果。

(2) 在网络环境下，决策支持系统的结构灵活性增大，使决策支持的效果得到了提高。

在网络上，模型服务器、知识服务器和数据库服务器可以是自己开发的，也可以是别人开发的。如果利用别人开发的模型服务器、知识服务器和数据库服务器，自己只需在客户端上针对实际决策问题编制决策支持系统控制程序即可。

今后更多的决策支持系统的开发在于利用公用的模型服务器和知识服务器，只需要利用自己的数据库系统，自己在客户端上针对自己的实际决策问题编制决策支持系统控制程序，解决好各服务器之间的接口就可以有效地组织成决策支持系统。这样，决策支持系统的开发就很便利了。这里体现了决策支持系统的计算思维的极大提升。

目前，数据库系统和数据仓库系统的产品都已经上升为数据库服务器和数据仓库服务器了，极大地提高了数据库和数据仓库的共享程度。但是开发出公用的模型服务器和知识服务器还不多，当公用的模型服务器和知识服务器增加后，决策支持系统的开发和应用将会更加广泛和普及。

习 题 8

1. 软件与程序的区别是什么?

2. 软件的计算思维的主要关键点是什么?

3. 在运输问题的表上作业法中求基本解时，会要求划去矩阵中的一行或者一列，计算思维如何实现?

4. 说明决策支持系统的四部件结构(综合、模型、知识、数据)与决策支持系统开发流程的一致性。

5. 在决策支持系统的开发流程中哪些是最困难的地方? 结合图 8.9 请思考如何简化决策支持系统的开发。

6. 决策支持系统开发的计算思维是如何继承了程序的开发的计算思维?

7. 为什么说数据仓库必须要用大量的数据才能达到有效的支持决策?

8. 回顾和总结一下决策支持系统的发展道路和计算机技术进步的关系。

附录A　各章习题中部分问答题参考答案

习题1的部分习题参考答案

1. 如何更好地理解决策支持系统的定义？

回答：国内外关于决策支持系统的定义很多。合适的定义应该包含两个方面的内容。

(1) 要能符合"决策"本身的要求，这就是"在若干可供选择的方案中选定有效的方案"。

(2) 要能在计算机上运行所设计的有效的决策方案。

"决策方案"在计算机中是如何建立的？做方案，首先要利用资源来组合成方案。在计算机中能提供的决策资源主要是数据、模型和知识等。数据一般放在数据库或数据仓库中。模型中辅助决策最有效的是数学模型，运筹学和管理科学经过几十年的研究，建立了大量的数学模型，现在可以利用已有(编好)的程序或者通过自己编写程序来完成这些数学模型的求解计算。知识在计算机中最有效的表示形式是产生式规则，解决特定问题的知识需要从专家或书本中获取。在制订决策方案时，首先要收集解决此问题的数据、模型和知识等决策资源，再按决策问题的要求，编制总控程序来组合这些资源，形成方案，这个总控程序和这些决策资源共同组成了决策支持系统。

这样，定义决策支持系统应该是：利用决策资源(数据、模型和知识等)在计算机上组合成多个解决问题的方案，通过人机交互，辅助决策者实现科学决策的系统。

在很多决策支持系统的定义中，强调解决半结构化决策问题。应该说明，决策支持系统应该具有多个解决问题的方案，对于方案的制订以及对多个方案结果的决策是由人来做的，这就体现了半结构化的决策。"半结构化决策"这个词本身就不是很通俗易懂的，放在定义中是不合适的。

2. 通过历史进程说明"科学决策"概念的形成。

回答："科学决策"最早应该从统计学的出现开始的。17世纪人们开始计算出对某些疾病的死亡人数占全部死亡人数的比例是稳定的；男女人数占总人口数的比例大致相等。18世纪概率论已应用于自然科学中的力学和天文学，提出了天体运动的误差服从正态分布。19世纪已经广泛开展了统计学的应用。

20世纪兴起了运筹学的研究，英国在第二次世界大战期间成立了运筹学小组，提出了护航船队编队问题、反潜炸弹起爆深度问题等。典型的应用是求解线性规划问题。运筹学的核心是建立数学模型。

20世纪50年代，企业管理中大量应用运筹学，促进了管理科学的发展，人们把这两个概念合一。统计学、运筹学和管理科学都是利用数学方法进行归纳总结，找出事物的规律，用来指导人们决策，逐步从经验决策走向科学决策。

20世纪80年代，个人计算机的出现，使人工智能的专家系统、管理信息系统的成功应用，极大提升了科学决策的水平。随后出现的以模型库为主体的决策支持系统和以数据仓库为主体的决策支持系统（商务智能），进一步提升了科学决策的水平。

3. 通过计算机的应用历史，说明决策支持系统的形成与发展。

回答：计算机的应用最早（20 世纪 50 年代）是进行科学计算，主要是解微分方程。其中也包括解运筹学中的数学模型，这是单模型辅助决策。同一个时代，人们提出了"人工智能"的概念，从开始强调"推理"，实现数学定理的证明，到 20 世纪 70 年代强调"知识"，出现了专家系统，使人工智能真正产生影响。专家系统实质上是代替专家决策。到 20 世纪 80 年代兴起了管理信息系统，这与个人计算机的出现以及数据库的兴起，使管理信息系统得到蓬勃发展，也使计算机走进了社会。管理信息系统解决了常规决策问题。在 20 世纪 80 年代也提出了决策支持系统的概念，其实社会上做区域规划，就是人在做决策支持系统，利用计算机来计算大量的数学模型，模型的连接是人来完成的。计算机的决策支持系统就是让计算机来连接所有的模型，形成方案，在方案级上辅助决策。它是运筹学的单模型辅助决策的上升和进步。

应该指出的是，决策支持系统结构中的模型库，把大量共享模型集中到模型库，思想很好，由于市场上没有模型库管理系统产品软件，阻碍了决策支持系统的应用和发展。把常用的模型程序，交由操作系统管理，是一种简化的办法。

在网络时代，如果共享模型可以在网络上找到，则开发决策支持系统就很方便了。利用自己的数据库和数据文件，在网络上找所需要的模型和知识，按照决策问题的要求，在自己的客户机上编制总控程序，组合多模型和知识，连上数据和推理机（自己可以编制），形成决策支持系统方案，通过网络计算，就可以在方案级上辅助决策了。

目前，兴起的云计算与大数据更有利于决策支持系统的开发与应用。云计算中能存储大量的决策资源（数据库、数据仓库、模型库、知识库等），用户只需要在自己的客户端编制决策支持系统控制程序就能完成问题的解决方案。大数据时代为用户提供了更广泛的数据资源，寻找数据之间的相关关系，能便利有效的决策。对于大企业或政府的决策，需要利用网络上的数据仓库型决策支持系统或综合决策支持系统来做决策问题的方案。

4. 说明管理信息系统、运筹学与决策支持系统的联系与区别。

回答：管理信息系统实质上是把所有的数据放在数据库中，利用数据库管理系统语言，编制管理业务的程序，在计算机中完成管理业务任务。由于管理业务很明确、具体，这样管理信息系统能有效地代替人实时地管理决策问题。管理信息系统是典型的用于解决结构化决策问题的。它也使计算机走向了社会。运筹学建立了很多数学模型，各个模型分别为解决不同的决策问题发挥了很好的作用。运筹学不考虑不同模型间的组合问题。决策支持系统是以模型库（存有大量的共享模型）为主体，利用多模型和相关数据（存放在数据库中）组合成解决问题的方案辅助决策，它的辅助决策的效果比运筹学单模型辅助决策的效果更加广泛而且更有效。可以说，决策支持系统是在管理信息系统和运筹学的基础上发展起来的。它是解决半结构化决策问题的，因为决策方案是结构化的，多方案的制订和结果的选择是由人来做的，是非结构化的。

7. 数据仓库型决策支持系统、智能决策支持系统与综合决策支持系统的区别与联系是什么？

回答：数据仓库型决策支持系统是以数据仓库、联机分析处理、数据挖掘三者的结合，主要是利用数据来解决商业中随机出现的问题。数据仓库中存放了大量数据，能提供综合信息和预测信息；联机分析处理是通过对数据的多维数据分析发现问题和找出原因，以及数据挖掘能从数据中获取知识。智能决策支持系统是基本决策支持系统（综合、模型、数据三部件组成）和知识部件（含推理机）结合的决策支持系统，它实现了定量分析和定性分析相结合的辅助决策效果。数据仓库型决策支持系统主要是利用数据辅助决策，而智能决策支持系统主要是利用模型和知识的结合辅助决策，两者在辅助决策上是完全不同的，不能相互代替，只能相互结合。数据仓库型决策支持系统和智能决策支持系统的结合，形成了综合决策支持系统。它把数据仓库型决策支持系统的数据优势与智能决策支持系统的模型和知识的优势结合起来，提高了辅助决策效果。

习题 2 部分习题参考答案

1. 为什么将数据资源、模型资源和知识资源归纳为决策资源？

回答：资源是提供服务的，数据、模型和知识是为决策提供服务的主要资源。目前开发的典型决策支持系统中，如智能决策支持系统利用的决策资源主要是知识库中的知识资源、模型库中的模型资源和数据库中的数据资源，其中知识资源主要是规则知识；模型资源有数学模型、数据处理模型、人机交互多媒体模型等，数据资源主要是为模型提供数据；数据仓库型决策支持系统利用的决策资源主要是数据仓库中的数据资源，通过多维数据分析和数据挖掘获取知识。

3. 数学模型和数据模型的区别是什么？

回答：数学模型一般用数学方程形式表示，既含已知数又含未知数，需要通过算法求出未知数。例如，线性规划数学模型就是用目标方程（取极大或极小）和约束方程（对变量的约束）两者组成的；数据模型是对数据库或数据仓库中的数据的存储结构进行说明，如数据库中有多少属性项，每个属性项是数值型还是字符型等进行说明。两个概念只差一个字，含义完全不同。

4. 什么是知识？它与信息、数据有什么区别？

回答：知识、信息、数据的定义很多。简单的理解是，数据是描述事物的符号，可以是数字、字符等。信息是数据的含义，即对数据赋予含义后，它就是信息了。对于一个数据赋予不同的含义，它的信息就不一样了。知识是有规律的信息，即一个知识代表了很多相同规律的信息。也可以说，知识是大量信息经过有规律的压缩形成的。

在数据库中有大量的数据，每个数据的信息（含义）就是它所对应的属性项的名称。在数据库中利用数据挖掘算法，将获得少量的知识。也可以说，知识是大量信息的压缩。掌握知识比掌握大量数据的信息更有价值。

5. 为什么要研究计算机能表示和理解的知识？

回答：文本是人的知识，人容易理解它，人也能用此文本知识去解决现实中的问题。但计算机无法利用文本，文本可以通过编辑功能输入到计算机中去，要让计算机理解它，需要利用自然语言处理（即通过词法分析、语法分析等）才能理解它。计算机更无法用文本来说明和解释现实中的问题。

知识是需要通过推理来解决问题的,这就要研究计算机能表示和理解的知识。目前计算机中的知识有规则知识、数理逻辑、框架、本体等,都比较简单并容易理解。通过编制计算机程序能对它们进行推理,如做专家系统、证明某命题或谓词是否为真等工作。

8. 为什么说编译程序实质上是专家系统?

回答:编译程序是对输入的程序(实质上就是一个很长的符号串(由不同字符组成))进行识别,先通过词法分析,把一个个单词先识别出来,再通过语法分析,把这些单词组成句子。对于不同的语句转换成二进制程序,计算机就可以按此程序的要求在机器上运行。

词法分析是利用一系列单词文法(产生式规则),对符号串中的字符与文法匹配,检查属于哪类单词,完成单词的识别。语法分析同样利用一系列语句文法(产生式规则),对单词系列与文法匹配,检查属于哪类语句,完成语句的识别。单词文法和语句文法都用产生式规则表示,这就是编译程序的知识。进行文法匹配就是知识推理,采用的方法有推导(正向推理)与归约(逆向推理)。

编译程序的做法与专家系统的做法是完全一致的,而且"产生式规则"一词,也来源于编译程序中用的词。

9. 为什么在编译程序中要把数学表达式的中缀式变换成逆波兰式(后缀式)?

回答:计算机程序只能进行顺序、选择、循环 3 种运算方式。数学表达式的中缀式运算有优先级别,即乘、除大于加、减,括号优先。这个优先顺序使每一个表达式的计算的前后顺序都不一样。这样,计算机程序无法完成不同表达式的统一算法。表达式的逆波兰式(后缀式)把优先级别取消了,没有了括号,表达式的计算只按前后顺序,这正符合计算机程序顺序计算的要求。在有关编译程序的书中都以大量的篇幅来介绍这个问题。

11. 怎样从多模型辅助决策系统变换成决策支持系统?

回答:多模型辅助决策系统与决策支持系统的区别是:多模型辅助决策系统中,对各模型的计算是在计算机中进行,而多模型的连接是人来完成的,这种连接工作主要是对数据的整理,表现为:对上一个模型的计算结果进行加工,如对数据重新组合或计算后,按下一个模型的要求输入进去,再用计算机计算下一个模型。

决策支持系统则要求多模型的连接是在计算机中自动完成的,即整个多模型的组合形成方案都是由计算机来完成的。这项任务就由总控制程序来完成,它既要控制各个模型的运行,又要对数据库中的数据进行处理,完成两个模型间所需数据的转换。它还要完成必要的人机交互。可见,总控制程序是组合多模型和数据库形成方案的核心。编制总控制程序的语言要求就比较高,既具有数值计算能力,又具有数据处理能力(或者通过接口调用数据库的数据处理能力),还要有人机交互能力。目前,用 C++ 语言加上数据库接口语言 ADO 是可以作为编制总控制程序的语言要求的。

计算机能够完成多模型的组合形成方案,它必然可以实现对方案的修改,也可以完成不同模型的组合形成多个方案,这才真正体现了决策支持系统的要求,这也真正体现了技术的进步。

习题 3 的部分习题参考答案

2. 为什么要建立决策支持系统统一的基本结构形式?

回答:决策支持系统的三系统结构中包含知识系统,不少人就把决策支持系统的研究转向人工智能。这些人没有注意到人工智能在20世纪60年代末，已经开始了专家系统的研究，而且很成功，它扭转了人工智能当时处于低潮的局面，开始了大量使用知识解决问题的方向。知识发挥作用是离不开推理的。在决策支持系统的三系统结构中提出知识系统，主要是用于问题处理系统，具体怎样使用知识呢？只字未提“推理”，这就反映了它的不足。在三系统结构中，提出用计算机的语言系统描述对问题的处理，这点是很恰当的。

决策支持系统的三部件结构中，对话部件太简单了，取三系统结构中的“用语言系统描述对问题的处理”加入到三部件的“对话部件”中，形成综合部件，构成决策支持系统的基本结构就很合适了。

基本结构强调对多模型的组合，利用数据库中的数据来连接模型形成系统方案，以方案的形式支持决策，这是决策支持系统的基本要求。用综合、模型、数据三部件组成的决策支持系统的基本结构，既便利对决策支持系统理解，也便利对决策支持系统的开发。

决策支持系统后来发展的智能决策支持系统和网络型决策支持系统都是以基本决策支持系统为基础的。

3. 说明数据库管理系统与数据库语言的关系。

回答：数据库管理系统是通过数据库语言来实现的。数据库语言中的每一个语句所完成的工作，是由该语句的后台解释程序完成的。数据库语言是产品，用钱购买的。

在数据库书中，大量篇幅介绍数据库管理系统的功能，简单介绍数据库语言。数据库产品中只介绍数据库语言，不提数据库管理系统。粗心的人会以为这两者是两个东西，实际上这两者是一个东西。数据库管理系统是数据库管理功能的说明，数据库语言是提供给用户操作数据库的，完成对数据的存取、查询、修改等数据库管理功能。

5. 计算机的多媒体表现与电影、电视的多媒体表现有什么本质区别？

回答：计算机中的多媒体是用二值数据表示的，这样才能存入计算机并由计算机来处理。它的好处在于可以对多媒体内容进行任意修改。这样，人可以任意创作多媒体内容。

电影、电视的多媒体是由模拟信号表示的，这种数据进不了计算机，即它不是用二值数据表示的。它的不足在于很难对它进行任意修改。这样，人不能任意创作多媒体内容。

8. 决策支持系统运行结构图与一般程序流程图有什么本质区别？

回答：决策支持系统运行结构图与一般程序流程图的本质区别如下。

(1) 决策支持系统运行结构图中的模型程序不同于程序流程图中的模块或者是子程序，在于模型程序既是决策支持系统主程序(综合部件的程序)中的组成部分，它本身又可以独立运行。程序流程图中的模块或者是子程序是不能脱离主程序的。

(2) 模型程序采用的语言可以和决策支持系统主程序采用的语言可以是不一致的。程序流程图中的模块或者是子程序采用的语言和主程序的语言必须是一致的。

9. 通过物资分配调拨决策支持系统实例，说明决策支持系统的三部件结构的内容及相互关系。

回答：物资分配调拨决策支持系统的运行结构图是由三部分组成：决策支持系统控制程序、决策支持系统模型库和决策支持系统数据库。它和决策支持系统的基本结构的三部件正好吻合。决策支持系统控制程序和综合部件是一致的，决策支持系统模型库是模型部件中的部分多个模型，决策支持系统数据库是数据部件中的部分多个数据。

决策支持系统控制程序在调用模型库中的模型时，是要通过模型库管理系统的；调用数据库中的数据时，是要通过数据库管理系统的。

15. 开发决策支持系统一定要模型库管理系统吗？

回答：决策支持系统由综合、模型、数据三部件组成，其中模型部件由模型库与模型库管理系统组成。模型库管理系统的作用在于有效地管理模型库，并支持多模型的组合。在没有模型库管理系统的情况下，开发决策支持系统是可以的。这时，作为综合部件的总控程序就和模型程序合为一体了，这样的决策支持系统称为针对实际问题的专用决策支持系统。它的弱点是，要改变决策支持系统方案时，例如要改变方案中的某个模型时，总控程序和模型程序合为一体的程序，修改起来就很困难。如果有模型库管理系统，通过这个管理系统来修改模型，就很容易了，因为总控程序和模型程序是分开的，在决策支持系统中，要改变方案中的某个模型，只需要在总控程序中，修改调用的模型名称以及模型调用数据库的名称即可完成。

这就是专用程序与通用程序的差别。目前，市场上还没有专门的模型库管理系统软件，国内开发成功的决策支持系统，都是自己做较简单的模型库管理系统。已经开发了更多的决策支持系统，基本上属于专用决策支持系统，这是可以理解和接受的。

习题 4 部分习题参考答案

1. 你知道人工智能的历史和现状吗？

回答：人工智能的发展历史概括如下。

(1) 20 世纪 50 年代人工智能的兴起和冷落。人工智能的概念是在 1956 年由 10 名学者在美国达特茅斯大学召开研讨会上首次提出来的。当时，出现了一批显著的成果。例如，1956 年纽厄尔、西蒙和肖等人提出逻辑理论机 LT 程序系统，证明了《数学原理》第 2 章 52 条定理中的 38 条，1963 年终于完成全部 52 条定理的证明。1956 年塞缪尔研制了西洋跳棋程序。该程序 1959 年击败了一个州冠军，这是人工智能的一个重大突破。但是不久，人工智能走向低潮。主要表现是塞缪尔的下棋程序，没能赢全国冠军；机器翻译出了荒谬的结论。对 AI 的研究经费被大量削减，人员流失。这一阶段的特点是：重视问题求解的方法，忽视了知识的重要性。

(2) 20 世纪 60 年代末到 70 年代，专家系统的出现，使人工智能研究出现了新高潮。1968 年斯坦福大学费根鲍姆和生物学家莱德伯格等人合作研制了 DENDRAL 专家系统，该系统达到了帮助化学家推断出分子结构的作用。1974 年由肖得利夫等人研制了诊断和治疗感染性疾病的 MYCIN 系统。这一阶段的特点是重视了知识，开始了专家系统的研究，使人工智能走向实用化。

(3) 20 世纪 80 年代末，神经网络的再次兴起和计算智能的形成。神经元网络实际上 20 世纪 40 年代就开始了，1943 年提出了一个人工神经元网络模型。1958 年提出了感知机模型，由于感知机具有分类器和学习的功能，形成了神经元网络的第一次高潮。1969 年《感知机》一书中证明了“感知机”不适合于非线性样本而使神经网络走向低潮（时间达十多年之久）。1982 年美国霍普菲尔德引入了一种反馈型神经网络，能解决巡回售货商路径的组合优化问题。1985 年鲁门哈特等人提出 BP 反向传播模型，解决了非线性样本问题，从而扫除了神经网络的障碍，兴起了神经网络的第二次高潮。1992 年贝兹德克提出了计算智能的定义。他认为，计算智能提供的是数值数据，而不依赖于知识；主张用神经网络、遗传算法的原理，结合大量的计算来实现人工智能．它借鉴了生物学中的某些原理。当时，开展了一场大辩论，到底"符号知识推理（专家系统为代表）"还是"仿生物的计算智能（神经网络为代表）"，谁更能代表人工智能？没有得出明确的结论。

人工智能的目前现状是全世界各国都在开展了人脑研究计划。2013年初，欧盟宣布了"人脑工程"（HBP），美国启动了脑科学研究计划"脑计划"（BAM）。2015年"中国脑计划"正式开始。

引起人们热议的是2016年3月在韩国首尔进行的韩国围棋九段棋手李世石与人工智能围棋程序AlphaGo之间的五番棋比赛。最终结果是人工智能AlphaGo以总比分4比1战胜人类代表李世石。AlphaGo程序融入了自学习，即深度学习的能力，经过了几千万次的机器自我围棋对弈与学习，才有了挑战人类的勇气。AlphaGo的胜利引起了"人工智能机器今后会战胜人类吗"的热烈讨论。

2. 你知道专家系统是如何实现知识推理的吗？

回答：专家系统中的知识推理并没有把规则知识连成推理树进行深度优先搜索，因为要把规则连成推理树是比较困难的，对每一个结点要用指针来相互连接，树的分枝多少，各结点不一致，这样的数据结构很复杂。利用规则栈来完成知识推理，规则进栈表示树的向下搜索，在找与它相关的规则时，需要在知识库中从头到尾搜索一遍，这要花去机器的搜索时间，这点对于快速的计算机来说，不是问题。退栈表示树的向上回朔。利用规则栈来完成知识推理，编写程序是很容易的。专家系统的推理机是很容易实现的。

3. 如何解决专家系统中知识获取的困难？

回答：专家系统开发的困难在于专家知识的获取，采用人机交互建知识树（推理树）的方法可以提高知识的获取。具体操作是，首先确定总目标以及它的所有取值（树的根结点），对根结点的每个取值，询问专家需要哪些变量的取值才能推出？这些变量之间是"与"关系，还是"或"关系？这就是扩展知识树的下层前提结点，这些前提结点确定以后，要给出每个结的所有取值。这样，把这些前提结点作为结论结点看待，重复上面的过程，建立再下一层的前提结点，这样递归向下，一直到叶结点，就可以建全知识树。这是启发式建知识树方法是一种有效的知识获取方法。

9. 了解从感知机神经网络到深度网络（深度学习）的进化过程。

回答：2006年多伦多大学的Geoff Hinton研究组提出了深度网络（deep network）和深度学习（deep learning）的概念。这个深度网络从结构上讲与传统的多层感知机网络没有什么不同，并且在做有监督学习（有输入、输出结果的样本学习）时算法也是一样的。唯一的不同是这个网络在做有监督学习前要先做非监督学习（只有输入结果，没有输出结果的样本学习，如聚类算法），然后将非监督学习学到的权值当作有监督学习的初值进行训练。

它的兴起主要在学习方法上采用了受限玻尔兹曼机（Restricted Boltzmann Machine，RBM）。RBM是一个单层的随机神经网络（通常我们不把输入层计算在网络的层数里），本质上是一个概率图模型。输入层与隐结点层之间是全连接，但层内神经元之间没有相互连接。每个神经元要么激活（值为1）要么不激活（值为0），激活的概率满足sigmoid函数。RBM的优点是给定一层时，另外一层是相互独立的，那么做随机采样就比较方便，可以分别固定一层，采样另一层，交替进行。权值的每一次更新，需要所有神经元只采样 n 次后就更新一次权值，即所谓的 CD-n 算法。

学好了一个 RBM 模型后，固定权值，然后在上面垒加一层新的隐层单元，原来 RBM 的隐层变成它的输入层，这样就构造了一个新的 RBM，然后用同样的方法学习它的权值。以此类推，可以垒加多个 RBM，构成一个深度网络。令 RBM 学习到的权值作为这个深度网络的初始权值，再用 BP 算法进行学习。这就是深度学习方法。

深度学习的基本思想可以用一个例子来理解：首先要建立最基本的一层人工神经元（输入层不计算在网络的层数里），用来探知物体边缘形状等基本信息（类似选择方法）；第二层神经元需将第一层人工神经元感知到的物体边缘形状拼凑起来，认知物体形状（类似聚类方法）；第三层人工神经元进一步拼凑信息，得出物体整体形态（类似于综合方法）。这些过程都由机器自主完成（非监督学习），并不需要在任何环节人为输入信息（注：各层的学习方法应该是不同的）。“谷歌大脑”自主学习认识猫，就是通过深层学习完成的。

1998 年纽约大学的 Yann LeCun 曾提出了一个学习效率非常高的深度网络（也可以称为多层神经网络），称为卷积神经网络。在图像分类（包括手写体识别、交通标志识别等）中得到了很多应用。

10. 通过智能决策支持系统的基本结构和简化结构来说明智能决策支持系统的本质。

回答：智能决策支持系统的基本结构中强调了人工智能技术提高决策支持系统的能力。在简化结构中，把人工智能技术概括为“推理机＋知识库”。说明智能决策支持系统的本质是，在以多模型组合形成决策方案的决策支持系统中，增加了以知识推理的人工智能技术，这样以模型的定量计算和知识的定性推理结合起来，整体上提高了决策支持的能力。

11. 从智能决策支持系统的原理和实例来说明 R. H. Bonczek 的三系统结构的决策支持系统的不足。

回答：从智能决策支持系统的原理和实例来对比 R. H. Bonczek 的决策支持系统三系统结构，可以看出三系统结构中的知识系统过于粗浅，知识是需要推理来发挥作用的。人工智能从 20 世纪 50 年代就开始了知识推理解决问题，到 20 世纪 70 年代专家系统已经很成熟了。三系统结构在体现人工智能方面本身就不足，在决策支持系统方面也没有反映出模型组合的功能。一个新概念既要有它鲜明的特点，又能很强的区别于其他概念，才有生命力。

习题 5 部分题目参考答案

1. 数据库中的数据和数据仓库中的数据，在辅助决策上有什么不同？

回答：数据库中的数据表现了当前的实际状况，其数据组织是二维关系数据库，它是为管理业务服务的。另外，数据库中的数据能为模型计算所使用，它本身不直接为辅助决策用。当数学模型利用数据库中的数据算出结果后的数据，是为辅助决策用的。数据仓库中的数据是直接为辅助决策用的，其数据组织是多维数据，实际存储时采用关系数据库的星形结构形式或者采用多维数据库形式（超立方体）。通过联机分析处理分析发现问题或找出原因，或通过统计分析辅助决策。建立数据仓库就是为决策服务的。

2. 为什么辅助决策需要更多的数据？

回答：数据愈多反映的现实情况愈全面，使决策能更加准确。例如，银行能从某人储蓄数据库中知道他储蓄数据，又知道他信用卡数据库中使用信用卡的数据，还知道他贷款数据库中使用贷款的数据，就能清楚地知道此人的经济状况、信用状况、贷款使用和偿还贷款情况，这对于是否继续给他贷款的决策，提供了很强的依据。数据仓库就是要把3个数据库的数据集中起来，为决策服务。

4. 数据仓库结构图、数据仓库系统结构图和数据仓库运行结构图各代表什么意义？

回答：数据仓库结构图代表数据仓库中各类数据(详细数据、综合数据、历史数据、元数据)的组成以及它们之间的关系。数据仓库系统结构图说明数据仓库本身与仓库管理中的各个功能(管理工具、抽取转换装载、元数据、数据建模)，以及分析工具(查询工具、C/S工具、联机分析处理工具、数据挖掘工具)之间的关系和组成。数据仓库运行结构图代表数据仓库在实际运行时，采用三层客户服务器形式，为客户提供并行服务。3个结构图能全面地反映数据仓库的本质。

5. 达到数据仓库5种决策支持能力，对数据仓库的要求是什么？

回答：从数据仓库的结构图和数据仓库系统结构图，就可以实现数据仓库前3种决策支持能力。查询与报表是数据仓库的最基本的能力；多维分析与原因分析是通过联机分析处理来完成的，通过切片、切块对维成员的比较可以发现问题，通过从上层数据钻取到下层数据，可以找出上层数据出现问题的原因，在于下层数据表示的现实；预测未来是对历史数据中随时间演变规律(通过曲线拟合)，推演今后的可能结果；实时决策与自动决策需要建立动态数据仓库，即保留更短时间间隔的数据，当发现有突发事件时，由人工介入处理并决策，这是实时决策；当有突发事件发生时，由程序中准备好的处理方法实现自动决策。

6. 如何理解知识发现和数据挖掘的不同和关系？

回答：知识发现是从数据中挖掘知识的一个过程，而数据挖掘是知识发现过程中的一个重要步骤，数据挖掘由一系列算法组成。这是基本认识。

有些人从宏观来看，认为知识发现和数据挖掘是一个含义，这是可接受的。作为研究人员，就应该把两个概念分清楚，概念愈清晰更能掌握事物的本质。

7. 说明归纳学习方法的信息论方法和集合论方法的原理的不同点，各有哪些方法？

回答：信息论方法是利用数据中条件属性相对于决策属性的信息量大小，来判断该属性的重要程度，建决策树或决策规则树。典型的方法有ID3、C4.5、IBLE等方法。集合论方法是利用数据集合之间覆盖关系，如集合相互包含的百分比，来决定集合之间的关联程度，典型的方法是关联规则挖掘方法。也有利用等价类集合的覆盖关系，来决定属性是否可删除，以及规则的获取，典型的方法是粗糙集方法。

10. 人类社会的知识表示是什么？为什么要研究计算机中的知识表示？人工智能的知识表示与数据挖掘的知识表示各有哪些？

回答：人类社会的知识表示主要是书本(文本)，文本可以输入到计算机中，但计算机不明白文本的含义，人一看文本就知道其含义，这是由于人能很快明白文中的主语、谓语，就能明白含义。计算机要明白文中的主语、谓语，就需要文本识别程序，即人们说的“自然语言理解”，这是人工智能多年来比较难解决的问题，其中还有一个语义二义性的问题不好解决。

计算机中的知识表示主要是便利程序的理解与应用，人工智能中的知识表示有规则、命题与谓词、框架、语义网络、剧本、主体等。而数据挖掘中知识表示有规则、决策树、知识基、神经网络权值和阈值、公式、案例等。

11. 聚类与分类有什么不同？

回答：聚类与分类在汉语中容易搞混，在数据挖掘中是两个完全不同的含义。聚类是对数据中没有类别的情况下，利用集合中元素之间距离大小，来聚成不同的类别。而分类则是在有类别之分的情况下，对每个类别找出区别于其他类别不同的属性取值。利用各类不同的属性取值，能够鉴别一新例是属于哪个类别。

12. 人工智能的机器学习与数据挖掘有什么关系？

回答：数据挖掘是从人工智能的机器学习中分离出来的新观念。人工智能的机器学习就是研究如何获取知识，从数据库中数据获取知识是机器学习中的一大类，这类学习算法被拿出来，独立成为数据挖掘的内容。机器学习还包括概念学习、类比学习以及后来发展的强化学习和目前兴起的深度学习等。

数据挖掘除了从数据库中数据获取知识外，后来发展了关联规则挖掘。由于“数据挖掘”一词很形象，很快流传开来，又把神经网络、遗传算法以及粗糙集等方法纳入其中。现在独立成为了一门课程。

13. 数据库中的数据挖掘与数据仓库中的数据挖掘有什么相同和不同？

回答：数据库中的数据挖掘主要是是在二维数据(记录行与属性列)中进行的。数据仓库中的数据是多维数据，若利用现在二维数据中的挖掘方法，只能对多维数据进行切片成二维数据，进行数据挖掘。今后会研究出多维数据的挖掘方法。

16. 数据仓库型决策支持系统简例说明，若通过层次粒度数据来建一个本体概念树，并利用深度优先搜索技术，在高层切片中发现的问题，通过钻取到详细数据层找出原因，这样是否更能发挥决策支持的效果？

回答：数据仓库中的多维数据中含层次粒度的大量数据，对发现的问题进行原因分析主要是通过进行多维数据的钻取操作。在每一次钻取中进行一次变换，获得出现问题原因的深层数据。数据仓库中的多维层次粒度和数据集合是符合本体概念树的层次关系。

我国航空公司的数据仓库的多维分析中发现了“北京到西南地区总周转量相对去年出现负增长”的问题，该问题的本体概念树如图 A.1 所示。

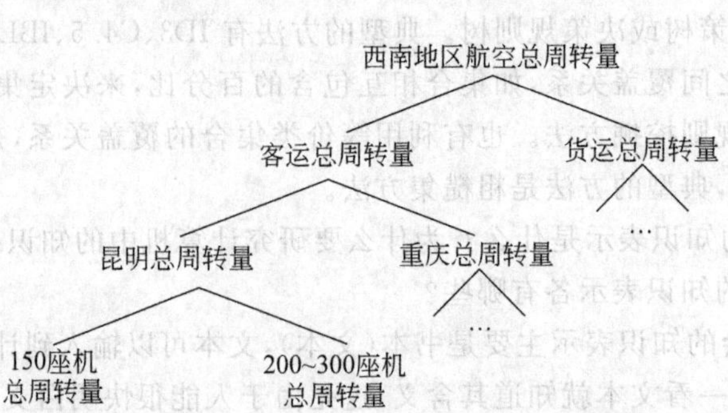

图 A.1　西南地区航空总周转量的本体概念树

该问题在本体树的根结点上的变换表示为

$$T_{西南总量}(今年总周转量-去年总周转量)=-19.9(负增长)$$

通过下钻到本体树下层，客运总周转量结点上的变换为

$T_{西南客运}$(今年客运总周转量－去年客运总周转量)＝－19.4(负增长)

再下钻到昆明客运总周转量结点上的变换为

$T_{昆明客运}$(今年总周转量－去年总周转量)＝－16.5(负增长)

再下钻到昆明座机为150座机与200～300座机机型的总周转量两个结点上的变换分别为

$T_{150座机}$(今年总周转量－去年总周转量)＝－6.83(负增长)

$T_{200\sim300座机}$(今年总周转量－去年占用转量)＝－6.9(负增长)

根据本体树挖掘思想，可得到规则知识链为

$$T_{150座机} \wedge T_{200\sim300座机} \rightarrow T_{昆明客运} \rightarrow T_{西南客运} \rightarrow T_{西南总量}$$

该变换知识链说明：出现西南地区总周转量相对去年出现较大负增长，原因主要是昆明地区150座机和200～300座机型，相对去年出现较大负增长造成的。而该规则知识链的获得是从问题结论的变换，$T_{西南总量}$出现负增长，通过多维数据钻取，逆向找它的前提变换，再向下钻取，一直到最底层(叶结点)中的变换，$T_{150座机}$及$T_{200\sim300座机}$出现大的负增长，该叶结点的变换才是本体根结点问题的根本原因。

除了寻找负增长以外，还可以寻找正增长的原因，即从正、负两个方面寻找问题产生的原因，这样可以得到更大的决策支持。

寻找问题原因让计算机自动完成，必须建立多维层次数据的本体概念树，并在树中进行深度优先搜索，来发现问题并找到所有原因。

习题6部分习题参考答案

1. 从决策支持系统的发展过程说明辅助决策方式的变化。

回答：决策支持系统的发展过程实质上是从3个方向发展。

(1) 智能决策支持系统。它是从基本决策支持系统发展而来。基本决策支持系统是建立在运筹学的单模型辅助决策的基础上，发展为组合多模型和数据库，形成方案来辅助决策。基本决策支持系统属于定量辅助决策。在基本决策支持系统的基础上，增加知识库和推理机，就形成了智能决策支持系统。智能决策支持系统既能完成定量辅助决策，又能完成定性辅助决策，即可以完成定量和定性结合辅助决策。

(2) 数据仓库型决策支持系统。它是以数据仓库为基础，利用联机分析处理的多维数据分析和数据挖掘方法辅助决策的。这类决策支持系统主要是以数据为基础，从高层综合数据中的数据比较发现问题，通过向下钻取获得底层数据中产生的原因。通过历史数据的拟合曲线来预测未来。通过数据挖掘从数据中获取知识来辅助决策。数据仓库型决策支持系统和智能决策支持系统的结合形成了综合决策支持系统。

(3) 网络型决策支持系统。它是在互联网上运行的智能决策支持系统或者数据仓库型决策支持系统，更强大的是在互联网上运行的综合决策支持系统。网络型决策支持系统的优点是能利用网络上的决策资源(数据、模型、知识等)，又便利用户开发决策支持系统，只需要在用户的客户机上编制一个汇总多模型和知识以及数据的总控制程序，调用网络上的决策资源，形成决策支持系统方案，而且适合多用户并发同时操纵各自的决策支持系统。这类

决策支持系统开发快、成本低、价值高。

4. 新决策支持系统与商务智能是什么关系？

回答：新决策支持系统即数据仓库型决策支持系统，是在数据仓库上利用联机分析处理和数据挖掘技术来实现一个解决决策问题的系统。数据仓库、联机分析处理和数据挖掘三者作为商务智能的技术，是用来解决商务中随机出现的问题。新决策支持系统是商务智能的主要应用方式。而数据挖掘技术已经独立成为商务智能重点技术。商务智能同人工智能和计算智能既有差别，又有共同点。共同点表现在，都是解决随机出现的问题；差别是各自采用的技术不同，人工智能采用专家系统、机器学习、自然语言理解等技术（属于符号推理），而计算智能采用神经网络、遗传算法、粗糙集等仿生物技术（属于数值推理）。

5. 新决策支持系统能代替传统决策支持系统吗？

回答：在20世纪90年代中期，数据仓库型决策支持系统刚兴起时，有人撰文提出了这个观点，说传统决策支持系统发展缓慢将被淘汰，今后的方向是新决策支持系统。这是过激的言论。

有这种看法的人，他没有看到国内还有很多人在为传统决策支持系统默默地耕耘，并取得了不少成果。新决策支持系统是一个新方向，它强调以数据辅助决策。但是，传统决策支持系统是以模型和知识辅助决策的。这两者没有覆盖关系，应该是相互补充的关系。

作者撰文提出了把传统决策支持系统和新决策支持系统接合起来，形成综合决策支持系统。后来有不少文章同意并引用了此观点。

7. 通过对综合决策支持系统的研究，如何理解决策支持系统的定义？

回答：通过对综合决策支持系统的研究，可以认为，传统决策支持系统是以模型和知识辅助决策的，新决策支持系统是以数据辅助决策的。在计算机中，模型、知识和数据都是共享资源，我们把它们归纳为决策资源。组合这些决策资源的目的是形成解决问题的方案。决策就是对方案的选择。在现在的技术条件，决策支持系统完全可以在计算机上，利用决策资源组成解决问题的方案，有效地支持决策。这比运筹学单模型辅助决策前进了一大步。它比单纯的知识推理的专家系统辅助决策也前进了一大步。新决策支持系统为大数据的决策提供了新的途径。把这些辅助决策的方式综合起来，就形成了决策支持系统的定义。

决策支持系统不能代替人的决策，它是为科学决策提供依据的。制订方案是需要人来完成的，对于方案的计算结果的鉴定也需要人来完成，说明结构化的程序与人的结合体现了半结构化的特点。决策支持系统逐渐会使非结构化决策问题向半结构化决策问题转换，使半结构化决策问题转换为结构化决策问题。

8. 利用数据挖掘获取的规则知识与专家系统的规则知识有什么不同？

回答：数据挖掘获取的规则知识中前提和结论的属性，在不同的规则知识中是不会交叉的，即某规则的前提中的属性取值不会出现在另一条规则的结论中。而专家系统的规则知识中，在不同的规则知识中，前提和结论的属性是可以交叉的，即某规则的前提中的属性取值会出现在另一条规则的结论中。这样，专家系统的规则知识可以连接成知识树（推理树），而数据挖掘获取的规则知识是不可能连接成知识树的。这使得数据挖掘获取的规则知识更便于推理。

9. 通过物资分配调拨决策支持系统实例与数据仓库型决策支持系统简例的比较分析，

说明两类决策支持系统的不同之处。

回答：物资分配调拨决策支持系统实例是基本决策支持系统的典型实例。该实例充分体现了决策支持系统的三部件结构，总控程序体现了综合部件的作用。实例中，6 个模型(2 个数学模型和 4 个数据处理模型)属于模型部件，10 个数据库属于数据部件，它们的组合形成了物资分配调拨决策支持系统方案，其计算结果为物资分配调拨问题的决策，起到了优化的效果。该实例是通过多模型和数据的组合形成方案辅助决策的，突出了模型资源和数据资源的辅助决策效果，这里模型资源辅助决策的效果更明显。

数据仓库型决策支持系统简例即航空运输中总周转量(客运加货运)分析决策支持系统，是该类决策支持系统的典型实例。通过切片分析总周转量出现下降的地区(西南地区)，采用下钻再切片的多维分析，到下层找出问题的原因。这是通过数据的比较辅助决策的，即突出了数据资源辅助决策的效果。

这两个实例是二类决策支持系统的典型实例，采用了不同的方式辅助决策。

11. 说明网络型的决策支持系统是如何提高决策资源的共享性和决策支持系统的并发性的。

回答：在网络环境中，数据库系统、模型库系统、知识库系统将变成数据库服务器、模型服务器、知识服务器。服务器在网络环境中能够给不同客户端用户提供服务，这就提高了数据库、模型库、知识库的共享效果。服务器放在互联网上，可以同时为多个用户提供服务，这就体现了决策支持系统的并发性。服务器不受地理位置的限制，可以放在任何位置上。用户在自己的客户端上，只需要编制一个总控制程序，按决策方案调用服务器上共享的决策资源，组合成决策支持系统，这样可为决策支持系统的开发带来极大的便捷，也为决策支持系统的应用扩大了范围。

习题 7 的部分习题参考答案

2. 如何理解用廉价的 CPU、硬盘、电源等元件，利用网络组装成服务器，能完成高性能运算？

回答：Google 公司创始人用廉价的 CPU、硬盘、电源等元件，利用网络组装成服务器，靠容灾软件来克服某个元件出问题时，转向另外一个元件继续运行，这只有在网络上才能做到。

这给我们一个启示，利用不可靠的元件通过网络和容灾软件，可以提高整个系统的可靠性，这为云计算的实施提供了技术基础。

6. 通过成功者的例子，说明在即时决策中是如何利用信息优势的。

回答：大数据时代的即时决策是典型的特点，建议去研究已经成功的人士是如何利用不对称的信息获得成功的。同时希望研究在大数据时代如何减少信息的不对称，实现信息平衡。

8. 利用关联关系分析那些战争中以少胜多的实例的原因。

回答：战争中以少胜多的实例中，有很多是借助于自然界的力量或者人的心理力量帮助取胜的。

例 1：三国时期赤壁之战，周瑜和孔明的合作，借助风和火的自然力量(形成战斗力)，帮助周瑜和孔明以少胜多，击败强大的曹操。

例 2：抗日时期八路军的伏击战歼灭大量日军，是借助地势的优势（自然界的力量），帮助八路军歼灭大量日军的。

例 3：解放战争时期解放军利用“围城打援”方法（转移人的心理，攻其不备），打击援军更容易，这样大量消灭援军，最后攻克城市，使国民党军队由强变弱。

例 4：诸葛亮的空城计，是利用诸葛亮一贯谨慎的威望，从心理上让司马懿不敢攻城而退兵。这是利用人心理力量，击退敌军。

10. 数据的关联分析与原因分析有什么区别和联系？

回答：关联分析与原因分析的最大区别在于关联度的差别。关联分析中的关联事物的关联度远小于原因分析中事物（原因和结果）的关联度。关联事物的关系可以很松散，也可以较紧密，这要看它们之间的关联度大小。而原因分析中事物，即原因和结果的关系是一种依赖关系，只有当原因（条件）成立时，结果（结论）才能成立。可以说，原因和结果的关系是关联度最大的关联关系。

要想得到原因和结果的关系，一般先从分析关联关系，再深入分析是否是原因结果关系。关联关系是从粗粒度数据中，通过比较、联想等方式得到，而原因结果关系是从细粒度数据中得到的。在数据仓库中，从综合数据中获得数据间的关联关系，再通过钻取到细粒度数据中，得到原因结果关系。

11. 大数据时代的决策支持系统和目前研究的决策支持系统有什么相同和不同之处？

回答：目前研究的决策支持系统主要是支持领导者的决策。大数据时代的决策支持系统由于决策资源更丰富，故它更能有效地支持领导者的决策。大数据时代的新特点是能支持个人决策。支持领导者的决策和支持个人决策所需要的数据粒度是不一样的，支持领导者的决策需要的是粗粒度数据，支持个人决策需要的是细粒度数据，它们都是通过对数据的比较来做决策的。

支持领导者的决策一般采用数据仓库型决策支持系统（商务智能）和智能决策支持系统，从数据中挖掘知识显得更突出。支持个人决策更多的是使用网络数据（网站、微博、微信、数字图书馆等）。大多数决策在于寻找数据的相关性。要寻找问题的原因，必需要对更广泛的数据进行对比，或者在更细粒度数据中进行钻取。

习题 8 的部分习题参考答案

1. 软件与程序的区别是什么？

回答：软件＝程序＋文档。文档是对程序的说明，包括程序中所有数据（已知、未知、中间数据等）的说明；对程序中计算方法（含计算公式）的说明；程序中各语句的说明等。有了详细的文档，才能看懂程序。程序有了文档才称为软件，才能交流。软件是商品，而程序不是商品。

2. 软件的计算思维的主要关键点是什么？

回答：软件的计算思维的本质是，让计算机程序能在硬件上实现计算。关键点体现在三点上。

(1) 算术运算的加法。所有的数值计算都要转换到算术运算的加、减、乘、除，再转换到加法运算。

(2) 数据只有表示成二值数据后，才能存储到计算机中。数值数据转换二进制数据。程序、汉字、多媒体等均用二值数据表示。

(3) 比较操作。所有的逻辑运算转化为比较操作。

现在软件的功能已经很强大，逐步在向人靠拢，替代人的部分脑力工作。但是程序的本质很简单，只要把复杂的程序转换到程序的本质上，计算机硬件就能实现。目前计算机中的类库，已经完成了大量的通用程序向程序的本质上转换了。各领域的专用程序，就由编程人员利用计算机语言和类库来编制实用程序了。

3. 在运输问题的表上作业法中求基本解时，会要求划去矩阵中的一行或者一列，计算思维如何实现？

回答：在二维数组中划去其中的一行或者一列，这在数学思维中很简单，用直线划一下就可以了。在计算思维中就不一样了，为了又不影响矩阵循环找最小元素，这需要对这一行或者一列中的所有数，用一个大数来代替（对于距离矩阵，假设铁路最长不超过10 000千米，用9999这个大数即可）。这样才达到了划去矩阵中一行或者一列的目的。

4. 说明决策支持系统的四部件结构（综合、模型、知识、数据）与决策支持系统开发流程的一致性。

回答：决策支持系统开发流程是决策支持系统的四部件结构（综合、模型、知识、数据）的具体化。模型、知识、数据是3个性质完全不同的资源，模型在计算机中是用程序表示；知识一般采用规则形式表示；数据一般存放在数据库中，对于实际决策问题必须分别开发。如何把这三者有机集成起来？这就靠综合部件来完成，在计算机中就是要编一个总控程序，既分别调用各部分，又要把它们组成一个系统。总控程序组合模型、知识、数据三者的方式，是把三者分别看成为模块，采用程序设计的顺序、选择、循环的3种结构进行组合和嵌套，来形成系统。

这样，决策支持系统从四部件结构的表面看来很复杂，按上面开发流程的方法就可以程序化了，就能用计算机来实现决策支持系统的计算，达到决策支持的效果。这就是决策支持系统的计算思维。

5. 在决策支持系统的开发流程中哪些是最困难的地方？结合图8.9请思考如何简化决策支持系统的开发。

回答：在决策支持系统的开发流程中最困难的地方是模型库管理系统语言和知识库管理系统语言以及开发总控程序的集成语言。因为目前市场上没有这些相应的商品软件，这要求开发者自行开发，就像我们开发GFKD-DSS工具一样，花了很大的代价分别做了四套语言。要设计新语言，就要做该语言的编译系统，这工作必须是计算机软件专业的高手来完成的。

为了简化决策支持系统的开发，在图8.7中，只好避开模型库管理系统语言和知识库管理系统语言。把多个模型的程序文件和知识库文件交给计算机操作系统的文件管理系统来管理。而总控程序的集成语言选用功能很强的C++语言加上接口语言ADO等。在图8.9中，只做“DSS运行结构”。这实际上是只做实际的决策支持系统，省略模型库管理和知识库管理。

6. 决策支持系统开发的计算思维如何继承程序的开发的计算思维？

回答：决策支持系统开发与程序的开发的计算思维本质是相同的。程序的开发是把程序与数据分开处理的，分别存放在两个不同地方。对于同一个问题计算不同数据时，程序不动，只修改数据，再运行程序即可，这样使程序具有通用性。

决策支持系统开发的计算思维把综合部件的开发与决策资源的开发分开。决策支持系统是通过综合部件程序来组合决策资源中的数据、模型和知识，形成决策方案，达到辅助决策效果。

决策资源又分为数据资源、模型资源和知识资源。数据资源主要是数据库；模型资源主要是算法程序库，算法程序对数据库的操作可以完成定量辅助决策的效果；知识资源是知识库和推理机，知识的推理能完成定性辅助决策的效果。

可以看出，决策支持系统开发的计算思维是程序的开发的计算思维的一种提升。

7. 为什么说数据仓库必须要用大量的数据才能达到有效的支持决策？

回答：大量的数据才能反映更真实的情况，如银行中需要把储蓄数据库、信用卡数据库和贷款数据库三者集成起来，按客户主题放入数据仓库中。这样就可以很容易掌握每个客户的全面情况，即他有多少存款？他使用信用卡信誉如何？贷款使用情况如何？有了对他的全面了解后，是否继续给他贷款？就心中有数了。

这就是用大量的数据达到有效的支持决策的理由。

8. 回顾和总结一下决策支持系统的发展道路和计算机技术进步的关系。

回答：决策支持系统的发展道路归纳为：基本决策支持系统（模型、数据、综合三部件的决策支持系统）、智能决策支持系统、数据仓库型决策支持系统（商务智能）、网络型决策支持系统、云计算与大数据的决策支持系统。

基本决策支持系统是多模型组合成决策问题方案的程序系统，它是运筹学单模型辅助决策的发展，组合数学模型需要利用多模型共享的数据库。

智能决策支持系统是在基本决策支持系统的基础上增加知识推理部件形成的，它使模型的定量计算与知识的定性推理结合起来，达到更有效地辅助决策。

数据仓库型决策支持系统（商务智能）利用数据辅助决策的数据仓库，结合联机分析处理（多维数据分析）和数据挖掘，获取知识解决随机出现的问题。

网络型决策支持系统是将决策资源（数据、模型、知识等）以服务器形式，在网络上提供服务。这样，决策资源在网络上提高了它的共享效果，也提高了决策支持系统辅助决策的能力和辅助决策的范围。

云计算环境的决策支持系统是利用软件服务（SaaS）中的决策资源（数据、模型、知识等）和各类实际问题的决策支持系统软件所提供的服务的基础上开发的。这样，决策支持系统的开发只需要在客户端编写一个总控程序，组合决策资源形成解决问题的多个方案，并运行求解；或者利用云计算中已有的决策支持系统软件进行修改，适合目前的决策问题。这就使得决策支持系统的开发变得很容易了。

大数据的决策支持系统使决策不单是为领导者提供决策支持，也为个人提供决策支持。大数据的决策支持系统更多地利用相互关系辅助决策；部分决策需要寻找因果关系，因果关系需要在数据仓库中，通过钻取到更细粒度数据或者对更广泛的数据进行比较。

云计算与大数据的决策支持系统使决策支持系统的开发变得很容易（利用云计算中的决策资源），使决策支持系统的应用更广泛（从支持领导决策走向支持个人决策）。

附录 B　部分章习题中的设计题和计算题答案

习题 3 中设计题的解答

4. 设计算法流程，实现从父子数据库中找出祖孙关系的数据并送入祖孙数据库中。

回答： 设计找祖孙关系的数据流程，采用固定孙子，寻找父亲，再找父亲的父亲，即为祖父，如图 B.1 所示。

在流程图中，先固定指针 i 的记录，即固定儿子 s_i（李一）和父亲 f_i（李二）。再循环 j 指针，从头到尾，当某个 j 的记录中儿子 s_j（李二）等于上面 i 指针的父亲 f_i（李二），即 $f_i = s_j$ 时，s_j（李二）的父亲 f_j（李三）就是 s_j（李一）的祖父。

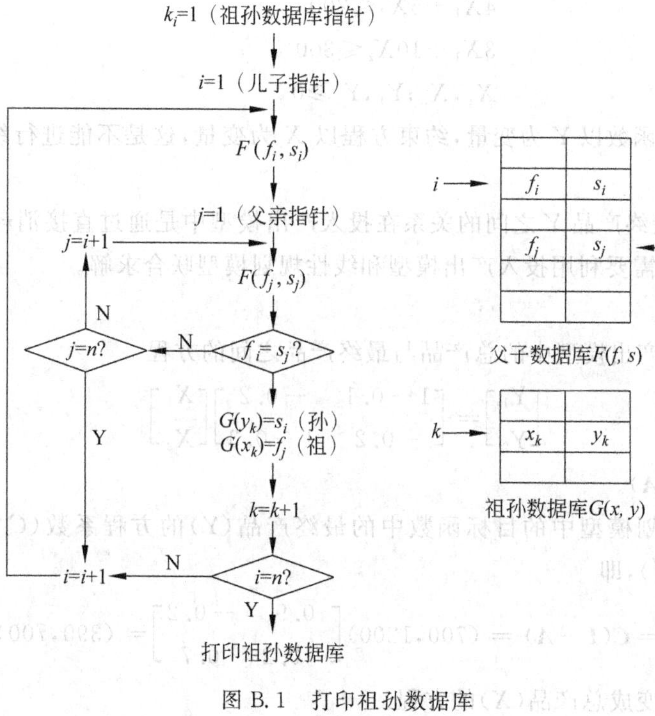

图 B.1　打印祖孙数据库

12. 对 2.4.1 节中的某企业制订生产计划，利用投入产出模型结合线性规划模型制订生产计划的最优方案的实例，设计成决策支持系统，画出该问题决策支持系统的运行结构图。

回答：

设某企业生产甲、乙两种产品，它们的实物型投入产出中间产品的直接消耗系数表如表 B.1 所示。

表 B.1　某企业投入产出直接消耗系数表

种类	中间消耗	
	产品甲	产品乙
产品甲	0.1	0.2
产品乙	0.2	0.3

现需安排生产计划，利用线性规划模型，使该企业净产值（最终产品的产值）最高。这样目标函数由最终产品（Y）来建立，而资源约束必须是对总产品（X）建立约束方程。

设 X_1、X_2 分别为甲、乙两种产品的总产品的计划产量；Y_1、Y_2 分别为它们的最终产品（商品）的产量。

目标函数：　　　　$\max\ S=700Y_1+1200Y_2$

外购产品约束：　　$9X_1+4X_2\leqslant 360$

　　　　　　　　　$4X_1+5X_2\leqslant 200$

劳动力约束：　　　$3X_1+10X_2\leqslant 300$

此外还有：　　　　$X_1,X_2;Y_1,Y_2\geqslant 0$

该问题的目标函数以 Y 为变量，约束方程以 X 为变量，这是不能进行线性规划模型求解的。

总产品 X 与最终产品 Y 之间的关系在投入产出模型中是通过直接消耗系数矩阵 $\boldsymbol{A}$ 来联系的。故该问题需要利用投入产出模型和线性规划模型联合求解。

具体步骤如下。

(1) 利用投入产出模型中的总产品与最终产品之间的方程

$$\begin{bmatrix}Y_1\\Y_2\end{bmatrix}=\begin{bmatrix}1-0.1 & -0.2\\-0.2 & 1-0.3\end{bmatrix}\begin{bmatrix}X_1\\X_2\end{bmatrix}$$

得出矩阵元素（$\boldsymbol{I}-\boldsymbol{A}$）。

(2) 将线性规划模型中的目标函数中的最终产品（Y）的方程系数（C_i）转换成总产品（X）的方程系数（C_i'），即

$$\boldsymbol{C}'=\boldsymbol{C}(\boldsymbol{I}-\boldsymbol{A})=(700,1200)\begin{bmatrix}0.9 & -0.2\\-0.2 & 0.7\end{bmatrix}=(390,700)$$

(3) 目标函数变成总产品（X）的方程。

总产品（X）的目标函数方程为

$$\max\ S=(390,700)\begin{bmatrix}X_1\\X_2\end{bmatrix}$$

(4) 求解总产品（X）的线性规划问题。

利用单纯形法求出结果：

$X_1=20$ 个单位　　$X_2=24$ 个单位

目标值为：　　　　$S=24600$ 元

(5) 在投入产出模型中，由总产品(X)求出最终产品(Y)。

通过投入产出模型计算得出：$Y_1=13.2$ 个单位，$Y_2=12.8$ 个单位。

从上面的计算步骤可以看出，步骤(1)和步骤(5)是在投入产出模型中运行，步骤(4)是在线性规划模型中运行，而步骤(2)和(3)是两个模型间的数据处理，即取出投入产出模型中的数据($\boldsymbol{I}-\boldsymbol{A}$)和线性规划模型中目标变量($Y$)的系数(700，1200)，进行运算得出线性规划新目标变量(X)的价值系数(390，700)，用图 B.2 说明。

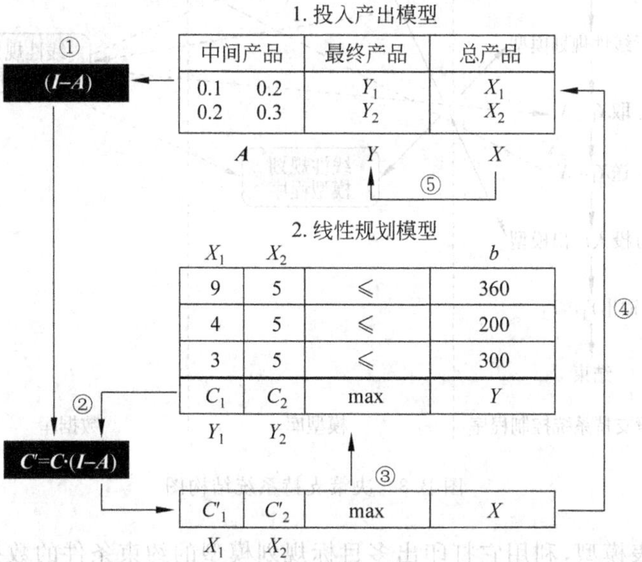

图 B.2　示意图

从以上两个模型的连接可以看出，实现多模型的连接需要进行模型之间的数据处理。它不属于其中任意一个模型的工作，一般由系统的控制程序来完成。这样，该问题的决策支持系统结构图如图 B.3 所示。

13. 对 2.4.2 节的橡胶配方问题，设计成决策支持系统，画出该问题决策支持系统运行结构图。

回答：

1. 橡胶配方问题的决策支持系统设计方案

(1) 利用大量现有产品的数据库，即已知每个产品的原料配方和性能值，利用多元线性回归模型建立"原料-性能"回归方程。

(2) 用多元线性回归方程，建立多目标规划模型的性能约束方程，此时对各性能的约束值要和回归方程的常数合并(相减)形成新约束值。此工作是在两个模型外做的，即在总控程序来完成的。

(3) 在建立好多目标规划模型后，进行多目标规划模型计算，求出 3 种原料最佳配方值。

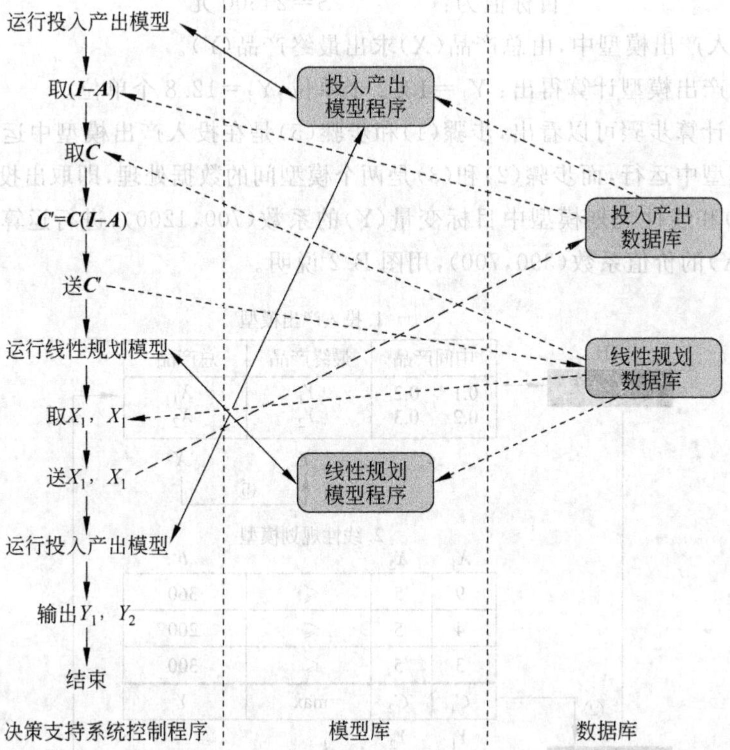

图 B.3　决策支持系统结构图

(4) 设计报表模型，利用它打印出多目标规划模型的约束条件的数据和 3 种原料的计算结果。

2. 3 个模型

(1) 多元线性回归模型(求方程中系数和常数，x_i 是原料值，y_i 是性能值)。

$$y_1 = a_{11}x_1 + a_{12}x_2 + a_{13}x_3 + b_1$$

$$\vdots$$

$$y_9 = a_{91}x_1 + a_{92}x_2 + a_{93}x_3 + b_9$$

(2) 多目标规划模型(求 3 个配方原料值 x_1、x_2、x_3)。

约束方程为(B_i 是性能约束值，b_i 是回归方程中的常数)

$$a_{11}x_1 + a_{12}x_2 + a_{13}x_3 < B_1 - b_1$$

$$\vdots$$

$$a_{91}x_1 + a_{92}x_2 + a_{93}x_3 < B_9 - b_9$$

目标方程：

$$x_1 < c_1 \quad x_2 < c_2 \quad x_3 < c_3$$

(3) 报表模型(打印多目标规划模型的全部数据)。

3. 该问题的决策支持系统运行结构图

决策支持系统运行结构图如图 B.4 所示。

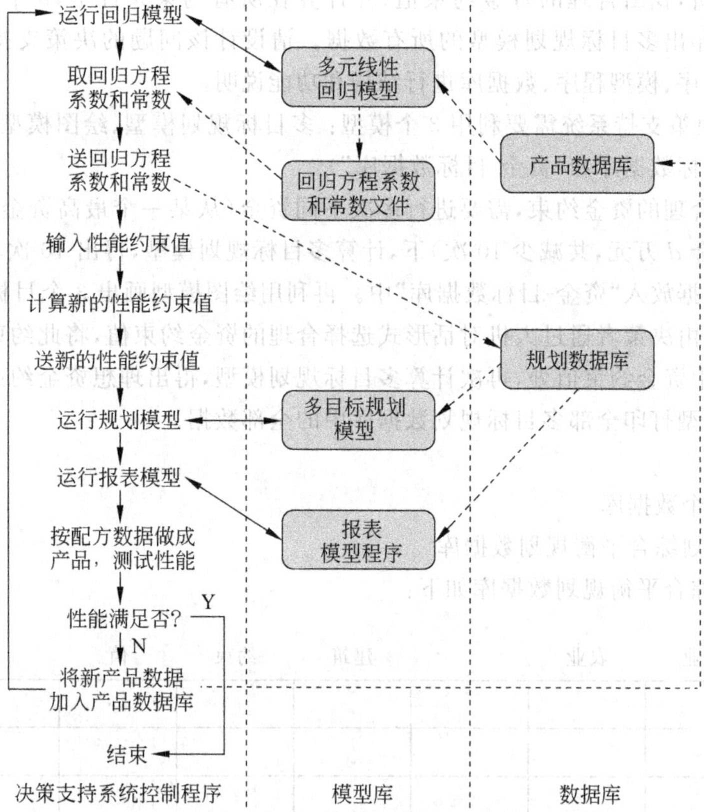

图 B.4　决策支持系统运行结构图

4. 决策支持系统运行结构图中总控程序(综合部件)的说明

1) 总控程序工作如下。

(1) 分别对 3 个模型运行的控制。

(2) 存取数据库。

① 取出回归方程系数和常数。

② 送到规划数据库。

③ 送新性能约束值到规划数据库。

④ 输入目标方程系数和约束值。

(3) 新性能约束值的数值计算：原约束值 B_i 减去回归方程中的常数 b_i。

2) 方案修改

(1) 人机交互：新产品性能是否满足要求。

(2) 新产品数据送入产品数据库。

(3) 对新产品数据库数据构成新方案。

(4) 系统重新计算。

14. 某县工业、农业、副业、林业、矿业等的综合生产平衡问题中，有 3 个目标：煤炭取极小，劳动力取极小，利润取极大。在工、农、副、林、矿业以及资金约束中，我们需要专门对资金约束进行分析，找出合理的资金约束值，并计算在所有约束条件下，3 个目标值是什么？用报表模型打印出多目标规划模型的所有数据。请设计该问题的决策支持系统运行结构图，并对总控程序、模型程序、数据库进行结构和功能说明。

提示：该决策支持系统需要利用 3 个模型：多目标规划模型、绘图模型、报表模型和两个数据库(多目标数据库和“资金-目标数据库”)。

为了找出合理的资金约束，需要进行多次不同资金(从某一个最高资金数开始，每次减少一个固定资金 d 万元，共减少 10 次)下，计算多目标规划模型，得出 10 次不同资金下的 3 个目标值，该数据放入“资金-目标数据库”中。再利用绘图模型画出 3 个目标值在资金变化下的变化曲线，由决策者通过人机对话形式选择合理的资金约束值，将此约束值输入到多目标规划数据库中资金约束值处，再次计算多目标规划模型，得出理想资金约束下的 3 个目标值，并用报表模型打印全部多目标规划数据库中的全部数据。

回答：

1. 设计两个数据库

1) 生产计划综合平衡规划数据库

生产计划综合平衡规划数据库如下：

	工业	农业		建筑	约束	值		结果
工业						>		
农业						=		
						<		
资金						<	980	
煤炭						I	0	181
利润						M	0	2528
劳力						I	0	1693

2) 资金-目标数据库

资金-目标数据库如表 B.2。

表　B.2

资金 x	利润 y_1	煤炭 y_2	劳力 y_3
980			
960			
800			

2. 画出曲线图

曲线图如图 B.5 所示。

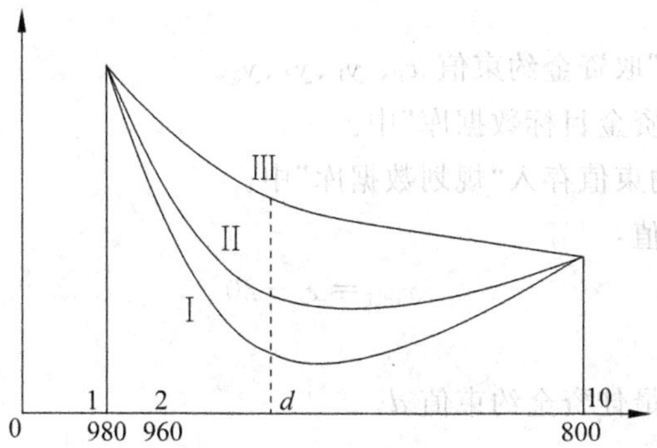

图 B.5　曲线图

3. 资金投入优化决策支持系统运行结构图

资金投入优化决策支持系统运行结构图如图 B.6 所示。

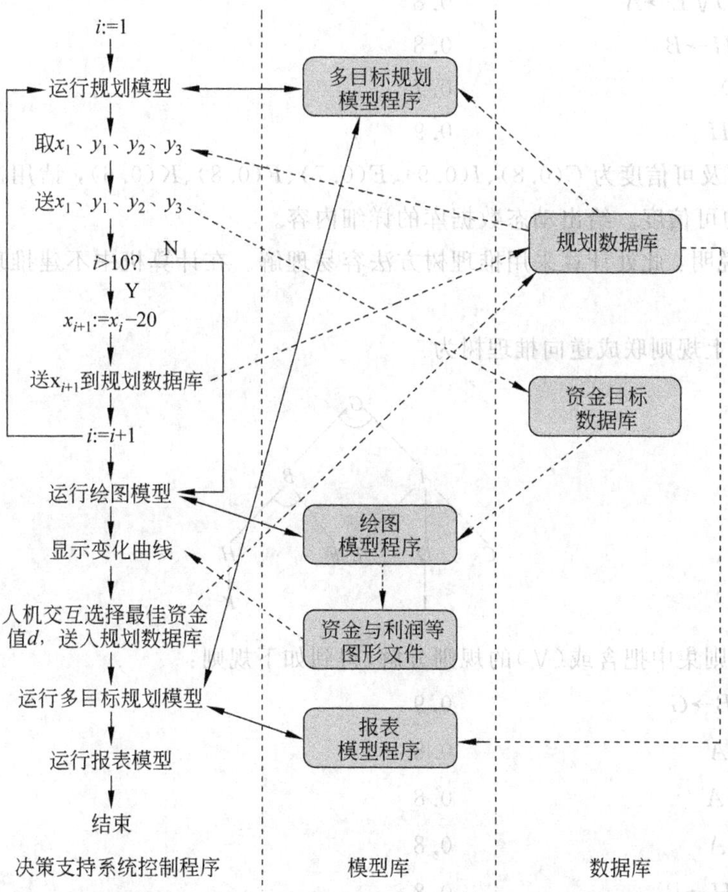

图 B.6　资金投入优化决策支持系统运行结构图

4. 决策支持系统结构图中总控程序说明

(1) 控制 3 个模型运行(多目标规划、绘图、报表)。

(2) 存取数据库。

① 从“规划数据库”取资金约束值 x_i、y_1、y_2、y_3。

② 以上四数存入“资金目标数据库”中。

③ 修改后的资金约束值存入“规划数据库”中。

(3) 计算资金约束值:

$$x_{i+1}=x_i-20$$

(4) 显示变化曲线。

(5) 人机交互选择最佳资金约束值 d。

习题 4 中计算题的解答

4. 已知如下规则集和可信度:

R_1: $A\wedge B\rightarrow G$	0.9
R_2: $C\vee D\vee E\rightarrow A$	0.8
R_3: $F\wedge H\rightarrow B$	0.8
R_4: $I\rightarrow D$	0.7
R_5: $K\rightarrow H$	0.9

已知事实及可信度为 $C(0.8)$、$I(0.9)$、$E(0.7)$、$F(0.8)$、$K(0.6)$,请用逆向推理过程,计算结论 G 的可信度。给出动态数据库的详细内容。

回答:(说明:此处计算采用推理树方法容易理解。在计算机中不建推理树,用规则栈完成)

(1) 将以上规则联成逆向推理树为

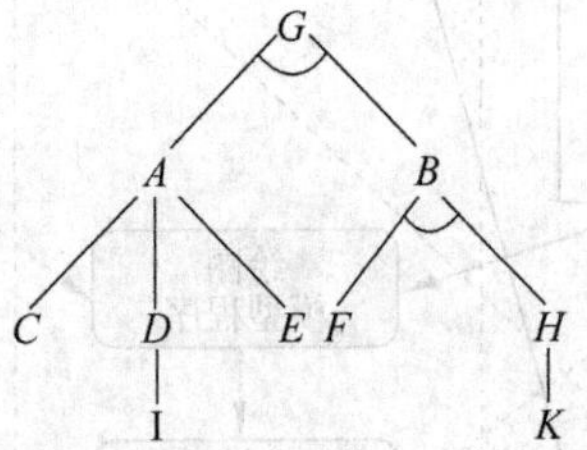

(2) 在规则集中把含或(∨)的规则分解,得到如下规则:

R_1: $A\wedge B\rightarrow G$	0.9
R_{21}: $C\rightarrow A$	0.8
R_{22}: $D\rightarrow A$	0.8
R_{23}: $E\rightarrow A$	0.8
R_3: $F\wedge H\rightarrow B$	0.8
R_5: $I\rightarrow D$	0.7

$R_6: K \to H$ 0.9

(3) 逆向推理的解释过程，从目标 G 开始推理搜索。

引用 R_1 规则，求 A。

引用 R_{21} 规则，求 C。

C 是叶结点，提问 C，回答 Yes，CF(0.8)。

计算 A 的可信度为

$$\mathrm{CF}(A_1)=0.8\times 0.8=0.64$$

引用 R_{22} 规则，求 D。

引用 R_4 规则，求 I。

I 是叶结点，提问 I，回答 Yes，CF(0.9)。

计算 D 的可信度为

$$\mathrm{CR}(D)=0.7\times 0.9=0.63$$

回溯到 R_{22} 规则，再次计算 A 的可信度为

$$\mathrm{CF}(A_2)=0.8\times 0.63=0.504$$

合并 A 的可信度为

$$\mathrm{CF}(A_{12})=0.64+0.504-0.64\times 0.504=0.818$$

引用 R_{23} 规则，求 E。

E 是叶结点，提问 E，回答 Yes，CF(0.7)。

再次计算 A 的可信度为

$$\mathrm{CF}(A_3)=0.8\times 0.7=0.56$$

再次合并 A 的可信度为

$$\mathrm{CF}(A_{123})=0.818+0.56-0.818\times 0.56=0.92$$

回溯到 R_1 规则，求 B。

引用 R_3 规则，求 F。

F 是叶结点，提问 F，回答 Yes，CF(0.8)。

回溯到 R_3 规则，求 H。

引用 R_5 规则，求 K。

K 是叶结点，提问 K，回答 Yes，CF(0.6)。

计算 H 的可信度为

$$\mathrm{CF}(H)=0.6\times 0.9=0.54$$

回溯到 R_3 规则，计算 B 的可信度为

$$\mathrm{CF}(B)=0.8\times \min(0.54,0.8)=0.432$$

回溯到 R_1 规则，计算 G 的可信度为

$$\mathrm{CR}(G)=0.9\times \min(0.92,0.432)=0.3888$$

结论：目标 G 的可信度是 0.3888。

说明：此题的回答要求这么烦琐在于，编制计算机程序时，以上说明要在屏幕上显示给用户，这是解释程序的工作。懂得以上的细节，编制简单的专家系统就不难了。动态数据库的详细内容如表 B.3 所示。

表 B.3　动态数据库的详细内容

事实	yn 值	规则号	可信度
C	y	0	0.8
A	y	R_{21}, R_{22}, R_{23}	0.92
I	y	0	0.9
D	y	R_5	0.63
E	y	0	0.7
F	y	0	0.8
K	y	0	0.6
H	y	R_6	0.54
B	y	R_3	0.432
G	y	R_1	0.3888

注："yn 值"表示此栏可以取 y 或者 n。y 表示该事实为真(成立)，n 表示该事实为假(不成立)。

7. 对如下 BP 神经网络，按它的计算公式(含学习公式)，并对其初始权值以及样本 $x_1=1$，$x_2=0$，$d=1$ 进行一次神经网络计算和学习(系数 $\eta=1$，各点阈值为 0)，即算出修改一次后的网络权值。

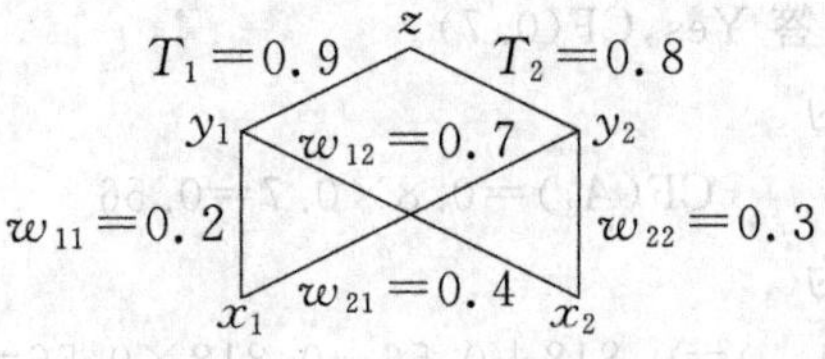

作用函数简化为

$$f(x)=\begin{cases}1 & x\geqslant 0.5\\ x+0.5 & -0.5<x<0.5\\ 0 & x\leqslant -0.5\end{cases}$$

解答：

1. 网络对样本的信息处理

$$y_1=f\Big(\sum_i w_{ij}x_i\Big)=f(0.5+0)=0.7$$

$$y_2=f\Big(\sum_i w_{ij}x_i\Big)=f(0.4+0)=0.9$$

$$z=f\Big(\sum_i T_{ij}y_i\Big)=f(0.7\times 0.9+0.9\times(-0.8))=0.41$$

2. 权值修正

1) 输出层

(1) z 的误差：

$$\delta^{(2)}=z(1-z)(d-z)=0.41\times(1-0.41)\times(1-0.41)=0.143$$

(2) 输出层权值修正

$$\begin{pmatrix} T_1 \\ T_2 \end{pmatrix}^{(1)} = \begin{pmatrix} T_1 \\ T_2 \end{pmatrix}^{(0)} + \delta^{(2)} \begin{pmatrix} y_1 \\ y_2 \end{pmatrix} = \begin{pmatrix} 0.9 \\ -0.8 \end{pmatrix} + 0.143 \times \begin{pmatrix} 0.7 \\ 0.9 \end{pmatrix} = \begin{pmatrix} 1.0 \\ -0.67 \end{pmatrix}$$

2) 隐结点层

(1) 隐结点误差

$$\delta_{y_1}^{(1)} = 0.7 \times (1-0.7) \times 0.143 \times 1 = 0.03$$

$$\delta_{y_2}^{(1)} = 0.9 \times (1-0.9) \times 0.143 \times (-0.7) \approx -0.01$$

(2) 隐结点权值修正

$$\begin{pmatrix} w_{11} \\ w_{12} \end{pmatrix}^{(1)} = \begin{pmatrix} w_{11} \\ w_{12} \end{pmatrix}^{(0)} + \delta_{y_1}^{(1)} \begin{pmatrix} x_1 \\ x_2 \end{pmatrix} = \begin{pmatrix} 0.2 \\ 0.7 \end{pmatrix} + 0.03 \times \begin{pmatrix} 1 \\ 0 \end{pmatrix} = \begin{pmatrix} 0.23 \\ 0.7 \end{pmatrix}$$

$$\begin{pmatrix} w_{21} \\ w_{22} \end{pmatrix}^{(1)} = \begin{pmatrix} w_{21} \\ w_{22} \end{pmatrix}^{(0)} + \delta_{y_2}^{(1)} \begin{pmatrix} x_1 \\ x_2 \end{pmatrix} = \begin{pmatrix} 0.4 \\ 0.3 \end{pmatrix} - 0.01 \times \begin{pmatrix} 1 \\ 0 \end{pmatrix} = \begin{pmatrix} 0.39 \\ 0.3 \end{pmatrix}$$

3) 一次神经网络计算和权值修正后的网络权值

$$T_1 = 1, \quad T_2 = -0.67$$

$$w_{11} = 0.23, \quad w_{12} = 0.7, \quad w_{21} = 0.39, \quad w_{22} = 0.3$$

说明：此题目是，通过一次神经网络结点计算和权值修正的计算，增加对神经网络计算公式和权值修正公式的深入了解。这样再编制计算机程序就很容易了。

参考文献

[1] 张效祥.计算机科学技术百科全书[M]. 2版. 北京：清华大学出版社，2005.

[2] 陈文伟. 决策支持系统及其开发[M]. 北京：清华大学出版社，广西科技出版社，1994.

[3] 陈文伟. 智能决策技术[M]. 北京：电子工业出版社，1998.

[4] 陈文伟. 决策支持系统及其开发[M]. 4版. 北京：清华大学出版社，2014.

[5] 陈文伟. 决策支持系统教程[M]. 2版. 北京：清华大学出版社，2010.

[6] 陈文伟. 数据仓库与数据挖掘教程[M]. 2版. 北京：清华大学出版社，2011.

[7] 陈文伟，陈晟. 知识工程与知识管理[M]. 2版. 北京：清华大学出版社，2016.

[8] 杜晖. 决策支持与专家系统实验教程[M]. 北京：电子工业出版社，2007.

[9] G M Marakas. 21世纪的决策支持系统[M]. 北京：清华大学出版社，2002.

[10] 谭跃进，黄金才. 决策支持系统[M]. 北京：电子工业出版社，2011.

[11] 黄梯云. 智能决策支持系统[M]. 北京：电子工业出版社，2001.

[12] V Mayer-Schonberger，K Cukier. 大数据时代[M]. 杭州：浙江人民出版社，2013.

[13] 雷葆华. 云计算解码[M]. 2版. 北京：电子工业出版社，2012.

[14] 希利尔. 数据、模型与决策[M]. 北京：中国财政经济出版社，2001.

[15] W H Inmon. 数据仓库[M]. 北京：机械工业出版社，2000.

[16] 王珊. 数据仓库技术与联机分析处理[M]. 北京：科学出版社，1998.

[17] J R Quinlan. $C_{4.5}$：Program for Machine Learning[M]. Margan Kovnfmenn Publishers，1993.

[18] W H Inmon，R D Hackathorn. Using the Data Warehouse[M]. John Wiley & Sons，Inc.，1994.

[19] 陈文伟，陆飙，杨桂聪. GFKD-DSS决策支持系统开发工具[J]. 计算机学报，1991，14(1).

[20] 陈文伟，黄金才. 决策支持系统新结构体系[J]. 管理科学学报，1998.

[21] 钟鸣，陈文伟. 示例学习的抽象信道模型及其应用[J]. 计算机研究与发展，1992，29(1).

[22] 钟鸣，陈文伟. 示例学习算法IBLE和ID3的比较研究[J]. 计算机研究与发展，1993，30(1).

[23] 钟鸣，陈文伟. 一个基于信息论的示例学习方法[J]. 软件学报，1993，4(4).

[24] 陈文伟. 数据开采技术研究[J]. 清华大学学报(自然科学版)，1998，38(2).

[25] 马建军，陈文伟. 关于集合理论的KDD方法[J]. 计算机应用研究，1997，14(3).

[26] 陈文伟，黄金才. 基于神经网络的模糊推理[J]. 模糊系统与数学，1996，(4).

[27] 陈文伟，赵东升，等. 医疗事故(事件)辅助鉴定与管理系统[J]. 计算机工程与应用，1999，7.

[28] 陈文伟，张帅. 经验公式发现系统FDD[J]. 小型微型计算机系统，1999.

[29] 陈文伟，陈亮，张明安. 专家系统工具TOES及其应用[J]. 计算机技术，1990.

[30] 陈文伟. 挖掘变化知识的可拓数据挖掘研究[J]. 中国工程科学，2006，8(11).

[31] 陈文伟，等. 可拓知识与可拓知识推理[J]. 哈尔滨工业大学学报，2006，38(7).

[32] 陈文伟. 基于本体的可拓知识链获取[J]. 智能系统学报，2007，2(6).

[33] 陈文伟，等. 适应变化环境的元知识的研究[J]. 智能系统学报，2009，4(4).

[34] 陈文伟，等. 解决矛盾问题的可拓模型与可拓知识的研究[J]. 数学的实践与认识，2009，39(4).

[35] 陈文伟，等. 数学进化中的知识发现方法[J]. 智能系统学报，2011，6(5).

[36] 陈文伟，陈晟. 计算机软件进化中的创新变换和回归变换[J]. 广东工业大学学报，2012，29(4).

[37] 陈文伟. 论新常数μ、θ和新公式$\pi=1/2e^{\theta}$[J]. 高等数学研究，2009，12(6).

[38] 陈文伟. 新常数 μ、θ 和新公式 $\pi=1/2e^{\theta}$ 的含义与应用[J]. 高等数学研究，，2015，18(3).

[39] 陈文伟，陈晟. 从数据到决策的大数据时代[J]. 吉首大学学报(自然科学版)，2014，35(3)：31-36.

[40] Chen Wenwei. Two new constants μ、θ and a new formula $\pi=1/2e^{\theta}$[J]. Octogon Mathematical Magazine，2012，20(2)：472-480.

[41] Chen Wenwei，Zhao Xia. Research on the Imaginary Relationship and Rational Relationship between π end e[J]. International Journal of Applied Physics and Mathematics，2017，7(1).

[42] 陈文伟，等. 数据开采与知识发现综述[N]. 计算机世界，1997-6-30.

[43] 陈文伟，钟鸣. 数据开采的决策树方法[N]. 计算机世界，1997-6-30.

[44] 马建军，陈文伟. 数据开采的集合论方法[N]. 计算机世界，1997-6-30.

[45] 邹雯，陈文伟. 数据开采中的遗传算法[N]. 计算机世界，1997-6-30.

[46] 陈文伟，等. 数据仓库与决策支持系统[N]. 计算机世界，1998-6-15.

[47] 陈文伟，等. 综合决策支持系统[N]. 计算机世界，1998-6-15.

[48] 陈文伟，等. 分布式多媒体智能决策支持系统平台(DM-IDSSP)技术报告[R]. 国防科技大学，1995.

[49] 陈文伟，阎守邕，黄金才，等. 空间决策支持系统开发平台技术报告[R]. 中国科学院遥感应用研究所，国防科技大学，1999.